大師如何設計

高度比例
設計師的空間規畫魔法

瑞昇文化

高度比例　設計師的空間規劃魔法

contents

Chapter 1 美麗又舒適的設計／高度尺寸篇

LDK

玄關

樓梯

和室

寢室

浴室、盥洗室

COLUMN

Chapter 2

設計高品質的空間／家具、室內裝潢篇

如何讓室內裝潢往上提升一個層次

不可不知！ 裝潢設計的最新基礎知識

網羅主要的材料 木質建材的相關資料

COLUMN

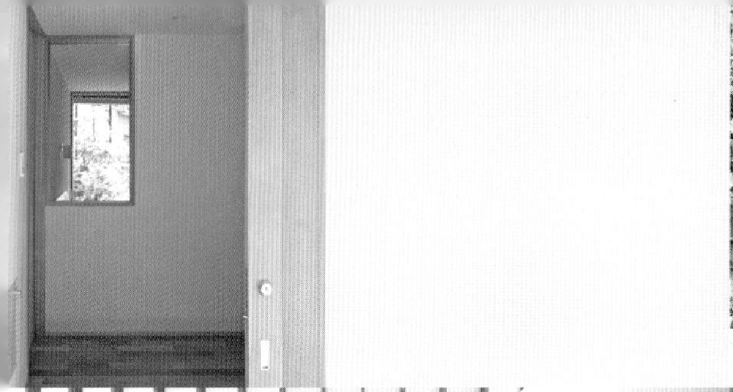

Chapter 1

美麗又舒適的設計／高度尺寸篇

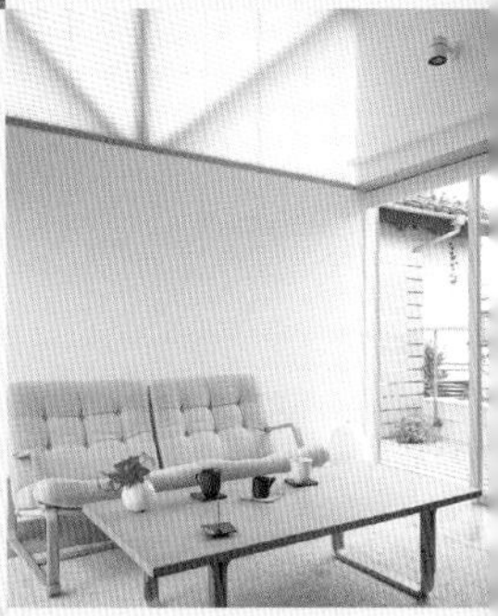

攻略LDK*的「高度尺寸」

本間至

取材、文章＝岡村裕次
照片＝富田治

1　平面天花板2,300mm

2　透天構造4,640mm

3　挑高天花板3,000mm

4　地板起居之客廳的腰牆300mm

5　開放式廚房櫃台桌900mm

6　半密閉式廚房櫃台桌1,200mm

高度的根據為何？

日本建築基準法之中規定，起居之房間的天花板高度為2100mm以上（※），除此外，與高度相關的規定並不多。許多設計師在決定房間跟各個部位之高度時，會將機能與產品的規格尺寸、建材的直通率、感官上的空間性跟溫度環境等綜合性的因素，拿來當作依據。另外也有出身於工作室，只存在於設計師本人腦海之中的獨特的關鍵技術（Know-How）。

就本人的作業流程來看，首先會從平面設計來下手，然後疊上高度（截面），再來跟法規對照，看現實之中是否可行，以這種順序來決定「高度」。但如果是位在市中心，無論如何都得面對嚴格的北側斜線限制*跟地區高度限制，屋頂造型跟樓層高度也必然會由此來決定。

區分各個房間時，一般會讓天花板或地板的高度產生變化，或是採用不同的表面材質。本人會選擇天花板來進行操作，藉此讓空間產生變化。

比方說，在LDK這種大型的客廳之中，設定複數的天花板高度。另外則是不會採用與天花板相接的大型窗戶，一定設有150mm左右的垂壁。理由是因為垂壁上的影子，可以為室內帶來沉穩的氣氛。

垂壁可以將天花板的表面跟開口處的邊緣分隔開來，突顯出各自所擁有的水平性，創造出緩急更為明確的空間。

客廳之平面天花板的高度，最小為2250mm。可以增加到2400mm，但沒有必要超過這個高度。

另一方面，關於飯廳天花板的高度，為了創造出可以靜下來用餐跟享受對話的空間，大多會採用2100mm的天花板高度。而廚房的天花板高度則是2100mm或2050mm，要盡可能的壓低。有各種機能存在的廚房，降低天花板可以提高空間的密度。

※：建築基準法執行令第21條規定「起居之房間的天花板高度必須在2.1公尺以上」。
＊LDK＝Living Dining Kitchen，客廳、飯廳、廚房一體成型的空間。
＊斜線限制：用地周圍的道路、水路、鄰接用地、河川跟公園等設備所產生的虛構的斜線，建築物不可超過這些線條。

1 | 平面天花板2,300㎜

綾瀨之家

吊燈：距離地板1,350㎜

吊掛在餐桌上方的吊燈，具有讓飯廳得到沉穩氣氛，並且壓低重心的機能。高度設定在距離地板1,350㎜（距離桌面670㎜），讓人坐在椅子上的時候，可以清楚看到對面人物之臉部。

客廳天花板：2,300㎜

飯廳天花板：2,100㎜

讓客廳跟飯廳的天花板高度產生200㎜的落差，緩緩的將空間區隔開來。切換高度的位置，是2個領域重疊的部分（餐桌邊緣往飯廳延伸250㎜之處）。必須注意，如果在餐桌邊緣改變天花板的高度，會給人太過突然的印象。

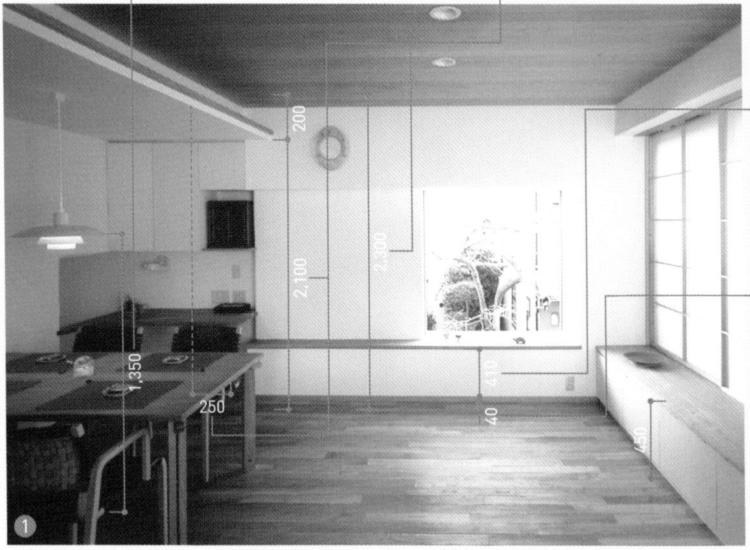
200
2,100
2,300
1,350
250
410
40
450
1

開口處下端：450㎜

決定窗戶高度跟位置的理由，有時會來自於周圍的其他要素（高度）。在本案例之中，借景用的窗戶上端跟紙門的框格高度湊齊，這同時也決定了紙門框格的間隔。兩個開口的下端，一樣都是距離地面450㎜，形成統一的線條。

牆壁收邊條：40㎜

在本案例之中，牆壁收邊條設定為40㎜。在天花板高度為2,100㎜的空間內，普遍的60㎜會太高。大多會選擇40～50㎜，這樣可以一邊滿足收邊條的機能，一邊顧及造型上的均衡性。

市中心的用地面積有限，所以在採光較佳的2樓設置小型的LDK。面對客廳與飯廳一體化的結構時，可以操作天花板的高度，讓客廳（天花板高度2,300㎜）跟飯廳（天花板高度2,100㎜）產生200㎜的落差，將兩者緩緩的區分開來。

2 | 透天構造4,640㎜

田園調布之家

900
100
800
4,640
2,100
2

截面圖〔S=1：150〕

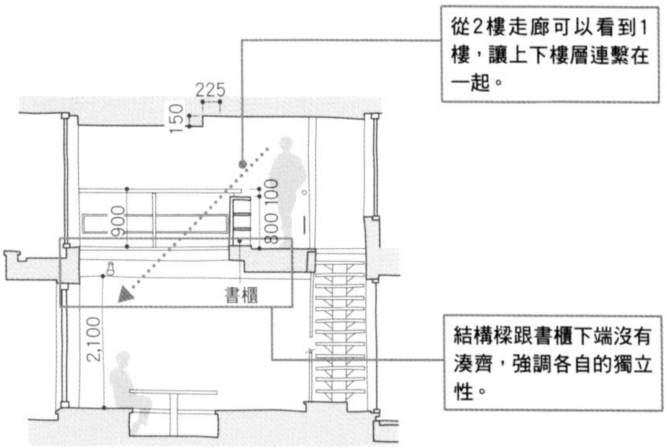
從2樓走廊可以看到1樓，讓上下樓層連繫在一起。
225
150
900
800
100
書櫃
2,100
結構樑跟書櫃下端沒有湊齊，強調各自的獨立性。

為了表現出跟客廳屬於不同的要素（天橋），表面材質以楸木化妝合板來統一。另外，刻意不讓結構樑的下端統一，藉此強調獨立性。

扶手：900㎜、書櫃：800㎜

鐵製扶手的高度為900㎜。兼具天橋扶手機能的書櫃則是降低100㎜，讓頂部成為800㎜的高度，來跟其他結構有所區別。書櫃有相當的深度，就算高度降到800㎜，身為扶手的安全性也沒有問題。

透天構造：4,640㎜

透天的重點在於連繫上下樓層。因此採用2樓走廊可以瞭望到1樓客廳的設計。在1樓地板設置暖氣來顧慮到溫度環境，也是重點之一。

3｜挑高天花板3,000㎜

小巧之家

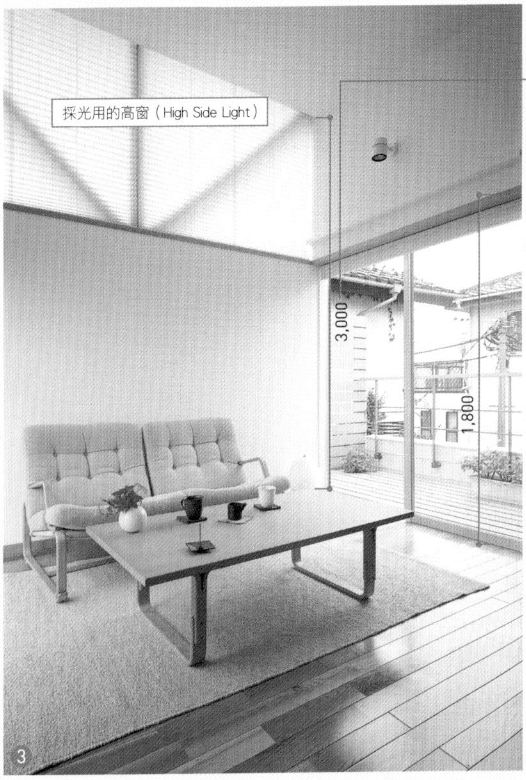
採光用的高窗（High Side Light）
3,000
1,800
3

天花板：3,000㎜

想要讓人覺得「很高」的天花板高度，以3,500㎜為上限。天花板高度一旦超過3,500㎜，不論是4,000㎜還是4,500㎜，都不會有太大的差異，一樣只是讓人覺得「很高」而已。考慮到屋頂的傾斜，本案例將天花板高度設定為3,000㎜。

截面圖〔S=1：100〕

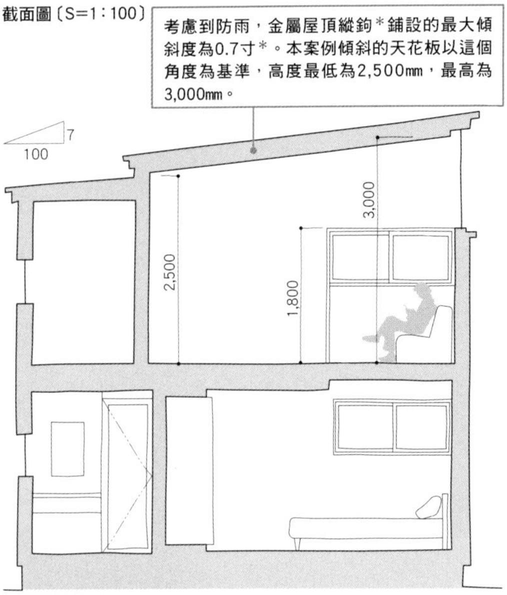
考慮到防雨，金屬屋頂縱鉤*鋪設的最大傾斜度為0.7寸*。本案例傾斜的天花板以這個角度為基準，高度最低為2,500㎜，最高為3,000㎜。
7
100
3,000
2,500
1,800

將LDK擺在2樓的時候，可以讓天花板高度隨著傾斜的屋頂來大膽的挑高（做出變化）。像本案例這種建築面積有限的小型住宅，比較容易往上挑高來形成開放性的空間。

300
1,800
樓梯間
450
客廳
4

腰牆：450㎜

上樓梯的時候，如果視線跟地板高度相同，會讓地板的污垢被突顯出來。設置腰牆可以避免這點。如果沒有腰牆，讓玻璃貼到地板表面的話，不受阻擋的視線會掉到下方樓層。腰牆另外還有防止冷空氣流到下方樓層的機能。

4｜地板起居之客廳的腰牆300㎜

櫻丘之家

300
5

腰牆：300㎜

坐在地板上來起居的客廳，如果有可以進出的大型落地窗，會讓空間失去沉穩的氣氛。如同本案例這樣，在開口處下方設置高度300㎜的腰牆，可以在坐下來的時候將腰部以下遮住，給人確切的安心感。但腰牆太高，會讓空間的重心往上移動，必須將腰牆的高度壓到最低限度（450㎜以下）。這樣就算天花板比較高，也能讓重心維持在下方，得到沉穩的氣氛。

截面圖〔S=1：100〕

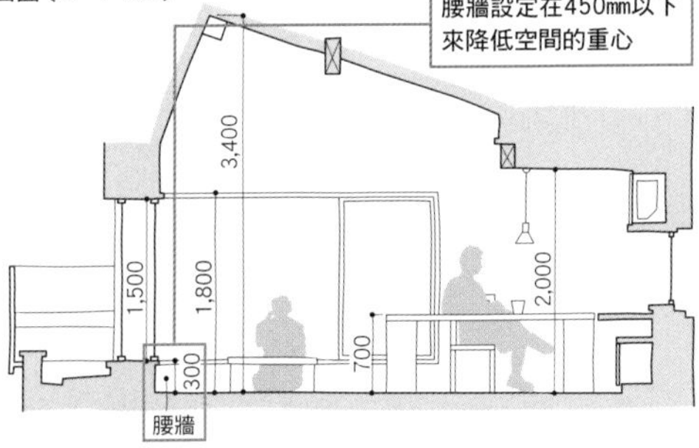
腰牆設定在450㎜以下來降低空間的重心
3,400
1,500
1,800
2,000
700
300
腰牆

＊縱鉤：讓金屬板的邊緣彎曲，來跟另一片勾在一起的固定方式。
＊1尺（303㎜）的水平距離往上增加0.7寸（約22㎜）之高度的傾斜角。

5｜開放式廚房 櫃台桌900㎜

秦野之家

300
450
2,050
2,350
900

廚房天花板：2,050㎜
廚房天花板的高度為2,050㎜。天花板的表面塗成白色，來減輕壓迫感。相反的，飯廳天花板的高度為2,350㎜，表面為貼上薄片的木紋合板，藉此得到沉穩的氣氛。

廚房櫃台桌：900㎜
以開放式的構造將廚房跟飯廳連繫在一起的時候，櫃台桌的高度設定為900㎜。櫃台桌的寬度是大尺寸的580㎜（頂板的寬度為450㎜），確保飯廳一方的平面距離的同時，也用視覺性的方式將廚房與飯廳連在一起。櫃台桌越低，越容易放置大盤子等較大的物品，因此也要確保足夠的寬度。

截面圖〔S=1:60〕

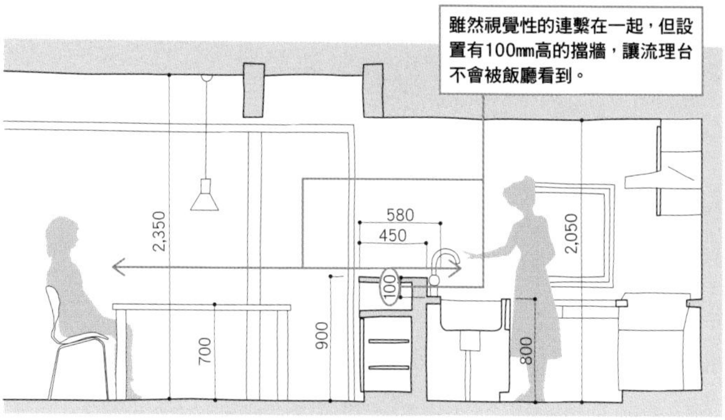
雖然視覺性的連繫在一起，但設置有100㎜高的擋牆，讓流理台不會被飯廳看到。
2,350
580
450
2,050
100
700
900
800

廚房櫃台桌的寬度與高度有著互動的關係，改變它們的比率，可以讓廚房與飯廳相連的方式產生大幅的變化。在這份案例之中，採用可以看到廚房內部的開放式櫃台桌，來強調與飯廳之間的連繫。另外設有100㎜的垂直擋板，讓流理台比較不容易被遠方看到。

6｜半密閉式廚房 櫃台桌1,200㎜

久原之家

廚房櫃台桌：1,200㎜
在流理台前方設有高1,200㎜的櫃台桌。讓手邊的動作跟廚房的雜亂不會被飯廳看到。如果高度增加到1,300㎜的話，會讓廚房跟飯廳的連繫完全斷掉。在此以高度1,200㎜之垂直擋牆的方式呈現，讓餐桌有所依靠。要是沒有這道擋牆，可能會讓房間中央的餐桌給人孤立起來的印象。

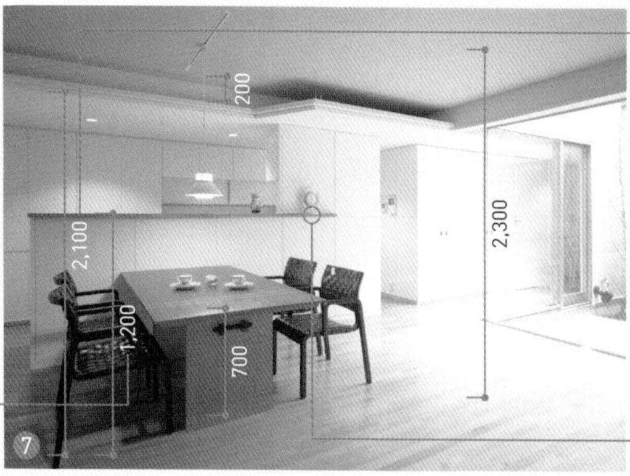
200
2,100
2,300
1,200
700

天花板：2,100㎜
廚房是用來調理的空間，因此讓天花板的高度降低到2,100㎜。走廊一樣也是採用這種高度，流利的將兩個空間連繫起來。與這個空間走向相互對照，天花板的高度為2,300㎜，用200㎜的落差，讓空間得到沉澱的部分。200㎜的垂壁往內凹陷，讓高度不同的天花板進行切換，也是重點之一。

櫃檯桌的頂端穿過一條橫線，來強調水平線條的延伸。這流動方向讓視線不會停滯，令人體會到空間的寬敞。

融入北側公園綠色景觀的連續型窗戶。底端為850mm

連續窗的彎曲點
260
2,770
850
443
900

垂壁：50～260mm
傾斜天花板下方的窗戶在途中彎曲，讓客廳北側牆壁與天花板轉角的高度產生變化。窗戶上框跟天花板的正面厚度留有最少50mm的空隙，彎曲點往西的窗戶上方則是有比較大的空隙（垂壁）存在。

結構柱：波紋圓柱杉木末口*135mm
結構柱雖然裸露，但在屋主的要求之下使用凹間的圓柱。

南側陽台的窗戶附近，是可以讓人坐下來休閒的場所（參閱圖2）。

連續型窗戶：腰牆高度850×下框厚度443mm
將公園的楓樹納入的連續型窗戶。在餐桌（頂端700mm）休息的時候，眼睛水平的高度剛好可以看到外側。同時也設想餐桌擺在窗邊的狀況，設定成剛好高過餐桌來成為擋牆的高度（高出約150mm）。跟高到腰部的850mm相比，下框的厚度是比較厚的443mm，讓人可以安全的探出窗外。

蓋在北側與公園相接的旗桿地*上的小住宅。為了將公園一角越界到用地內的楓樹納入住宅的一部分，特地將2樓的LDK擺在葉子茂密的高度。北側連續型窗戶的下端壓低到850mm，實現了伸手就能摸到楓樹樹枝的距離。這同時也考慮到餐桌（頂端為700mm）的高度。

〔安藤和浩、田野惠利〕

1 截面圖 [S=1:200]

讓建築物靠在用地的南側，擺脫了北側斜線限制的制約。為了在公園的樹木跟茂密的葉子、其他建築之下確保充分的陽光，採用單向往北傾斜的屋頂。南北的窗戶全都是木製門窗。北側讓屋簷盡可能的延伸到斜線限制允許的範圍，以保護門窗不受雨淋。南側為了不讓夏季正午的陽光直接照到室內，將屋簷的深度設定為924mm。

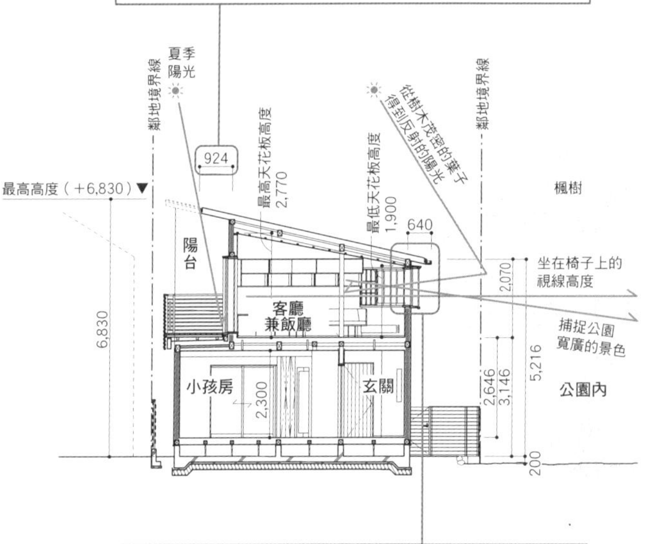

鄰地境界線
夏季陽光
924
最高高度（+6,830）▼
最高天花板高度 2,770
最低天花板高度 1,900
從樹木茂密的葉子得到反射的陽光
鄰地境界線
楓樹
640
陽台
2,070
坐在椅子上的視線高度
客廳兼飯廳
捕捉公園寬廣的景色
6,830
小孩房
2,300
玄關
2,646
3,146
5,216
公園內
200

天花板會朝北側變低，因此採用寬度高達4,800mm的連續型窗戶，將視線誘導至水平的方向。透過連續型的窗戶，可以近距離的看到越界過來的楓樹。

＊旗桿地：以細長的小徑連接用地與道路，形狀有如旗桿跟旗子一般的用地。
＊末口：圓木尺寸的用語，單側較細的類型或較細一方的直徑。

2 南側跟陽台相連的進出用窗戶

陽台窗戶的下端，是從2樓地板往上凸出150㎜的擋牆。窗戶下框跟陽台地板幾乎呈水平，再加上擋牆的厚度比較厚，結果幾乎不須要跨越的動作。考慮到木製門窗的防水性，紗窗跟玻璃窗往外推到木造骨架的外側，結果讓下框得到約400㎜的厚度。成為可以跟小孩一起坐在窗邊的空間。

150
270.5
405.5
2

南側的開口往上凸出150㎜，讓下框很自然的成為可以坐下的空間。

南側開口平面詳細圖〔S＝1：10〕

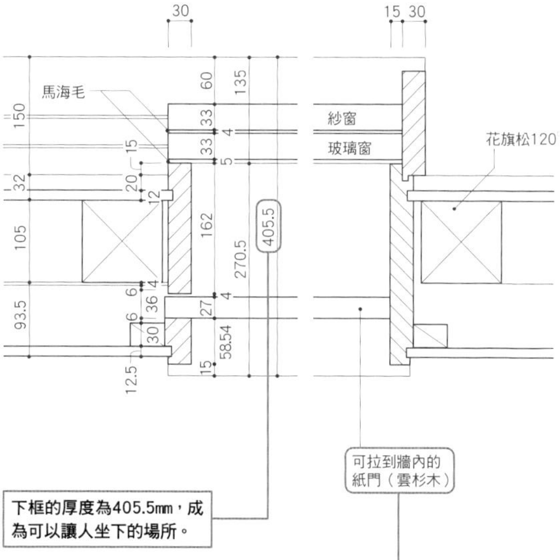

30
15 30
馬海毛
150
60
135
紗窗
33
4
玻璃窗
33
5
15
花旗松120□
20
12
162
405.5
270.5
105
93.5
36
27
4
58.54
30
15
12.5
可拉到牆內的紙門（雲杉木）
下框的厚度為405.5㎜，成為可以讓人坐下的場所。
紙門裝在外圍柱子的室內（客廳）一方，不會受到風雨的影響。

南側開口截面詳細圖〔S＝1：10〕

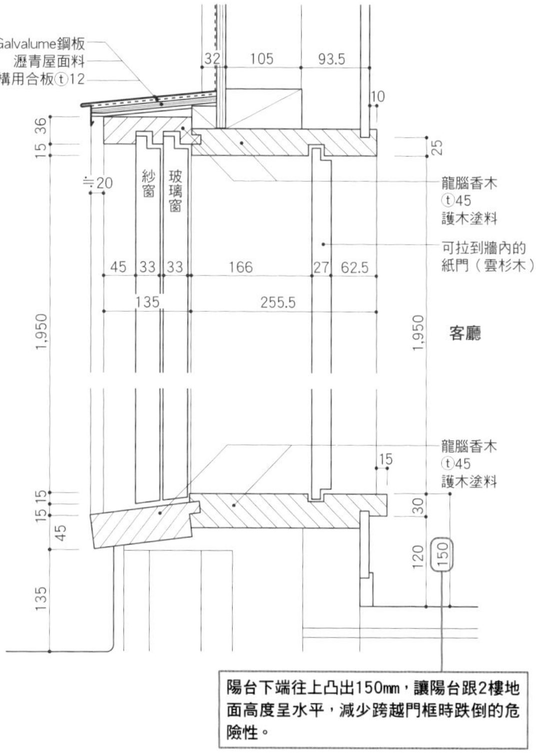

Galvalume鋼板
瀝青屋面料
結構用合板ⓣ12
32
105
93.5
10
15 36
25
≒20
紗窗
玻璃窗
龍腦香木ⓣ45護木塗料
可拉到牆內的紙門（雲杉木）
45
33
33
166
27
62.5
135
255.5
1,950
1,950
客廳
龍腦香木ⓣ45護木塗料
15
15 15
45
30
120
150
135
陽台下端往上凸出150㎜，讓陽台跟2樓地面高度呈水平，減少跨越門框時跌倒的危險性。

武藏小金井之家

設計：安藤工作室

〔照片：大木宏之〕

從南側道路進入小徑一般的Approach*，公園延伸過來的楓樹會在玄關前方迎接來客。為了將楓樹納入室內的一部分，建築物在北方轉彎成為五角形，2樓客廳的連續型窗戶稍微偏西來面對公園中央。為了讓南北不同質感的光線可以照亮整個家中，2樓的天花板面連在一起成為單一空間的結構。

3

2樓平面圖

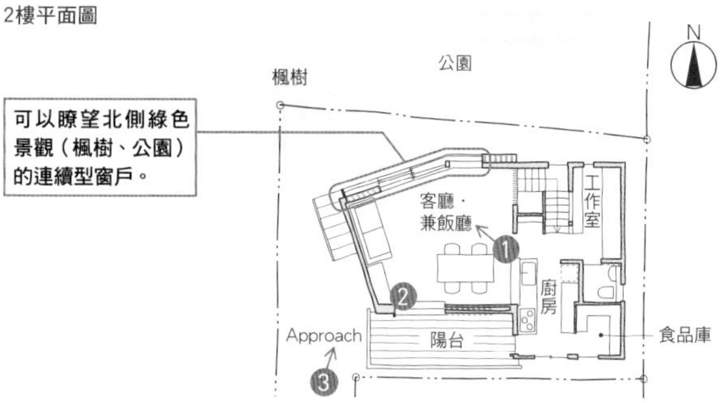

可以瞭望北側綠色景觀（楓樹、公園）的連續型窗戶。
N
楓樹
公園
工作室
客廳・兼飯廳
1
2
廚房
Approach
陽台
食品庫
3

*Approach：從圍牆大門通往住宅玄關的通道。

*ⓣ：表厚度，thinkness之意。

天花板高度2100㎜跟透天4120㎜的多元性空間

家具的開口基本上會採用拉門，因為天花板高度較低，要用左右較長的造型來突顯出水平的線條，讓視線往左右流動。重點是在圖面上說明，使用椴木合板的時候讓木紋以橫的方向來呈現。

天花板：2,100㎜
2,100㎜的天花板是非常舒適的高度，絕對算不上低。在沖繩縣看到銘刈家（參閱照片④）那美麗的造型，於是在本案例也採用相關的要素。

腰牆：700㎜
腰牆的頂部也壓低到700㎜。如果厚度足夠可以確保安全性的話，600㎜左右也可以。900㎜會讓重心變得太高，失去沉穩的氣氛。

開口處：1,400㎜
把天花板的高度壓到2,100㎜時，一定要設置高到天花板的開口（無法借景或瞭望庭園時例外），讓視線可以延伸出去。

1 開關跟插座的重心也盡可能壓低

紙門：1,800㎜
紙門也是採用左右較長的造型，來形成水平的線條。期待那隔熱效果跟柔和的光線，筆者常常會使用紙門。

開關：1,080㎜
一般為1,200㎜

插座：150㎜
一般為250㎜

2 照片1的另一側

垂壁：300㎜
為了阻擋來自隔壁2樓的視線，設有300㎜的垂壁。

吊燈：1,330㎜

餐桌：680㎜
一般為700～720㎜

牆壁收邊條：45㎜
一般為50～60㎜

筆者會將2100㎜或2200㎜，當作LDK天花板的標準高度。2100㎜是日本建築基準法所規定的生活空間之最低高度，一般認為這樣是比較低。但是就住宅的造型來看，重心越低則越是美觀。而且樓層高度變低，還可以減少樓梯踏板的數量，讓生活變得更為方便。維持舒適溫度所須要的能源，也會變得比較少。

將LDK天花板的高度設定為2100㎜時，吊燈跟插座的重心也要跟著降低，讓整個天花板敞開，讓視線可以延伸出去。

這份案例設置有4120㎜的透天構造。透天容易被誤解成「天花板拉高＝開放性的空間」，但透天本來的意義在於「把上下層連繫在一起」。這份案例把書房擺在面對透天構造的2樓，跟討論室化為一體，讓兩者產生關連。

〔伊禮智〕

2 跟書房相連，高度4,120㎜的透天構造

透天構造：4,120㎜
用4,120的透天構造，將2樓書房跟1樓的討論室連在一起。透天的天花板不用太高也沒關係。

從門窗延伸出來的1,800㎜的水平線條，讓空間更加紮實。

接地窗：900㎜
接地窗的頂端為900㎜。透天的天花板容易讓視線往上流動。因此用接地窗柔和的照亮地面，讓下方也得到寬敞的感覺。

書房
4,120
1,800
900
討論室
3

2 展開圖

電視的櫃台桌〔S＝1：100〕

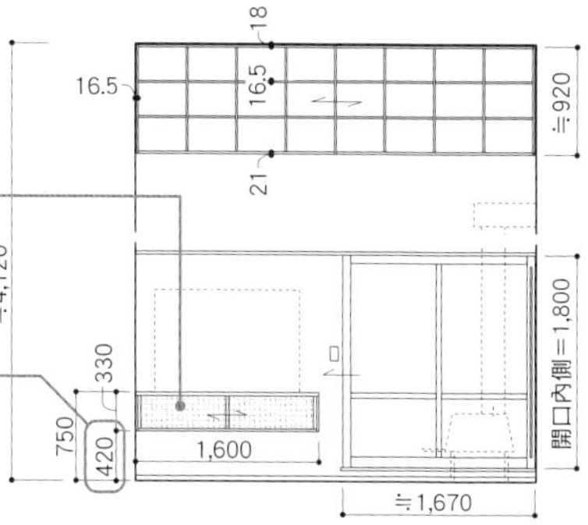

18
16.5
16.5
≒920
21
≒4,120
開口內側＝1,800
330
750
420
1,600
≒1,670

為了在關上的時候也能用遙控器操作，貼上紙布來當作門。

電視的櫃台桌從牆壁往外凸出，距離地面420㎜的高度懸空，讓人可以看到地面。跟直接擺在地上相比，令人感受到房間的寬敞。

接地窗〔S＝1：60〕

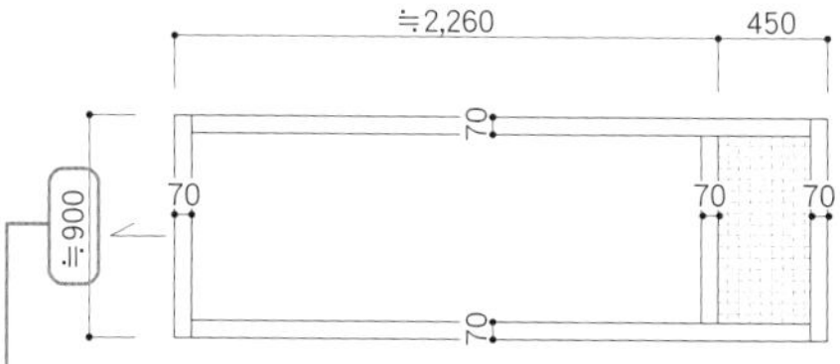

≒2,260
450
70
70
70
70
70
≒900

西側與臨家較為接近，就算設置腰窗也無法得到良好的景色。因此只用接地窗讓柔和的光線照進來。

守屋之家

設計：伊禮智設計室
〔照片：西川公朗〕

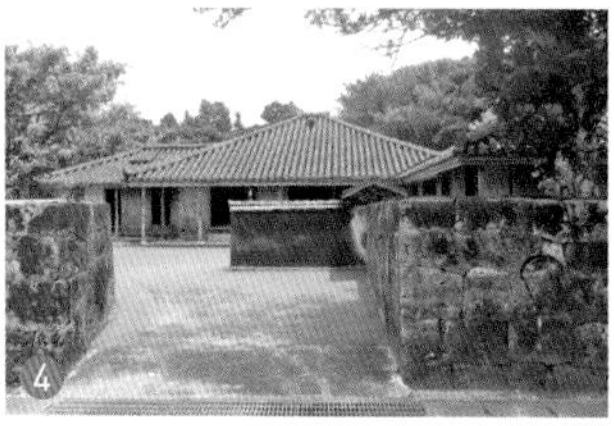

4

銘刈家的外觀（筆者拍攝）

銘刈家把建築的重心壓低，從地面到屋簷內側為2,100㎜。「守屋之家」則是壓低這個屋簷內側天花板的高度。

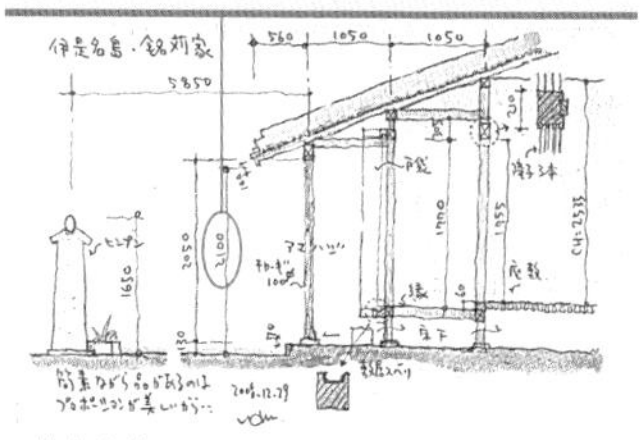

筆者素描

「守屋之家」截面圖〔S＝1：250〕

效法銘刈家，把屋簷降到2,100㎜來壓低重心。

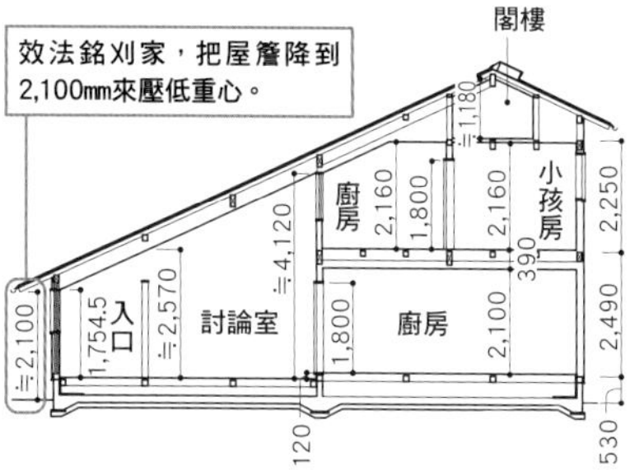

閣樓
1,180
廚房
2,160
1,800
2,160
小孩房
2,250
≒4,120
390
≒2,100
1,754.5
入口
≒2,570
討論室
1,800
廚房
2,100
2,490
120
530

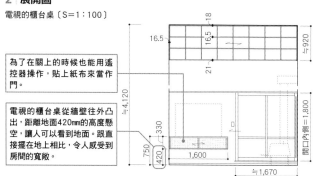

把飯廳開口拉高到985mm來得到飄浮感

用地為緩緩的丘陵造型。南側的視野敞開，把停車場擺在地下1樓，生活空間擺在地上1樓。為了讓飯廳往外看的時候可以得到飄浮感，沒有用進出的大型窗戶來連繫到陽台，而是將1樓地板高度從設計地平面（前方庭園的高度）拉高985mm（固定式窗戶）。如果設定成板凳或緣側*那種的400mm或350mm的高度，則無法產生飄浮感。985mm的話，就算由大人來坐下，腳也勾不到地面。實際上雖然無法坐在固定式窗戶上，但是透過985mm的高度，應該可以將外側融入室內，讓人出現腳沒有站在地面上的錯覺。另一方面，客廳通往露台的開口是可以進出的大型窗戶，強調與室外的連繫。

〔八島正年、八島夕子〕

920
牆
收納式拉窗
2,100
固定窗
通風用窗
710
1

吊燈：φ920mm
吊燈是直徑920mm的大型款式，在現場調整高度。基本上坐下的時候光源不可以出現在視線內，並且可以讓人看到對面之人的眼睛（筆者很少採用落地燈等裝在天花板上的燈具）。

東側的構造是通風用的窗戶、牆壁、開口。如果跟南側一樣，在東側設置整面的開口，會讓空間失去沉穩的氣氛。坐在飯廳東側的時候，身後是牆壁會讓人比較安心，坐在西側的時候也是一樣，眼前看到牆壁氣氛會比較沉穩。像這樣讓開放與密閉感同時存在是很重要的。

開口處：2,100mm
全高式開口。沒有設置垂壁，讓視線可以穿透到外側。考慮到天花板的傾斜跟客廳兼飯廳之4,550mm的深度、8,645mm的寬度，將高度設定為2,100mm。

1 客廳的高度尺寸

天花板貼上龍腦香木的緣甲板*。創造出往外流動的線條，讓人站起來的時候視線可以自然的往外延伸。另一方面地板木材的鋪設方向，則是跟天花板的羽目板*90度交叉。這是為了強調客廳兼飯廳的橫向線條。

1.5
10
圖書室
玄關
300
2

高低差：300mm
圖書室將地板拉高300mm，表面鋪上地毯，跟LDK劃分出明確的界線。書櫃的尺寸為高750×深150mm。

排水：115mm
讓Galvalume鋼板捲曲來收邊。門袋*跟開口處的水平線條被突顯出來，Galvalume鋼板的歪曲也比較不會顯眼。

115
2,100
985
露台
前庭
3

1FL：GL＋985mm
為了讓飯廳得到飄浮感，1樓的地板高度設定為GL＋985mm（基本的垂直擋板為715mm）。另外也在此解決跟地下室的高低落差。

*緣側：外部走廊。 *緣甲板：長邊刻上溝道，讓其他材料之凸出鑲入的板材。
*羽目板：將木材連續貼在同一個平面的構造。
*門袋（戶袋）：將拉門打開時，容納門板的空間。

1 截面圖〔S=1:120〕

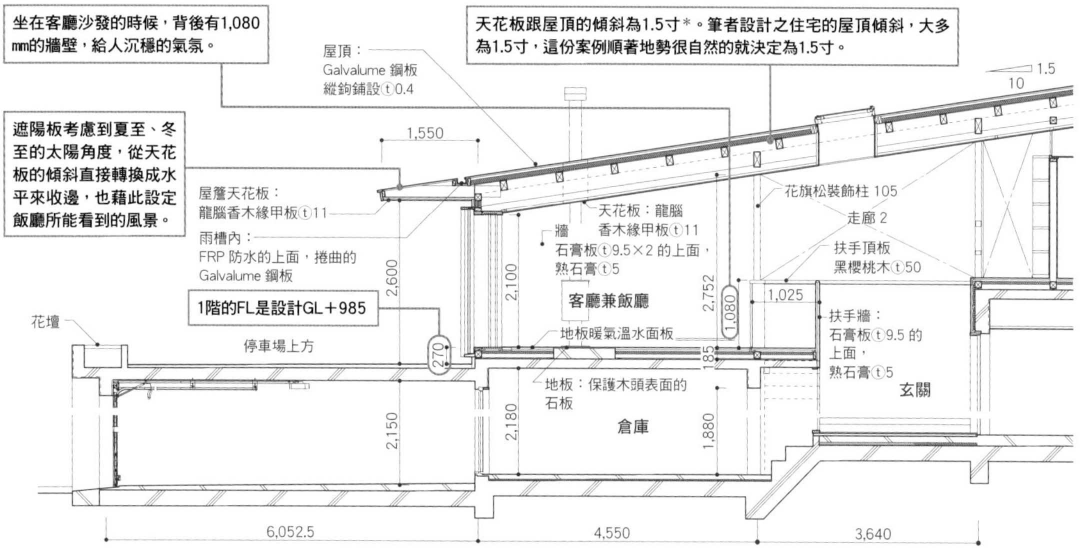
坐在客廳沙發的時候，背後有1,080 mm的牆壁，給人沉穩的氣氛。
天花板跟屋頂的傾斜為1.5寸*。筆者設計之住宅的屋頂傾斜，大多為1.5寸，這份案例順著地勢很自然的就決定為1.5寸。
屋頂：Galvalume 鋼板 縱鉤鋪設ⓣ0.4
1.5
10
遮陽板考慮到夏至、冬至的太陽角度，從天花板的傾斜直接轉換成水平來收邊，也藉此設定飯廳所能看到的風景。
1,550
屋簷天花板：龍腦香木緣甲板ⓣ11
雨槽內：FRP 防水的上面，捲曲的 Galvalume 鋼板
1階的FL是設計GL+985
天花板：龍腦香木緣甲板ⓣ11
牆 石膏板ⓣ9.5×2 的上面，熟石膏ⓣ5
客廳兼飯廳
花旗松裝飾柱 105
走廊 2
扶手頂板 黑櫻桃木ⓣ50
1,025
扶手牆：石膏板ⓣ9.5 的上面，熟石膏ⓣ5
玄關
花壇
停車場上方
地板暖氣溫水面板
地板：保護木頭表面的石板
倉庫
2,600
2,100
2,752
1,080
270
185
2,150
2,180
1,880
6,052.5
4,550
3,640

2 開口處詳細圖

平面詳細圖〔S=1：30〕

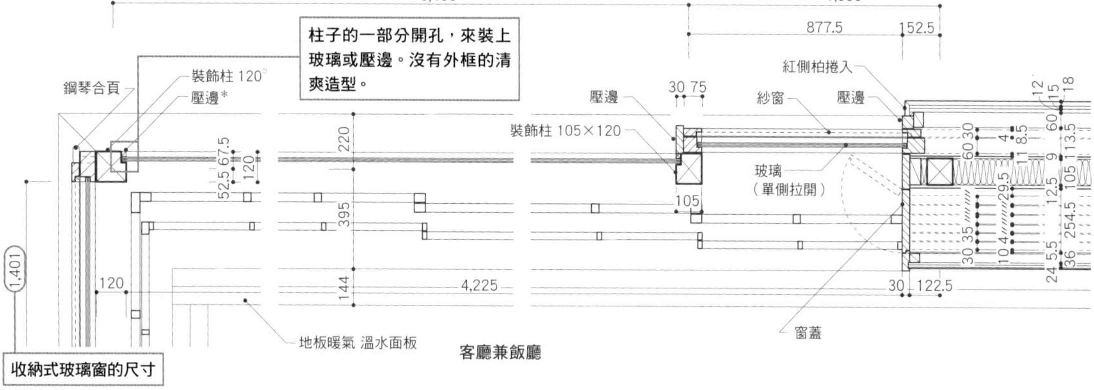
3,400
1,030
877.5
152.5
柱子的一部分開孔，來裝上玻璃或壓邊。沒有外框的清爽造型。
鋼琴合頁
裝飾柱 120
壓邊*
紅側柏捲入
壓邊
紗窗
壓邊
30 75
裝飾柱 105×120
玻璃（單側拉開）
220
395
144
105
120
4,225
30
122.5
1,401
地板暖氣 溫水面板
客廳兼飯廳
窗蓋
收納式玻璃窗的尺寸

截面詳細圖〔S=1：40〕

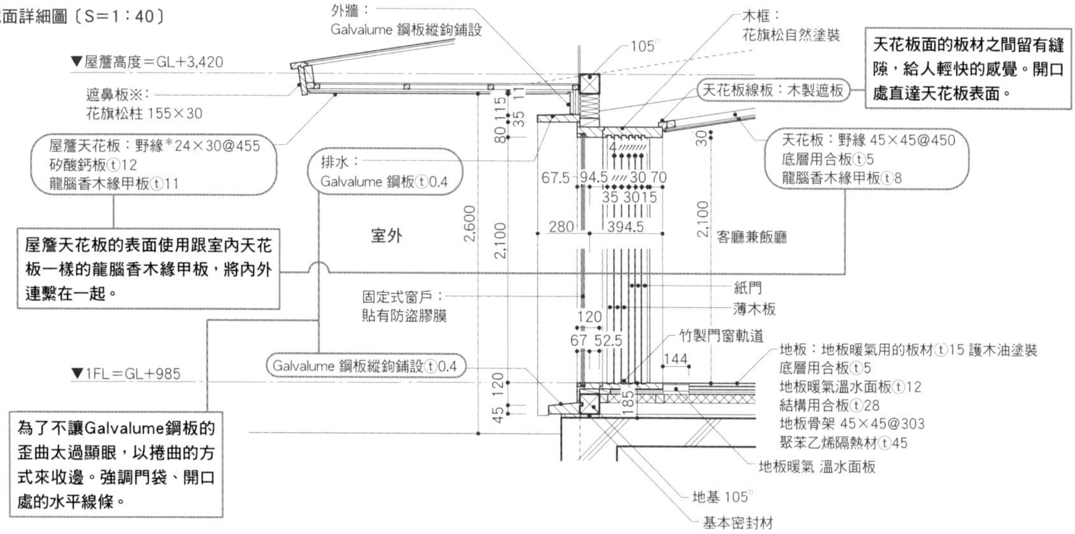
外牆：Galvalume 鋼板縱鉤鋪設
木框：花旗松自然塗裝
天花板面的板材之間留有縫隙，給人輕快的感覺。開口處直達天花板表面。
▼屋簷高度=GL+3,420
105
遮鼻板※：花旗松柱 155×30
天花板線板：木製遮板
屋簷天花板：野緣*24×30@455 矽酸鈣板ⓣ12 龍腦香木緣甲板ⓣ11
排水：Galvalume 鋼板ⓣ0.4
天花板：野緣 45×45@450 底層用合板ⓣ5 龍腦香木緣甲板ⓣ8
67.5 94.5 30 70
35 30 15
280 394.5
室外
2,600
2,100
2,100
客廳兼飯廳
屋簷天花板的表面使用跟室內天花板一樣的龍腦香木緣甲板，將內外連繫在一起。
固定式窗戶：貼有防盜膠膜
紙門
薄木板
120
67 52.5
竹製門窗軌道
144
Galvalume 鋼板縱鉤鋪設ⓣ0.4
▼1FL=GL+985
地板：地板暖氣用的板材ⓣ15 護木油塗裝 底層用合板ⓣ5 地板暖氣溫水面板ⓣ12 結構用合板ⓣ28 地板骨架 45×45@303 聚苯乙烯隔熱材ⓣ45
為了不讓Galvalume鋼板的歪曲太過顯眼，以捲曲的方式來收邊。強調門袋、開口處的水平線條。
地板暖氣 溫水面板
地基 105
基本密封材

「牛久之家」設計：八島建築設計事務所、照片：鳥村鋼一。
※1尺（303㎜）的水平距離往上增加1.5寸（約45.45㎜）之高度的傾斜角。 ＊壓邊（押緣）：用來遮住板材縫隙或邊緣的長條。
※遮鼻板（鼻隠し）：用來隱藏椽木尾端的木板。 ※野緣：天花板內用來貼上表面材質的棒狀骨架。

LDK

天花板、地板的內側空間挖入700mm讓客廳產生變化

垂壁：300mm
把開口內框的高度壓低到1,800mm，讓內外形成明暗的對比。鑿穿的開口在四周留下餘白，給人比較強烈的印象，因此設置有300mm的垂壁。陽台的露台設有木製的百葉，擋住來自鄰家的視線。

橫樑：270mm
使用兩根60×270mm的橫樑。充滿厚重感的橫樑上設有照明。

櫃子：700×450mm
跟2樓地板連繫在一起，深450mm的電視架兼裝飾櫃。下方可以放置影音設備。

地板：700mm
把2樓地板往下挖深700mm所形成的，位在南側的客廳。700mm這個高度，是以位在北側之書房的桌子高度（2樓地面）為基準。跟樑的距離為2,800mm，雖然是單一空間，卻可以讓視線交叉來形成變化。

這份案例試著對木造2層樓之建築的天花板跟地板內側做出變化。首先將各個樓層的地板分解成上下兩片，把2樓地板挖深700mm來設置書房，並且讓地板跟桌面的高度湊齊。將2片地板任意的鑿穿，創造出用餐的位置、休閒的位置、工作的位置等各種場所。視線穿插交錯，讓空間緩緩的連繫在一起。上下的凹間（縫隙：有效尺寸450mm）當作收納來利用，間接性的彌補居住面積。

整體的結構在第1種高度地區限制（※）的規定之下，從上方樓層開始決定必要的尺寸。2樓天花板的高度為2100mm、客廳跟書房的700mm凹陷的部分是2800mm。降低各個樓層的天花板高度，來強調上下凹陷的部分跟整個空間的緩急。

〔森清敏、川村奈津子〕

1 操作地板所設置的書房

從書房看客廳。往下挖深700mm的書房，是1,630×1,050mm的空間。在廚房的垂直擋牆（高980mm）前方，留有寬350mm的地板，被當作放置小型物品的空間來活用。

往下挖深700mm的書房，2樓地板直接成為書房的桌子。

※：高度地區限制，是日本地方公共團體在用途地區內所規定的建築物高度上的限制。其中的第1種高度地區限制，必須面對斜線限制。垂直牆壁高5公尺、傾斜度0.6。

2 2層地板所創造出來的多元性空間 [S=1:100]

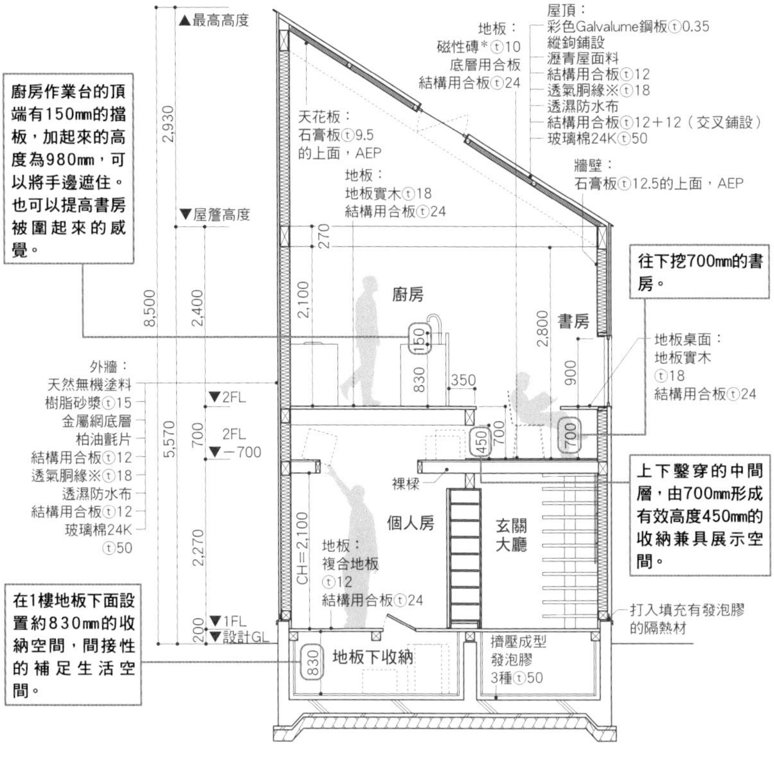
▲最高高度
▼屋簷高度
2,930
8,500
2,400
270
2,100
廚房作業台的頂端有150mm的擋板，加起來的高度為980mm，可以將手邊遮住。也可以提高書房被圍起來的感覺。
地板：
磁性磚*ⓣ10
底層用合板
結構用合板ⓣ24
屋頂：
彩色Galvalume鋼板ⓣ0.35
縱鉤鋪設
瀝青屋面料
結構用合板ⓣ12
透氣胴緣※ⓣ18
透濕防水布
結構用合板ⓣ12+12（交叉鋪設）
玻璃棉24Kⓣ50
天花板：
石膏板ⓣ9.5
的上面，AEP
地板：
地板實木ⓣ18
結構用合板ⓣ24
牆壁：
石膏板ⓣ12.5的上面，AEP
往下挖700mm的書房。
廚房
書房
150
830
350
2,800
900
地板桌面：
地板實木
ⓣ18
結構用合板ⓣ24
外牆：
天然無機塗料
樹脂砂漿ⓣ15
金屬網底層
柏油氈片
結構用合板ⓣ12
透氣胴緣※ⓣ18
透濕防水布
結構用合板ⓣ12
玻璃棉24K
ⓣ50
▼2FL
2FL
▼−700
5,570
700
450
700
700
裸樑
上下鑿穿的中間層，由700mm形成有效高度450mm的收納兼具展示空間。
個人房
玄關大廳
2,270
CH=2,100
地板：
複合地板
ⓣ12
結構用合板ⓣ24
打入填充有發泡膠的隔熱材
在1樓地板下面設置約830mm的收納空間，間接性的補足生活空間。
200
▼1FL
▼設計GL
830
地板下收納
擠壓成型
發泡膠
3種ⓣ50

900
450
250
樓梯旁展示空間，450mm的凹間。用書籍或小物品來進行裝飾。

700
傍晚時的外觀。書房的桌子（2樓地板）給人飄浮的印象。

1 活用橫樑的間接照明

中間層天花板俯視圖〔S=1：150〕

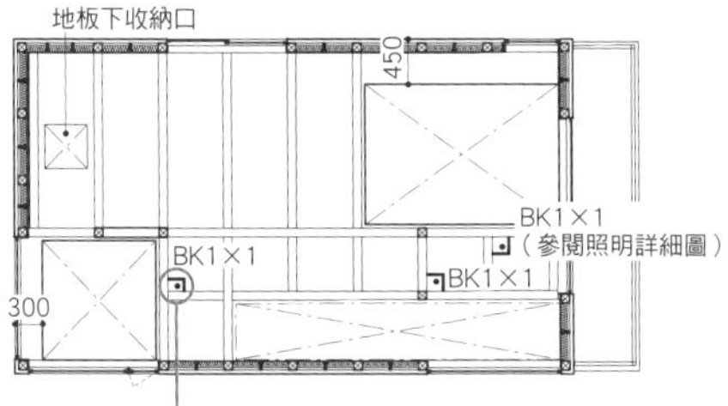
地板下收納口
450
BK1×1
（參閱照明詳細圖）
BK1×1
BK1×1
300
活用橫樑來設置照亮地板的照明。

照明詳細圖〔S=1：50〕

100
210
擋光板
（針葉樹合板）
450
140
裝設照明器具的高度，基本上是上下樓梯時光源不會出現在視線內，並且不會在地板形成Cut Off Line*的位置。距離橫樑140mm的位置設有擋光板。

照明
照片：SIRIUS LIGHTING OFFICE

多摩蘭坡之家

設計：MDS
〔照片：石井雅義〕

從1樓玄關大廳到盥洗室、浴室都採用同樣的磁性磚來提高空間的連續性，形成寬廣的氣氛。個人房為了將來可以分成三等份，在玄關大廳一方以等間隔來設置出入口，地板下收納跟天花板內側的收納也是一樣。另一方面，2樓的2片地板則是緩緩的將LDK跟書房區隔開來。

1樓平面圖

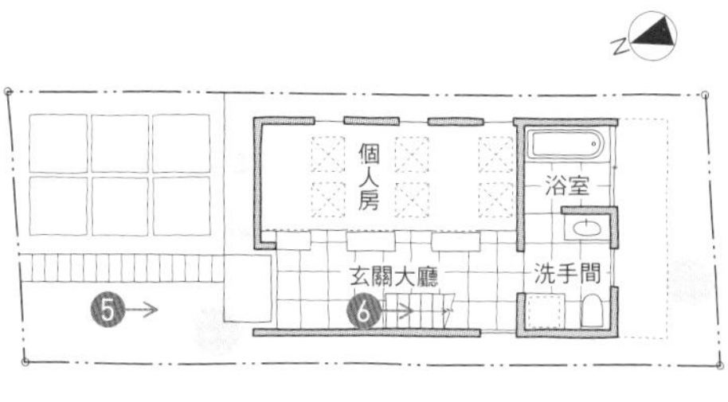
個人房
浴室
玄關大廳
洗手間
5
6

2樓平面圖

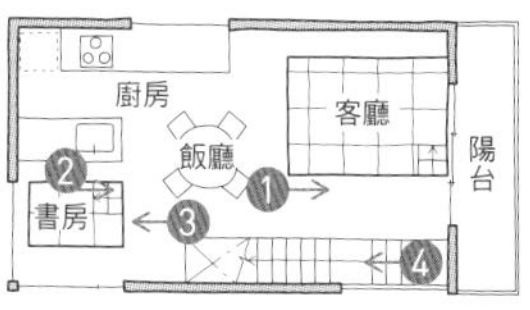
廚房
客廳
飯廳
陽台
書房
1
2
3
4

※胴緣：將板材貼上時，用來承受的基層材料。
*磁性磚（磁器質タイル）：用1250℃以上的高溫燒出來的磁磚，幾乎不吸水。
*Cut Off Line（カットオフライン）：間接照明的阻隔物，在照射面所形成的光的境界線。

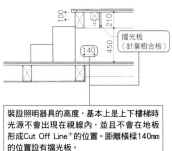

廚房作業台的高度並不侷限於800mm或850mm！

頂部遮蓋用橫木：縫隙20mm、深30mm
為了避開天花板表面的不均衡或凸出物，最好要確保20mm以上的調整用的縫隙（遮蓋用橫木）。

鍋爐高度：220mm
不論是電磁爐還是瓦斯爐，附帶烤箱之機種的尺寸，都以220mm來統一。跟旁邊抽屜的高度湊齊，可以呈現出整齊的外觀。

底端遮蓋用橫木：50mm
牆壁收邊條的高度，跟家具遮蓋用橫木的高度如果可以湊齊，則會形成整齊的線條。

廚房櫃台桌頂板：70mm
為了讓島型櫃台桌看起來像是一整塊的不鏽鋼，同時確保櫃台桌應有的強度，選擇70mm的頂板。

調理作業可區分為①清洗（流理台）、②切、揉（作業台）、③加熱，這三大類別。廚房作業台的高度，要顧及委託人的希望跟身高，連同作業動線來一起考量。JIS規格規定有800mm、850mm、900mm、950mm這4種高度，但這種標準實在是太過籠統。合適高度之基準另外還有「身高÷2+50」mm這個公式存在，但這種計算方法並沒有考慮到體型跟身材、拖鞋的有無等等。

另外，使用廚房的並非家中特定的個人。理所當然的，會親自下廚的男性也不在少數。

從調理作業來考慮高度

如果是要進行①的清洗作業，除了作業台的高度之外，還要考慮到流理台的水槽深度。一般流理台的水槽深度為190～200mm左右（有些產品會高達300mm以上），但必須跟冷熱混合式水龍頭出水口的高度，以及搭配使用的調理器具來一起檢討。進行②的作業時會在作業台表面放上砧板，思考作業台高度的時候，必須連砧板的厚度也一起考量。③的加熱作業，要將瓦斯爐跟電磁爐分開來思考。如果是瓦斯爐，有些款式的金屬口架甚至會高出作業台50mm。

再加上翻鍋跟窺探圓桶型鍋子的動作，最好是比理想的作業空間更低個50～100mm左右。

進口的洗碗機最少要有820mm

廚具等機器設備也不可以忘記。特別是從外國廠商（ASKO、Mie-le、AEG、GAGGENAU等等）進口的洗碗機，如果要裝在作業台內部，最少要有820mm（一部分為810mm）。以此加上頂板的厚度，把洗碗機裝在內部時的作業台頂端的高度，就會是最低限度的850mm以上。如果沒有達到這個高度，就只能選擇日本國內廠商所製造的外拉式洗碗機〔※〕。

〔和田浩一〕

※：加熱式調理機如果也用開放性的方式來裝在瓦斯爐下方，則可以挑選的款式會極端性的減少。

1 廚房的高度尺寸

懸掛式廚櫃①：600mm

是否要裝懸掛式的廚櫃，最好是看整體設計跟收納容量的均衡性來決定。最近常常出現「天花板附近的場所幾乎沒有在使用」的意見，設置懸掛式廚櫃的機會也越來越少。但如果要確保收納的容量，仍舊是很好用的手法。要在一個地方設置懸掛式廚櫃時，可以先確定收納的物品再來進行設計。收納物品決定好了之後，就能明確的決定櫃子深度，高度檢討起來也比較容易。照片中的案例，在距離地板1,840mm的高度，設置有600mm的懸掛式廚櫃，以牆壁的一部分來進行呈現。深度跟廚房作業台一樣是680mm。

懸掛式廚櫃②：高580×深375mm

位在遠方的懸掛式廚櫃，深度為375mm，底部跟地板的距離為1,260mm。原本預定在下面放置微波爐，但此處如果是以調理作業為主的空間，為了不讓頭去撞到櫥櫃，深度最好是再淺一點會比較好。懸掛式廚櫃的高度尺寸，必須先有明確的目的，然後用深度跟動作還有身體尺寸的關係來決定。

差尺：305mm

差尺（椅子坐面的高度，跟桌子頂板之間的垂直距離）將影響坐下的舒適性跟使用上的方便性。一般會以300mm為基本，本案例設定為305mm。

冰箱的高度：1,840mm

一般冰箱的高度為1,840mm，懸掛式廚櫃底端的高度，要可以容納這個尺寸。本案例設定為1,840mm。

2 廚房詳細圖

展開圖〔S＝1：50〕

距離天花板的縫隙

裝設抽油煙機的高度，根據日本建築基準法的規定，是距離熱源1,000mm以下〔＊1〕。另一方面，熱源到換氣濾網之間的距離，根據日本消防法的規定，是在800mm以上〔＊2〕。但如果所有的火口都裝有安全感測器，則可以縮小到600mm。目前日本瓦斯爐的所有火口，都義務性的設有「Si感測器」，因此設定成600mm即可（電磁爐基本上必須在800mm以上）。但作業台（高度900mm左右）加上600mm的高度，會讓抽油煙機的底端變成1,500mm，撞到頭部的危險性變高，實際上並不可行。大多都是距離作業台800～900mm的高度，當然這個尺寸也必須考慮抽油煙機的造型。

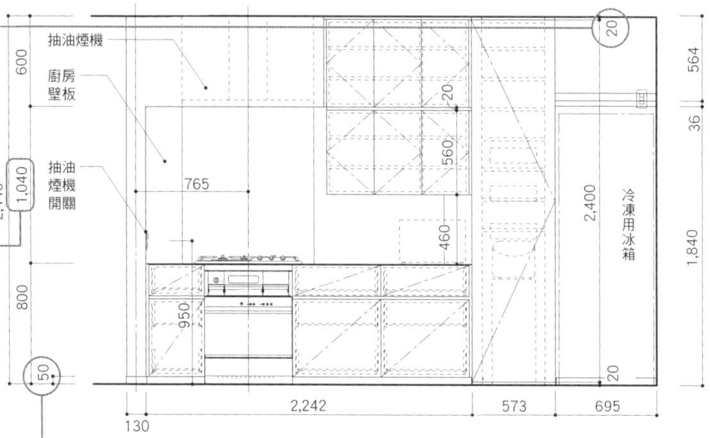

調理時常常得在廚房周圍作業，考慮到腳尖有可能進到家具下方，底端遮蓋用的橫木最少要有50～60mm。另外最好是從門板往內推50mm以上。

底端遮蓋用橫木詳細圖（配合海外廠商之洗碗機的橫木裝設方法）〔S＝1：8〕

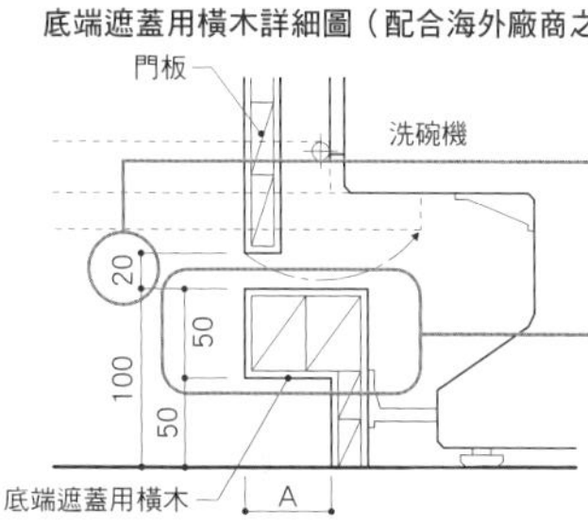

決定時必須確認門的轉動軸跟軌道、與橫木之間的縫隙、門板的大小。

希望可以讓洗碗機的遮蓋用橫木，跟50mm的牆壁收邊條湊齊，但一般的海外製品須要100mm以上的橫木。因此對橫木的造型下功夫，讓多出來的50mm跟門板形成同樣的平面，藉此來調整橫木的部分。

＊1：昭48建告1826號
＊2：東京都火災預防條例第3條第1項

設計：STUIDO KAZ、照片：STUIDO KAZ

2樓地板內側空間設定為200㎜來創造些許的透天構造

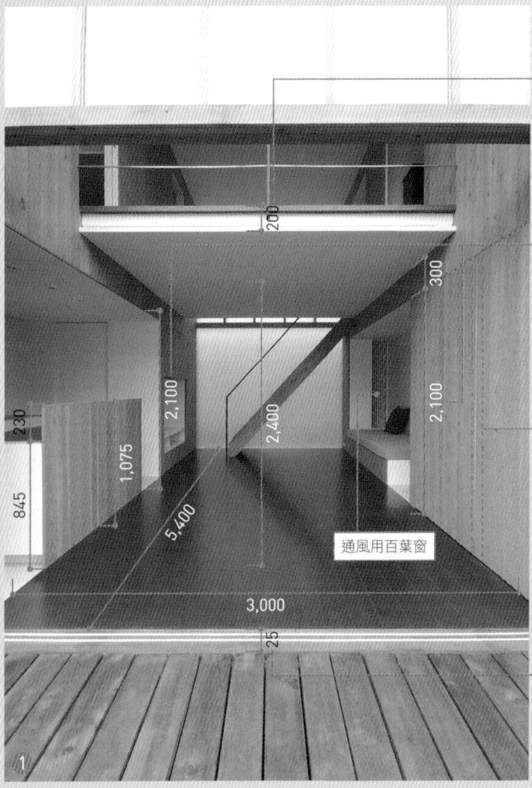

2樓地板內的空間：200㎜
為了讓透天看起來更加輕盈，2樓地板內的空間是減到最低的200㎜。地板切口設有配線用的管道，讓1樓的白色天花板不會有器具出現。

客廳天花板：2,400㎜
廚房天花板：2,100㎜
垂壁：300㎜
1樓天花板的高度統一為2,400㎜，開口處的高度統一為2,100㎜，明確的將領域區分開來。

收納的門板跟牆壁化為一體，讓空間不會產生明確的線條。

地板高低落差：25㎜
把門窗拉開，露台跟LDK就會成為連續性的空間。考慮到讓水流動的傾斜角度，內外的地面落差設定為25㎜。

2樓地板內的空間設定為200㎜、天花板內的空間設定為240～402㎜，盡可能的削薄來拉近上下樓層的關係。2樓地板以300㎜的間隔來排列橫樑，把樑的直徑壓低到120㎜，屋頂則是在樑的位置跟傾斜下功夫。

跟客廳等生活空間相接的開口處的高度，以1樓2100㎜、2樓1900㎜來統一。開口處一定比天花板要來得低（1樓為300㎜），藉此強調各個領域的進出，並提高客廳的開放感。〔橫田典雄〕

1 客廳的高度尺寸

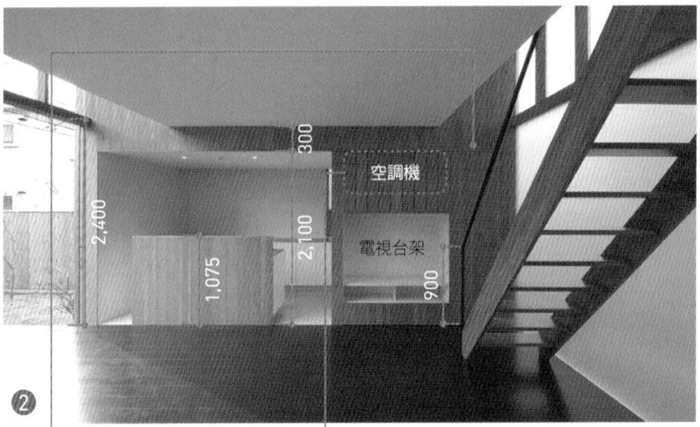

看起來為箱子的部分，全都是縱向的百葉（杉木），收納的門也跟牆壁表面化為一體。

用來設置空調機具的空間。板子之間的縫隙是給氣口，從下方電視台架的開口吹出。

LDK南北向的外觀。透過走廊讓客房的進出口看起來像是重疊在一起，使空間得到延伸性。

沙發床：420㎜
現場打造的沙發床〔參閱圖3〕。沙發下方，用風扇讓2樓上方累積的暖氣循環。

2 截面圖〔S=1:100〕

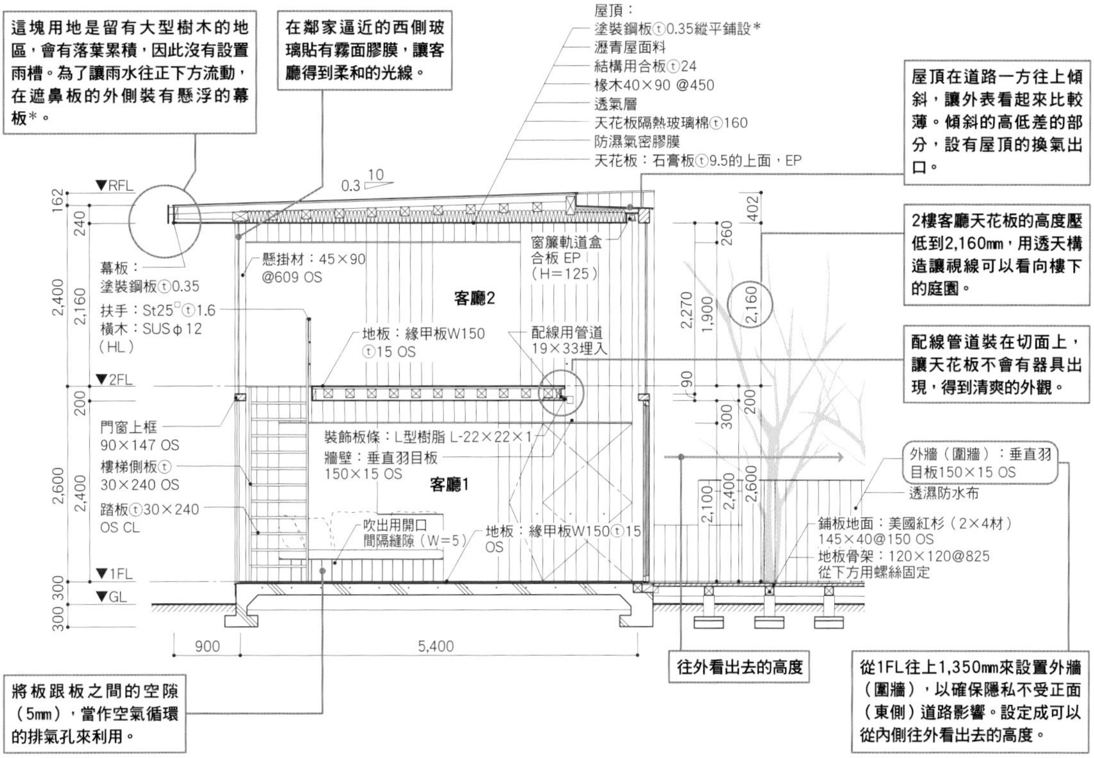
這塊用地是留有大型樹木的地區，會有落葉累積，因此沒有設置雨槽。為了讓雨水往正下方流動，在遮鼻板的外側裝有懸浮的幕板＊。
在鄰家逼近的西側玻璃貼有霧面膠膜，讓客廳得到柔和的光線。
屋頂：
塗裝鋼板ⓣ0.35縱平鋪設＊
瀝青屋面料
結構用合板ⓣ24
椽木40×90 @450
透氣層
天花板隔熱玻璃棉ⓣ160
防濕氣密膠膜
天花板：石膏板ⓣ9.5的上面，EP
屋頂在道路一方往上傾斜，讓外表看起來比較薄。傾斜的高低差的部分，設有屋頂的換氣出口。
2樓客廳天花板的高度壓低到2,160mm，用透天構造讓視線可以看向樓下的庭園。
配線管道裝在切面上，讓天花板不會有器具出現，得到清爽的外觀。
▼RFL
▼2FL
▼1FL
▼GL
0.3
10
幕板：
塗裝鋼板ⓣ0.35
扶手：St25□ⓣ1.6
橫木：SUSφ12
（HL）
懸掛材：45×90
@609 OS
窗簾軌道盒
合板 EP
（H=125）
客廳2
地板：緣甲板W150
ⓣ15 OS
配線用管道
19×33埋入
門窗上框
90×147 OS
樓梯側板ⓣ
30×240 OS
踏板ⓣ30×240
OS CL
裝飾板條：L型樹脂 L-22×22×1
牆壁：垂直羽目板
150×15 OS
客廳1
吹出用開口
間隔縫隙（W=5）
地板：緣甲板W150ⓣ15
OS
外牆（圍牆）：垂直羽目板150×15 OS
透濕防水布
鋪板地面：美國紅杉（2×4材）
145×40@150 OS
地板骨架：120×120@825
從下方用螺絲固定
900
5,400
往外看出去的高度
將板跟板之間的空隙（5mm），當作空氣循環的排氣孔來利用。
從1FL往上1,350mm來設置外牆（圍牆），以確保隱私不受正面（東側）道路影響。設定成可以從內側往外看出去的高度。

3 沙發床詳細圖

平面圖〔S=1：80〕

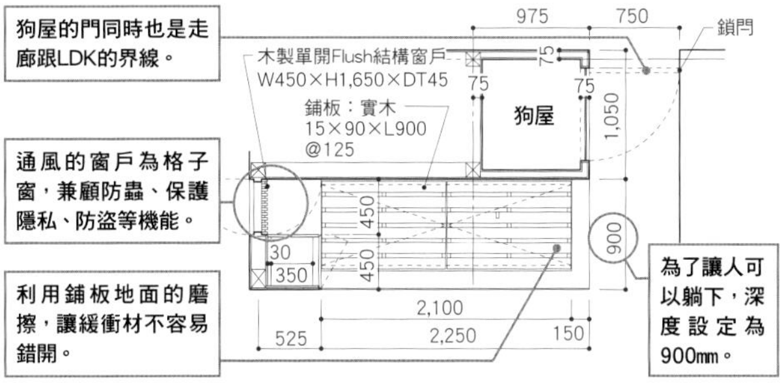
狗屋的門同時也是走廊跟LDK的界線。
通風的窗戶為格子窗，兼顧防蟲、保護隱私、防盜等機能。
利用鋪板地面的磨擦，讓緩衝材不容易錯開。
975
750
銷門
木製單開Flush結構窗戶
W450×H1,650×DT45
鋪板：實木
15×90×L900
@125
狗屋
1,050
450
450
30
350
900
2,100
525
2,250
150
為了讓人可以躺下，深度設定為900mm。

截面圖〔S=1：80〕

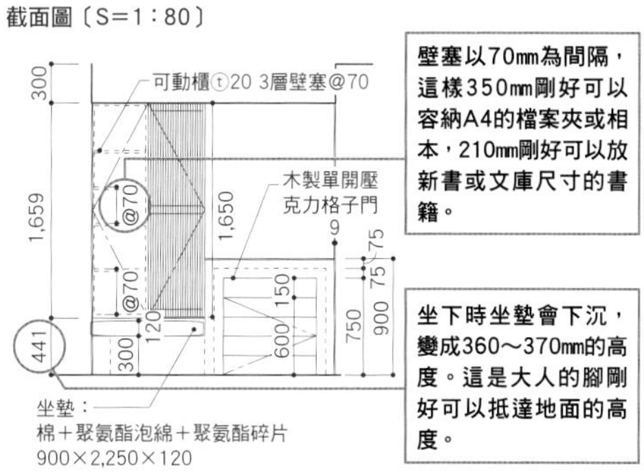
可動櫃ⓣ20 3層壁塞@70
木製單開壓克力格子門
300
1,659
1,650
@70
@70
441
300
120
600
150
750
900
75
75
坐墊：
棉＋聚氨酯泡綿＋聚氨酯碎片
900×2,250×120
壁塞以70mm為間隔，這樣350mm剛好可以容納A4的檔案夾或相本，210mm剛好可以放新書或文庫尺寸的書籍。
坐下時坐墊會下沉，變成360～370mm的高度。這是大人的腳剛好可以抵達地面的高度。

吉祥寺北之家

設計：CASE DESIGN STUDIO〔照片：CASE DESIGN STUDIO〕

這塊用地（方形）是各處還留有住宅用樹木跟田地的幽雅之處，除了東側與道路相接，另外三邊都是住宅或公寓。雖然也考慮在南側擺上庭園，但是被住宅跟鄰家所夾住的小庭園，無法滿足熱愛戶外的屋主。因此將建築擺在西側，東側將道路納入，形成開放性的室外空間。建築本身是單純的箱型結構，收納跟小房間存在的空間，外牆統一使用縱向的羽目板，內側的收納門也跟牆壁化為一體。1樓的LDK只要將門窗拉開，就能跟露台成為連續性的空間，讓多數人聚集。

4

1樓平面圖

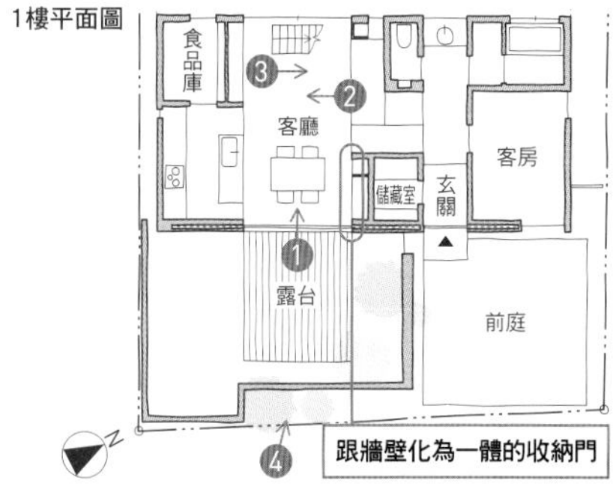
食品庫
客廳
客房
儲藏室
玄關
露台
前庭
跟牆壁化為一體的收納門

＊幕板：區分境界用的長方板材。
＊縱平鋪設（縦平（立平）葺き／Standing Seam）：相接處往上彎曲約2mm來進行咬合的屋頂鋪設方式。

連繫露台的開口處提高440mm來成為室內的外廊

2,213
2,873
2,413
720
440
1

2,413
2,213
玄關
露台
室內緣側

2 從室內的外廊可以看見客廳

室內緣側（板凳）：440mm

室內緣側（板凳）的高度是相當於2層樓梯的440mm（220mm×2層）。將窗戶打開，露台跟緣側就會成為連續性的寬敞空間。板凳下方是可以收納各種物品的腳輪式推車。玄關側面的部位是鞋櫃，樓梯下方兼具電視機台架。從提高440mm的緣側來通往樓梯，成功減少樓梯的層數。

1 露台、室內緣側截面圖［S=1:40］

窗框裝在板凳的高度。因此天花板雖然高達2,873mm，卻可以使用在一般住宅用的窗框（2,400mm）。

遮陽板的深度較深，在夏天雖然可以有效將太陽光擋下，但在冬天卻會減少日曬所能取得的熱能，增加白天光跟熱所須要的花費。事先模擬可以取得的熱量，確認一年下來所能取得的熱能，找出遮陽板往外凸出的最為理想的尺寸。

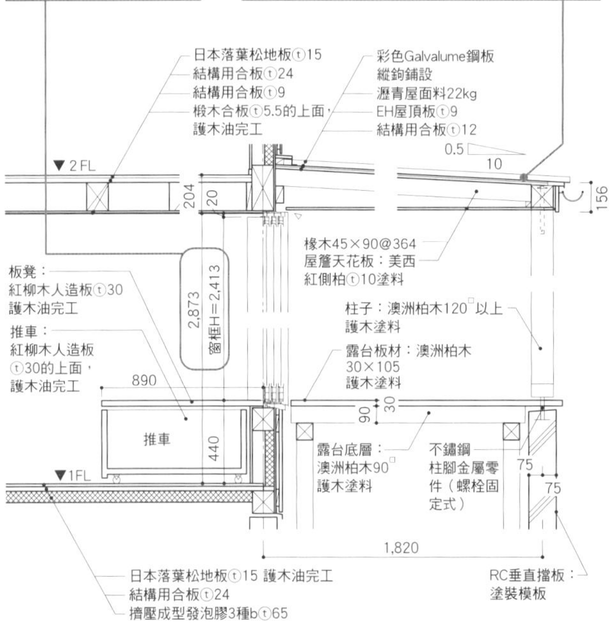
日本落葉松地板ⓣ15
結構用合板ⓣ24
結構用合板ⓣ9
椴木合板ⓣ5.5的上面，護木油完工
彩色Galvalume鋼板縱鉤鋪設
瀝青屋面料22kg
EH屋頂板ⓣ9
結構用合板ⓣ12
0.5
10
▼2FL
204
20
156
椽木45×90@364
屋簷天花板：美西紅側柏ⓣ10塗料
板凳：紅柳木人造板ⓣ30護木油完工
推車：紅柳木人造板ⓣ30的上面，護木油完工
2,873
窗框H=2,413
柱子：澳洲柏木120□以上護木塗料
露台板材：澳洲柏木30×105護木塗料
890
90
30
推車
440
▼1FL
露台底層：澳洲柏木90□護木塗料
不鏽鋼柱腳金屬零件（螺栓固定式）
75
75
1,820
日本落葉松地板ⓣ15 護木油完工
結構用合板ⓣ24
擠壓成型發泡膠3種bⓣ65
RC垂直擋板：塗裝模板

跟露台相連的可以進出的大型窗戶內側，提高440mm來形成「室內的緣側（外廊）」。讓緣側周圍變成想在此處逗留的生活空間。露台設有深度高達1間（約1.8公尺）的大型遮陽板，跟內部的緣側相連，給人從外往內延伸進來的印象。緣側的地面比道路還要高出1公尺左右，就算用地邊緣沒有圍欄也能確保室內的隱私，跟緣側相鄰的廚房也能享受到舒適的環境。

〔飯塚豐〕

COLUMN

LDK

2樓內部的緣側要注意防雨！

筆者在打造防水陽台的時候，底層一定會用金屬屋頂來處理。FRP防水在保障時期的10年結束之後會令人擔心，金屬屋頂則可以維持30年左右，具有比較高的信賴性。一邊讓內外的結構連續，一邊鋪上屋頂（板金），然後在2樓擺上陽台。但是因為防雨的關係，露台表面比一般地板要高出約400㎜。

如何活用這份高低落差，將是此處的重點。本案例把這400㎜的高低落差，當作兼具收納機能的板凳。一般來說深度只有半間（910㎜）的陽台，頂多只能當作曬衣服的空間，但如果跟往內延伸的緣側板凳連在一起，則可以成為足以有效利用的空間。〔飯塚豐〕

1 露台、2樓室內緣側截面圖［S=1:50］

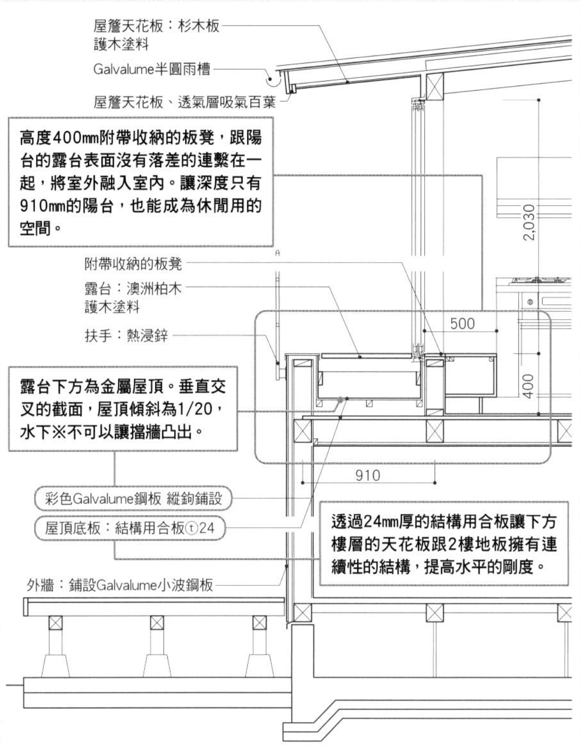
屋簷天花板：杉木板
護木塗料
Galvalume半圓雨槽
屋簷天花板、透氣層吸氣百葉
高度400㎜附帶收納的板凳，跟陽台的露台表面沒有落差的連繫在一起，將室外融入室內。讓深度只有910㎜的陽台，也能成為休閒用的空間。
2,030
附帶收納的板凳
露台：澳洲柏木
護木塗料
扶手：熱浸鋅
500
400
露台下方為金屬屋頂。垂直交叉的截面，屋頂傾斜為1/20，水下※不可以讓擋牆凸出。
910
彩色Galvalume鋼板 縱鉤鋪設
屋頂底板：結構用合板ⓣ24
透過24㎜厚的結構用合板讓下方樓層的天花板跟2樓地板擁有連續性的結構，提高水平的剛度。
外牆：鋪設Galvalume小波鋼板

2,030
500
400

室內緣側（板凳）：400㎜

開口處拉高400㎜，讓人很自然的就會想要坐下。進出用窗戶的高度為2,030㎜，板凳的深度為500㎜。

「松戸の家」設計：i＋i設計事務所、照片：i＋i設計事務所

多摩之家

設計：i＋i設計事務所〔i＋i設計事務所〕

曾經在北美住過的委託人，希望可以像西部劇那樣，讓住宅擁有大型的遮陽板。外觀是銀色Galvalume小波鋼板的箱型，裝上深度比較深的遮陽板。在形狀不均的用地中央打造外型均等的住宅，讓用地周圍成為可以種上植物的空間，成長的植物現在為住宅提供天然的屏障。住宅南側的遮陽板的空間，是深度910㎜，有如大型緣側一般的空間。遮陽板前端設置列柱，來強調緣側連繫內外的領域。

3

1樓平面圖

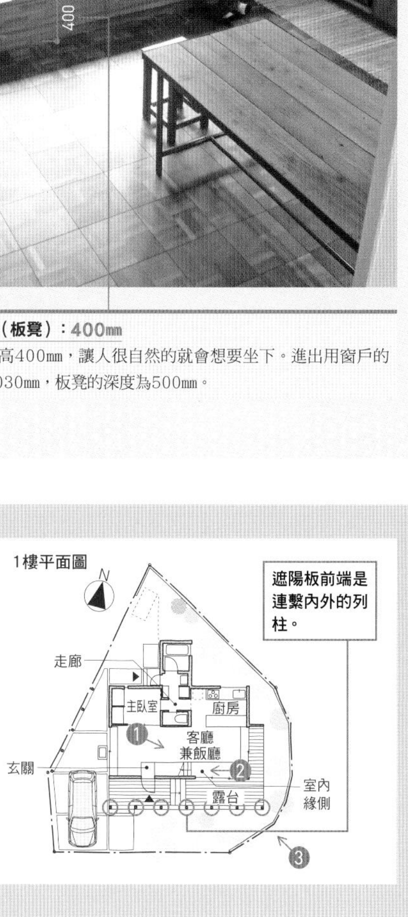
N
遮陽板前端是連繫內外的列柱。
走廊
主臥室
廚房
1
客廳兼飯廳
玄關
2
露台
室內緣側
3

※水下：建築內讓水流動的傾斜地面之中，高度最低的部分。

用高度800mm的垂直擋牆來創造透天的開放感

住宅密集地區的旗桿地，為了讓廚房兼飯廳得到穩定的光線，設置了高窗（High Side Light）。透天部分懸在半空的牆壁有1100mm（天花板內側的厚度400mm＋桌子頂端700mm），為了減輕壓迫感，在透天一方設有800mm的垂直擋牆，讓2樓保有隱私。〔鈴木謙介〕

採用弧面天花板，讓光的漸層可以美麗的呈現。顏色選擇容易讓光擴散的白色。

垂直擋牆：800mm
設置800mm的牆壁，讓2樓的要素不會被1樓看到。從廚房兼飯廳往上看的時候，只會從高窗看到天空，藉此提高透天結構的開放感。

客廳天花板：2,250mm
為了強調透天的高度，把客廳天花板的高度壓低到2,250mm。

垂直擋板：200mm
為了讓水龍頭的出水口可以完全被遮住，設有200mm的垂直擋板來當作遮掩。

底端遮蓋用橫木：70mm
考慮到穿著拖鞋、靠近作業台來進行作業的狀況，底端的橫木必須要有70mm。另外，牆壁收邊條只要40mm就能擁有充分的機能，因此高度沒有跟橫木湊齊。

高窗
1,100
800
2,250
200
40
70
900
1

1 截面圖［S=1:150］

白色的弧面天花板，以半徑2,000mm的圓形來製作。

走廊設有讀書用的角落。書桌的尺寸是高700×寬600mm。走廊的寬度是820mm，就算是坐在書桌前方的椅子上，背後也有充分的空間可以讓人通過。

讓光線照進1樓跟2樓書房的高窗。

為了方便開關，換氣用的窗戶擺在可以用手操作的高度（下端1,600mm）。

2面牆壁之間的255mm，是用來擺放植物的空間。

設置800mm的牆壁（牆內400mm＋垂直擋牆400mm），來控制1樓的廚房兼飯廳往上看的時候所能得到的視野。

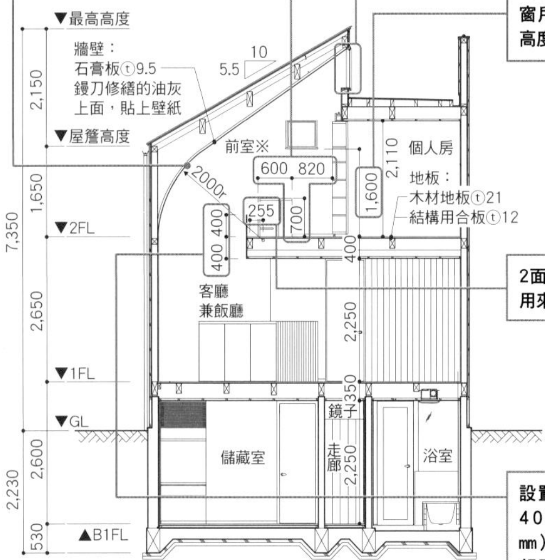
▼最高高度
牆壁：
石膏板ⓣ9.5
鏝刀修繕的油灰
上面，貼上壁紙
10
5.5
2,150
▼屋簷高度
前室※
600
820
2,110
個人房
地板：
木材地板ⓣ21
結構用合板ⓣ12
2000r
1,600
1,650
255
700
7,350
▼2FL
400
400
400
客廳
兼飯廳
2,650
2,250
▼1FL
350
鏡子
▼GL
2,600
儲藏室
走廊
2,250
浴室
2,230
530
▲B1FL

＊前室：為了維持主要空間的環境，設在入口前方的小房間。

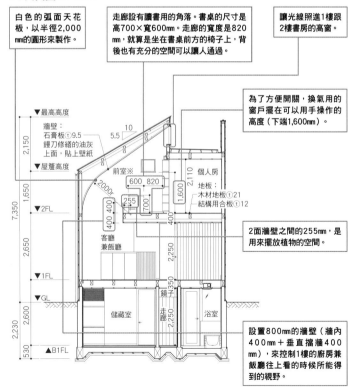

2 將客廳跟玄關緩緩的連繫在一起

結構柱
2,250
1,100
885
2

跟玄關相連的客廳，沒有用牆壁來進行區隔，給人比實際面積更為寬廣的感覺。照片內只有最左端是結構柱，其他7根都是裝飾性的柱子。柱子之間裝有玻璃。

天花板：2,250mm
跟廚房兼飯廳的透天結構形成對比，客廳的天花板高度壓低到2,250mm來降低重心，更進一步突顯透天的高度。

百葉窗板上端：885mm
為了將客廳的重心壓低，擺在地面上的冷氣機的百葉窗板上端，刻意不跟旁邊收納的頂端湊齊。

百葉窗板要用1：3的法則！

隱藏冷氣用的百葉窗板，裝設的重點在於盡量不去影響冷氣的效率，並且不讓冷氣機的存在對空間造成干涉。筆者會以「百葉窗板的間隔：百葉窗板的深度＝1：3」為原則。把深度稍微加深，不論從哪個角度都看不到內側的冷氣。繼承了老師椎名英三先生的裝設手法。

百葉窗板縱向截面圖〔S＝1：40〕

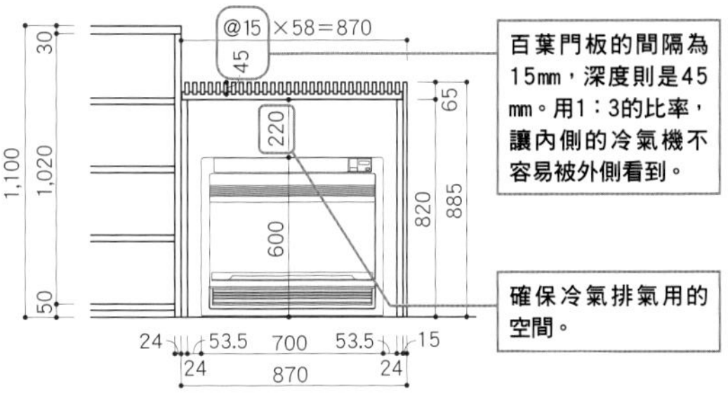

@15×58＝870
30
45
1,100
1,020
220
65
820
885
600
50
24
53.5
700
53.5
15
24
870
24
百葉門板的間隔為15mm，深度則是45mm。用1：3的比率，讓內側的冷氣機不容易被外側看到。
確保冷氣排氣用的空間。

百葉窗板橫向截面圖〔S＝1：40〕

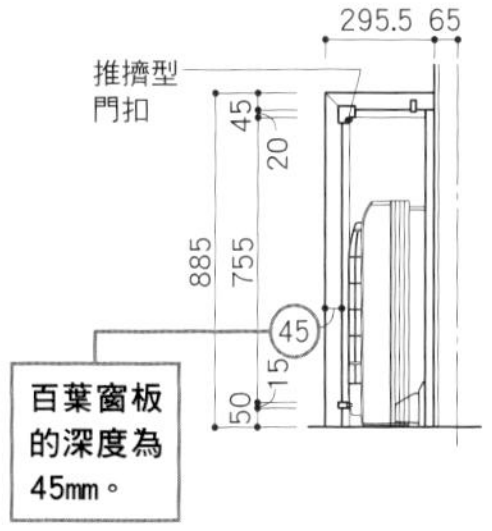

295.5
65
推擠型門扣
45
20
885
755
45
15
50
百葉窗板的深度為45mm。

- 頂板：鋪設人造大理石（冰河白）ⓣ30
- 門　材料：聚酯合板Flush結構（白）ⓣ21
  金屬零件：櫃門鉸鏈
  把手：內凹式把手
- 遮蓋用橫木：實心木板 正面貼上聚酯合板（白）
- 本體：
- 櫃板　材料：聚酯合板Flush結構ⓣ24
  金屬零件：托座
- 幕板
- 百葉窗板　材料：雲杉木 15×30 OP（白）
  金屬零件：推擠型門扣

尾山台之家

設計：鈴木謙介建築設計事務所
〔照片：鈴木謙介建築設計事務所〕

將來很可能會與其他住宅相鄰的旗桿地。設有天窗跟高窗，來得到穩定的光線。在樓梯平台設置廁所、走廊兼任書房等等，有效活用面積來為4人家族確保多元的生活空間。

3

讓底層的浴室、盥洗室得到穩定光線的開口跟Dry Area＊。

底層平面圖

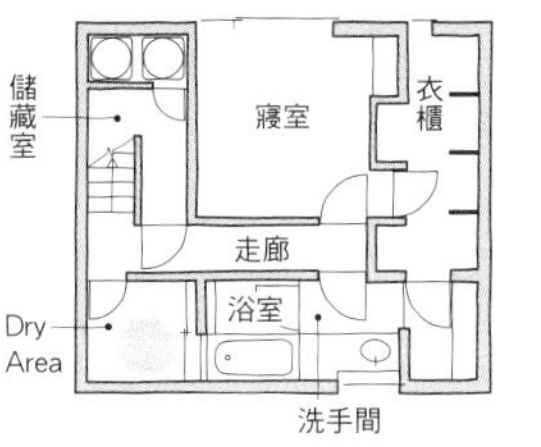

儲藏室
寢室
衣櫃
走廊
Dry Area
浴室
洗手間

1樓平面圖

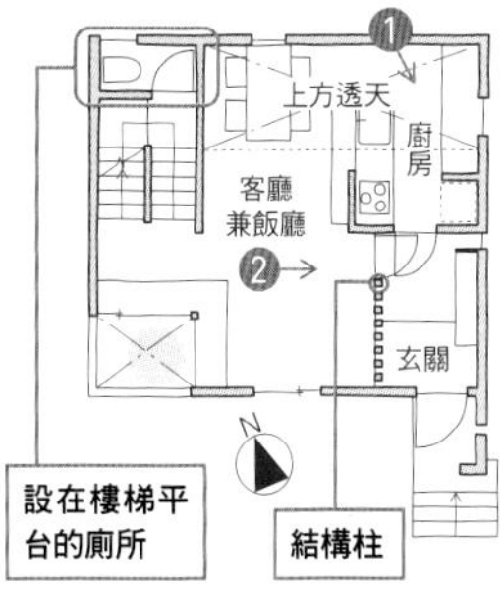

1
上方透天
廚房
客廳兼飯廳
2
玄關
設在樓梯平台的廁所
結構柱

＊Dry Area：位於地下室外面，將地面挖深所創造出來的開放空間，主要用來改善地下室的採光或通風。

6000×2800㎜的強調大型開口的截面構造

6,000
500
十字
165
2,800
2,135
固定窗
固定窗
1

開口處：寬6,000×高2,800㎜
以最大限度來活用外側可以瞭望的景觀。考慮到門窗的彎曲跟重量，兩端為固定式的，中央是往單側拉開的玻璃窗。在完全拉開時，剛好會出現兩組十字（框架）。

門窗上框：165㎜
為了設置大型開口，窗框內設有抗風樑，配合這點來安裝門窗上框（參閱圖1）。

樑：120×330㎜、柱：120×180㎜
讓橫樑跟柱子裸露在外，以500㎜的短間隔（樑、柱為380㎜）來連續排列下去，形成光影的節奏及延伸感。

在客廳兼飯廳設置寬6000×高2800㎜的大型落地窗門。為了更進一步強調瞭望的寬廣度，在前往客廳兼飯廳之途中的天花板高度（住宅的截面構造）創造出強弱。玄關透天的天花板高度為5712㎜。在走廊先降低到2250㎜，然後到客廳兼飯廳的橫樑下方的2800㎜，使人更進一步感受到挑高的感覺。

〔鈴木謙介〕

1 開口處詳細圖〔S=1:40〕

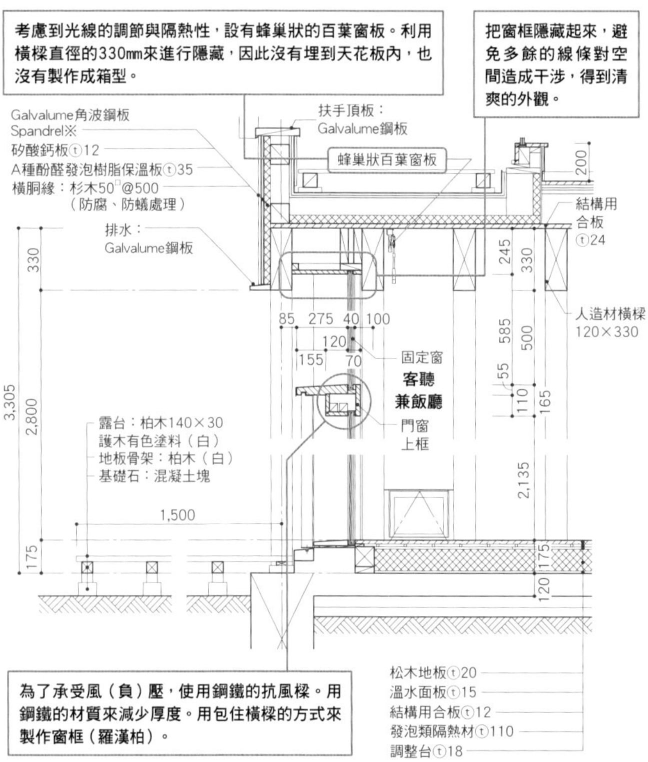
考慮到光線的調節與隔熱性，設有蜂巢狀的百葉窗板。利用橫樑直徑的330㎜來進行隱藏，因此沒有埋到天花板內，也沒有製作成箱型。
把窗框隱藏起來，避免多餘的線條對空間造成干涉，得到清爽的外觀。
Galvalume角波鋼板
Spandrel※
矽酸鈣板ⓣ12
A種酚醛發泡樹脂保溫板ⓣ35
橫胴緣：杉木50□@500
（防腐、防蟻處理）
排水：
Galvalume鋼板
扶手頂板：
Galvalume鋼板
蜂巢狀百葉窗板
200
結構用
合板
ⓣ24
245
330
330
人造材橫樑
120×330
85 275 40 100
120
155 70
固定窗
客聽
兼飯廳
門窗
上框
585
500
55
110
165
3,305
2,800
2,135
露台：柏木140×30
護木有色塗料（白）
地板骨架：柏木（白）
基礎石：混凝土塊
1,500
175
175
120
為了承受風（負）壓，使用鋼鐵的抗風樑。用鋼鐵的材質來減少厚度。用包住橫樑的方式來製作窗框（羅漢柏）。
松木地板ⓣ20
溫水面板ⓣ15
結構用合板ⓣ12
發泡類隔熱材ⓣ110
調整台ⓣ18

※Spandrel：把固定用螺絲遮住的金屬裝飾板。

2 截面圖 [S=1:120]

光線從天窗照進玄關跟2樓走廊。站在玄關時，為了在光的導引之下自然的前往走廊，用1,100mm的扶手牆來讓人感受到2樓的存在感。

「高度」是相對性的概念。在玄關體驗到透天的高度之後，穿過高度一口氣被壓低的走廊，然後來到天花板最高的客廳，更進一步強調高的感覺。

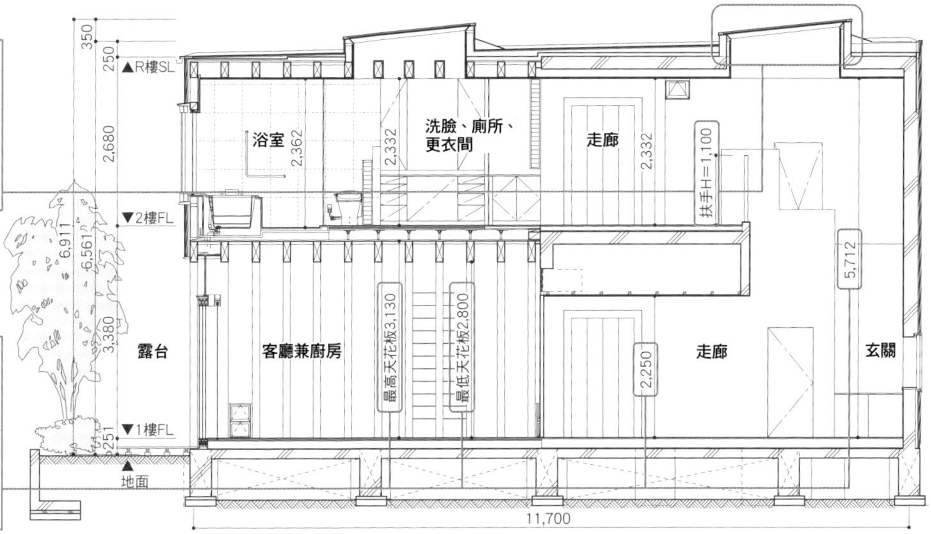
350
250
▲R樓SL
2,680
▼2樓FL
6,911
6,561
3,380
251
▼1樓FL
▲
地面
浴室
2,362
2,332
洗臉、廁所、
更衣間
走廊
2,332
扶手H=1,100
5,712
露台
客廳兼廚房
最高天花板3,130
最低天花板2,800
2,250
走廊
玄關
11,700

2,250
2,400
2 照片1的另一側

走廊：2,250mm
為了強化高度的對比，希望將走廊調整到最低的高度（2,100mm左右）。跟委託人討論之後，結果決定是2,250mm，但還是形成充分的對比。

廚房側牆：2,400mm
為了讓客廳兼飯廳感受到廚房內的存在感，將廚房側牆的高度調整為2,400mm。把光線連繫起來，形成往內延伸出去的演出。

2個收納箱就能滿足屋主的需求，但這樣無法得到充分的節奏感。為了創造出空間的節奏，室內裝潢全都以「3」來進行統一。埋在牆壁上的排氣孔也是3個。利用柱子之間所設置的收納櫃也是3行。

篠原台之家

設計：鈴木謙介建築設計事務所
〔照片：新建築社〕

位在橫濱高台上面，視野敞開的用地。為了活用這份視野，決定在客廳設置大型的開口，但用地位在7公尺高的古老護土牆上，必須盡可能降低建築的重量。因此靠近護土牆的那半邊採用木造，只負擔垂直荷重，離開護土牆的另外半邊採用鋼筋混凝土，讓木造的水平力道透過地板（結構用合板）來傳遞到鋼筋混凝土那邊。

結構軸測圖

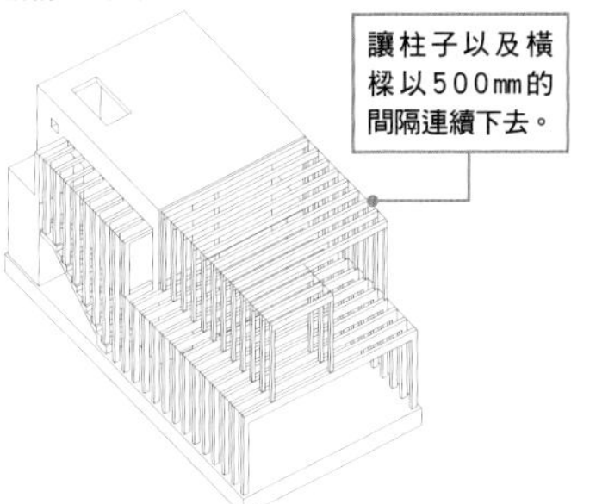
讓柱子以及橫樑以500mm的間隔連續下去。

1樓平面圖

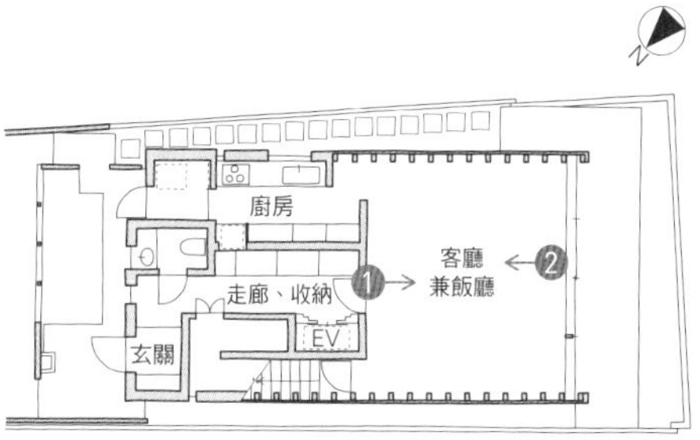
廚房
客廳
兼飯廳
走廊、收納
EV
玄關

地板提高450mm讓畫框式窗戶得到飄浮感

3,500
1,600
850
54
450
1

為了隱藏捲簾的收納盒來得到清爽的天花板，加裝有可以跟天花板形成同一個表面的蓋子。

把地板拉高的部分（厚度396mm），用來擺設冷氣機跟收納腳輪式的推車，當作二次性的利用（參閱圖2）。

地板：450mm、開口處：1,600mm
視線遠方的高山沒有受到任何阻礙，為了不讓地板出現在視線之中（出現地面帶來人穩定感），把地板高度提高450mm，在此設置全高的畫框式窗戶。設置垂壁會給人被圍起來的安心感，讓飄浮的感覺（不穩定的感覺）減少，因此沒有使用。

為了讓人直接感受到遠方連綿青山的這個壓倒性景觀，在客廳設置畫框式窗戶。從這個窗戶望向遠方的時候，會給人身處在空中的飄浮感（稍微不穩定的感覺）。另外也將地板高度提高450mm，以免地面出現在視線之中，影響到這份飄浮感。

〔石井秀樹〕

1 開口處詳細圖［S=1:15］

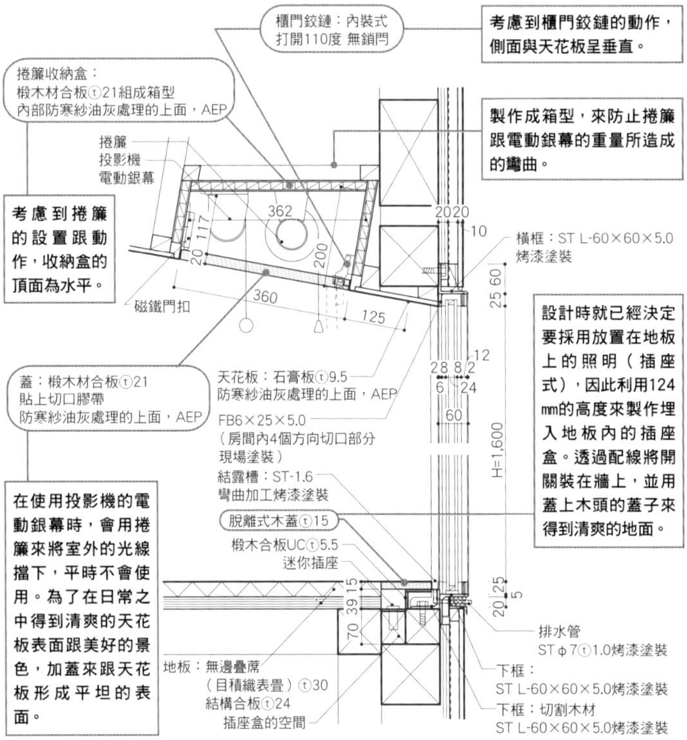
櫃門鉸鏈：內裝式
打開110度 無鎖門
考慮到櫃門鉸鏈的動作，側面與天花板呈垂直。
捲簾收納盒：
椴木材合板ⓣ21組成箱型
內部防寒紗油灰處理的上面，AEP
製作成箱型，來防止捲簾跟電動銀幕的重量所造成的彎曲。
捲簾
投影機
電動銀幕
考慮到捲簾的設置跟動作，收納盒的頂面為水平。
362
117
20
200
2020
10
橫框：ST L-60×60×5.0
烤漆塗裝
25 60
360
125
磁鐵門扣
設計時就已經決定要採用放置在地板上的照明（插座式），因此利用124mm的高度來製作埋入地板內的插座盒。透過配線將開關裝在牆上，並用蓋上木頭的蓋子來得到清爽的地面。
12
28 8 2
6 24
60
蓋：椴木材合板ⓣ21
貼上切口膠帶
防寒紗油灰處理的上面，AEP
天花板：石膏板ⓣ9.5
防寒紗油灰處理的上面，AEP
FB6×25×5.0
（房間內4個方向切口部分
現場塗裝）
結露槽：ST-1.6
彎曲加工烤漆塗裝
H=1,600
在使用投影機的電動銀幕時，會用捲簾來將室外的光線擋下，平時不會使用。為了在日常之中得到清爽的天花板表面跟美好的景色，加蓋來跟天花板形成平坦的表面。
脫離式木蓋ⓣ15
椴木合板UCⓣ5.5
迷你插座
15
39
70
20 25
5
排水管
ST ϕ 7ⓣ1.0烤漆塗裝
下框：
ST L-60×60×5.0烤漆塗裝
下框：切割木材
ST L-60×60×5.0烤漆塗裝
地板：無邊疊蓆
（目積織表畳）ⓣ30
結構合板ⓣ24
插座盒的空間

COLUMN LDK 露天外廊利用105mm的高低差，來連繫內外

委託人希望能觀賞到寬廣的庭園，並享受家庭菜園的樂趣。對此，為了以視覺性跟物理性的方式確保室內跟庭園的連續性，利用濡緣*（露天外廊）105mm的高低落差將門窗的外框隱藏起來，成為內外連繫在一起的演出。（石井秀樹）

1 開口處詳細圖［S=1:25］

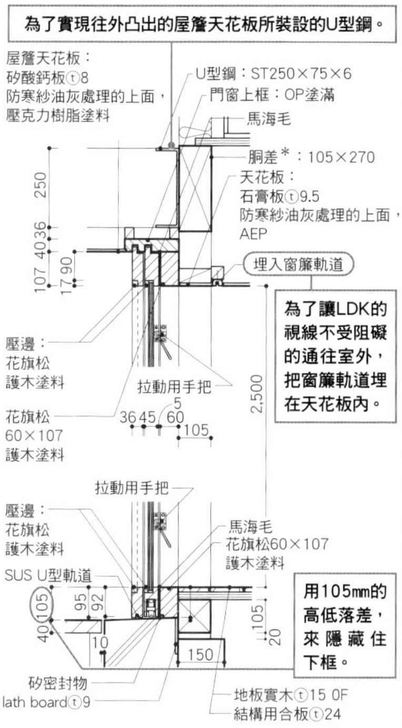

為了實現往外凸出的屋簷天花板所裝設的U型鋼。
屋簷天花板：
矽酸鈣板ⓣ8
防寒紗油灰處理的上面，
壓克力樹脂塗料
U型鋼：ST250×75×6
門窗上框：OP塗滿
馬海毛
胴差*：105×270
天花板：
石膏板ⓣ9.5
防寒紗油灰處理的上面，
AEP
埋入窗簾軌道
為了讓LDK的視線不受阻礙的通往室外，把窗簾軌道埋在天花板內。
壓邊：
花旗松
護木塗料
拉動用手把
花旗松
60×107
護木塗料
拉動用手把
壓邊：
花旗松
護木塗料
馬海毛
花旗松60×107
護木塗料
SUS U型軌道
用105mm的高低落差，來隱藏住下框。
矽密封物
lath board ⓣ9
地板實木ⓣ15 OF
結構用合板ⓣ24
250
4036
107
17 90
2,500
36 45 5 60
105
105
95
92
40
10
105
20
150

2,500

開口處：2,500mm
高度2,500mm，面向南邊的大型玻璃面。開口較高，把控制陽光的遮陽板加深到1,775mm。用鋼鐵來當作遮陽板的框架，從建築物內往外凸出。

高低落差：105mm
為確保視覺上的連續性，讓窗戶外框的尺寸分配跟柱子間隔相同，直框的直徑尺寸也跟柱子（105mm正方）一樣，讓直框化為柱子的一部分隱藏起來。另外，室內地板跟濡緣設有105mm的高低落差，藉此將下框隱藏起來，另一方面在室內垂壁下端跟屋簷內側也設有107mm的高低差，將上框隱藏。藉此提高視覺上的連續性。

1,775
105
濡緣

「鶴島之家」設計：石井秀樹建築設計事務所、照片：鳥村鋼一

2 收納空間詳細圖［S=1:15］

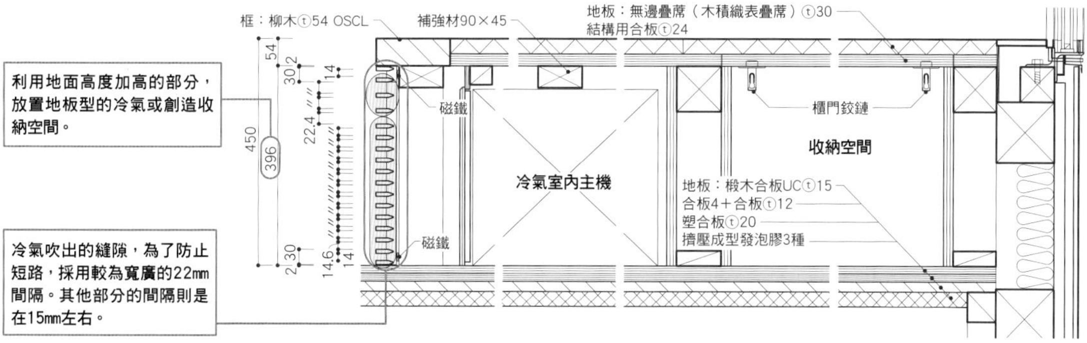

框：柳木ⓣ54 OSCL
補強材90×45
地板：無邊疊蓆（木積織表疊蓆）ⓣ30
結構用合板ⓣ24
利用地面高度加高的部分，放置地板型的冷氣或創造收納空間。
磁鐵
櫃門鉸鏈
收納空間
冷氣室內主機
地板：椴木合板UCⓣ15
合板4＋合板ⓣ12
塑合板ⓣ20
擠壓成型發泡膠3種
磁鐵
冷氣吹出的縫隙，為了防止短路，採用較為寬廣的22mm間隔。其他部分的間隔則是在15mm左右。
54
30
2
14
450
396
22.4
30
2
14.6
14

富士見丘之家

設計：石井秀樹建築設計事務所
〔照片：鳥村鋼一〕

位在往南傾斜的住宅密集地的北端，南側道路的另一端有成群的住宅。相反的北側則是有茂密的森林，在順光照射之下非常的美麗。東北方的樹木跟用地較為接近，宛如被森林所擁抱一般。看向西北方，有樹木將眼前的斜坡覆蓋，從高台可以瞭望整片森林。為了將北側與森林的關連性融入室內，把開口裝在住宅北側，南側則是擺上寢室跟書房，當作與住宅密集地的界線。

客廳的固定窗
2
485

從北側來進行觀察，可以看出地面非常的接近，且連續性的延伸。為了不讓人感受到這點，在設計地平面往上485mm、1樓地板往上450mm的高度設置大型玻璃窗，讓人不會看到室外的地面。

平面圖

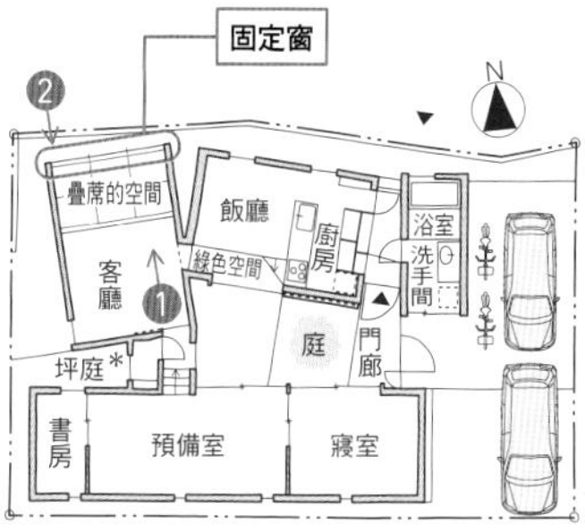

固定窗
2
N
疊蓆的空間
飯廳
客廳
綠色空間
廚房
浴室
洗手間
1
庭
門廊
坪庭*
書房
預備室
寢室

*濡緣：沒有遮掩，會被雨淋濕的緣側（外走廊）。 *坪庭：迷你的中庭。
*胴差：木造軸組工法之中，在2樓地板的高度，環繞建築物周圍一圈的木材。
*各個生活空間的稱呼採用一般名稱。

水平方向的透天。5850×1萬800㎜的大型空間

透天天花板：5,850㎜
充分活用東西距離約13公尺的用地，以「水平的透天空間」為主題的住宅。為了強調往水平方向穿越出去的感覺，天花板的高度設定為比較高的5,850㎜。

在南面，有一部分的天花板使用中空的聚碳酸酯，期待將可以形成，如穿透紙門一般的柔和光線（參閱圖2）

以450㎜的間隔來排列厚40㎜、寬180㎜的人造木材（柱子、橫樑），並且用4根鋼筋來串在一起（參閱圖3）。

樓層高度：3,000㎜
1樓的樓層高度為3,000㎜，寬度為2,700㎜。為了強調往水平方向穿越出去的感覺，採用左右比較長的造型。

天花板：2,500㎜
筆者總是希望天花板可以高過一般集合性住宅的尺寸，因此以2,500㎜為最低標準。

往水平方向穿越出去的透天空間，是這棟住宅最大的主題。以450㎜的間隔來排列25根厚40㎜、寬180㎜的人造木材（橫樑、柱子），並且用4根鋼筋來將它們串在一起。以較短的間隔讓同樣的材質連續排列下去，表現出纖細的美感。在天花板高度5850㎜、長11公尺的空間內所排列的柱子跟橫樑，可以強調往水平方向穿越出去的感覺。

〔今永和利〕

1 「1：1.1」的挑高構造

開口處：
2,500×2,750㎜
筆者喜歡使用高低比較長的造型。設定為「寬：高＝1：1.1」左右的比率，讓視線可以穿透到上方，成為寬敞的空間。

考慮到隔熱性，裝有蜂巢狀的百葉窗板。因為是從下往上堆的類型，可以一邊擋下來自鄰家的視線，一邊讓人瞭望天空。每一片的構造非常的薄，就算是在窗框下方堆積，裝起來也只有30㎜的厚度，不會讓人感到在意。

用透天構造將1樓的LDK跟2樓的小孩客廳連繫在一起。

2 屋頂詳細圖

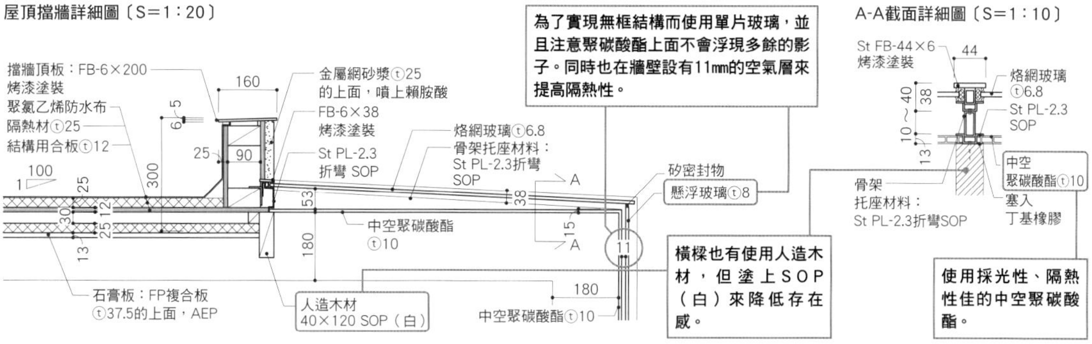

屋頂擋牆詳細圖〔S＝1：20〕
擋牆頂板：FB-6×200
烤漆塗裝
聚氯乙烯防水布
隔熱材ⓣ25
結構用合板ⓣ12
金屬網砂漿ⓣ25
的上面，噴上賴胺酸
FB-6×38
烤漆塗裝
St PL-2.3
折彎 SOP
烙網玻璃ⓣ6.8
骨架托座材料：
St PL-2.3折彎
SOP
矽密封物
懸浮玻璃ⓣ8
中空聚碳酸酯
ⓣ10
石膏板：FP複合板
ⓣ37.5的上面，AEP
人造木材
40×120 SOP（白）
中空聚碳酸酯ⓣ10
為了實現無框結構而使用單片玻璃，並且注意聚碳酸酯上面不會浮現多餘的影子。同時也在牆壁設有11mm的空氣層來提高隔熱性。
橫樑也有使用人造木材，但塗上SOP（白）來降低存在感。
A-A截面詳細圖〔S＝1：10〕
St FB-44×6
烤漆塗裝
烙網玻璃
ⓣ6.8
St PL-2.3
SOP
中空
聚碳酸酯ⓣ10
塞入
丁基橡膠
骨架
托座材料：
St PL-2.3折彎SOP
使用採光性、隔熱性佳的中空聚碳酸酯。

3 裝飾柱詳細圖［S=1:60］

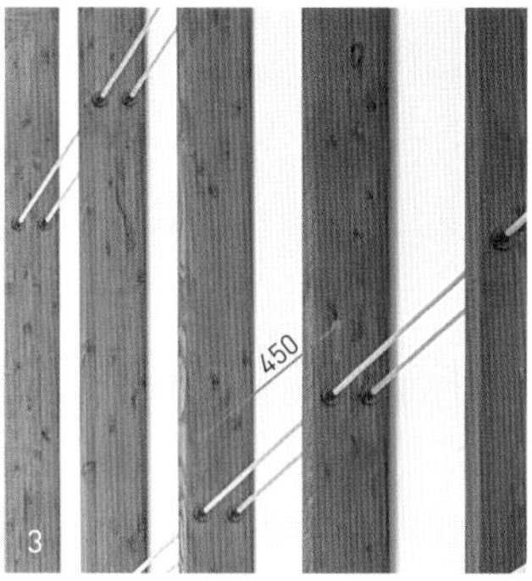

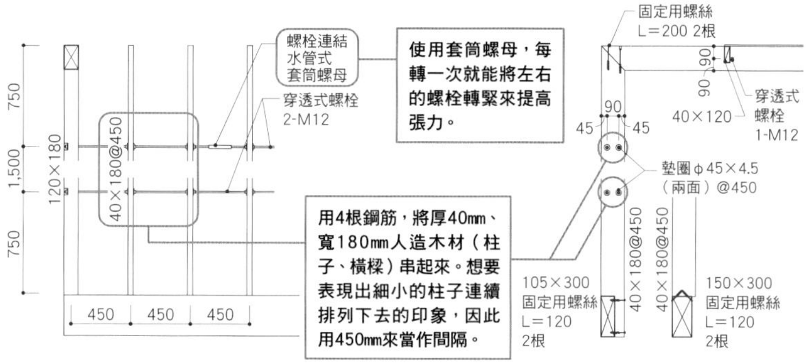

螺栓連結
水管式
套筒螺母
穿透式螺栓
2-M12
使用套筒螺母，每轉一次就能將左右的螺栓轉緊來提高張力。
用4根鋼筋，將厚40mm、寬180mm人造木材（柱子、橫樑）串起來。想要表現出細小的柱子連續排列下去的印象，因此用450mm來當作間隔。
固定用螺絲
L＝200 2根
穿透式
螺栓
1-M12
墊圈φ45×4.5
（兩面）@450
105×300
固定用螺絲
L＝120
2根
150×300
固定用螺絲
L＝120
2根

4 樓梯詳細圖

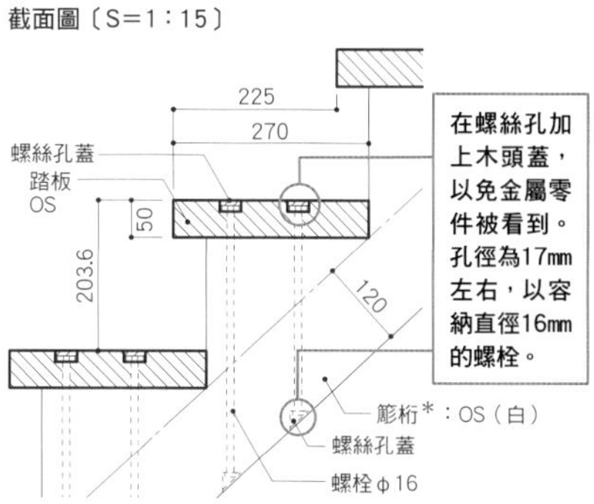

截面圖〔S＝1：15〕
螺絲孔蓋
踏板
OS
在螺絲孔加上木頭蓋，以免金屬零件被看到。孔徑為17mm左右，以容納直徑16mm的螺栓。
簓桁*：OS（白）
螺絲孔蓋
螺栓φ16

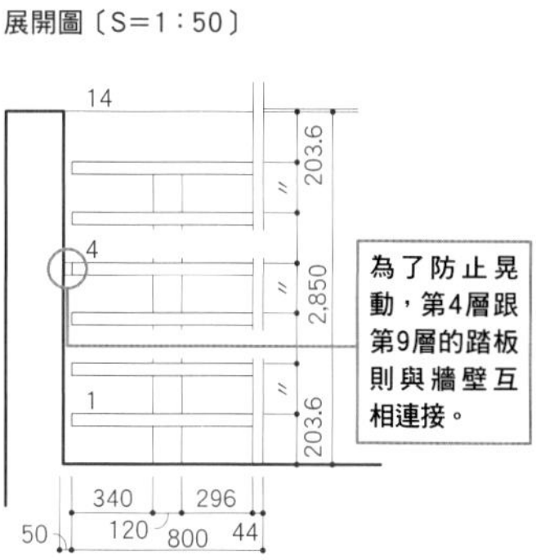

展開圖〔S＝1：50〕
為了防止晃動，第4層跟第9層的踏板則與牆壁互相連接。

水平透天之家

設計：今永環境計劃

〔照片：Nacasa&Partners（①、③）、Right Stuff後藤徹雄（②、④）〕

位在南北與鄰家接近的市中心的住宅地，東西面向道路，敷地計畫也往東西方向敞開。面對這種用地的形狀，決定用較薄的木板連續排列，來創造出水平的透天構造。在透天構造的牆壁跟天花板的一部分，讓光線可以柔和的照進來。2樓設有小孩子們的客廳，一邊跟1樓緩緩的區隔開來，一邊形成上下都能感受到對方存在感的空間。

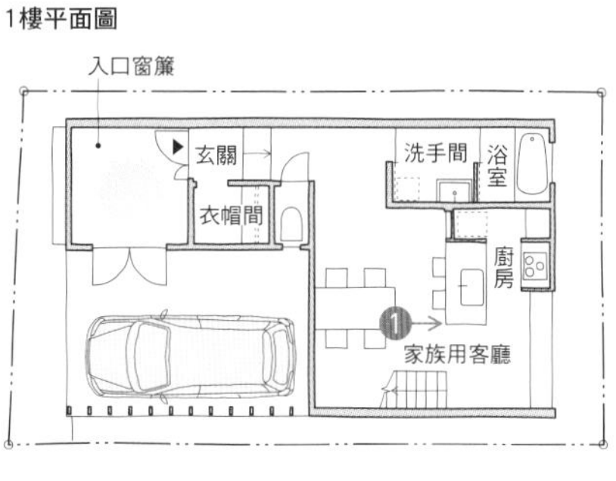

1樓平面圖
入口窗簾
玄關
衣帽間
洗手間
浴室
廚房
家族用客廳

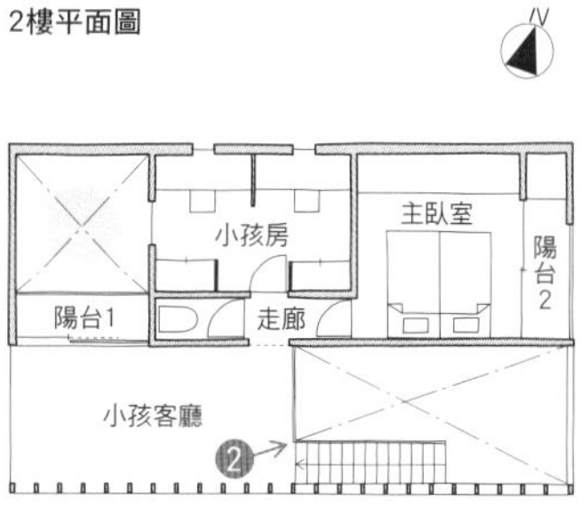

2樓平面圖
小孩房
主臥室
陽台1
走廊
陽台2
小孩客廳

*簓桁：只從下方來支撐樓梯踏板的結構。

廚房作業台跟飯廳餐桌用720mm湊齊

350
1,130
900
780
600
720
720
350
1

餐桌：720mm
用720mm的高度，以平面將廚房作業台的頂端跟餐桌連繫在一起。廚房的地板比飯廳要低180mm。作業台的深度為780mm，從飯廳一方上菜起來也很方便。

懸掛式櫥櫃：600mm
懸掛式櫥櫃位在廚房作業台頂端的600mm上方。雖然也得看委託人的身高，一定要設定成可以俯看櫃內托板的高度。

垂壁：350mm
想用牆壁跟開孔的關係來表現廚房的開口處，因此設置有350mm的垂壁。

用同樣的高度將廚房作業台跟飯廳餐桌的頂端統一，讓兩者得到連續性。廚房的地板高度，比飯廳要低上180mm。

餐桌的高度為720mm。餐桌板凳的高度350mm，直接是客廳（深處房間）地板的高度，讓LDK成為連繫起來的空間。

板凳350mm的這個高度，是筆者愛用的尺寸之一。就經驗來看，蕎麥麵店內的椅子大多給人330～350mm的印象，如果增加到400mm的話，鋪上坐墊的時候差尺太小，會讓人感到不自在，因此採用較低的350mm。（岸本和彥）

1 連繫到餐桌的櫃台桌

370
客廳
2

跟餐桌頂端高度相同的櫃台桌。距離客廳地板370mm，以同樣的高度連繫到室外露台的板凳。用櫃台桌下方的接地窗，來得到柔和的光線。在雙向滑窗疊上Warlon牆紙*，把身為市面產品的鋁製窗戶外框的多餘線條給去除（參閱圖3）。

*Warlon牆紙：Warlon製造的壓克力紙。

2 截面詳細圖［S=1:100］

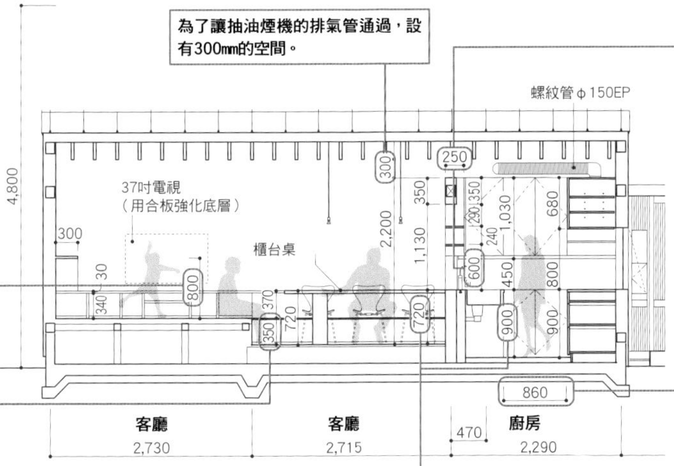
螺紋管φ150EP
37吋電視
（用合板強化底層）
櫃台桌
4,800
300
30
340
800
350
370
720
300
250
350
2,200
1,130
720
600
900
450
800
900
680
1,030
240
860
客廳
客廳
廚房
2,730
2,715
470
2,290

預定將37吋薄型電視裝到牆上，坐下的時候視線高度必須可以來到電視的中心，設定成距離地板800mm的高度。

為了讓抽油煙機的排氣管通過，設有300mm的空間。

懸掛式廚櫃距離廚房作業台頂端600mm。雖然也得看委託人的身高，一定要設定成可以俯看櫃內托板的高度。平時使用的碗盤或杯子，如果以前後來排列的話，取出來會相當不便，因此深度盡量不要太深。以150～170mm為基本，本案例意識到廚房跟飯廳雙方向的上菜作業，採用比較寬廣的250mm。

飯廳的板凳以搭配坐墊為前提，採用350mm的高度。

把廚房地板降低180mm，將飯廳跟廚房的視線高度統一。

將來有可能是母親跟小孩一起站在廚房內，寬度設定成較為寬廣的860mm。

3 開口處詳細圖［S=1:15］

截面詳細圖

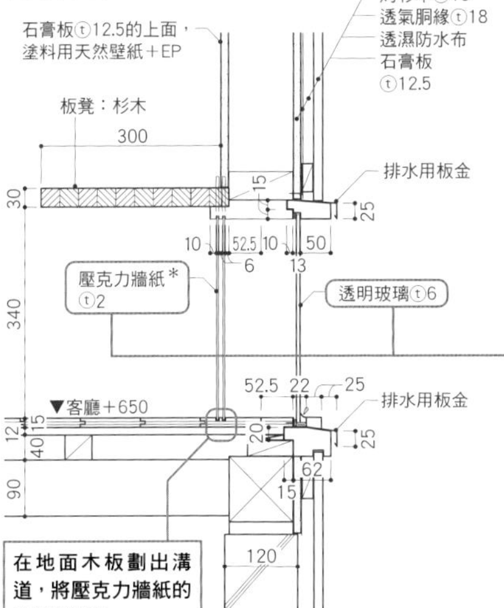
石膏板ⓣ12.5的上面，塗料用天然壁紙＋EP
烤杉木ⓣ15
透氣胴緣ⓣ18
透濕防水布
石膏板ⓣ12.5
板凳：杉木
300
30
排水用板金
壓克力牆紙＊ⓣ2
透明玻璃ⓣ6
340
▼客廳＋650
排水用板金
120

平面詳細圖

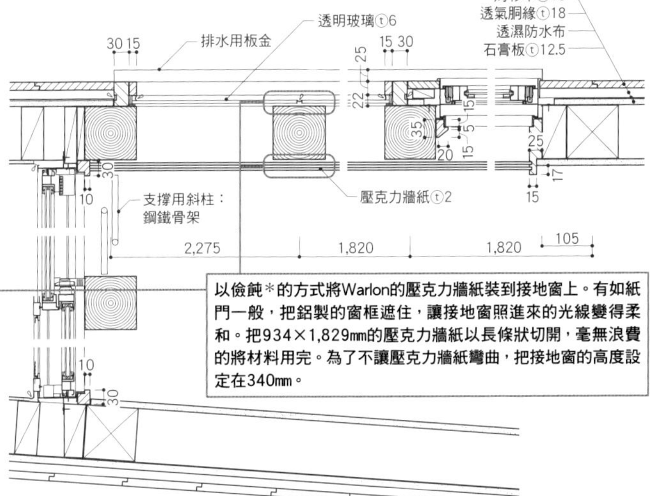
排水用板金
透明玻璃ⓣ6
烤杉木ⓣ15
透氣胴緣ⓣ18
透濕防水布
石膏板ⓣ12.5
壓克力牆紙ⓣ2
支撐用斜柱：鋼鐵骨架
2,275
1,820
1,820
105

以倹飩＊的方式將Warlon的壓克力牆紙裝到接地窗上。有如紙門一般，把鋁製的窗框遮住，讓接地窗照進來的光線變得柔和。把934×1,829mm的壓克力牆紙以長條狀切開，毫無浪費的將材料用完。為了不讓壓克力牆紙彎曲，把接地窗的高度設定在340mm。

在地面木板劃出溝道，將壓克力牆紙的底端插進去。

小松島之家

設計：acca

〔照片：幸田青滋〕

3

建築物雖然是正方形，但內部卻是用S形的動線將空間串連起來，讓人可以在整個住宅內進行迴遊。用1片大屋頂將S形的部分包住，分別在1樓擺上各個房間。廚房作業台跟餐桌頂端以平面的方式連繫在一起，讓LDK也成為連續性的空間，選擇地板來操作高度。

1樓平面圖

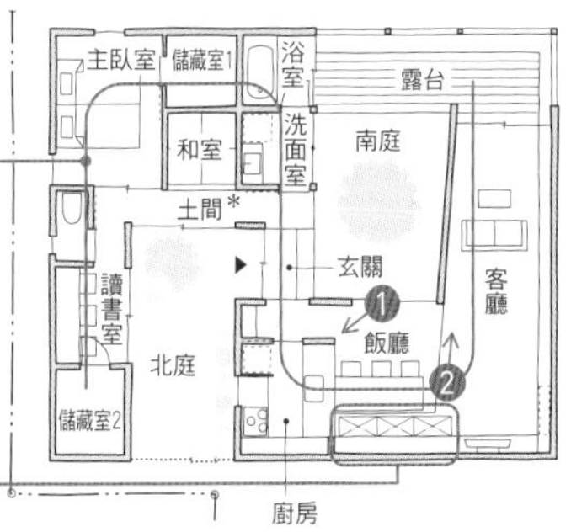
主臥室
儲藏室1
浴室
露台
和室
洗面室
南庭
土間＊
玄關
讀書室
客廳
飯廳
北庭
儲藏室2
廚房
N

建築物以S形來彎曲。

板凳下方（高度350mm）當作收納空間來活用。

※壓克力牆紙（Acryl Warlon）：Warlon製造的壓克力紙。

＊倹飩（倹飩／慳貪）：鑲到軌道上，從上面將蓋子或門板鑲上去的裝設手法。

＊土間：沒有鋪設室內地板或屬於室外的地面，可以讓人穿鞋進來的部分。

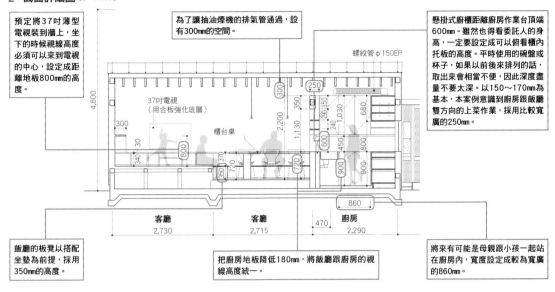

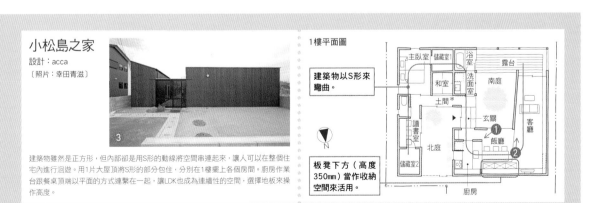

LDK

法面（人造斜面）庭園。用580mm的垂壁將視線引到下方

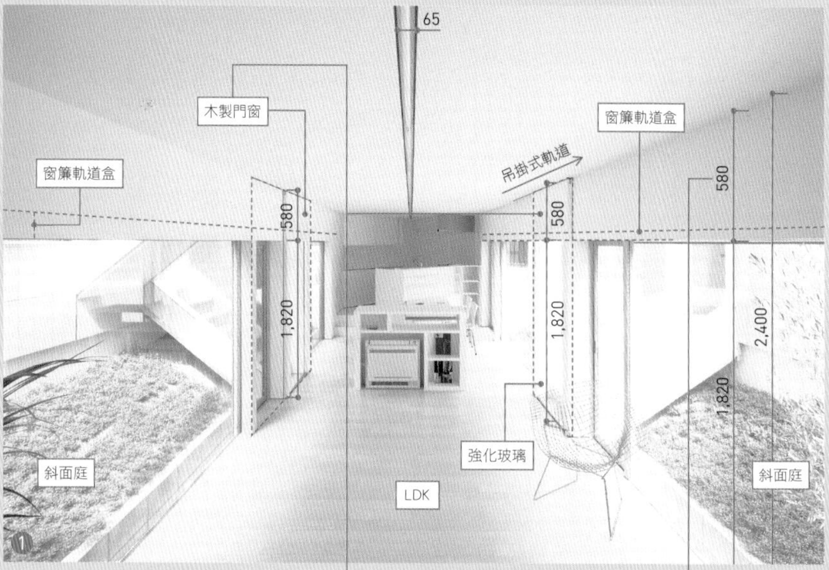
65
木製門窗
窗簾軌道盒
窗簾軌道盒
吊掛式軌道
580
580
580
1,820
1,820
2,400
1,820
強化玻璃
斜面庭
斜面庭
LDK
1

木製門窗：2,400mm

將木製門窗打開的時候，開口的高度設定為2,400mm，關起來的狀態則是跟左右窗戶鋁框的開口高度相同。吊掛式門窗的上方，用平面的聚酯合板以牆壁的方式呈現，距離地板1,820mm的部分則是沒有下框的強化玻璃。不論開口的種類為何，玻璃的高度都用一直線來統一，提高將視線誘導至斜面庭園的效果。

垂壁：580mm

為了避免鄰家或正面道路影響到隱私，並形成可以將視線導引至下方（斜面庭園）的高度，設置有580mm的垂壁。這讓開口處的上端降低到可以擋下來自正面道路之視線的高度（距離地板1,820mm）。另外，1,820mm的高度剛好是外側牆板（1片455mm）4片的高度（參閱圖2）。

1 外框周圍詳細圖［S=1:10］

外觀上一樣避免不必要的線條，把一半屬於外裝式的窗框，改成裝在內側。牆板1片的高度為455mm，以此來計算鋁製窗戶外框的尺寸（高度910mm，2片牆板的份量），排除所有多餘的部分。

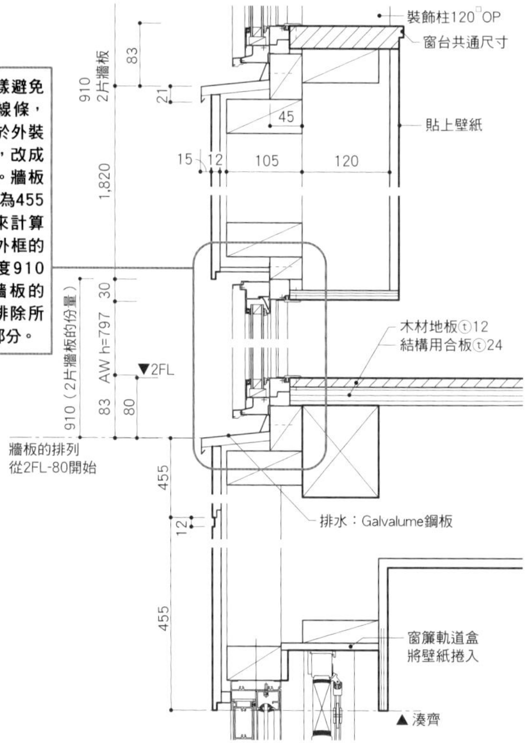
裝飾柱120□OP
窗台共通尺寸
貼上壁紙
83
21
910 2片牆板
45
15
12
105
120
1,820
30
AW h=797
910（2片牆板的份量）
83
80
▼2FL
木材地板ⓣ12
結構用合板ⓣ24
牆板的排列
從2FL-80開始
455
12
455
排水：Galvalume鋼板
窗簾軌道盒
將壁紙捲入
▲湊齊

由3棟結構所組成的住宅。中央的2層樓建築，沒有進行地盤改良，直接在適當的地盤面往下挖1500mm，兩側的平房都是蓋在原本的地盤面上。在3棟之間所形成的土地（寬1600～1750mm、高低差1500mm），將造地的規模減到最低，削成平面來種上植物，形成人造斜面的庭園。LDK的開口上端設定為1820mm，加上580mm的垂壁，一邊擋下來自外側的視線，一邊又可以從內部瞭望斜面的庭園。

（井上宏）

2 剖視圖［S=1:100］

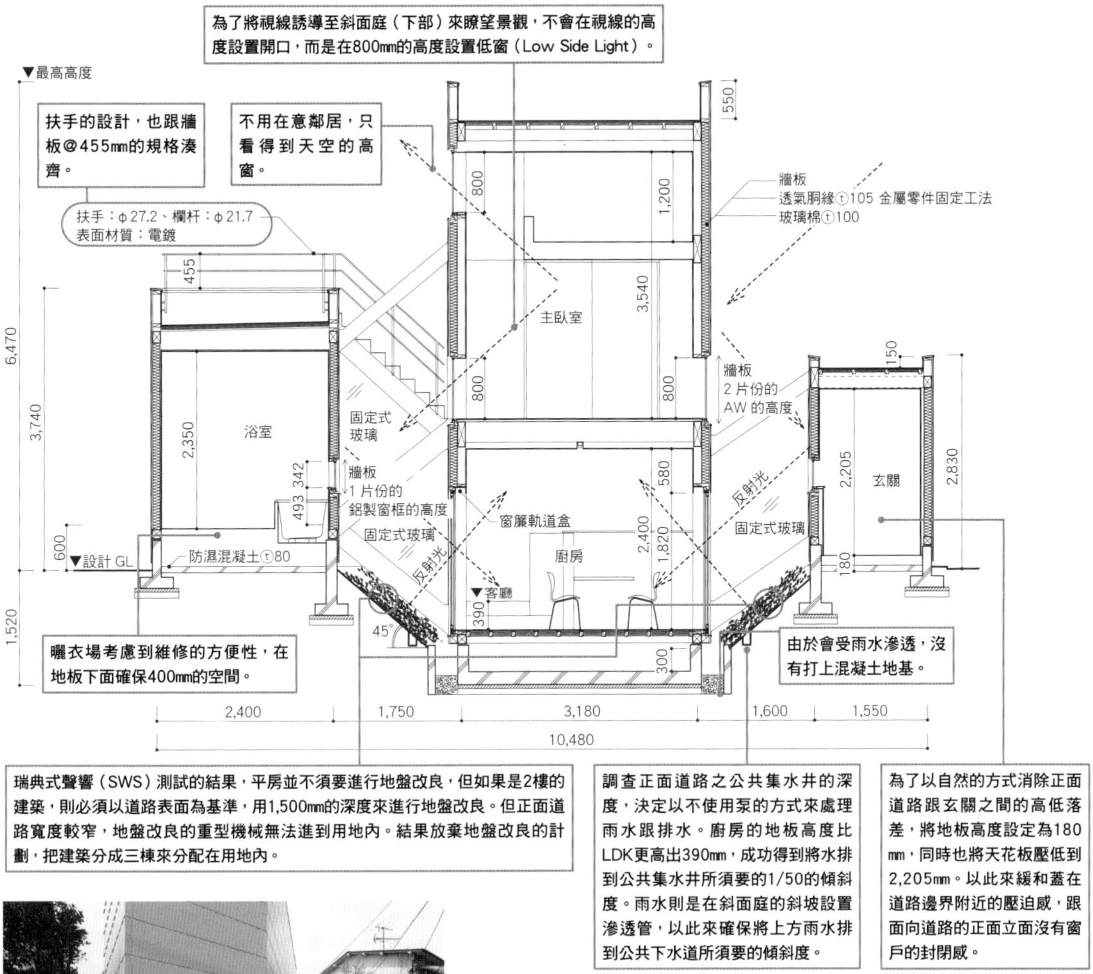

為了將視線誘導至斜面庭（下部）來瞭望景觀，不會在視線的高度設置開口，而是在800㎜的高度設置低窗（Low Side Light）。
▼最高高度
扶手的設計，也跟牆板@455㎜的規格湊齊。
不用在意鄰居，只看得到天空的高窗。
扶手：φ27.2、欄杆：φ21.7
表面材質：電鍍
牆板
透氣胴緣ⓣ105 金屬零件固定工法
玻璃棉ⓣ100
550
800
1,200
455
3,540
主臥室
6,470
3,740
2,350
浴室
800
800
牆板
2 片份的
AW 的高度
150
固定式
玻璃
2,205
玄關
2,830
493 342
牆板
1 片份的
鋁製窗框的高度
580
反射光
窗簾軌道盒
固定式玻璃
固定式玻璃
廚房
2,400
1,820
600
▼設計 GL
防濕混凝土ⓣ80
反射光
▼客廳
390
180
45°
1,520
300
曬衣場考慮到維修的方便性，在地板下面確保400㎜的空間。
由於會受雨水滲透，沒有打上混凝土地基。
2,400
1,750
3,180
1,600
1,550
10,480
瑞典式聲響（SWS）測試的結果，平房並不須要進行地盤改良，但如果是2樓的建築，則必須以道路表面為基準，用1,500㎜的深度來進行地盤改良。但正面道路寬度較窄，地盤改良的重型機械無法進到用地內。結果放棄地盤改良的計劃，把建築分成三棟來分配在用地內。
調查正面道路之公共集水井的深度，決定以不使用泵的方式來處理雨水跟排水。廚房的地板高度比LDK更高出390㎜，成功得到將水排到公共集水井所須要的1/50的傾斜度。雨水則是在斜面庭的斜坡設置滲透管，以此來確保將上方雨水排到公共下水道所須要的傾斜度。
為了以自然的方式消除正面道路跟玄關之間的高低落差，將地板高度設定為180㎜，同時也將天花板壓低到2,205㎜。以此來緩和蓋在道路邊界附近的壓迫感，跟面向道路的正面立面沒有窗戶的封閉感。

2
牆板縫隙的高度全部統一。

為了確保3棟建築結構上的剛度，讓基礎的部分連繫在一起。正面立面的外牆使用同一種牆板，牆板之間的縫隙也全都將高度統一，來表現出3棟建築的一體感。牆板高度的455㎜，也是用來設計正面立面的模組（910㎜的一半），跟室內空間得到整合。開口處的高度一樣是以牆板高度之455㎜的縫隙為基準，來計算窗框高度的尺寸，調整到不會出現多餘的高度。

斜面庭之家

設計：GEN INOUE
〔照片：GEN INOUE〕

利用地盤調查結果所得到的1,500㎜的高低差，以3棟建築跟斜面所構成的建案。計劃是讓四角形從用地境界往後退，從中劃出兩個斜面庭。LDK跟寢室、個人房間等生活空間集中在中央棟，衛浴設備、玄關等機能性的空間分別集中在左右的平房。

1樓平面圖

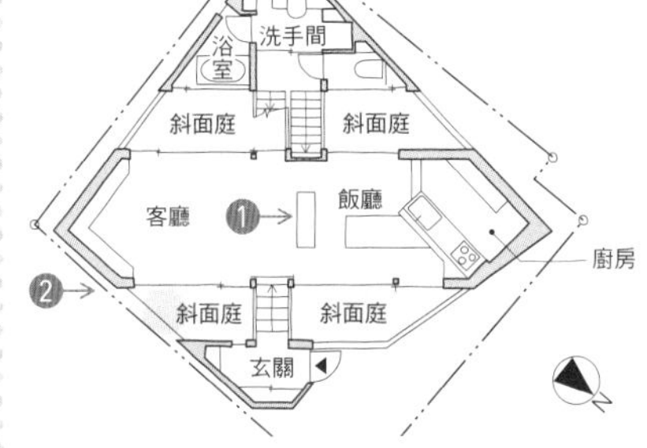

浴室
洗手間
斜面庭
斜面庭
客廳
1
飯廳
2
廚房
斜面庭
斜面庭
玄關

2樓平面圖

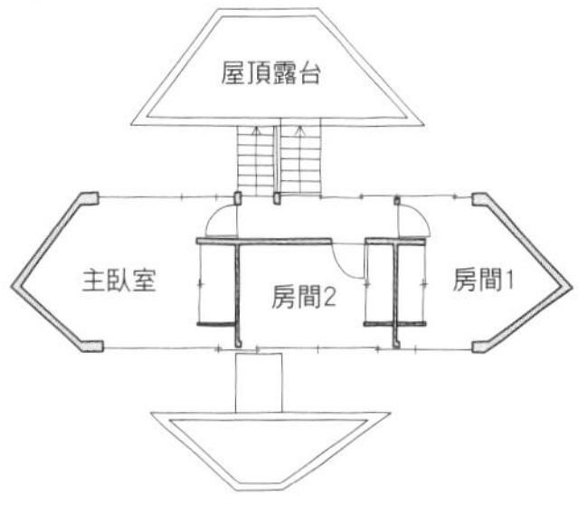

屋頂露台
主臥室
房間2
房間1

COLUMN

LDK 臥室 以150mm來劃分天花板高度

天花板的標準高度為2250mm

筆者將天花板高度的標準，定在2250mm。以此加上委託人的要求跟用地條件，用上下150mm的刻度（2100mm、2400mm）來進行調整。

日本建築基準法之中規定，生活空間的天花板高度，平均值必須在2100mm以上，因此平面天花板的最低高度是2100mm。但除了透天天花板跟錯層之外，幾乎不會採用2400mm以上的高度。

如果是傾斜天花板，最低高度有時會是比2100mm更低的1800mm或1950mm。但這些案例幾乎都是受到斜線限制等外來因素的影響，無法算是會被積極採用的高度。

另外，如果在傾斜天花板的最低高度裝上冷氣，常常會為了裝設位置（高度）而煩惱，要多加注意才行。

為何是以150mm為刻度

設計事務所的尺寸體系各不相同。比方說，有些事務所會將外框的正面寬度設定為15mm，有些會設定為10mm或27mm。

進入一家事務所的新成員，必須學習那連綿不絕、一路繼承下來的尺寸體系，來成為自己血肉的一部分。也就是說，尺寸體系可以算是各家事務所的「設計的規矩」。

那麼，為何筆者要用150mm的刻度來調整天花板高度，把基準定在2250mm呢。

日本原本就有尺貫法這個符合日本人身體感覺的傳統計量體系存在。天花板的高度是規劃空間的重要因素，最好使用以身體感覺所形成的尺貫法。

把1間（1820mm）當作基準來加上1尺（303mm），大約就是2100mm，加上兩尺（606mm）就是2400mm左右。主要的生活空間使用2100mm的天花板當作基準會太低，另一方面使用2400mm的話，對於位在市內必須面對斜線限制等嚴格制約的用地來說，將很難成立。因此往下刻劃0.5尺（約150mm），以2250mm來當作基準。

這個高度，原本是筆者的老師村田靖夫先生所愛用的尺寸，跟自己的經驗、身體感覺對照之後沒有任何不適之處，所以就直接採用。

把「引」當作依據來決定天花板高度

開口處（特別是進出用的大型窗戶）的高度也是一樣，以天花板高度為基準，用150mm為刻度來進行設定。理所當然的，設計時要按照各種案例來進行變通，並不是非得遵守不可。

話雖如此，房間面積有著合適的天花板高度，開口處也依照大小會有「引」存在。所謂的引，指的是深度或造型上的均衡性、內外的連繫方式等，考量到這所有一切的總合性的均衡。

引如果小的話，開口處則要縮小一點，如果要表現內外之連續性的話，則有可能採用全高的尺寸。而決定這些要素的模組，就是150mm的這個基準。

如果遇到垂壁，則可以用來確保設置捲簾的空間，或是留下大面積的牆壁以面的方式呈現。開口處之高度的變化，可以說是種類特別的繁多。

（村田淳）

1 天花板高度2,100mm、開口處2,100mm

鎌倉の家

2,100
1 寢室

平面圖〔S=1：120〕

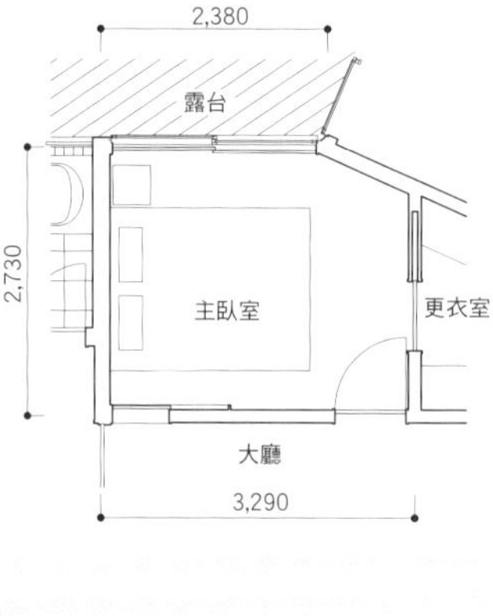
2,380
露台
2,730
主臥室
更衣室
大廳
3,290

截面圖〔S=1：120〕

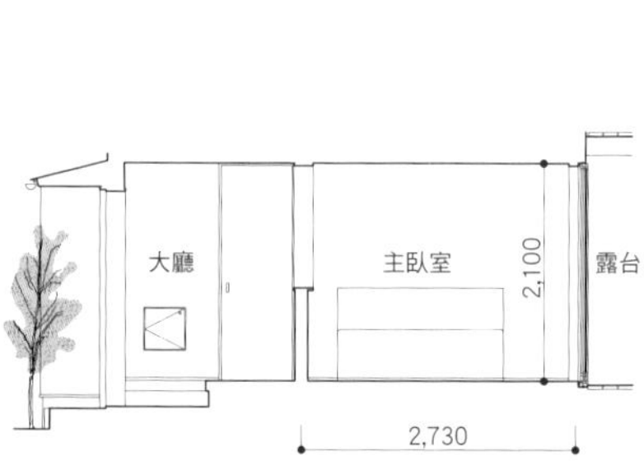
大廳
主臥室
2,100
露台
2,730

天花板、開口處：2,100mm

較為精簡的9平方公尺的寢室，引比較小。因此天花板的高度設定為2,100mm，比標準的2,250mm要低一點。面向庭園的進出用的窗戶，採用全高的設計來強調連續性。

位在住宅密集地的一角。因此將LDK擺在採光條件較好的2樓，1樓用來設置寢室。2樓以借景的方式來得到綠色景觀，1樓則是跟庭園的綠色植物相連。在高度斜線限制跟北側斜線限制的影響之下，2樓天花板的高度比較高，1樓房間則是按照面積來降低天花板高度。

2 ［標準］天花板高度2,250㎜、開口處2,250㎜

成田東的Court House

2,250
3 客廳

2,250
2 客廳　將紙門關上的時候

天花板、開口處：2,250㎜
深度為2間半（4,550㎜）的LDK。天花板的高度如果太高，中庭跟圍在四周的Court House*的連繫會變弱。因此天花板高度為筆者標準的2,250㎜。沒有設置垂壁，採用全高的開口來強調內外的連續性。

可以按照季節來選擇要使用紙門還是捲簾。沒有設置門袋，因此用儉飩的方式將紙門鑲上。

截面圖〔S=1：150〕

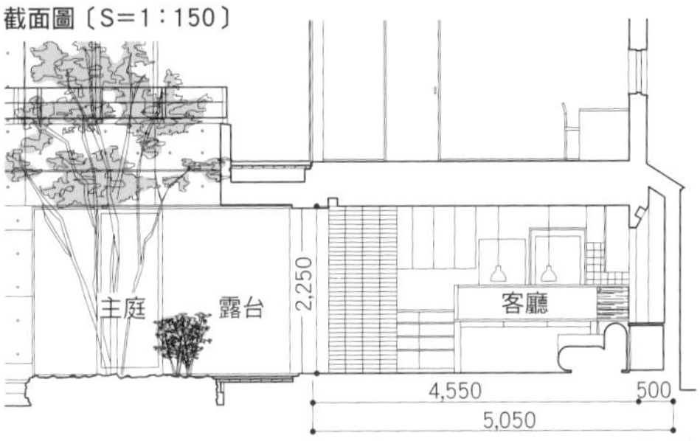
主庭
露台
2,250
客廳
4,550
500
5,050

跟綠意盎然的中庭相連的Court House。面向中庭的L型LDK的開口處，考慮到室內往外看的景觀，採用固定式窗戶跟往單邊打開的拉門等單純的設計。

3 天花板高度2,400㎜、開口處2,400㎜

大型町屋（設計：村田靖夫）

2,400
5 客廳

2,400
4 露台

天花板、開口處：2,400㎜
透過露台跟庭園相連，深度5,460㎜的寬敞客廳。包含庭園在內有超過10公尺的寬敞空間，天花板也設定成比較高的2,400㎜。進出用的窗門，是用木製的固定式窗戶、外框隱藏起來的拉門所構成。隨著木造門窗尺寸的增加，直框的尺寸也跟著提升。所有門窗都是以堅硬的柚木製成。

截面圖〔S=1：150〕

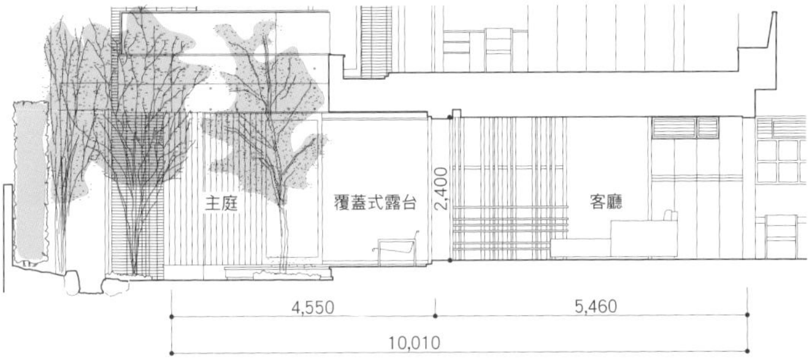
主庭
覆蓋式露台
2,400
客廳
4,550
5,460
10,010

位在市內已經成熟的住宅地，用地面積卻超過400平方公尺的住宅。北側斜線限制等制約也比較沒有那麼嚴苛。建築物是面對中庭的L型，不論哪個房間都可以享受到光、風跟綠意。

*Court House：用建築物或圍牆來圍出中庭的住宅。

1　明跟暗。玄關天花板高度2,050mm

祖師谷之家

2,100
2,050

① 從玄關看向門廊。

700
180
2,050
900

② 照片①的另一邊，光線從樓梯的透天照進走廊。

站在1樓地面，透過玄關往外看出去，門廊的天花板（高度2,100mm）會出現在視線之內。因為降低玄關的天花板高度，同時也要注意室外那強烈的綠色景觀，不會直接被融入室內。

細長的玄關門往內打開，在防盜上較為有利。

走廊天花板：2,050mm
先將走廊的天花板降低到2,050mm，並透過樓梯天窗所照進來的光線來強化對比。創造出空間的流動，讓視線自然的往上方流動。

截面圖〔S＝1：150〕

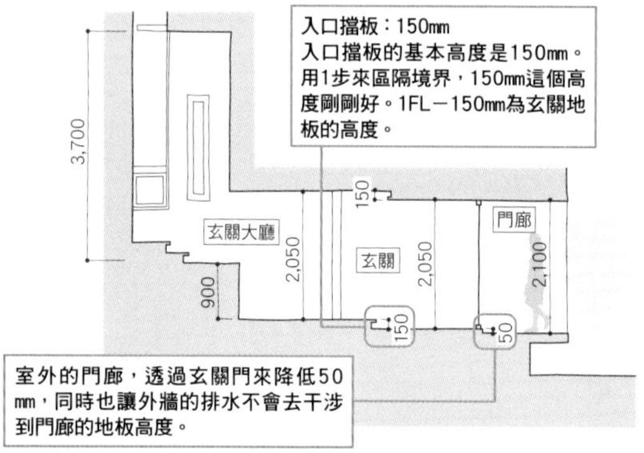

入口擋板：150mm
入口擋板的基本高度是150mm。用1步來區隔境界，150mm這個高度剛剛好。1FL－150mm為玄關地板的高度。
3,700
150
門廊
玄關大廳
2,050
玄關
2,050
2,100
900
150
50
室外的門廊，透過玄關門來降低50mm，同時也讓外牆的排水不會去干涉到門廊的地板高度。

玄關只要有最低限度的機能即可，基本上不會分配太大的面積。本案例也遵循這個規則，200平方公尺的用地雖然有充分的面積，但玄關仍舊是細長的小型空間，密度相當的高。樓梯透天的3,700mm，跟玄關天花板高度的2,050mm形成良好的對比，再加上從樓梯天窗照進來的光線，將視線誘導至透天結構的同時也強調明暗的對比，形成往內延伸出去的空間。

入口擋板※為150mm

玄關的地面高度，基本上是1樓地板減掉150mm（入口擋板：150mm）。就入口擋板來說，這或許給人比較低的印象，但高低差如果超過這著數字，會讓室內空間的連續性在玄關被打斷一次。因此不管用地再怎麼樣的狹窄，從室外到玄關的空間一定要設有Approach跟外階梯等設備，讓人從地平面漸漸往上移動。但150mm的入口擋板也可以不用跟地面相接，以100mm左右來懸空，以更加輕盈的方式將空間連繫在一起。

控制天花板的高度，從玄關往室內拉進來也很重要。要是面積足夠的話，可以盡量壓低玄關門廊的天花板高度，然後將玄關天花板拉高到2100mm，進入室內走廊的時候讓天花板再往上提升入口擋板的高度。這樣可以讓視線往天花板比較高的一方穿透出去。

※入口擋板（上り框）：玄關內，分隔土間跟室內地面的垂直木板。

本間至

取材、文章＝岡村裕次
照片＝富田治

2｜具有飄浮感的門廊。GL＋1,400㎜

櫻丘之家

截面圖〔S=1：80〕

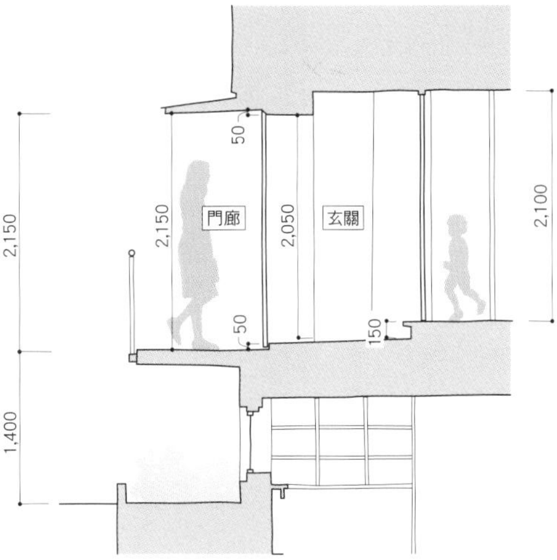

利用道路跟用地之間的高低落差（1,400㎜）來設置建築的底層。通往玄關門廊的Approach設有5層台階（台階高度180㎜、踏板250㎜），藉此消除用地與道路的高低落差，讓人從外往內移動的時候，可以緩緩的轉換心情。扶手的高度距離樓梯踏板900㎜。

3｜透天5,400㎜的玄關

二葉之家

如果是高密度的都市型住宅，要在玄關讓視線往水平穿透出去並不簡單。對此，本案例採用錯層式的玄關，讓視線以截面的方向穿越出去。

截面圖〔S=1：150〕

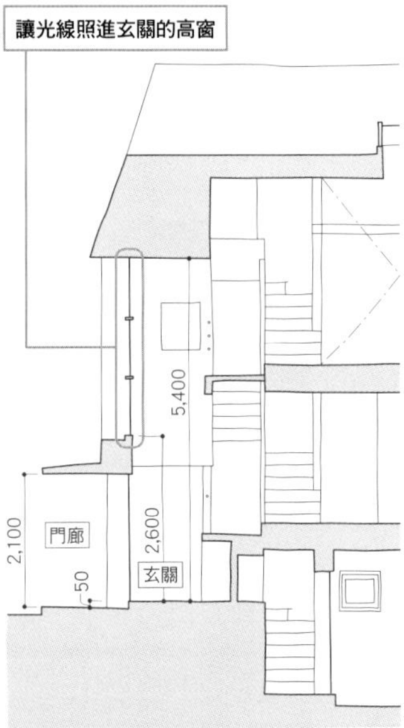

樓梯沒有設置豎板，讓光線可以傳遞到樓下。

透天結構：5,400㎜
玄關上方用5,400㎜的透天結構跟樓梯間相連。在2,600㎜的高度設置開口（930㎜四方），讓容易變暗的玄關得到穩定的光線。

在樓梯與樓梯之間的牆壁設置縫隙，讓視線穿透出去，將空間連繫在一起。垂直的木棒在上樓梯轉彎的時候可以當作扶手。

玄關

用750mm的接地窗來提高明暗的對比

為了讓玄關土間成為重心較低的空間，把開口壓低到2100mm，天花板高度則是2550mm。但天花板的2550mm屬於一般性的高度，光是這樣無法給人較低、較暗的感覺。對此，在北側設置面對坪庭的接地窗（上端750mm）來得到沉穩的光線，在上方形成比較暗的部分，創造出重心較低的空間。

〔石井秀樹〕

接地窗：750mm
用面向坪庭的接地窗（上端為750mm）來得到沉穩的光線，讓玄關土間成為低重心的空間。跟浴室共享坪庭。

台階：150mm
透過3層150mm的台階與客廳相連，以L型來誘導玄關土間的動線。為了避免像樓梯那樣出現「上樓」的動作，高度壓低到150mm。另外，第2層與第3層台階之間的150mm的落差，彌補了廚房作業台850mm跟飯廳餐桌700mm的落差，讓兩者頂端維持在同樣的高度。

天花板：4,015mm
為了跟玄關形成對比，客廳天花板的最高高度為4,015mm，用開放性的結構來提高生活空間的明暗對比。

1 強調客廳較長的一邊

天花板跟地板都往較長的一方鋪設，讓視線可以往較長的那邊穿越出去。另外，屋簷天花板一樣也是往長的那邊鋪設，來表現出內外的連續性。

用模型來檢討外觀的均衡性，為了不讓傾斜度太過陡峭、太過平坦，最後採用5寸的傾斜度。

在傾斜天花板裝設落地燈。調整照明的角度跟位置，讓桌面得到350～400勒克斯的亮度。

坐在比較低的椅子上的時候，天花板太高會讓人坐立不安。因此將下垂的屋簷跟開口處的高度壓低到2,100mm。在屋簷的包覆之下，形成可以讓人安心的沉穩氣氛。另外，室內開口的高度以2,100mm來統一，調整出單一的線條來得到清爽的外觀。

2 坪庭固定窗詳細圖［S=1:10］

玄關土間的接地窗與坪庭相連。本案例的坪庭分成上下來使用，在較低的位置可以讓土間的接地窗看向外面，較高的部分則是當作浴室開口的延伸。調整高度，讓兩者的視線不會交叉。

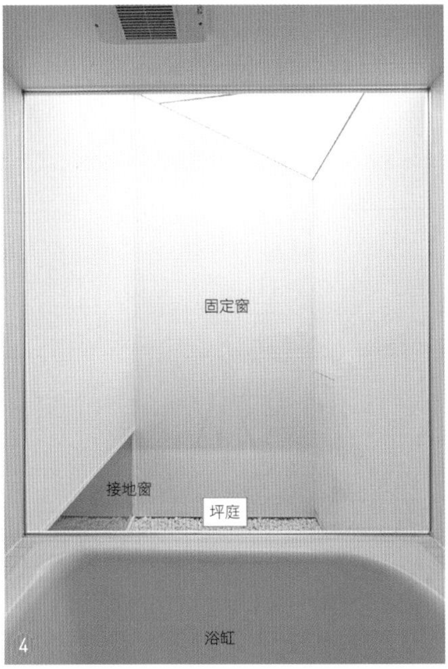

固定窗
接地窗
坪庭
浴缸
4

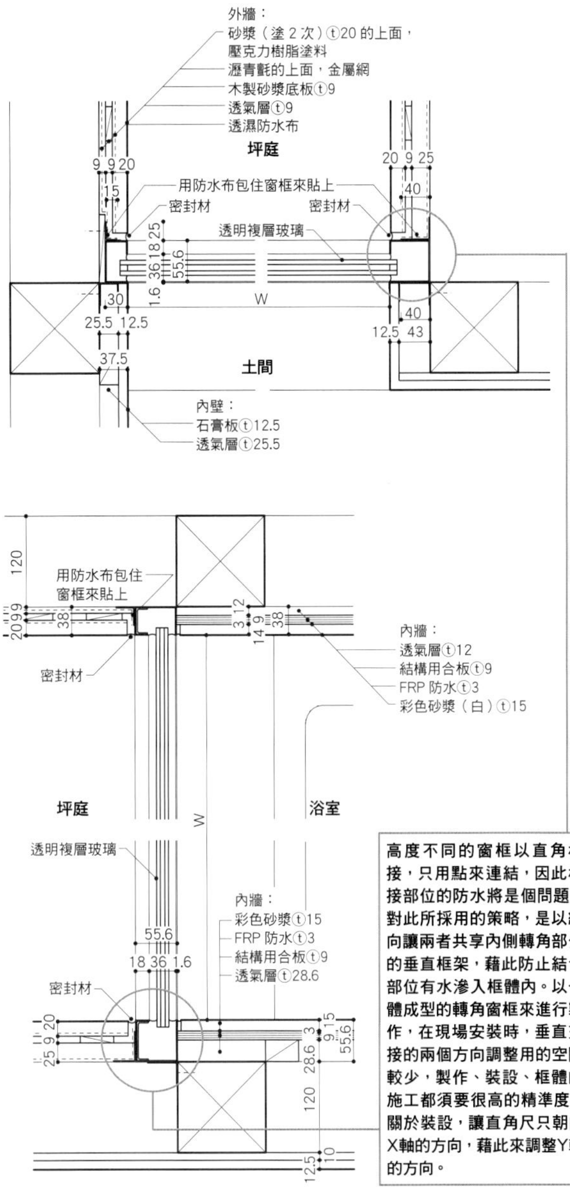

外牆：
砂漿（塗 2 次）ⓣ20 的上面，
壓克力樹脂塗料
瀝青氈的上面，金屬網
木製砂漿底板ⓣ9
透氣層ⓣ9
透濕防水布
坪庭
用防水布包住窗框來貼上
密封材
密封材
透明複層玻璃
W
土間
內壁：
石膏板ⓣ12.5
透氣層ⓣ25.5
用防水布包住
窗框來貼上
密封材
內牆：
透氣層ⓣ12
結構用合板ⓣ9
FRP 防水ⓣ3
彩色砂漿（白）ⓣ15
坪庭
浴室
透明複層玻璃
內牆：
彩色砂漿ⓣ15
FRP 防水ⓣ3
結構用合板ⓣ9
透氣層ⓣ28.6
密封材

高度不同的窗框以直角相接，只用點來連結，因此相接部位的防水將是個問題。對此所採用的策略，是以縱向讓兩者共享內側轉角部分的垂直框架，藉此防止結合部位有水滲入框體內。以一體成型的轉角窗框來進行製作，在現場安裝時，垂直交接的兩個方向調整用的空隙較少，製作、裝設、框體的施工都須要很高的精準度。關於裝設，讓直角尺只朝向X軸的方向，藉此來調整Y軸的方向。

鋼鐵製的窗戶外框現場安裝素描

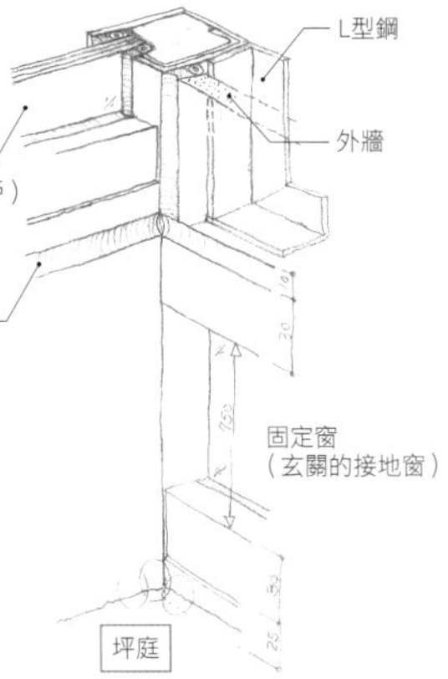

L型鋼
外牆
固定窗
（浴室的窗戶）
密封材
固定窗
（玄關的接地窗）
坪庭

浜北之家

設計：石井秀樹建築設計事務所
〔照片：鳥村鋼一〕

5

東西向較長的長方形平面，用南北方向的牆壁來分割成短片，以此來計劃各個房間。委託人希望有從南進入的玄關＋在南側有寬廣的庭園。把建築物從南到北的整個長度當作玄關的土間，在南跟北創造出強烈的動線，東西方向則是給予單調的變化。另外，各個空間還被賦予明暗等個性，較暗的房間（玄關、洋室）跟較亮的房間（客廳、寢室）輪流排列，強調空間的延伸感。再加上地板跟天花板高度的變化，形成表情豐富的空間。

截面圖

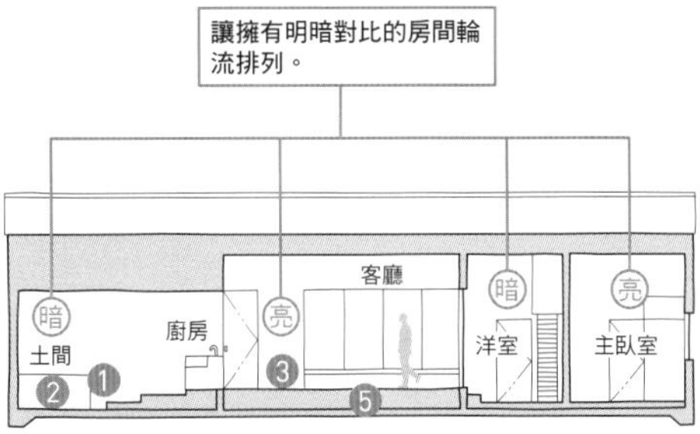

讓擁有明暗對比的房間輪流排列。
暗
亮
暗
亮
客廳
土間
廚房
洋室
主臥室

高度提升到350㎜，容易讓人坐下的入口擋板

鞋櫃：1,050㎜
鞋櫃上端設定成1,050㎜來兼任扶手。

入口擋板：350㎜
客房玄關設定成容易讓人坐下的350㎜。脫鞋跟穿鞋，預定都是坐下來進行。在下方裝有間接照明（參閱圖2）。

接地窗：600㎜
考慮到窗戶的開合與維修作業，接地窗的上端最少要有600㎜的高度。這次因為壁櫥往外凸出，可以在接地窗的空間放置電視等物品，當作凹間來使用。

設計跟土間一體成型的玄關時，思考容易讓人坐下、又容易脫鞋跟穿鞋（預定脫鞋跟穿鞋的動作都是坐下來進行）的高度，結果將入口擋板的高度設定為350㎜。離開玄關地板165㎜的部分設有間接照明，可以用安穩的氣氛來將腳邊照亮。只要有165㎜的縫隙，就不用擔心維修作業進行起來會不方便。

〔柏木學、柏木穗波〕

1 從玄關大廳連繫到客房

可收到牆內的拉門：2,400㎜
區隔玄關跟客房的門，高度為2,400㎜。紙門框格跟鞋櫃以同樣的高度統一成一條直線。

2 入口擋板截面詳細圖［S=1:8］

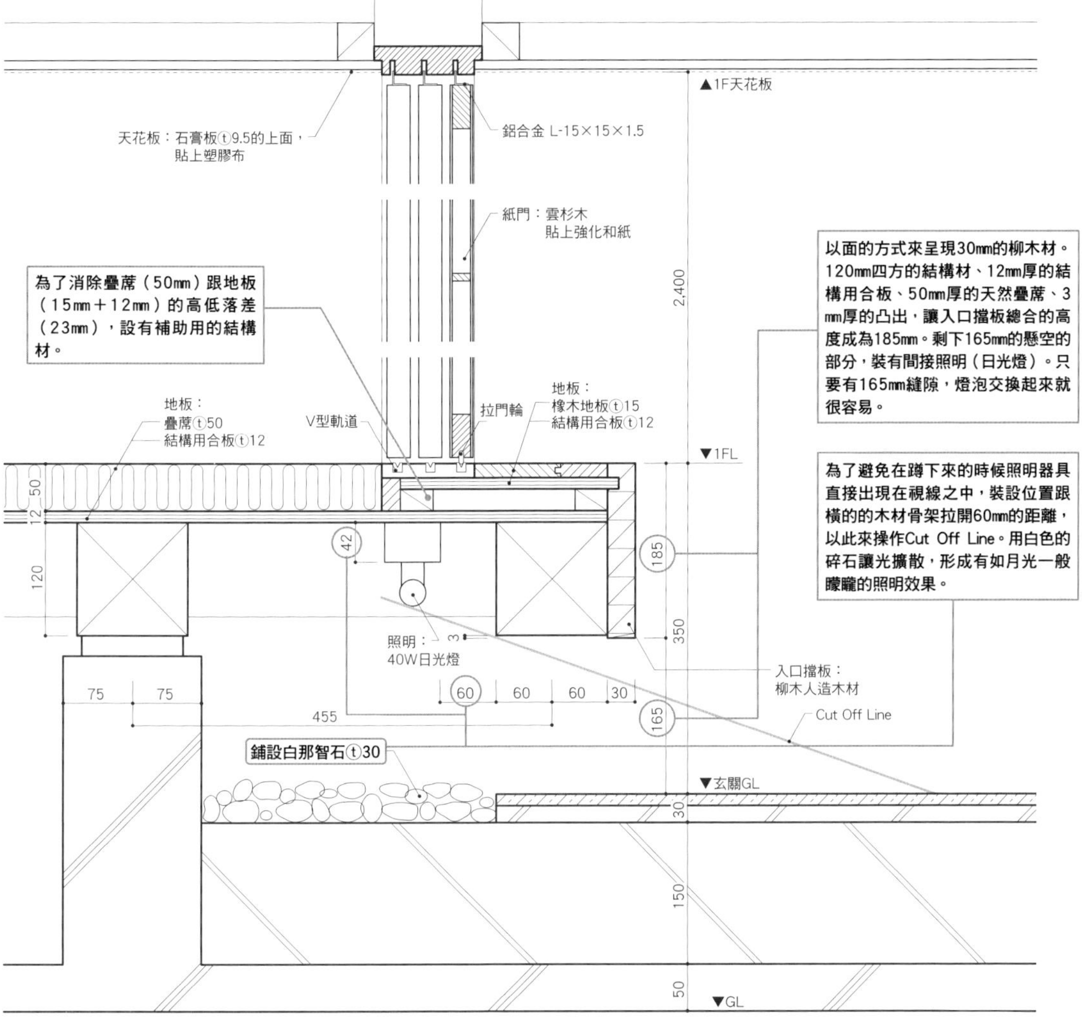

▲1F天花板
天花板：石膏板ⓣ9.5的上面，貼上塑膠布
鋁合金 L-15×15×1.5
紙門：雲杉木 貼上強化和紙
2,400
以面的方式來呈現30mm的柳木材。120mm四方的結構材、12mm厚的結構用合板、50mm厚的天然疊蓆、3mm厚的凸出，讓入口擋板總合的高度成為185mm。剩下165mm的懸空的部分，裝有間接照明（日光燈）。只要有165mm縫隙，燈泡交換起來就很容易。
為了消除疊蓆（50mm）跟地板（15mm＋12mm）的高低落差（23mm），設有補助用的結構材。
地板：疊蓆ⓣ50 結構用合板ⓣ12
V型軌道
拉門輪
地板：橡木地板ⓣ15 結構用合板ⓣ12
▼1FL
為了避免在蹲下來的時候照明器具直接出現在視線之中，裝設位置跟橫的的木材骨架拉開60mm的距離，以此來操作Cut Off Line。用白色的碎石讓光擴散，形成有如月光一般矇矓的照明效果。
50
12
120
42
185
照明：40W日光燈
3
350
入口擋板：柳木人造木材
75
75
60
60
60
30
455
165
Cut Off Line
鋪設白那智石ⓣ30
▼玄關GL
30
150
50
▼GL

露地之家

設計：Kashiwagi Sui Associates　〔照片：上田宏〕

玄關大廳
土間
3

用地為旗桿地，汽車在停車時要讓車頭向外，因此分配給土間較大的面積，讓汽車可以在土間調頭。結果成為用土間來與玄關大廳連繫的結構，雖然是開放性的玄關，仍舊可以確保居住者的隱私。

1樓平面圖

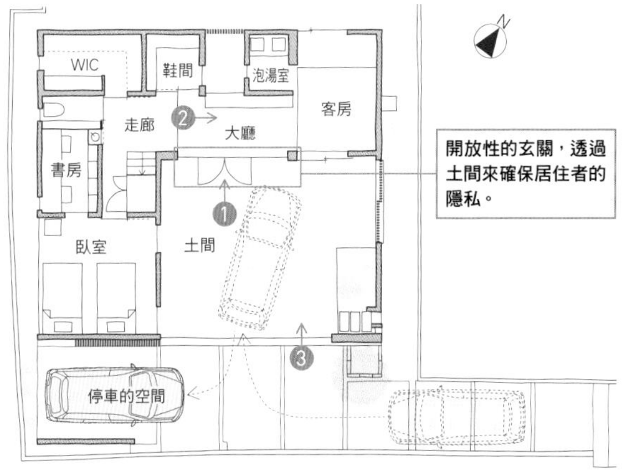

WIC
鞋間
泡湯室
客房
走廊
2
大廳
書房
1
臥室
土間
3
停車的空間
開放性的玄關，透過土間來確保居住者的隱私。

把用地400mm的高低落差製作成入口小徑，讓視線得到變化

▼1FL
▼GL
870
400
150
1,600
1,740
150
300
150
300
150
GL-400
1

為了表現出玄關正面應有的感覺，門廊外牆的邊緣不像其他外牆是塗抹成圓弧的轉角，而是跟玄關門一樣用板金包在圓柱上來製作成排水結構，裝到外牆上。

扶手牆的高度：1,740mm
扶手牆的高度是門廊地板往上1,150mm、Approach的地面往上1,600mm（道路往下挖深*，因此距離路面1,740mm）。這個高度讓玄關不容易被道路看到，且不會給人圍牆一般的壓迫感。

高低落差：870mm
作為基準的1樓地板高度（GL+470）跟道路一方的入口（GL−400）之間有870mm的高低落差存在，設置樓梯狀的Approach將兩者連繫起來。

2,520
1,740
2

這份用地有400mm的高低落差（±0～−400），考慮到防雨跟濕氣，選擇較高的地面（±0）來設置建築物。以此計算出1樓的地板高度（+470）跟入口道路一方的地板高度（−400），利用兩者的高低落差（870mm）來設置樓梯型的Approach。雖然也能以直線的方式設置，但用地與道路之間距離較近，直線太過單調，還會讓玄關被路過的人看光。因此順著建築物邊緣，用幾層的樓梯來往上移動。在門廊前方轉彎一次使動線拉長，讓視點得到變化。另外在Approach的轉彎處設有可以當作扶手的牆壁，成為緩緩的將玄關隱藏起來的圍牆（擋牆）。〔村田淳〕

2 玄關周圍的平面圖［S=1:100］

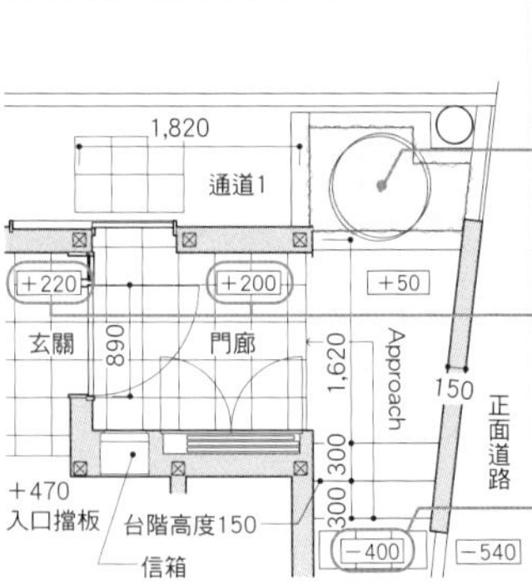
1,820
通道1
+220
+200
+50
玄關
890
門廊
1,620
Approach
150
正面道路
+470
入口擋板
300
300
300
台階高度150
信箱
−400
−540

Approach往鄰家的方向延伸，因此在門廊前方設置種植物的空間，為視線提供緩衝。

玄關土間跟入口擋板的高低落差，是剛好可以坐下來穿鞋或脫鞋的250mm，外開式的大門門檻為20mm，以這種方式從室內（1FL+470mm）開始計算尺寸，門廊的高度就會成為+200mm。用Approach來消除此處跟道路之間大約600mm的高低落差。

*道路下挖（歩道切り下げ）：為了連繫住宅車庫與用地外的道路，將路面挖深+改成車輛可以行駛的規格。
「高田的Court House」 設計：村田淳建築研究室、照片：村田淳建築研究室。

玄關

高度600mm的接地窗讓玄關得到柔和的光線

收納高度：1,850mm
收納的下端距離室內地板350mm。為了以清爽的牆面來呈現，使用直達天花板的1,850mm門板（外開式）。內部為可動櫃跟放置鞋子跟涼鞋的鞋櫃、雨傘的收納，兼具信箱的機能。

接地窗：600mm
面向東側的接地窗、在朝日之下形成樹影。距離土間地面600mm，坐下來穿鞋或脫鞋的時候，接地窗的上端剛好來到視線的稍微下面一點。考慮到防盜跟隔熱的機能，採用固定式的複層玻璃。站起來的時候，可以在腳邊稍微看到外面的風景，跟2,200mm的天花板相比，地窗較低的重心被突顯出來。

入口擋板：250mm
設計成適合坐下來穿鞋或脫鞋的最小高度。框的材質為柳木的實木60×90mm。地板表面為櫻木的地板材。

玄關
1,850
2,200
350
接地窗
600
250
90
1

1 收納展開圖 [S=1:80]

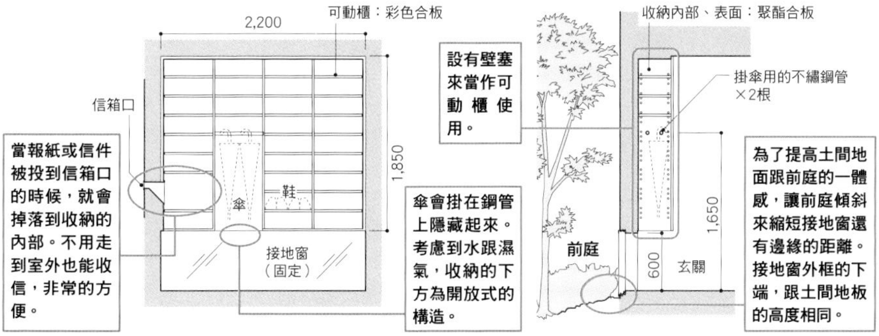

2,200
可動櫃：彩色合板
信箱口
當報紙或信件被投到信箱口的時候，就會掉落到收納的內部。不用走到室外也能收信，非常的方便。
傘
鞋
1,850
接地窗（固定）
設有壁塞來當作可動櫃使用。
傘會掛在鋼管上隱藏起來。考慮到水跟濕氣，收納的下方為開放式的構造。
收納內部、表面：聚酯合板
掛傘用的不鏽鋼管×2根
1,650
600
前庭
玄關
為了提高土間地面跟前庭的一體感，讓前庭傾斜來縮短接地窗還有邊緣的距離。接地窗外框的下端，跟土間地板的高度相同。

2 1樓平面圖

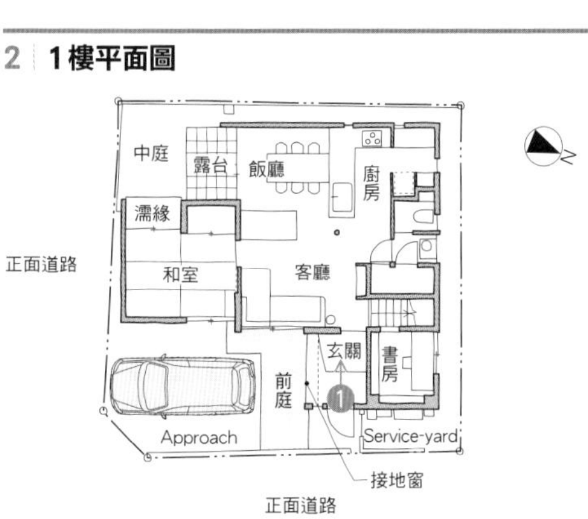

中庭
露台
飯廳
廚房
濡緣
正面道路
和室
客廳
玄關
書房
前庭
Approach
Service-yard
接地窗
正面道路

在面向前庭的牆壁，以整面牆的寬度來設置接地窗（頂端為玄關FL＋600mm），以此來確保玄關所須要的各種收納，同時也用自然光線來得到適當的亮度。上方還設有直達天花板的牆面收納（高度1850mm）。收納下面可以排水跟透氣，雨傘等帶有水氣的物品也能放置。

（小野喜規）

「櫻板之家」 設計：ONO DESIGN建築設計事務所、照片：田伏博。
＊Service-yard：廚房外的庭園，大多用來曬衣服。

攻略樓梯的「高度尺寸」

本間至

1 由3,650×550mm的長方形窗戶所誘導的樓梯 綾瀨之家

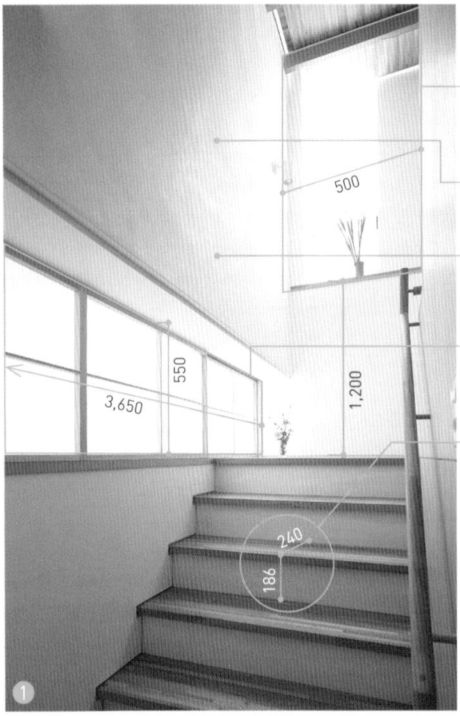
500
550
3,650
1,200
240
186

上下較長的開口：寬500×高2,200mm
上樓梯的時候，視線很自然的就會往上。這份案例在樓梯正面的上方配置長方形的開口，在上樓梯的時候先將視線接下。這個開口會持續往上延伸，成為上方樓梯平台的接地窗。

熟石膏牆（白），被照進來的光線柔和的照亮。

左右較長的開口：寬3,650×高550mm
從玄關進入時，在視線的高度可以看到細長的窗戶，透過紙門發出柔和的光芒。在這道光芒的導引之下，視線會透過樓梯與2樓的LDK相連。這個開口在樓梯途中的平台上，剛好會成為接地窗，將腳邊照亮。

台階高度：186mm、踏板：240mm
採用踏板標準尺寸的240mm。

600
600

開口處：600×600mm
寢室用來讀書的角落，透過開口跟樓梯間連在一起，也兼具換氣的機能。

2樓平面圖

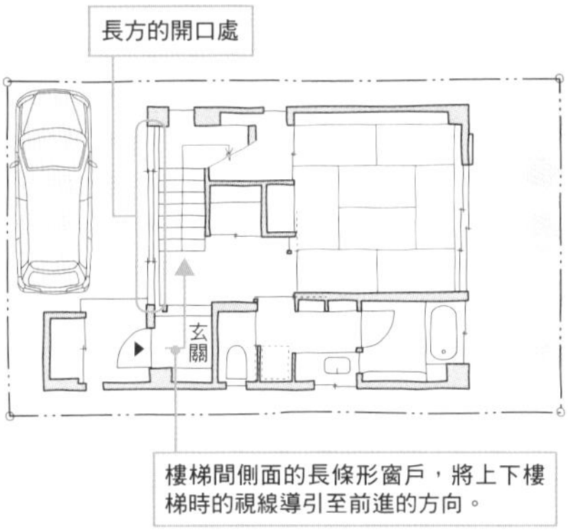
長方的開口處
玄關
樓梯間側面的長條形窗戶，將上下樓梯時的視線導引至前進的方向。

鋼筋結構的3樓都市型住宅。順著樓梯，設有寬3,650mm×高550mm的開口。一邊進行採光，一邊為上下的動線提供誘導。另外，讀書的空間跟飯廳也用開口來連在一起，光線從天窗照入，成為敞開式的樓梯間。

踏板240mm、台階高度180～190mm

上下樓梯時的方便性，取決於踏板跟台階高度的尺寸。如果想用小面積在比較大的高低落差上下，則必須要有較高的台階跟面積較小的踏板（例：摺梯）。相反的，如果踏板面積比較大，則台階高度必須降低，不然走起來會很不方便。對於直線性的樓梯，筆者會將240mm的踏板、180～190mm的台階高度當作標準。都市狹小的用地等，無論如何都無法取得充分的面積時，可以採用230mm的踏板，或是面積較小也沒關係的螺旋階梯。

螺旋階梯具有不容易下樓梯的一面，但可以將樓梯所佔的面積減到最低。選擇踏板中心面積較小的部分來上下，可以增加行動的速度，踏板外側則是比一般樓梯要寬，上下的時候動作可以放慢。但是跟直線性的樓梯相比，踏板的面積往旋轉的中心縮小，讓台階高度變成比較大的195～205mm。

取材、文章＝岡村裕次
照片＝富田治

2 用樓梯來區隔客廳與飯廳

赤堤之家

把支撐踏板以外的牆壁去除，將空間連繫在一起。考慮到安全，設有防止掉落的木製扶手。

木製扶手圓柱
2,100
飯廳
640
240
180
客廳
3

區隔用的牆壁：60㎜厚
想要盡可能的增加樓梯的有效面積，因此樓梯區隔用的牆壁採用比較薄的60㎜厚度，讓空間得到比較輕巧的印象。用2片結構用的合板（24㎜）將6㎜厚的椴木合板夾住。

將豎板省去，成為讓光跟風、視線可以穿透的構造。

在客聽跟飯廳之間設置樓梯間，將兩個空間緩緩的連繫在一起。

3 鋼筋螺旋階梯。台階高度204㎜

上町之家

700
204
ϕ114.3×ⓣ6
4

扶手：距離踏板700㎜、ϕ19
扶手為標準高度的700㎜。除了扶手之外，也在踏板下方裝上鋼筋，請人注意頭上的同時，也讓螺旋階梯得到比較纖細的印象。就結構來看也擁有比較好的優勢，可以防止搖晃。

踏板：橡木人造木材ⓣ30＋鐵ⓣ6

台階高度：204㎜
螺旋階梯無法確保大量的水平面積，因此台階高度也會比標準的尺寸要大。筆者大多會在195～205㎜之間進行調整。

截面圖〔S＝1：120〕

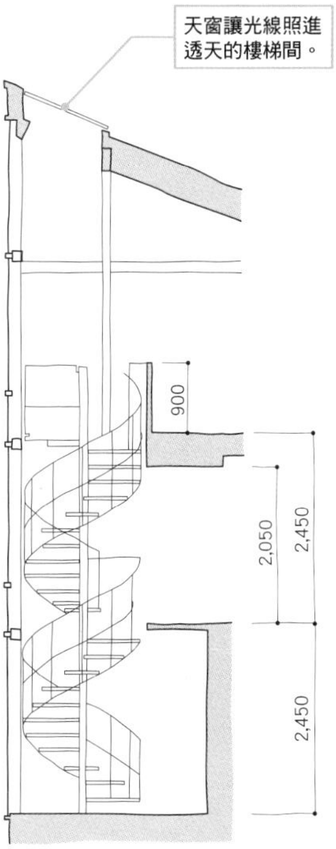

天窗讓光線照進透天的樓梯間。
900
2,050
2,450
2,450

在樓梯平台設置天花板高度4050㎜的迴廊

天花板：4,050㎜
正下方的停車空間，把天花板高度壓低到1.950㎜，取而代之的，讓位在中間2樓的樓梯平台成為兼具書房跟小孩遊戲空間的迴廊。天花板的最高高度為4,050㎜，南側設有可以讓視線穿越出去的大型開口（高度3,025㎜）。用3連的內紙門（內障子／裏障子）來調整瞭望的視野跟來自道路的視線。

書桌：700㎜
委託人讀書的空間，書桌高度為普遍的700㎜。

腰窗：740㎜
透過740㎜的腰窗，跟1樓的小孩房緩緩的連繫在一起。

扶手高度：955㎜
區分2樓客廳與中間2樓的扶手高度為955㎜。高度設定成2樓的視線（站立時）可以抵達南側開口對面的樹木。

讓建築物盡可能的靠向北邊，利用南邊用地的深度來設置停車空間。只讓汽車後方進到屋簷下，正上方的部分不是陽台或露台，而是兼具樓梯平台的迴廊。這個構造除了實現天花板高度大約4公尺的大型空間之外，也將1樓跟2樓緩緩的連繫在一起。〔安藤和浩、田野惠利〕

1 停車空間的天花板高度壓低到1,950㎜

南面的大型開口，是用4片鋁製窗框組合而成。對面櫸樹的倒影，創造出風雅的表情。

停車空間：寬4,350㎜×高1,950㎜
把天花板高度壓低到1,950㎜，來增加上方樓層的天花板高度。寬度為4,350㎜，有訪客來的時候可以停兩台車。

玄關上方用來曬衣服的陽台，設有垂直的木造格子（寬1,862㎜×高3,500㎜），設計成衣物不會被外面看到的造型。

3 盥洗室

2 截面圖［S=1:80］

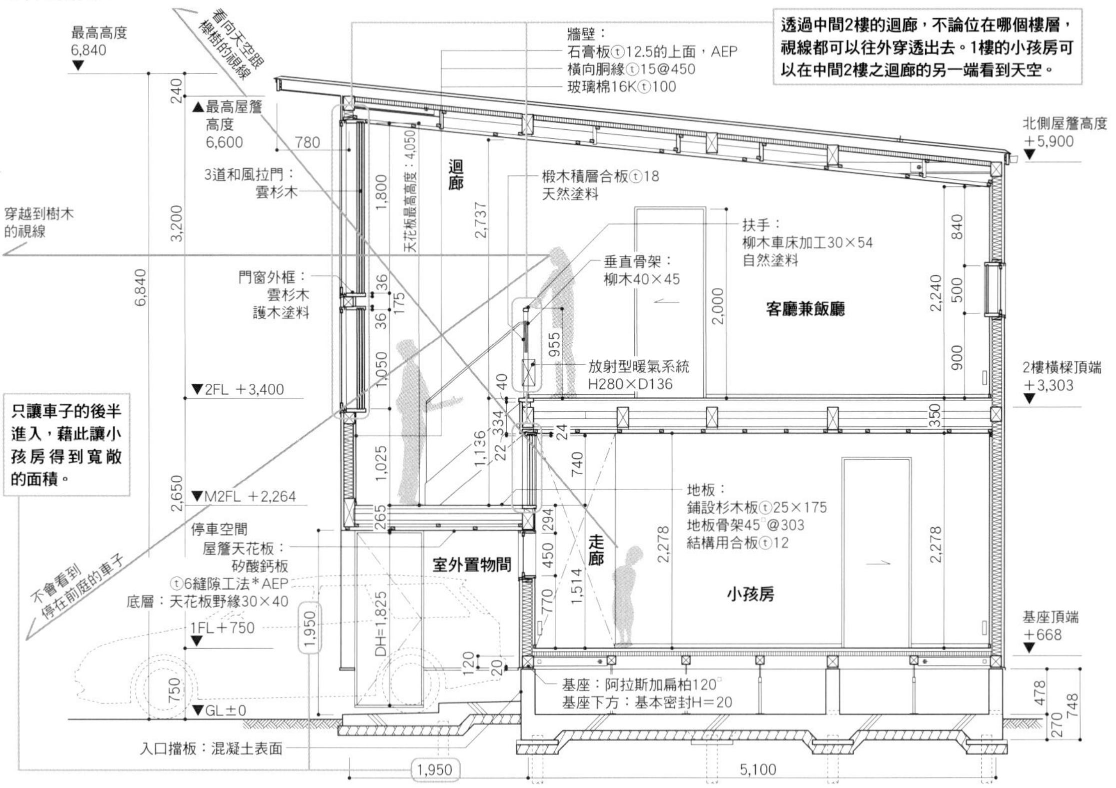

看向天空跟櫸樹的視線
最高高度
6,840
▲最高屋簷
高度
6,600
780
3道和風拉門：
雲杉木
穿越到樹木
的視線
門窗外框：
雲杉木
護木塗料
▼2FL ＋3,400
只讓車子的後半
進入，藉此讓小
孩房得到寬敞
的面積。
▼M2FL ＋2,264
停車空間
屋簷天花板：
矽酸鈣板
ⓣ6縫隙工法＊AEP
底層：天花板野緣30×40
1FL＋750
▼GL±0
不會看到
停在前庭的車子
入口擋板：混凝土表面
1,950
5,100
牆壁：
石膏板ⓣ12.5的上面，AEP
橫向胴緣ⓣ15@450
玻璃棉16Kⓣ100
透過中間2樓的迴廊，不論位在哪個樓層，
視線都可以往外穿透出去。1樓的小孩房可
以在中間2樓之迴廊的另一端看到天空。
北側屋簷高度
＋5,900
迴廊
天花板最高高度：4,050
椴木積層合板ⓣ18
天然塗料
扶手：
柳木車床加工30×54
自然塗料
垂直骨架：
柳木40×45
客廳兼飯廳
放射型暖氣系統
H280×D136
2樓橫樑頂端
＋3,303
地板：
鋪設杉木板ⓣ25×175
地板骨架45□@303
結構用合板ⓣ12
室外置物間
走廊
小孩房
DH=1,825
基座頂端
＋668
基座：阿拉斯加扁柏120□
基座下方：基本密封H＝20

740
450
770
4

從小孩房透過迴廊來看到天空。

截面素描

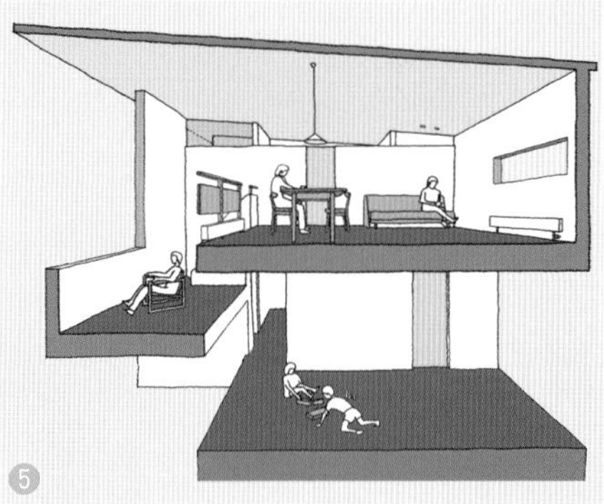

5

沒有將1樓跟2樓的空間分隔開來，好比是將坐墊對摺一般，透過迴廊往上跟往下看，讓視線產生多元的角度。

浦和之家

設計：Ando Atelier
〔照片：石井雅義〕

東西鄰家的生活空間都是位在1樓，再加上南側正面道路的另一邊，有高達15公尺的櫸樹。因此將客廳擺在2樓來確保景觀跟隱私。相反的，1樓跟室外的關係比較稀薄。室內的生活空間具有洄遊性，在視覺上也盡量設計成跟其他空間有所連繫的構造。

1樓平面圖

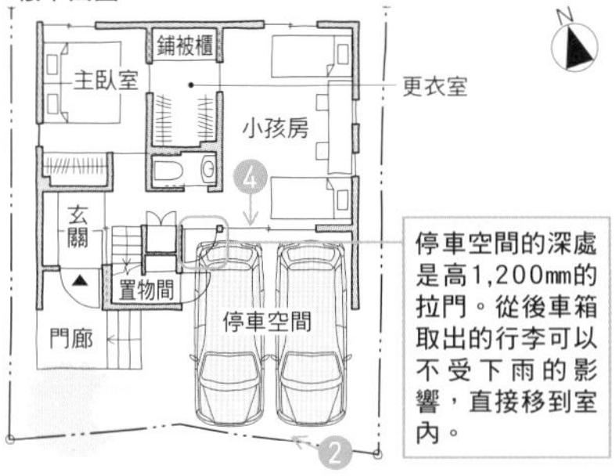

鋪被櫃
主臥室
更衣室
小孩房
玄關
置物間
門廊
停車空間
停車空間的深處
是高1,200㎜的
拉門。從後車箱
取出的行李可以
不受下雨的影
響，直接移到室
內。
N

2樓平面圖

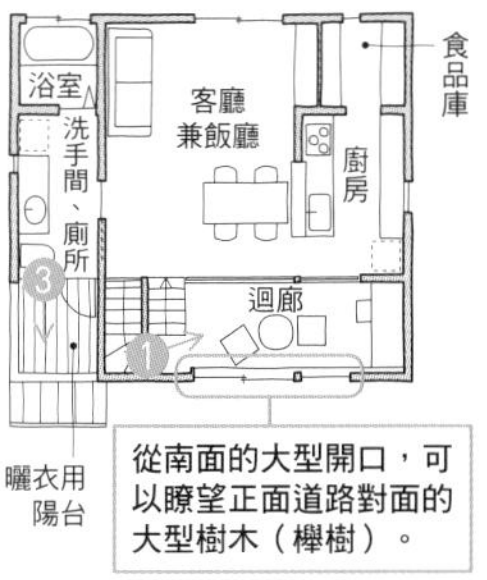

食品庫
浴室
客廳
兼飯廳
洗手間、廁所
廚房
迴廊
曬衣用
陽台
從南面的大型開口，可
以瞭望正面道路對面的
大型樹木（櫸樹）。

※縫隙工法（目透かし）：表面板材之間空上3～6㎜的間隔，以免材料的不均衡性被突顯。

高度7600mm的透天樓梯連到閱覽室

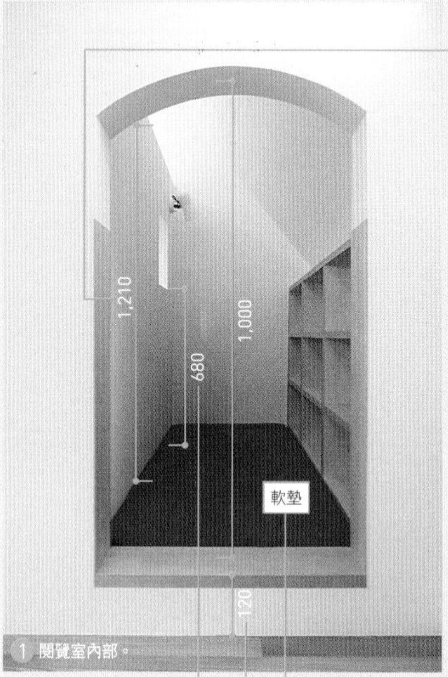

1,210
1,000
680
軟墊
120

1 閱覽室內部。

閱覽室
300
300

2 從樓梯間看閱覽室的方向。

小窗高度：680mm
可以讓小孩跪在地板探出頭來的小窗。跟透天的樓梯間相連。

高低差：120mm
入口的台階為120mm，開口上端為1,000mm，感覺就像爬進更小的生活空間一般。

用軟墊來當作地板，讓人可以趴下來看書，或是靠在牆上休息。

牆：1,210mm
為了小孩子的安全，並且讓天窗的光線可以照進書房內，牆壁高度設定為1,210mm。

建築面積不到30平方公尺的小型住宅。把透天的樓梯間當作中心，以縱向的生活來當作設計主題。慢慢改變各個生活空間的地板高度，形成可以讓人享受截面變化的構造。

3樓閱覽室的牆壁高度設定為1210mm，讓樓梯間（天窗）的陽光可以照進來。意識到躪口（茶室入口）*的書房入口，設有1腳就可以越過的高低落差（120mm），明快的將房間區分開來。內部則是以宮崎駿「怪貓巴士」那種可以讓人趴下來的氣氛為主題，用軟墊來當作地面。〔伊禮智〕

1 **截面圖**［S=1:120］

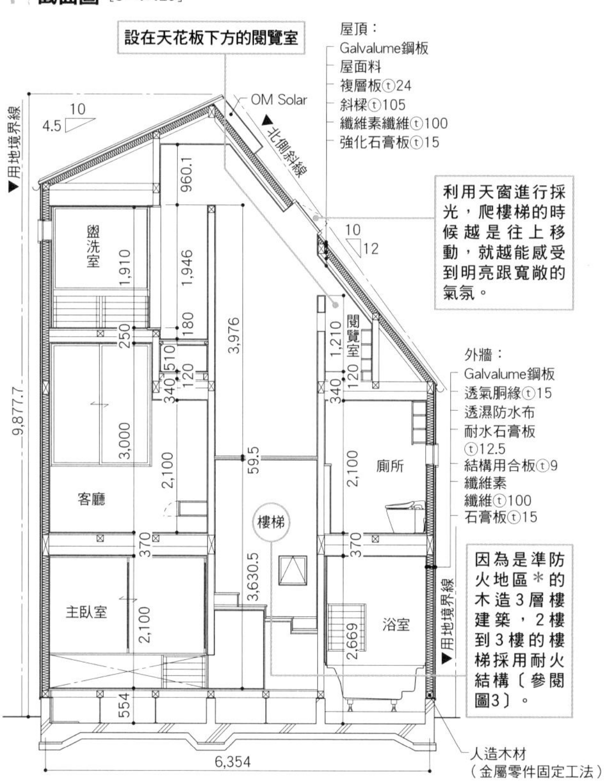

設在天花板下方的閱覽室
屋頂：
Galvalume鋼板
屋面料
複層板ⓣ24
斜樑ⓣ105
纖維素纖維ⓣ100
強化石膏板ⓣ15
OM Solar
北側斜線
用地境界線
4.5
10
10
12
960.1
利用天窗進行採光，爬樓梯的時候越是往上移動，就越能感受到明亮跟寬敞的氣氛。
盥洗室
1,910
1,946
180
250
510
120
340
3,976
閱覽室
1,210
120
340
外牆：
Galvalume鋼板
透氣胴緣ⓣ15
透濕防水布
耐水石膏板
ⓣ12.5
結構用合板ⓣ9
纖維素
纖維ⓣ100
石膏板ⓣ15
9,877.7
3,000
2,100
59.5
2,100
廁所
客廳
樓梯
370
370
因為是準防火地區*的木造3層樓建築，2樓到3樓的樓梯採用耐火結構〔參閱圖3〕。
主臥室
2,100
3,630.5
2,669
浴室
554
6,354
人造木材
（金屬零件固定工法）

*躪口（茶室入口）：茶室客人的入口，高65cm、寬60cm左右的小型開口。
*準防火地區：日本都市計劃法第9條第20項「為了排除市區內火災之危險」而指定的地區。

2 閱覽室窗框周圍詳細圖

截面詳細圖〔S=1：20〕

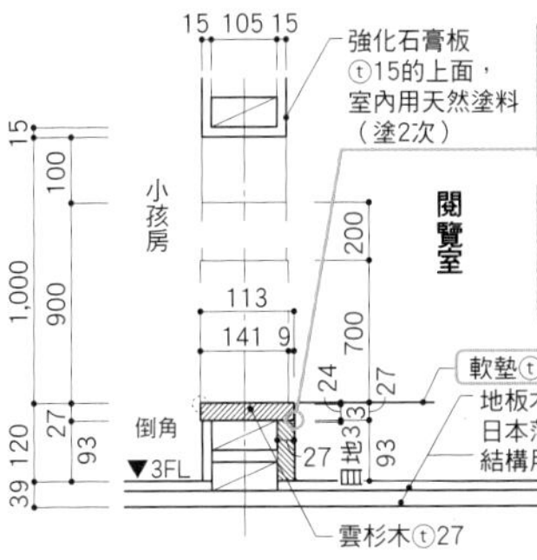

強化石膏板
ⓣ15的上面，
室內用天然塗料
（塗2次）
小孩房
閱覽室
軟墊ⓣ120
地板木材：
日本落葉松ⓣ15（有節眼）
結構用合板ⓣ24
倒角
▼3FL
雲杉木ⓣ27

為了避免木材瘦下來之後太過顯眼，事先將縫隙去除。

考慮到軟墊的維修跟模樣的變更，設計成可以拆下的結構。

平面詳細圖〔S=1：20〕

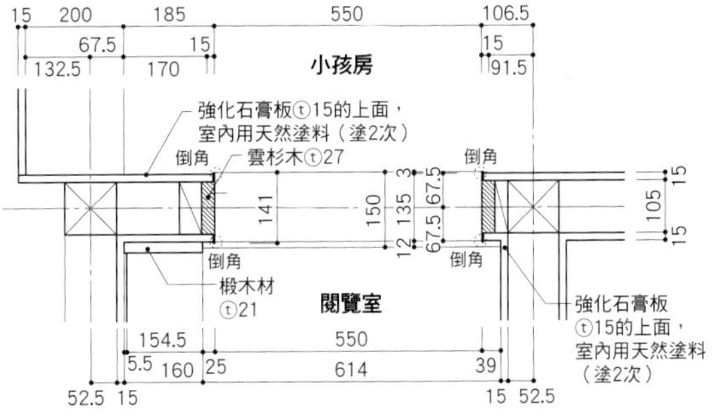

小孩房
強化石膏板ⓣ15的上面，
室內用天然塗料（塗2次）
倒角
雲杉木ⓣ27
椴木材
ⓣ21
閱覽室
強化石膏板
ⓣ15的上面，
室內用天然塗料
（塗2次）

3 平面詳細圖

樓梯詳細圖〔S=1：40〕

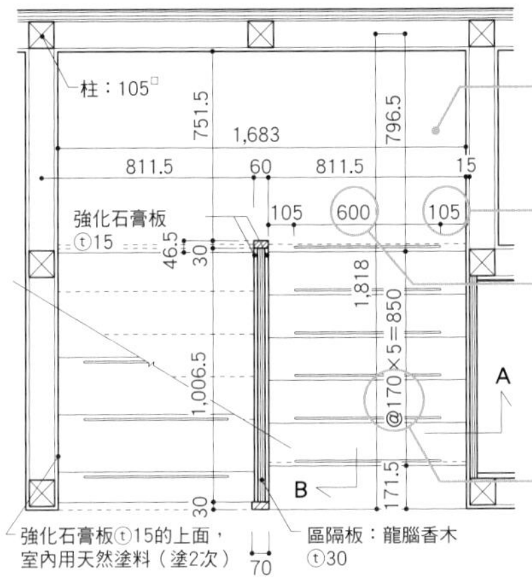

柱：105□
強化石膏板
ⓣ15
強化石膏板ⓣ15的上面，
室內用天然塗料（塗2次）
區隔板：龍腦香木
ⓣ30
A
B

在樓梯透過區隔板來轉彎的部分，設置樓梯平台。以面的方式來呈現。除了提高施工性之外，還可以給人比實際面積還要寬敞的感覺。

防滑是用修邊機一根一根加工。在加工的長度（600㎜）之前，要先決定跟牆壁之間的寬度（80～110㎜左右）。

如果採用木造，標準的尺寸是踏板240㎜、台階高度200㎜、可容納在1坪之內的樓梯。本案例為了實現不可燃的結構，在3樓的樓梯裝有鐵板，成為踏面185㎜、台階高度120㎜、豎板30㎜的掏空式樓梯，給人比較薄的感覺。

A截面詳細圖〔S=1：5〕

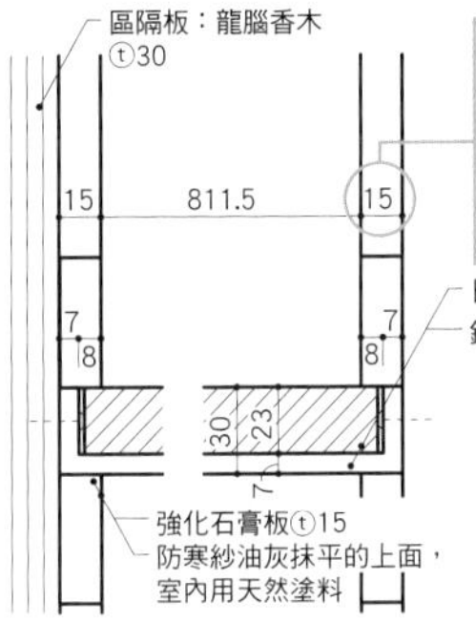

區隔板：龍腦香木
ⓣ30
日本落葉松實木ⓣ30
鐵板ⓣ7 SOP（白）
強化石膏板ⓣ15
防寒紗油灰抹平的上面，
室內用天然塗料

為了避免樓梯彎曲，用15㎜的強化石膏板在上下進行補強。

踏板底端的部分
日本落葉松實木ⓣ30
3

往上看到的部分是塗成白色的鐵板。

B詳細截面圖〔S=1：5〕

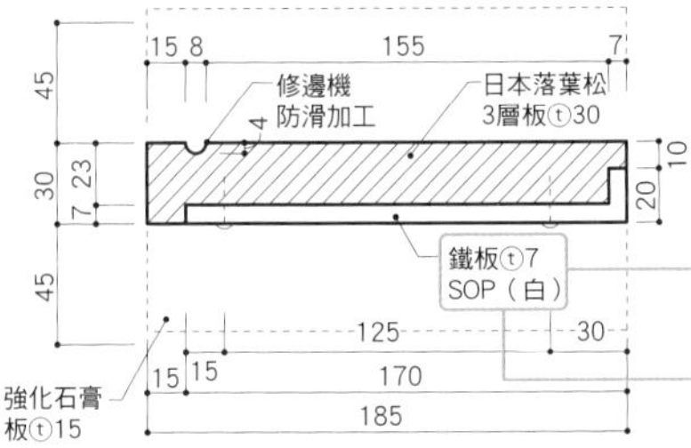

修邊機
防滑加工
日本落葉松
3層板ⓣ30
鐵板ⓣ7
SOP（白）
強化石膏
板ⓣ15

在過去的住宅之中，常常會使用4㎜的鐵板，但為了降低彎曲的可能性，跟現場討論之後採用7㎜的厚度。

抬頭往上看到的部分是鐵板，塗成白色。

Aya Saya House

設計：伊禮智設計室
〔照片：伊禮智設計室〕

建築面積在30平方公尺以下，因此用沒有走廊（建築物中央為樓梯）的概念來進行設計。對小型住宅來說非常重要的，是盡可能在現場打造家具，並以這些家具來區隔空間。另外則是用家具或桌子來兼任板凳，給予它們複數的定義。

1樓平面圖

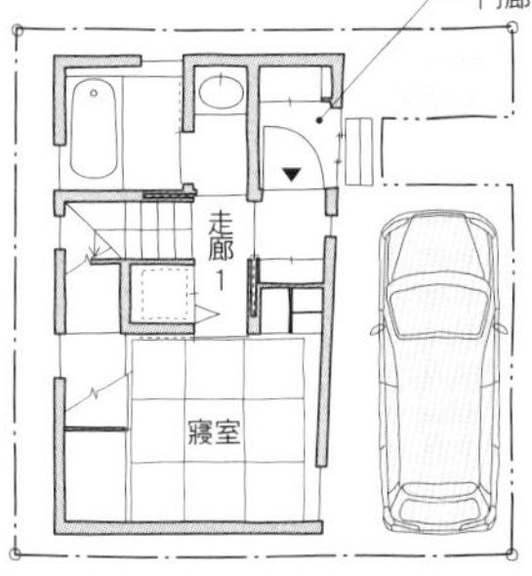

門廊
走廊1
寢室
N

2樓平面圖

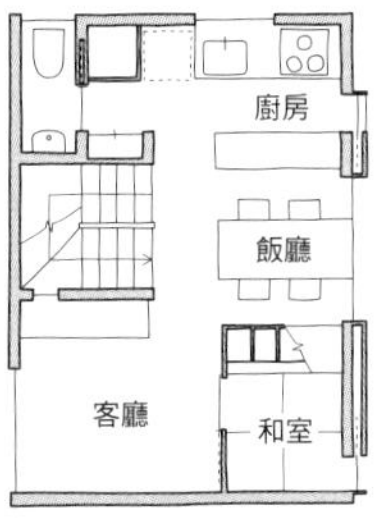

廚房
飯廳
客廳
和室

連繫閱覽室跟樓梯間的小窗。

3樓平面圖

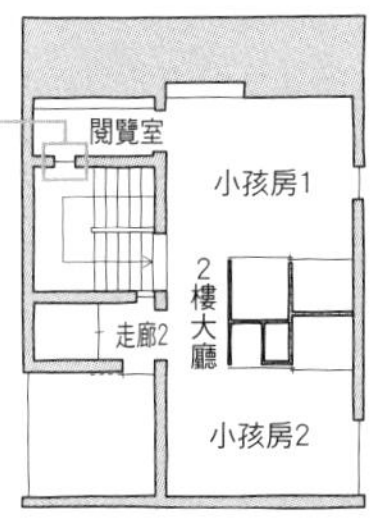

閱覽室
小孩房1
2樓大廳
走廊2
小孩房2

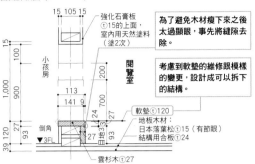

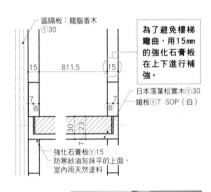

樓梯

用207mm的台階高度跟踏板深度，為樓梯創造出停滯的空間

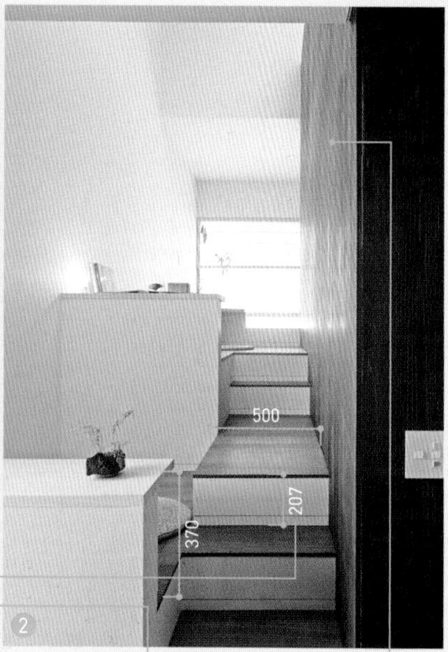

書桌採用不規則的流線造型。共用書桌的時候不是兩人完全的背對背，而是稍微錯開來坐下，緩和緊張的氣氛。

樓梯：台階高度207㎜
把1層樓梯（台階高度207㎜）之踏板深度加深，為空間創造出停滯的地點。讓人自然會在此處坐下，或是用此處的書桌來讀書。

把樓梯的高低落差當作工作空間的腰牆。強調被包圍起來的感覺，以溫和的手法將樓梯間這個空間區隔開來。

建築物核心的表面，使用杉木的羽目板（黑）來強調對比，跟樓梯的領域產生明確的區別。

在反應出用地傾斜的樓梯間，設置具有多重意義的生活空間。除了確保委託人的工作空間跟小孩子的學習空間之外，還利用207㎜的台階高度跟一部分加大的踏板，來創造出空間的停滯。成為可以坐在地板上享受自己一個人的時間，或是躺下來休閒的空間。樓梯部分採用平坦的天花板，上樓梯的時候天花板高度會從4163㎜變化到3542㎜，讓人體會到空間大小的變化。

〔岸本和彥〕

1 截面圖 [S=1:150]

深度足以讓人躺下。

採用平面的天花板，坐的地方不同，天花板高度也會產生變化，形成不同的空間性。

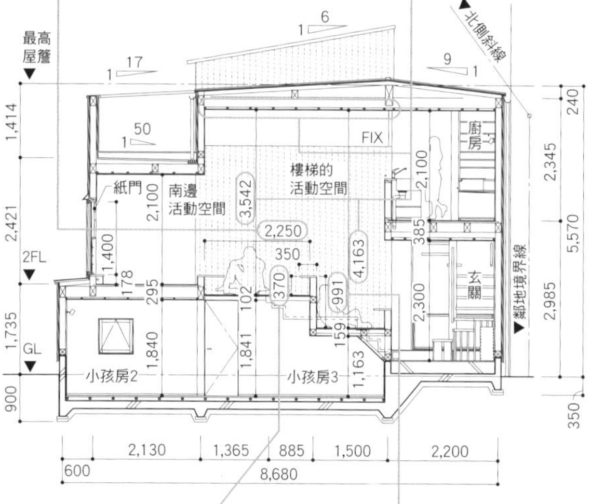

書桌頂端高度370㎜，在地板鋪上50㎜厚的坐墊，可以形成恰到好處的差尺。

牆壁的高度為991㎜，讓人可以靠上去，並遮住來自上層的視線（207㎜的台階高度3層加上桌子的高度）。

「富士見町之家」設計：acca、照片：上田宏。

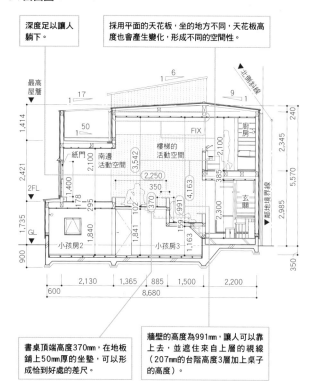

連繫客廳與樓梯，坐面高度340mm的板凳

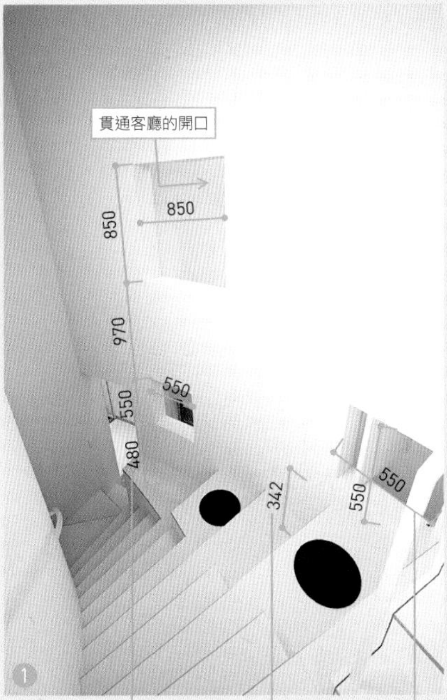
貫通客廳的開口
850
850
970
550
550
480
342
550
550
1

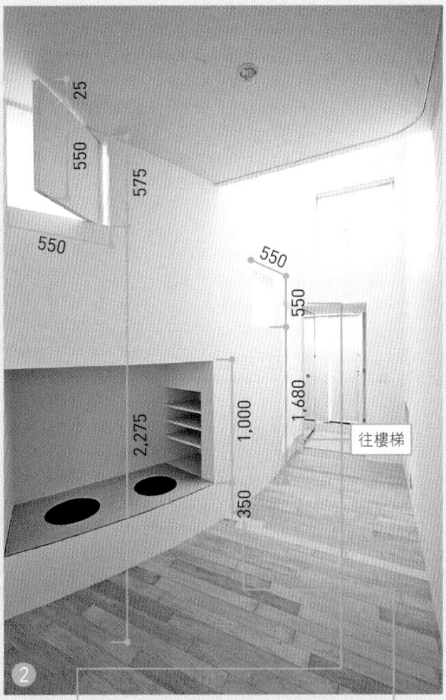
25
550
575
550
550
550
1,680
1,000
2,275
350
往樓梯
2

坐下來的時候視線可以往水平延伸出去。

就算是小孩也能坐下來的高度。

調整開口的尺寸，從客廳一方看過去，剛好可以看到坐在樓梯板凳上的身影。

設定成350mm的高度，在坐下的時候視線剛好可以來到牆壁上的電視。天花板的高度為1,000mm，不論是躺下、坐下還是跪著，都可以成為舒適的空間。

樓梯的機能與設計，不光只是單純的將上下樓層連繫在一起，而是可以設計成讓人逗留的空間。這份案例用台階高度170mm×2層的高低差來設置板凳，創造出可以當作生活空間的樓梯。坐面高度的340mm，跟小孩用的椅子差不多高。樓梯的牆壁（板凳旁邊）設有可以俯看1樓的開口。只要調整旋轉門的開合角度，就能改變跟客廳的連繫方式。

〔駒田剛司、駒田由香〕

1 曲面牆（開口處）詳細圖［S=1:6］

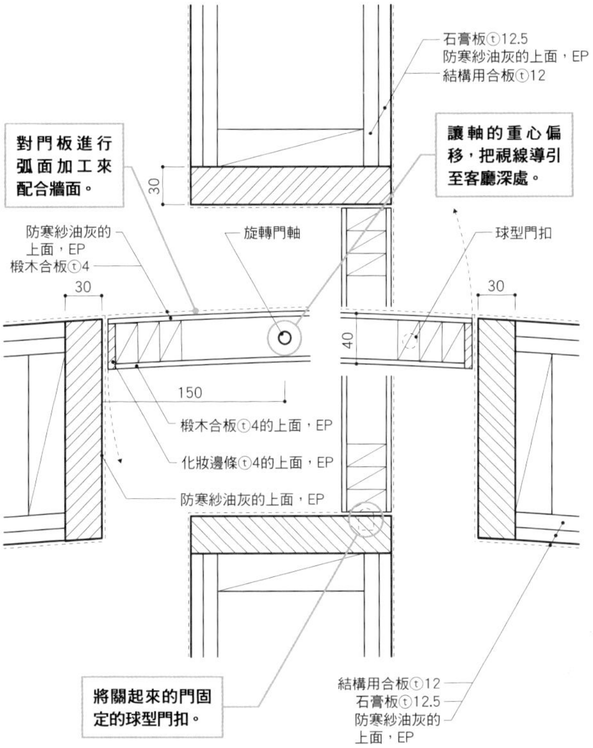
石膏板ⓣ12.5
防寒紗油灰的上面，EP
結構用合板ⓣ12
對門板進行弧面加工來配合牆面。
讓軸的重心偏移，把視線導引至客廳深處。
30
防寒紗油灰的上面，EP
椴木合板ⓣ4
旋轉門軸
球型門扣
30
30
40
150
椴木合板ⓣ4的上面，EP
化妝邊條ⓣ4的上面，EP
防寒紗油灰的上面，EP
將關起來的門固定的球型門扣。
結構用合板ⓣ12
石膏板ⓣ12.5
防寒紗油灰的上面，EP

「Piano House」設計：駒田建築設計事務所、照片：傍島利浩。

錯層

高度2350mm的兼具收納與桌子的牆壁

收納高度：720mm
兼具廚房一方的收納跟客廳一方的桌子（參閱照片2）。

設有單開式的門，用來放置冰箱的收納櫃。

壁龕：530mm
廚房作業台的頂端（870mm）跟壁龕（放有電波跟微波爐）的高度相同。

牆壁：2,350mm
牆壁的高度，是用①客廳桌子高度的720mm、②230mm的結構材（天花板內側空間）、③高度530mm的壁龕、④870mm的收納，等順序來決定成2,350mm的高度。廚房跟飯廳的地板有225mm的高低落差，以此來區分境界。

樓梯：690mm
樓梯為3層（230×3＝690mm），第4層當作樓梯平台。把樓梯的總高度壓在1公尺以內，沒有設置扶手，讓空間得到清爽的氣氛〔※〕。

蓋在傾斜的用地上，為了活用良好的景觀，把客廳擺在2樓。在具有洄遊性的錯層結構之中，把廚房兼飯廳擺在中間2樓，用高度2350mm的牆壁來跟2樓區隔。為了活用所有的空間，在牆壁追加了書桌跟壁龕等機能。

〔柏木學、柏木穗波〕

1 截面圖［S=1:150］

在客廳一方是頂端為720mm的桌子，在廚房那邊則會變成高度2,350的牆面收納。收納門左右往外打開的結構。

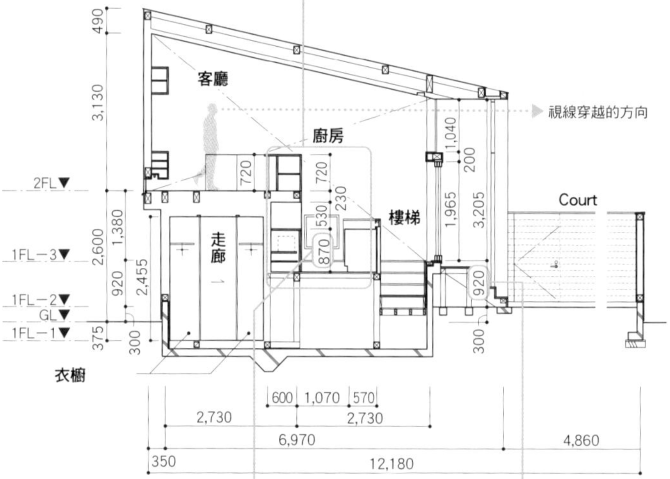

牆壁收納跟廚房作業台的頂端，以870mm來統一。870mm的作業台，是跟委託人到廠商的展示屋討論出來的結果。900mm太高（特別是對較深的鍋子來說），850mm對使用砧板的作業來說太低，最後決定是870mm。

外側樓梯也是採用高度1公尺以下的920mm，沒有設置扶手，成為清爽的空間。

※：日本建築基準法施行令25條4項記載有「高度1公尺以下的樓梯部分，不用設置扶手也可以」的內容。

COLUMN 在角度傾斜之樓梯確保大面積踏板的秘訣

上下樓梯的方便性，會由台階高度跟踏板的關係來決定。想要盡可能增加踏板面積的角度較為傾斜的樓梯，在架到上方樓層的地板橫樑的時候，把樑的中心錯開，可以為踏板爭取到多餘的面積。把樑錯開，樓梯完全抵達上方樓層的寬度會降低，但是就走廊的寬度來說已經充分。本案例透過這種手法，讓每個台階的踏板增加10mm。〔根來宏典〕

1 樓梯詳細圖

755
234.5
211.5
795
650

① 客廳

架到上方樓層的地板橫樑時，錯開120mm，來加大樓梯的空間。踏板從（前）224.5mm變成（後）234.5mm，每個台階增加了10mm的深度（參閱下圖）。

櫃台桌的高度：650mm

事先想好42吋電視的擺設位置，來決定天花板配線用的孔跟插座的位置。另外也設有蓄熱式電暖器的擺設位置，在櫃台桌跟暖氣機之間留有足夠的縫隙。

2 樓梯詳細圖

展開圖〔S＝1：150〕

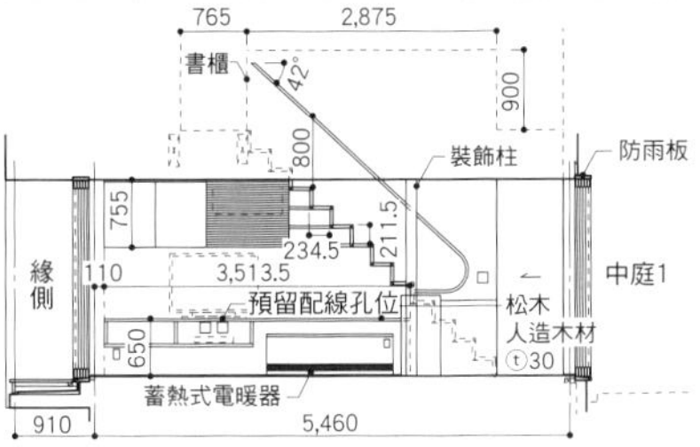

765
2,875
書櫃
42
900
800
裝飾柱
防雨板
755
234.5
211.5
緣側
110
3,513.5
預留配線孔位
中庭1
松木
人造木材
ⓣ30
650
蓄熱式電暖器
910
5,460

截面圖（把樑錯開120mm之前）〔S＝1：40〕

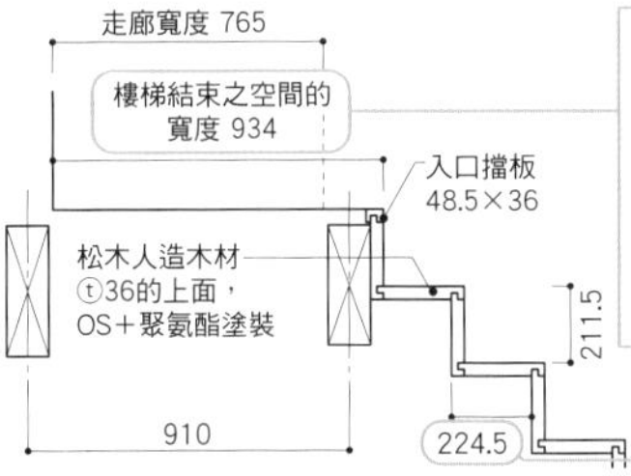

走廊寬度 765
樓梯結束之空間的寬度 934
入口擋板
48.5×36
松木人造木材
ⓣ36的上面，
OS＋聚氨酯塗裝
211.5
910
224.5

樓梯結束時空間的寬度，把因為樑錯開（934－814＝120mm）而變窄。但走廊的寬度只要有814mm就已經足夠。

截面圖（把樑錯開120mm之後）〔S＝1：40〕

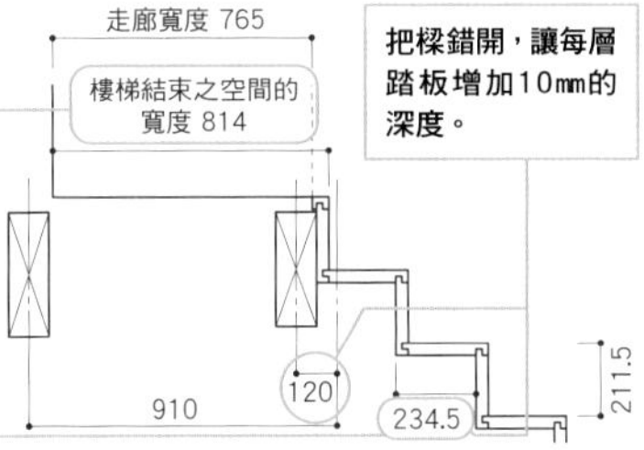

走廊寬度 765
樓梯結束之空間的寬度 814
120
910
234.5
211.5

把樑錯開，讓每層踏板增加10mm的深度。

「角落浮起的白色之家」設計：根來宏典、照片：GEN INOUE

迴之家

設計：Kashiwagi Sui Associates

〔照片：上田宏（照片①）、黑住直臣（照片②）〕

從屋頂可以看向東南的高山。與其他住宅相接的方向用外牆圍起來，內部則是採用具有洄遊性的3層樓的錯層結構，實現寬敞的室內環境。唯一向外敞開的東南，讓客廳通往屋頂的露台，來享受美麗的自然景觀。

書桌：720×330mm

桌子頂端的高度為720mm，深度則是330mm。考慮到使用電腦的姿勢，來調整讓腳伸進去的尺寸（差尺跟桌子下方的深度）。為了讓地板面積看起來較為寬廣，書桌頂板的邊緣採用弧線造型。

為了讓客廳跟樓梯下的飯廳緩緩的連繫在一起，用扶手取代牆壁來進行區隔。

光源的裝設在230mm，讓樓下的玄關也能得到光線。

720
330
230

2樓平面圖

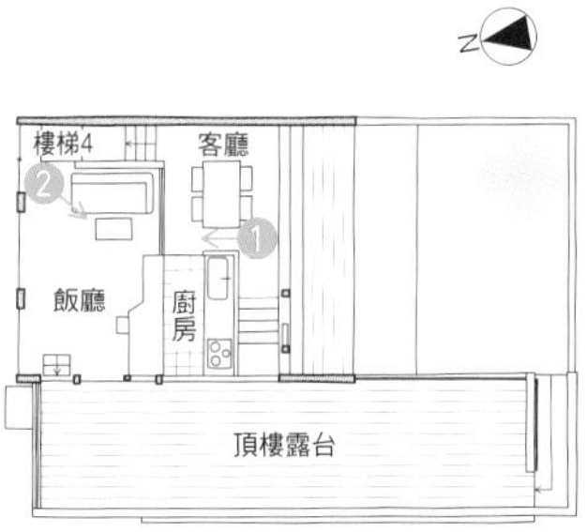

N
樓梯4
客廳
飯廳
廚房
頂樓露台

窩在樓梯途中的書房。入口高度為1300㎜

650
1,300
450
396

① 可以從樓梯看到書房

600
500
30
330
338
238
238
238
200
2,450

② 書房

出入口：寬650㎜×高1,300㎜
位在樓梯途中的書房入口，高度壓低到1,300㎜，必須讓身體往前彎、頭部稍微壓低來進入。盡可能讓人在進入的時候，很自然的就維持可以看到地面的姿勢。

差尺：330㎜
書桌預定跟坐墊搭配使用。採用比一般差尺（300㎜）更高的330㎜。

書櫃：高238×深240㎜
把書櫃製作成固定櫃，來得到統一的線條。事先跟委託人討論書本的種類，設計成也能收納百科全書的高度。

天花板：2,450㎜
壓低出入口的高度，讓天花板給人更高的感覺。

1 樓梯間的素描

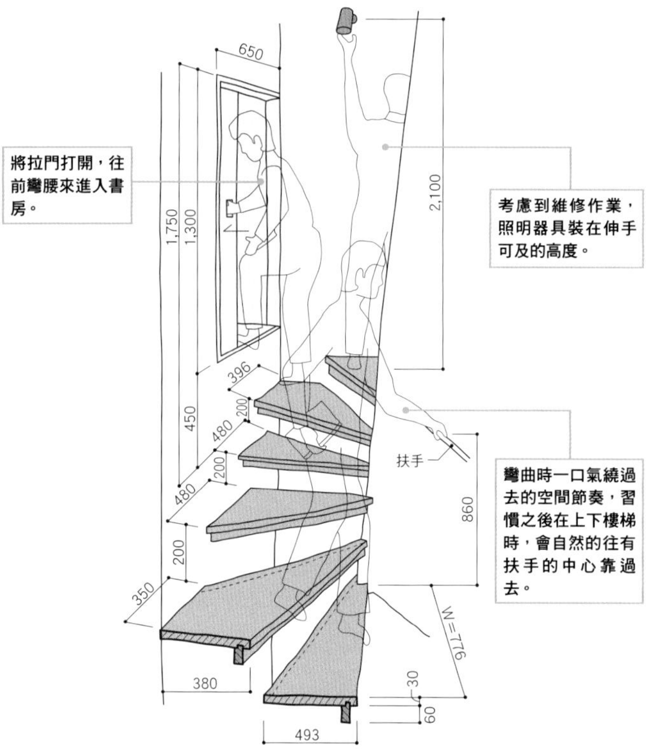
將拉門打開，往前彎腰來進入書房。
考慮到維修作業，照明器具裝在伸手可及的高度。
彎曲時一口氣繞過去的空間節奏，習慣之後在上下樓梯時，會自然的往有扶手的中心靠過去。
扶手
650
1,750
1,300
2,100
396
450
200
480
200
480
200
350
860
W=776
380
30
60
493

位在市中心的狹小用地，將走廊去除，把樓梯擺在計劃的中心。在樓梯途中設置書房的入口，希望給人「穴居」的氣氛，因此將入口高度壓低到1300㎜。入口的這種尺寸，同時也想讓人在進到書房內側之後，更進一步突顯出2450㎜的天花板高度。坐在地板來使用的書桌，一樣也可以強調垂直的距離。〔安藤合浩、田野惠利〕

2 壓低玄關天花板,來提高書房天花板的高度

截面圖〔S＝1：60〕

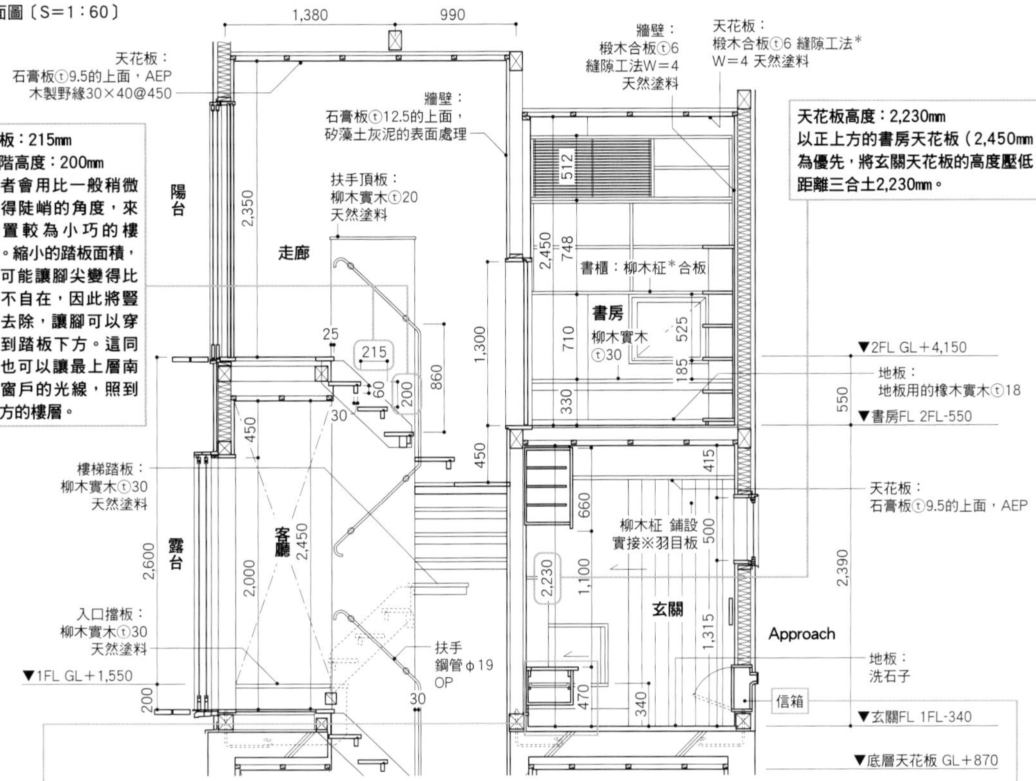

1,380
990
天花板：
石膏板ⓣ9.5的上面，AEP
木製野緣30×40@450
牆壁：
石膏板ⓣ12.5的上面，
矽藻土灰泥的表面處理
牆壁：
椴木合板ⓣ6
縫隙工法W＝4
天然塗料
天花板：
椴木合板ⓣ6 縫隙工法*
W＝4 天然塗料
陽台
走廊
扶手頂板：
柳木實木ⓣ20
天然塗料
2,350
512
2,450
748
書櫃：柳木柾*合板
書房
柳木實木
ⓣ30
710
525
185
330
1,300
215
25
60
200
860
30
450
450
▼2FL GL＋4,150
地板：
地板用的椽木實木ⓣ18
550
▼書房FL 2FL-550
樓梯踏板：
柳木實木ⓣ30
天然塗料
415
660
天花板：
石膏板ⓣ9.5的上面，AEP
柳木柾 鋪設
實接※羽目板
500
露台
2,600
客廳
2,450
2,000
2,230
1,100
玄關
1,315
2,390
Approach
入口擋板：
柳木實木ⓣ30
天然塗料
扶手
鋼管φ19
OP
地板：
洗石子
▼1FL GL＋1,550
200
30
470
340
信箱
▼玄關FL 1FL-340
▼底層天花板 GL＋870

踏板：215㎜
台階高度：200㎜
筆者會用比一般稍微來得陡峭的角度，來設置較為小巧的樓梯。縮小的踏板面積，有可能讓腳尖變得比較不自在，因此將豎板去除，讓腳可以穿越到踏板下方。這同時也可以讓最上層南面窗戶的光線，照到下方的樓層。

天花板高度：2,230㎜
以正上方的書房天花板（2,450㎜）為優先，將玄關天花板的高度壓低，距離三合土2,230㎜。

利用廚房跟玄關之地板落差的340㎜，設置跟廚房地板相連的踊口。可以先將買好的東西連同袋子一起放到廚房。

2,230
340
470
式台（1FL−220）

3 玄關

玄關門往單側拉開，讓門板的開合不佔空間。

板凳高度：470㎜
設有坐面高度470㎜的木製板凳。玄關台階的高度是會妨礙到鞋根的120㎜，因此用這個板凳來穿鞋或脫鞋。板凳下方為鞋櫃。

利用牆壁的厚度來設置信箱。不用到室外也能從玄關內側取出信件。

高井戶之家

設計：Ando Atelier
〔照片：西川公朗〕

地上2層樓，地下1層樓的住宅。地層的結構，讓1樓地板從地平面往上提高1,300㎜。從外側道路緩緩的繞過，穿過以外樓梯為中心所種植的野茉莉所形成的Approach。透過中央樓梯，讓視線跟光、空氣可以穿越出去，創造出比實際面積更為寬闊的延伸感。

1樓平面圖

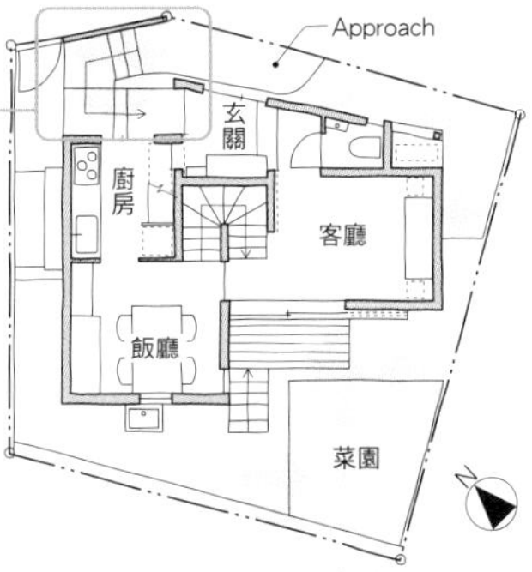

Approach
玄關
廚房
客廳
飯廳
菜園
N

順著室外樓梯所種植的野茉莉，成為可以通往玄關的Approach。

2樓平面圖

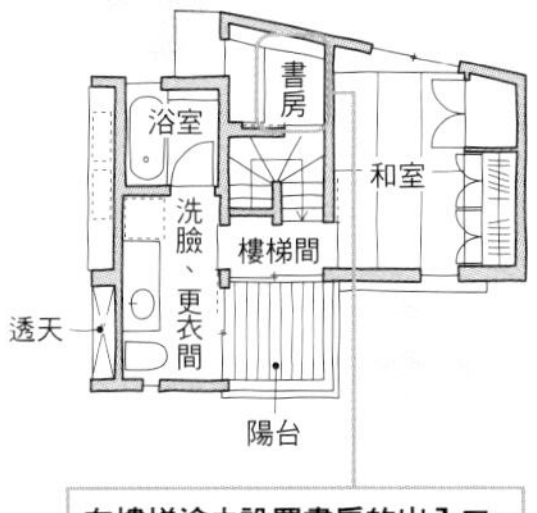

浴室
書房
和室
洗臉、更衣間
樓梯間
透天
陽台

在樓梯途中設置書房的出入口。

＊柾：表面的木紋，跟木頭的年輪幾乎成直角的木材，一般柾的木板寬度有限，但兩面收縮較小。
※實接（本実）：板材邊緣有結合用的溝道，一邊凹一邊凸。
※縫隙工法（目透かし）：表面板材之間空上3～6㎜的間隔，以免材料的不均衡性被突顯。

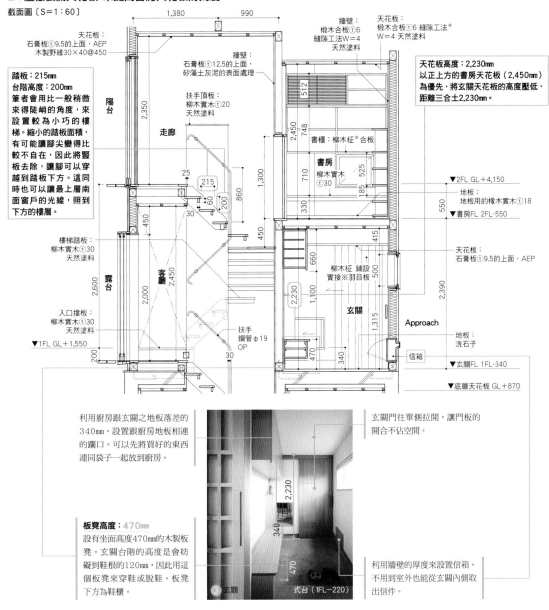

攻略和室的「高度尺寸」

1 用大型窗戶跟多層窗戶的上框來降低重心　信濃町之家

570
850
450
350
2,300
1,800
1

為了通風跟採光所設置的多層窗戶。上方那層裝有整面的格子，可以一邊通風一邊兼顧防盜的機能。格子是用100㎜的間隔來設置橫條，讓視線可以穿越到外面。

設在書桌旁邊，讓空間停滯下來的結構。

進出用門窗：1,800㎜
主要出入口的大型落地窗，上端設定為1,800㎜，把空間的重心壓低。

截面圖〔S=1：150〕

跟庭園相連的和室，設有可以進出的大型落地窗，成為開放性的空間。大型落地窗跟多層窗戶的門窗上框為1,800㎜。更進一步用多層窗戶的橫框來強調水平線條、降低房間的重心，成為氣氛沉穩的空間。

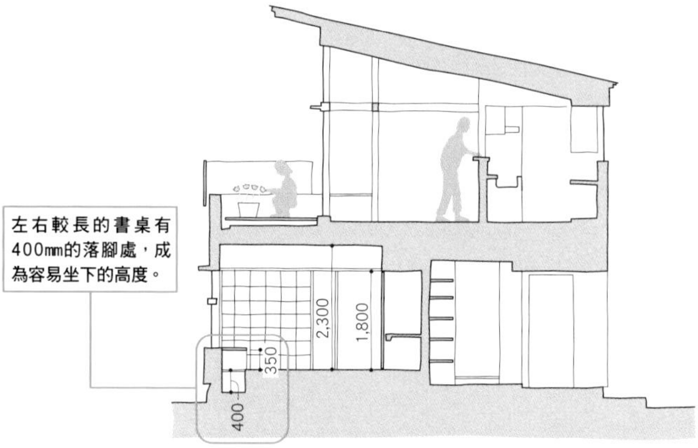

左右較長的書桌有400㎜的落腳處，成為容易坐下的高度。
2,300
1,800
350
400

和室要用開口來降低重心

本間至

鋪設疊蓆的和室，基本上會坐在地面起居。因此跟客廳不同，要盡可能的降低空間的重心。本人會利用開口處，來操作和室的重心。把進出用的大型落地窗、雙向滑窗的上端，設定在1500～1850㎜左右。

另一方面，本人從來不曾將和室天花板的高度降低到2100㎜。這是因為人們可能會在和室躺下來休閒（寢室）、讀書（書房）、讓訪客過夜（客房），須要有如預備室一般的用途不定的機能。跟一般客廳相同，天花板高度會設定在2200㎜以上，有時甚至會拉高到2500㎜。重心改成用開口處來降低，因此不會有問題。

如果將和室當作寢室來使用，必須把收在壁櫥的鋪被拿進拿出。此時櫃子的適當高度，本人認為是700㎜。考慮到鋪被的重量跟厚度，低於或超過這個基準都不好。

取材，文章＝岡村裕次
照片＝富田治

2 在賞雪格子*設置280㎜的腰板來降低重心

三住奏

2,300
1,860
1,184
676
280
2

用開口來降低和室的重心。本案把格子窗戶下方的部分換成玻璃，當作賞雪格子來使用，並加裝280㎜的腰牆，強調在疊蓆坐下時被包圍起來的印象。

天花板：2,300㎜

會用開口處來降低重心，因此天花板的高度設定成跟一般生活空間一樣的2,300㎜。

壁櫥紙門的上框：676㎜

必須將鋪被拿進拿出的壁櫥收納，高度在700㎜剛剛好。紙門打開之後可以看到內部設置的力板*，把收納空間往上拉到距離室內地板700㎜的高度。力板的厚度還可以讓紙門的上框降低到676㎜，更進一步壓低房間的重心。另外，上框高度的676㎜，是考慮到壁櫥紙門的分配。

腰板：280㎜

在賞雪格子裝上280㎜的腰板，強調坐在疊蓆時被包圍起來的感覺，給人沉穩的氣氛。

截面圖〔S＝1：50〕

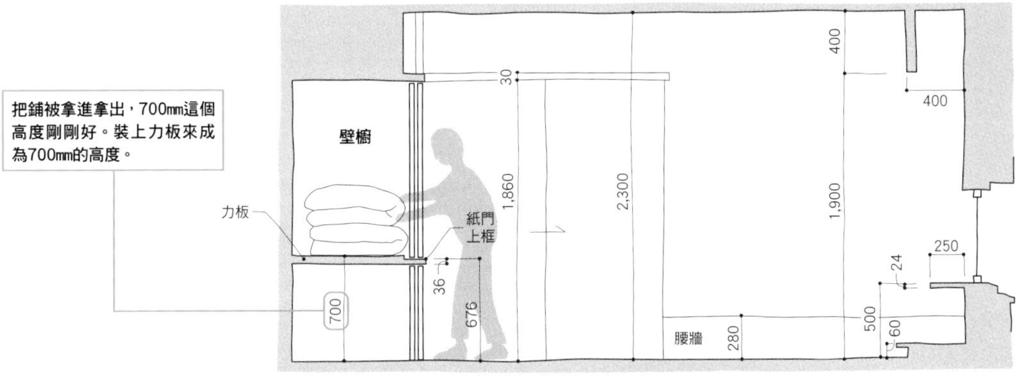

把鋪被拿進拿出，700㎜這個高度剛剛好。裝上力板來成為700㎜的高度。
壁櫥
力板
紙門
上框
30
1,860
2,300
400
400
1,900
250
24
36
700
676
腰牆
280
500
60

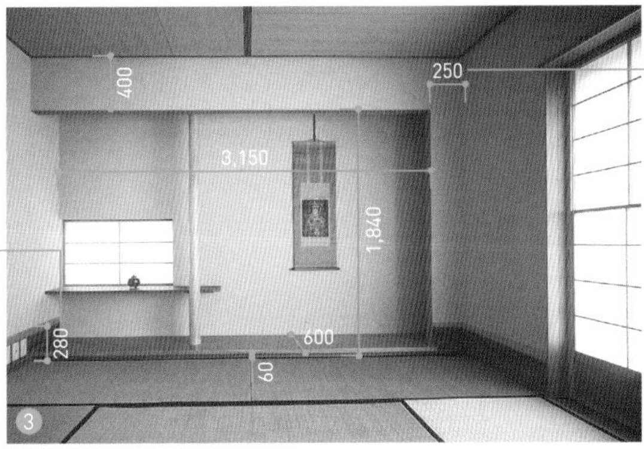

400
250
3,150
1,840
280
600
60
3

腰板：280㎜

腰板的高度設定為280㎜，一樣可以強調被包圍起來的印象。插座也集中在這個高度。

袖壁：250㎜

在右側設置250㎜的袖壁來形成影子。左邊設置小窗來形成對比，透過格子窗來得到柔和的光線。陰影的效果，讓600㎜的凹間得到高於面積的深度。

*賞雪格子（雪見障子）：格子有一部分為玻璃，可以開關的格子窗戶。
*力板：為了防止紙門變形，裝在框架四角的板子。
※袖壁：往室外凸出的小牆。

地板高度提升到150mm來強調與其他房間的界線

間接照明：250mm
在入口附近，用250mm的縫隙來裝上間接照明，給人比6張疊蓆這個實際面積更為寬廣的感覺。〔參閱圖1〕

高低差：150mm
天花板的高度跟其他房間一樣（2,400mm），地板則是在和室入口往上提高150mm，讓和室的天花板成為2,250mm。設置高低落差的時候，不可太高（踏入時沒有負擔）也不可太低（可以清楚確認到高低差），因此決定是150mm。地板的高低落差可以給人「移動到不同空間」的感覺，成為一種精神性的區隔。

250
450
2,250
550
900
350
150
1

圓窗：φ1,100mm
開口中心距離地面900mm，直徑為1,100mm。這剛好是正座（跪坐）時的視線高度。〔參閱圖2〕

垂壁：450mm
和室入口的正面，設有可以看到外面風景（赤城山）的開口。用450mm的垂壁，將開口處上端的高度調整到1,800mm。450mm的這個高度，是裝設捲簾收納盒、隱藏式的窗框所須要的尺寸，1,800mm則是跟日本建築的尺寸體系相符。凹間的高度也是1,800mm，跟450mm的垂壁湊齊，將尺度統一。

450
1,800
1,100
150
2

各個房間的天花板，設定為普遍的2400mm。但這個高度，是以站立的視線、使用桌椅的生活方式為基準，對於坐在地板生活的和室來說並不恰當。要是空間大小有如大廳一般，較高的天花板也沒關係，但本案例只有6張疊蓆的空間，因此墊高了150mm作為段差（高低差），將和室天花板減到2250mm。

〔根來宏典〕

1 間接照明截面詳細圖 ［S=1:15］

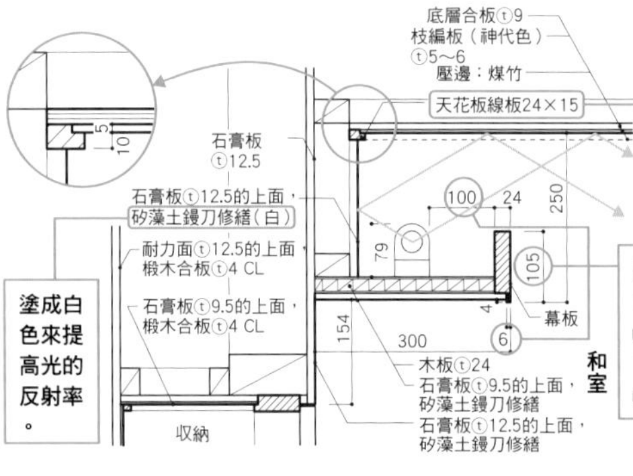
底層合板ⓣ9
枝編板（神代色）
ⓣ5～6
壓邊：煤竹
天花板線板24×15
石膏板
ⓣ12.5
石膏板ⓣ12.5的上面，
矽藻土鏝刀修繕（白）
耐力面ⓣ12.5的上面
椴木合板ⓣ4 CL
石膏板ⓣ9.5的上面，
椴木合板ⓣ4 CL
收納
100
24
250
79
105
幕板
154
300
6
4
5
10
木板ⓣ24
石膏板ⓣ9.5的上面，
矽藻土鏝刀修繕
石膏板ⓣ12.5的上面，
矽藻土鏝刀修繕
和室

塗成白色來提高光的反射率。

枝編板的牆壁周圍，會用天花板線板來壓住。這是考慮到壓邊（煤竹）會撞到牆壁而採取的對策。

日光燈到幕板（高度105mm）的距離為100mm，藉此來控制光線。下端正面的尺寸為6mm，給人清爽的印象。

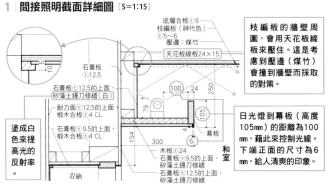

2 圓窗 詳細圖〔S=1:15〕

截面圖〔S=1：15〕

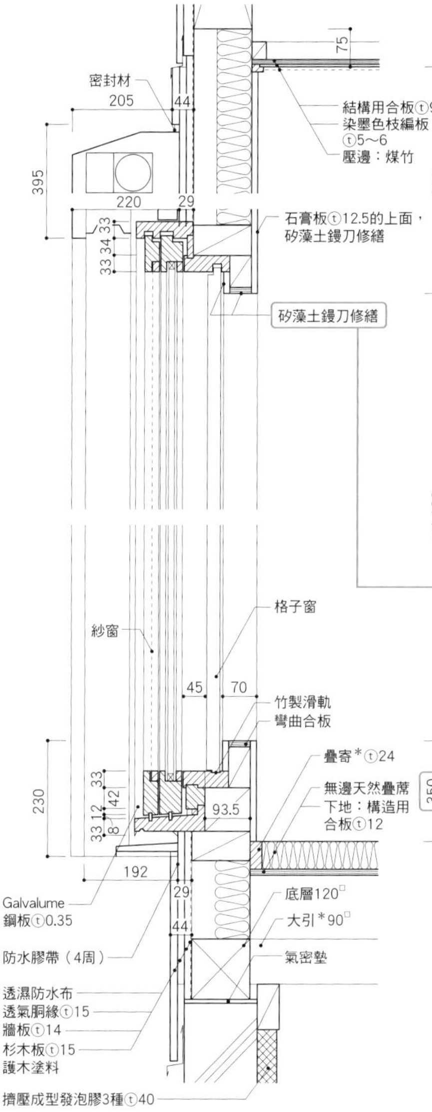

密封材
205
44
75
結構用合板ⓣ9
染壓色枝編板
ⓣ5~6
壓邊：煤竹
395
220
29
800
石膏板ⓣ12.5的上面，
矽藻土鏝刀修繕
33
34
33
矽藻土鏝刀修繕
φ1,100
2,250
格子窗
紗窗
45
70
竹製滑軌
彎曲合板
疊寄*ⓣ24
無邊天然疊蓆
下地：構造用
合板ⓣ12
230
33
42
12
8
33
93.5
350
192
29
44
Galvalume
鋼板ⓣ0.35
底層120□
大引*90□
防水膠帶（4周）
氣密墊
透濕防水布
透氣胴緣ⓣ15
牆板ⓣ14
杉木板ⓣ15
護木塗料
擠壓成型發泡膠3種ⓣ40

平面圖〔S=1：15〕

柱子的間隔為9尺（≒2,730㎜），在這之間裝上隱藏式窗框的單側拉開的窗戶跟格子窗，成為φ1,100的開口。

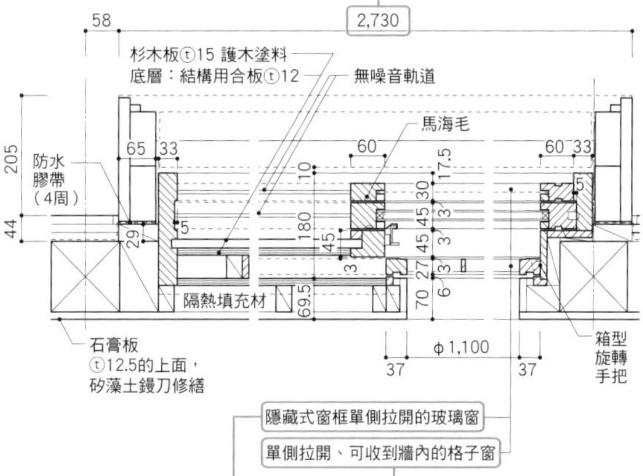

58
2,730
杉木板ⓣ15 護木塗料
底層：結構用合板ⓣ12
無噪音軌道
馬海毛
205
防水
膠帶
（4周）
65
33
60
60
33
44
29
10
180
45
3
17.5
30
45
45
27
6
70
69.5
隔熱填充材
φ1,100
37
37
石膏板
ⓣ12.5的上面，
矽藻土鏝刀修繕
箱型
旋轉
手把
隱藏式窗框單側拉開的玻璃窗
單側拉開、可收到牆內的格子窗

把矽藻土捲入來修整表面，讓圓窗成為漂亮的孔狀。

跪坐的時候，圓窗中心剛好距離地板900㎜，下端為350㎜。

如果是左右拉開的格子窗，關起來的時候，中央會出現兩條外框的直條。為了避免這點，採用單側拉開的格子窗跟隱藏式的外框，讓人在關起來的時候只看到格子面。

為了不像雙向滑窗那樣在中央留下直條，或是讓外框的影子出現在窗面上，使用隱藏式的外框跟往單側拉開的玻璃窗。

京都・芬陀院（東福寺的塔頭「塔中」）的茶室「圖南亭」的圓窗。跟委託人一起前往觀察。傳統茶室的圓窗外側沒有玻璃，內側是往左右拉開的格子窗。

對岳莊

設計：根來宏典建築研究所

〔照片：上田宏〕

位在高地上的住宅街，東側面向斜坡的住宅用地。正面可以看到前橋室的象徵・赤城山。以「一邊生活一邊欣賞雄偉的赤城山跟前橋市的夜景」為主題，以不論哪個空間都能看到赤城山來設計。LDK位在2樓，浴室在2樓的東南角落，1樓的各個房間排成一直線來面對赤城山。較為寬廣的玄關大廳也是對赤城山的方向敞開。正面道路一方的外觀，是白色牆壁跟板牆的精簡造型，開口處不多，足以保護隱私。一但進到室內，則是可以瞭望赤城山之雄偉的空間。

1樓（部分）平面圖

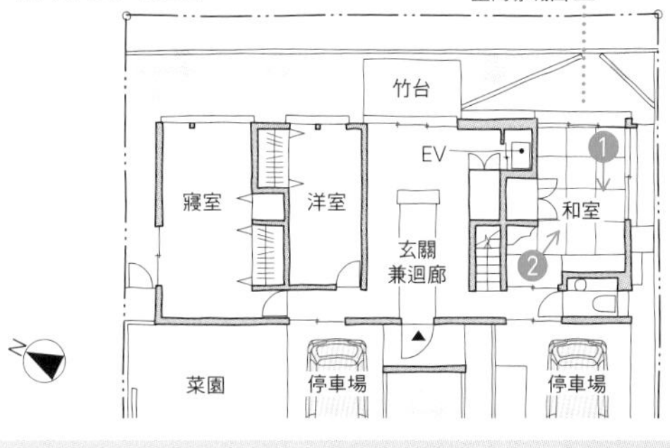

望向赤城山
竹台
EV
寢室
洋室
和室
玄關
兼迴廊
菜園
停車場
停車場

*疊寄（畳寄せ）：柱子最下面，跟疊蓆相接的部分所設置的零件。
*大引：1樓木造結構的骨架，下方沒有地基，用束（骨架的垂直部分）支撐。

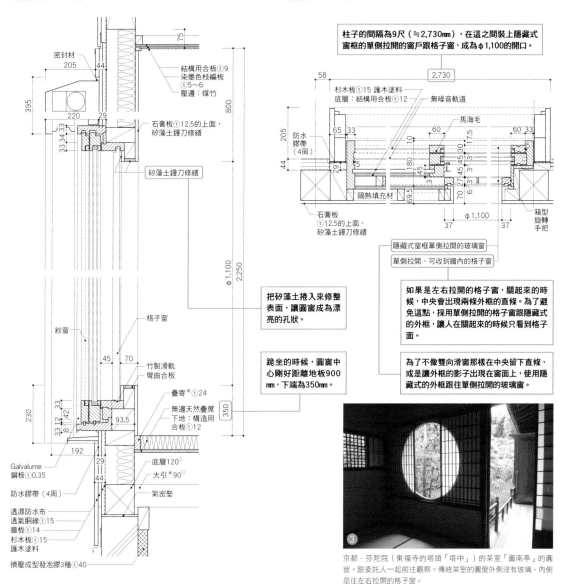

與外廊相連的高度1050mm的接地窗

在天花板高度2200mm的和室設置接地窗，讓人有如坐在緣側（外廊）一般。接地窗的上端為1050mm。坐在室內的時候視線可以往外穿越出去（假定坐下的視線高度為900mm），設定成較高的窗框，讓人坐在緣側的時候，頭不會去撞到上方的牆壁。〔新關謙一郎〕

1

牆壁收納：1,150mm
想要以整潔的面來呈現牆壁，又想當作收納來使用。因此在牆壁兩側，讓帶有避震器的門板（牆壁）隆起，以此當作收納的開合方式。表面跟紙門一樣是貼上和紙，沒有手把等多餘的要素存在。

接地窗：1,050mm
跟緣側相連的接地窗，高度為1,050mm。（6片窗戶全都可以收到門袋之中，提高內外的連續性（參閱圖2）。

疊寄的部分用小幅板＊來當作表面，像凹間一樣設定成空間內的背景。

1 利用300mm的垂壁來操作空間

2 照片1的另一側

和室的空間希望盡可以給人清爽的印象，因此門窗外框全都盡可能的採用較細的造型。打開時可以完全收到門袋內，將不必要的線條去除。

垂壁：300mm
和室也會當作客房來使用，因此設計成訪客可以從玄關土間直接進入和室的構造。玄關天花板的高度壓低到2,050mm，透過150mm的入口擋板來進入和室。壓低天花板高度所產生的300mm的垂壁內部（天花板內側），除了設有冷氣之外，也當作排氣管的通道來活用。

＊小幅板：厚度不及3公分，寬不及12公分木材。

2 接地窗外框周圍詳細圖

3

收到門袋內的6片門窗。看起來就像是跟縱向條紋的木牆（美國紅杉）連繫在一起。

截面詳細圖〔S＝1：12〕

用地會有海風吹入，因此考慮到颱風時的防雨，以儉飩的方式來裝上雨窗。

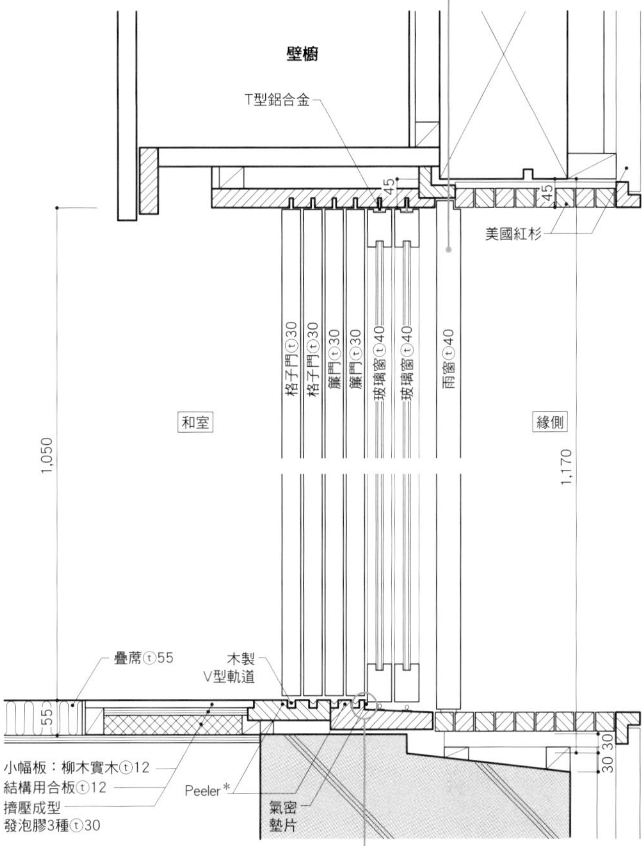
壁櫥
T型鋁合金
45
45
美國紅杉
格子門ⓣ30
格子門ⓣ30
簾門ⓣ30
簾門ⓣ30
玻璃窗ⓣ40
玻璃窗ⓣ40
雨窗ⓣ40
和室
緣側
1,050
1,170
疊蓆ⓣ55
木製
V型軌道
55
小幅板：柳木實木ⓣ12
結構用合板ⓣ12
擠壓成型
發泡膠3種ⓣ30
Peeler*
氣密
墊片
30
30

門窗為木製，考慮到防雨，設有15mm的擋板來當作防水板。

平面詳細圖〔S＝1：12〕

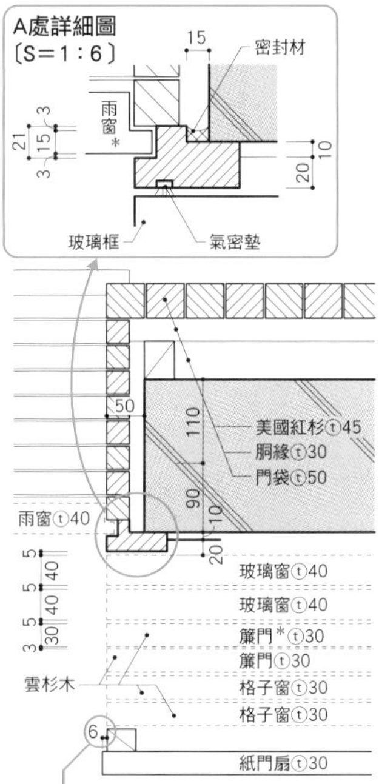
A處詳細圖
〔S＝1：6〕
15
密封材
雨窗*
3
15
3
21
10
20
玻璃框
氣密墊
50
110
美國紅杉ⓣ45
胴緣ⓣ30
門袋ⓣ50
90
10
20
雨窗ⓣ40
5
40
5
40
5
30
3
玻璃窗ⓣ40
玻璃窗ⓣ40
簾門*ⓣ30
簾門ⓣ30
雲杉木
格子窗ⓣ30
格子窗ⓣ30
6
紙門扇ⓣ30

對於6片門窗，紙門扇*設有6mm的凸出，收到門袋的時候，門窗的線條從室內一方看來不會太過明顯。

ZMZ

設計：NIIZEKI STUDIO
〔照片：西川公朗〕

本案例的用地，是丘陵地受到侵蝕所形成的谷地（谷戶）。為了承受來自南方的日曬跟強烈的海風，外裝使用鋼筋混凝土跟木牆（花旗松）的雙重構造。

4

1樓平面圖

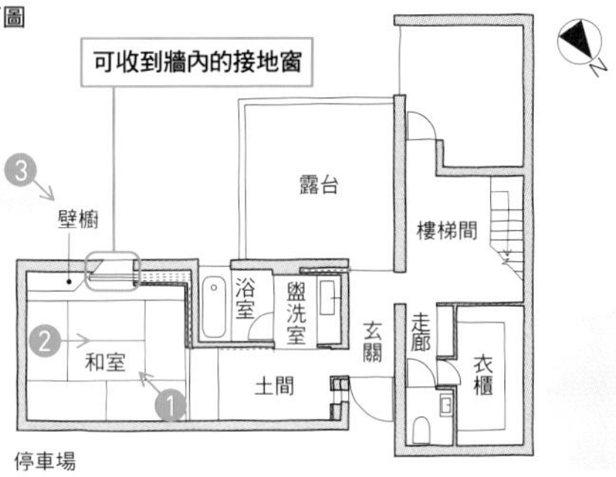
可收到牆內的接地窗
3
壁櫥
露台
樓梯間
浴室
盥洗室
玄關
走廊
衣櫃
2
和室
1
土間
停車場
N

*雨窗（雨戸）：裝在外側，用來擋風擋雨的門窗。
*紙門扇（襖戸）：一邊為和室一邊為洋室的紙門。
*簾門（簾戸）：貼上竹簾或布簾的門窗。
*Peeler：以直徑較大的木材製造，木紋均勻的花旗松的柾木材。

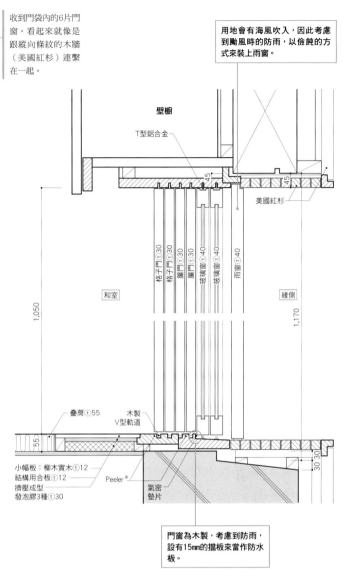

COLUMN

和室 和室內的法高*為5.8尺（約1757㎜）

1 和室的尺寸跟説明

長押：杉木直徑3.0寸（90㎜）
用柱子從兩邊夾起來，以大釘子固定的橫條的總稱。名稱會隨著位置而變化，位在門窗上框頂部的被稱為內法長押。就現代來看，強化結構的機能已經淡化，成為展示空間格調的藝術性結構。

天花板高度：8.0尺（2,424㎜）
天花板高度的基準請參閱下表。

內法高度：5.8尺（1,757㎜）
內法的高度，指的是門檻頂端到門窗上框底端的高度。標準為5.8尺。敷居（門檻）、鴨居（門窗上框）、長押（內法長押）等等，會以內法材來作為總稱。

和室的尺寸

天井板（天花板）：杉木杢*板羽重*鋪設
竿緣：杉木33×39㎜

迴緣（天花板線板）：杉木48×45㎜
在天花板跟牆壁交接部位環繞的裝飾條板。

鴨居（門窗上框）：杉木99×36㎜
裝在開口處內法高度的橫木。跟門檻成對。

欄間鴨居：杉木93×33㎜
裝在欄間上方的橫木。

欄間障子（格子窗）：欄間指的是天花板跟門窗上框之間的開口，在此裝上格子窗或板子。

欄間敷居：杉木84×33㎜
裝在欄間下方當作門檻的橫木。

柱：柏木105㎜□
和室的柱子會裝在4個角落跟開口處的旁邊。

疊寄：松木45㎜□
牆壁下方與疊蓆之間，用來將縫隙填滿的橫木。

腰障子：靠肘窗戶的門檻高度跟腰部高度湊齊，得到美麗的造型。

敷居（門檻）：柏木105×45㎜
為了區隔房間而裝在地板上的橫木，跟門板的軌道貼在一起。

疊（疊蓆）：ⓣ60
下地（底層）：結構用合板ⓣ12

靠肘窗：坐在疊蓆上觀望景色的時候，門檻高度剛好會跟靠肘的高度相同，因此得到這個名稱。

表 江戶間跟京間天花板高度的基準

	房間的大小（疊蓆數量）10	8	6	4.5
江戶間	2,576(8.5尺)	2,424(8.0尺)	2,303(7.6尺)	2,212(7.3尺)
京間	2,636(8.7尺)	2,484(8.2尺)	2,424(8.0尺)	2,272(7.5尺)

＊法高：對於傾斜部位的高度，以傾斜面的長度來進行測量。
＊杢：基於各種因素，木紋與眾不同的珍貴木材。
＊羽重：鋪設牆板或天花板的時候，讓邊緣疊在其他板材之邊緣的上面。

2 凹間（床之間）的尺寸跟說明

現代住宅的凹間，會將書院跟床脇*省略，一般都只製作床*的部分〔照片❷〕。另一方面在傳統的和室之中，書院、床、床脇則大多都是一組。〔照片❸〕

傳統的凹間

天袋：設在床脇上方的袋戶櫃*。底板為櫸木、松木、柏木等等。有時會跟天袋相對應的，在床脇下方設置地袋*。

違棚（高低櫃）：位在床脇中間，上下兩層高度不同的櫃板。在上下的櫃板之間設置連繫用的海老束（短柱），並在上層板子的邊緣設置筆返。材質為櫸木、松木、柏木等等。

3
書院
床之間
床脇

付書院：凹間旁邊（緣側一方）所設置的裝飾性窗戶的形式。整個櫃板往牆外凸出。把櫃板省略的造型，則稱為平書院。

地板：床脇地板所鋪設的材質。種類有櫸木、松木、柏木等等。

床柱：ϕ4.0寸
豎立在凹間旁邊的裝飾柱。方柱（柏木、杉木、南日本鐵杉、赤松、櫸木等等）給人比較拘謹的印象，剝皮圓木*（杉木、柏木等等）給人比較溫和的印象，帶皮的圓柱（赤松、櫻木、日本玉蘭等）則是給人輕鬆又柔和的感觸。竹類（孟宗竹、真竹、龜甲竹等等）會給人更為放鬆的氣氛。

床框（地板框）：105ᴴ㎜×60ᵂ㎜
裝在凹間地板前方的裝飾框。考慮到凹間的寬度，設定為一根柱子的直徑。方柱（櫸木、黑檀木等等）會給人比較堅硬的印象，圓柱（杉木皮半圓形柱、剝皮圓杉木太鼓落*等等）則會成為比較柔軟的印象。

墨蹟窗：設在凹間側面牆壁的窗戶。讓光線照到掛在凹間的墨蹟（寫在紙或布上的書法或掛軸等等）上。

現代化的凹間

12.2寸 370
1.4尺 420
2.2尺 670
2.8尺 848
61.6寸 1,867
天花板高度 5.8尺 1,757
內法高度 8.0尺 2,424
2

落掛：杉木99×36㎜
裝在凹間上方小牆之底部的橫木，比長押頂端更往上一條長押的份量。方木（杉木、桐木、柏木）給人比較堅硬的印象，圓木（剝皮圓杉木太鼓落、剝皮小圓杉木、竹類等等）會給人柔軟的印象。

3 凹間的修改案例

10張疊蓆的和室改成8張的大小，床框跟床柱都重新利用。天花板高度8.0尺（2,424㎜）跟凹間的正面寬度7.5尺（2,273㎜），保留原本10張疊蓆的和室尺寸。

8.0尺 2,424
柱子中心線相距7.5尺 2,273
4

天花板：杉木杢板

雙重線板：杉木

落掛：柾紋桐木，直徑1.5寸。經過修改，將直徑從2.25寸縮小到1.5寸。在床柱的上方用同樣的材質來將釘孔蓋住，得到清爽的外觀。

床柱：杉木圓紋木* ϕ4.0寸

無紋上框：杉木、直徑1.1寸

床框：杉木面皮柱*、面塗上紅漆、直徑3.5寸

和室的內法高度（門檻頂端到門窗上框的底端）以5.8尺（1757㎜）為基本。到昭和初期為止一直都是5.7尺，隨著日本人平均身高的增加，基準也增加到5.8尺。但江戶間與京間的開口不同，讓天花板的高度也有所變化〔表〕。

和室的設計，必須注意坐下時的視線高度。進到和室內，基本上都是直接坐在疊蓆上。特別是茶室的小間（4張半疊蓆以下）會以坐姿來移動，視線總是維持在較低的位置。配合這點來降低天花板高度，可以形成氣氛沉穩的空間。最近，沒有坐過疊蓆的人也不在少數，為了減輕腳的負擔，也有人會在和室使用椅子跟桌子，這些用品會讓視線高度往上提升，天花板的高度最好也要配合這點來增加高度。也可以讓暖桌的地面往下凹陷，讓人可以不用改變視線的高度，卻又能以坐的姿勢來起居。

落掛的高度會隨著長押而變化，如果有設置長押，會從長押頂端再往上延伸1根長押的寬度或1根柱子的寬度。另一方面要是沒有使用長押，可以讓落掛跟門窗上框的頂端湊齊，或是提高一根上框的份量。

（西大路雅司）

*床脇：凹間旁邊一樣往內凹陷的結構。 *床：凹間（床之間）的正式名稱。
*地袋：位在凹間一方的袋戶櫃。
*太鼓落（太鼓落とし）：把圓木的兩邊平行削下，形成像鼓一般的截面。
*面皮柱：轉角留下圓弧、4邊切成平面讓木紋露出來的柱子。
*袋戶櫃：使用2道或4道雙向滑窗的小型收納櫃。
*剝皮圓木（磨き丸太）：把樹皮剝掉，表面磨到光滑的圓木。
*圓紋木（絞り丸太）：凹間床柱所使用的圓杉木，表面帶有溝道。
照片：田畑みなお

1 用左右較長（寬1,500×高650mm）的窗戶來降低重心 秦野之家

腰窗：900mm
位在床頭上方的腰窗，裝在距離床頭100mm（距離地板900mm）的位置。並排在一起的窗戶，採用一片格子窗可以遮起來的長方造型，降低空間的重心。

垂壁：100～200mm
順著傾斜的天花板，設有100～200mm的垂壁。寢室內工作用的空間，用這道垂壁將領域緩緩的區隔開來。椅子比垂壁更靠近工作用的空間，更進一步突顯被包圍起來的感覺。

截面圖〔S=1：60〕

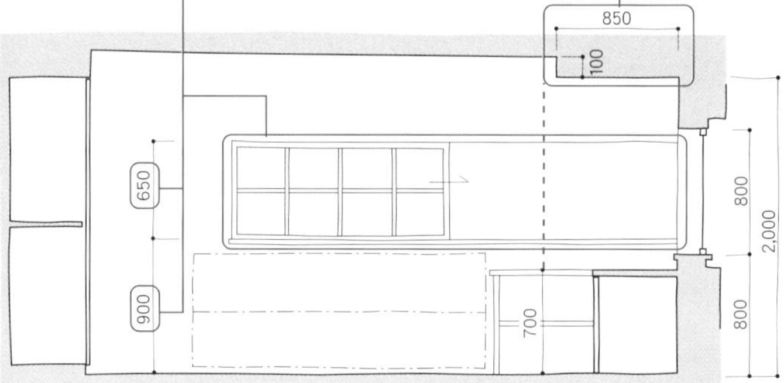

男主人跟女主人的寢室。在天花板設置垂壁，緩緩的讓寢室跟工作空間得到意識上的區隔。在沒有跟床頭重疊的高度（下端為900mm）設置左右較長的窗戶，以免房間的重心被拉高。

降低寢室的重心

讓身心休息的寢室，必須是氣氛沉穩的空間。要實現這點，降低室內的重心會非常的重要。把開口處跟收納櫃，裝在距離地面比較低的位置（600～700mm左右），藉此來壓低重心。這並不像「壓低重心＝把天花板高度壓低到2050mm或2100mm」這麼的單純，而是跟和室的內法高度（參閱**66頁**）一樣，在視線較低的位置讓線條通過或設置開口，重心自然而然的就會變低。落地燈等照明，會裝在床腳的那邊，這是為了在躺下的時候，不讓光源（燈泡）出現在視線之中。

寢室除了「睡眠」之外，有時還必須要有書房的機能。為了將兩種機能緩緩的區隔開來，可以設置垂壁來將書房一方的天花板降低，或是設置1400～1500mm左右的腰牆。

本間至

取材、文章：岡村裕次
照片：富田治

2｜用1,400㎜的腰牆將寢室跟書房分開

田園調布之家

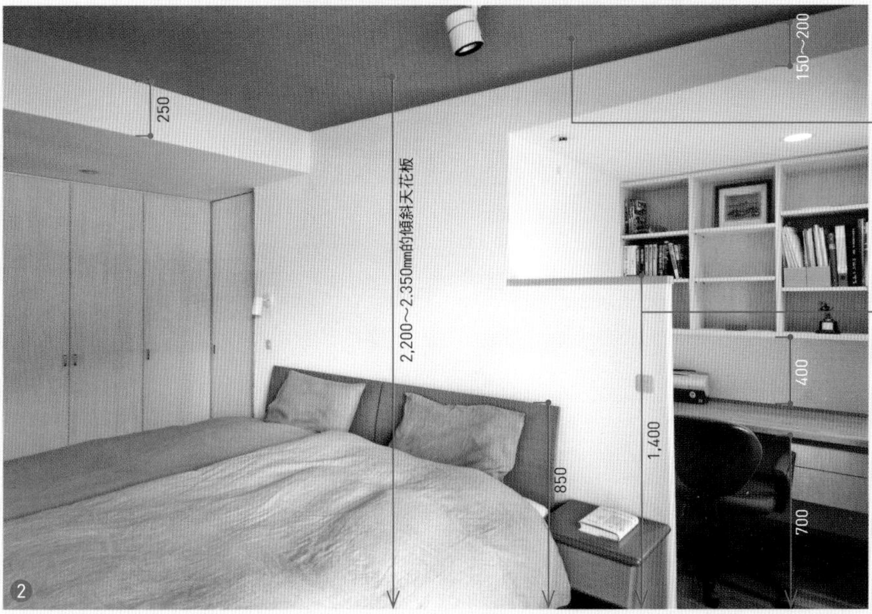
250
150~200
2,200~2,350㎜的傾斜天花板
400
1,400
850
700
2

寢室天花板的表面使用和紙，也可以得到沉穩的氣氛。如果是用羽目板的方式來鋪設緣甲板，則大多會使用可以帶來沉穩氣氛的Peeler。

腰牆：1,400㎜
為了在寢室內將床緩緩的區分開來，設有高度1,400㎜的腰牆。也能防止書房的光線抵達床鋪。

寢室兼任書房。為了不讓兩者的機能互相干涉，設有1,400㎜的腰牆。

3｜向樓梯間敞開的寢室

井之頭的住家

寢室常常會是封閉性的空間，相反的，有時也會採用向其他各個房間敞開的結構，來成為開放性的空間。這棟建築用寬1,900㎜×高1,360㎜的2層拉門，將寢室跟樓梯間連繫在一起。此時的重點，在於兩層窗戶中間的橫框。這道橫框具有降低重心的機能，讓寢室得到沉穩的氣氛。

透過窗戶的開口來跟樓梯間連在一起的寢室。在1,506㎜的高度讓兩層窗戶中間的橫框通過，降低空間的重心。

1,800
1,360
850
1,506
3

截面圖〔S=1：120〕

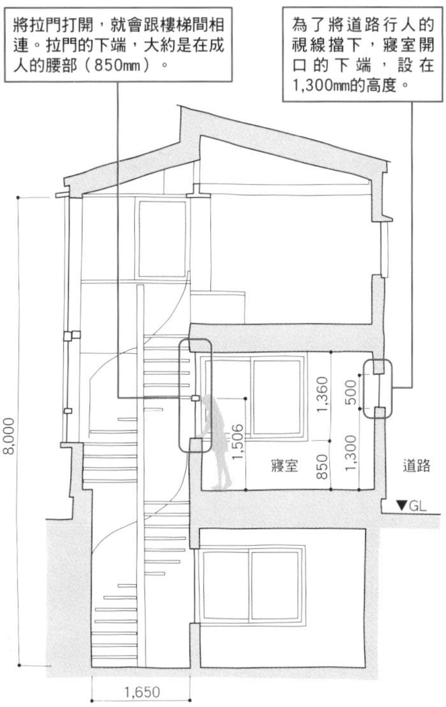
將拉門打開，就會跟樓梯間相連。拉門的下端，大約是在成人的腰部（850㎜）。
為了將道路行人的視線擋下，寢室開口的下端，設在1,300㎜的高度。
8,000
1,506
1,360
500
850
1,300
寢室
道路
▼GL
1,650

寢室

天花板高度為2100mm。用可以進出的大型門窗連繫內外

正面尺寸：25mm
在筆者的事務所，正面尺寸的標準為25mm。
天花板：2,100mm
天花板高度為2,100mm。面向庭園的進出用的大型門窗，高度直達天花板，來強調內外的連續性。對小房間來說這樣反而可以取得均衡，實現沉穩的氣氛。
2,100

這間寢室的天花板高度為2100mm，是日本建築基準法所規定的生活空間之平均天花板高度的最低限度。對某些人或設計師來說，2100mm的天花板高度，或許會讓人覺得太低。但是對本案例這種小型的房間來說，這種高度反而可以實現均衡的造型，創造出沉穩的氣氛。進出用的大型窗戶高到天花板，讓視線可以從側面穿越出去，給人比實際高度還要更高的感覺。

〔村田淳〕

1 截面圖 [S=1:120]

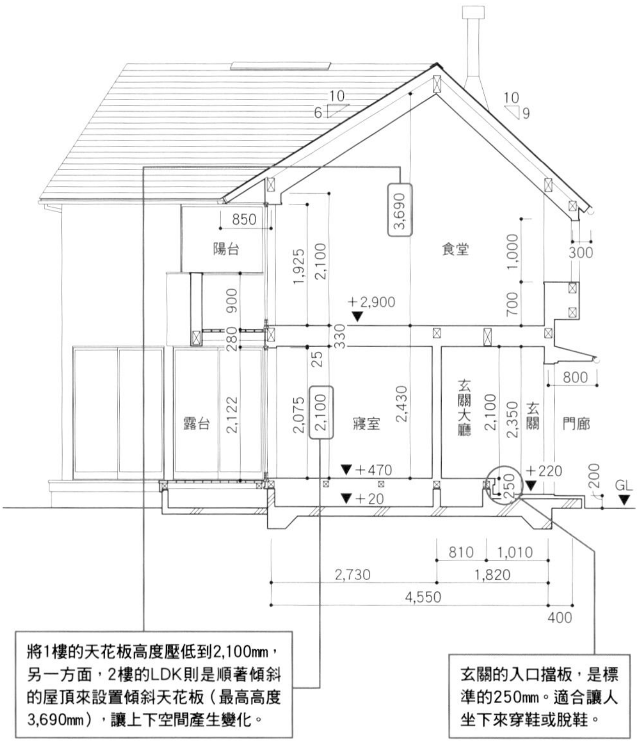

陽台
食堂
露台
寢室
玄關大廳
玄關
門廊
3,690
2,100
+2,900
+470
+20
+220
GL
850
1,925
1,000
300
900
700
280
330
25
800
2,122
2,075
2,430
2,350
250
200
810
1,010
2,730
1,820
4,550
400
將1樓的天花板高度壓低到2,100mm，另一方面，2樓的LDK則是順著傾斜的屋頂來設置傾斜天花板（最高高度3,690mm），讓上下空間產生變化。
玄關的入口擋板，是標準的250mm。適合讓人坐下來穿鞋或脫鞋。

2 開口處截面詳細圖〔S=1:15〕

進出用的窗戶跟露台之間，設有防水的垂直擋板，因此有將近40mm的高低差。寢室跟露台的高度並非完全相同。但開口處是連到天花板的全高結構，給人內外連繫在一起的感覺。

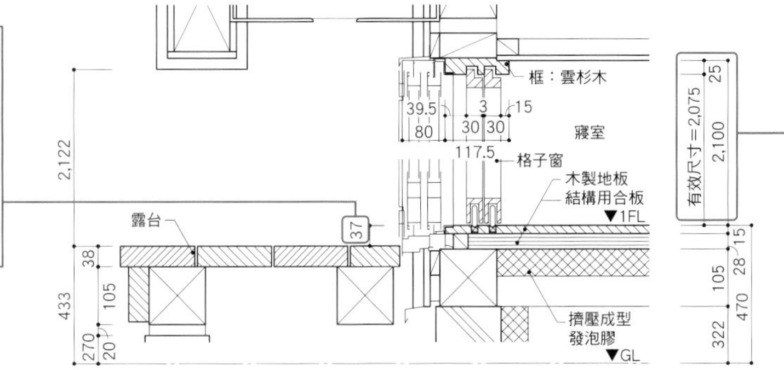

框：雲杉木
39.5
3
15
80
30
30
寢室
117.5
格子窗
木製地板
結構用合板
▼1FL
露台
37
2,122
38
105
433
270
20
擠壓成型
發泡膠
▼GL
有效尺寸=2,075
25
2,100
15
28
105
470
322

天花板高度2,100mm，垂直擋板25mm，裝有三向框*的2,075mm的開口。天花板高度雖然不高，但全高的開口讓視線往橫的方向流動，讓內外有所連繫，不會給人天花板太低的感覺。

3 寢室跟玄關的連繫

寢室跟玄關的牆壁，設有可以拉開的格子窗。最主要的目的是彌補寢室的通風。第2則是打開玄關門的時候，讓視線抵達庭院，讓庭院的綠色景觀跟室內的綠色植物產生視覺性的連繫，可以說是「視覺性的穿越式土間」。

格子窗底端的高度，距離1樓地板900mm，距離玄關土間1,150mm。要是低於這個高度，睡在床上的時候也會覺得跟玄關直接相連，讓人感到不自在。太高的話會阻礙到玄關的視線，設計時必須考慮到均衡性。

1,200
2,100
900
250

2 從玄關可以看到寢室

〔S=1：80〕

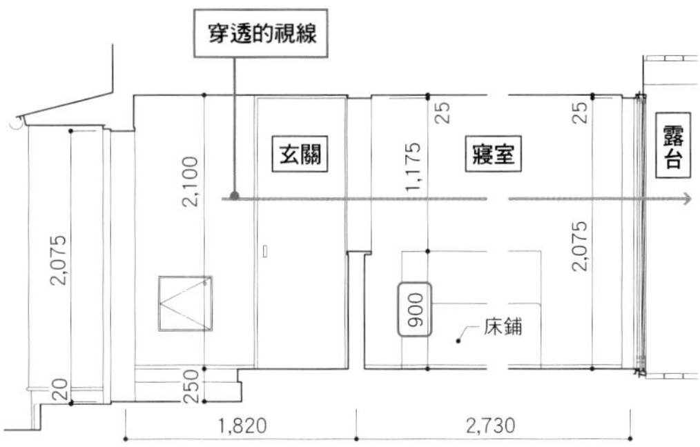

穿透的視線
玄關
寢室
露台
2,100
1,175
25
25
2,075
2,075
900
床鋪
20
250
1,820
2,730

玄關、寢室外框周圍詳細圖〔S=1：15〕

平面圖

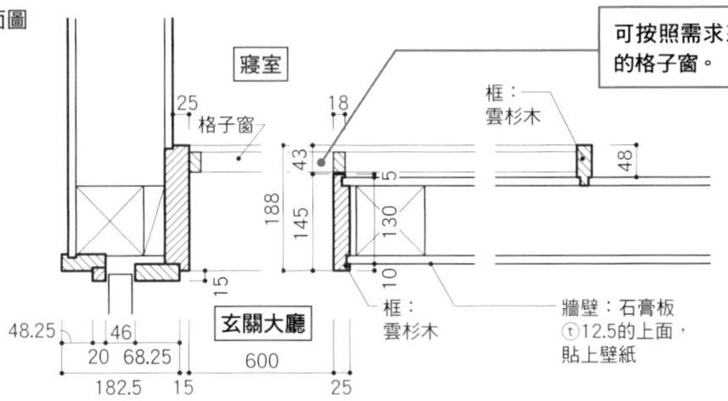

寢室
25
格子窗
18
框：
雲杉木
43
48
188
145
5
130
10
15
玄關大廳
48.25
46
20
68.25
600
182.5
15
25
框：
雲杉木
牆壁：石膏板
ⓣ12.5的上面，
貼上壁紙

可按照需求來開關的格子窗。

截面圖

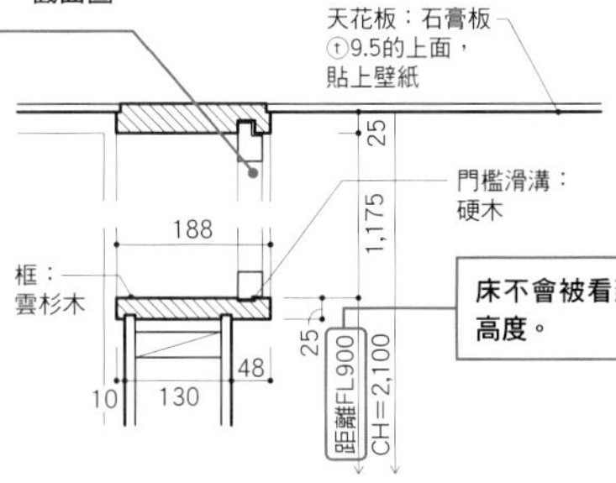

天花板：石膏板
ⓣ9.5的上面，
貼上壁紙
25
門檻滑溝：
硬木
188
1,175
框：
雲杉木
25
48
10
130
距離FL900
CH=2,100

床不會被看到的高度。

鎌倉之家

設計：村田淳建築研究室 〔照片：村田淳建築研究室〕

位在鎌倉地區那迂迴交錯的小路之中的住宅。南側為主庭，停車空間擺在北側，成為「く」字的造型。因為是密集地區，LDK擺在採光條件較佳的2樓，1樓是跟庭院相連的寢室跟個人房，還有衛浴設備。善用每一寸空間，將主庭院、建築物、停車空間、Approach全都擺在30坪左右的用地內，但也因為如此，道路跟玄關的距離比較接近。為了在有限的距離之中，不讓Approach變得太過單調，會讓來客走過草坪圍住的大理石，進入玄關之後，直接看到位在寢室另一端的主庭院。2樓One Room構造的LDK設有大型的開口，向對面豐富的綠色景觀借景。

3

1樓平面圖

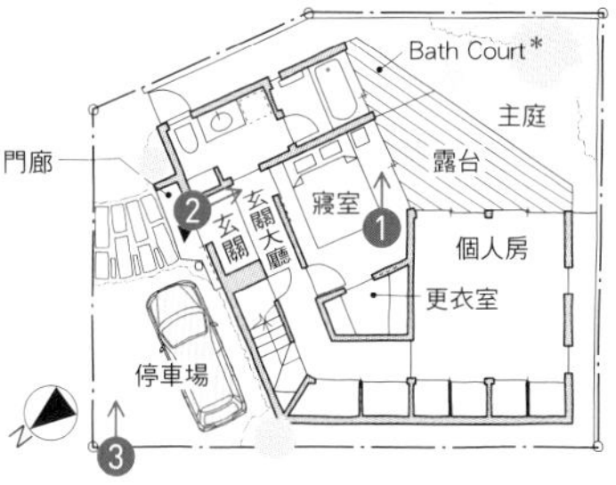

Bath Court*
主庭
門廊
露台
寢室
玄關
玄關大廳
個人房
更衣室
停車場
1
2
3

*Bath Court：跟浴室相連的中庭或露台。
*三向框（三方枠）：只包圍上方跟左右的外框。

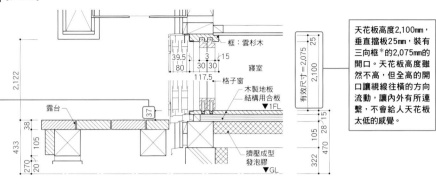

寢室

傾斜天花板壓低到1700mm，讓寢室得到沉穩的氣氛

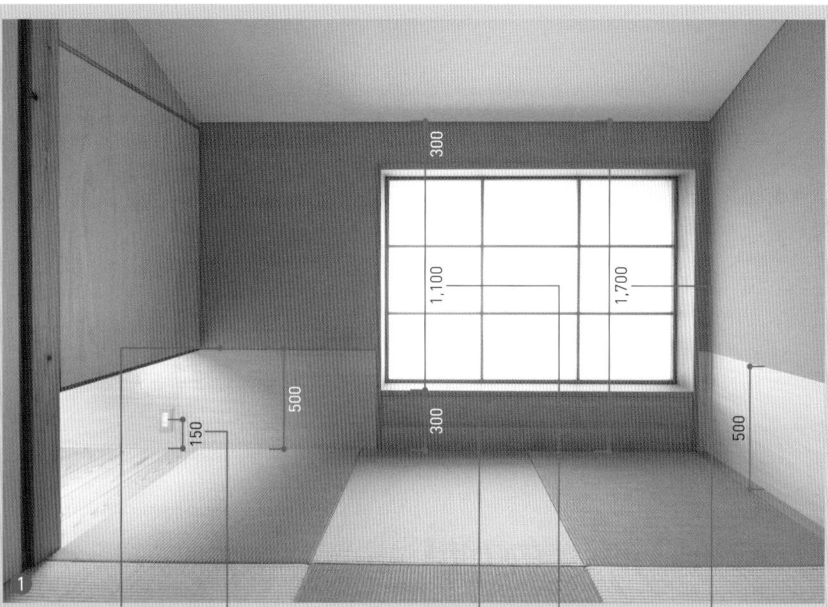

300
1,100
1,700
500
150
300
500

腰牆（椴木合板）跟牆壁（火山灰）之間沒有設置裝飾板條，以輕快的方式呈現（參閱圖1）。腰牆的高度跟懸掛式壁櫥的下端湊齊。

插座：150mm
插座的中心距離地面150mm。讓天花板以外的要素也降低高度，可以得到沉穩的氣氛。

腰牆：300mm
讓開口處提高300mm，來創造出空間的停滯。可以當作板凳來坐下，或是靠在牆上休息。深度約150mm。

格子窗：1,100mm
格子窗往外凸出，讓室內看起來更為寬廣（參閱圖2）。

傾斜天花板：1,700mm
傾斜天花板的最低高度為1,700mm。

委託人所提出的希望是「想用日本傳統的布團（鋪被）就寢」。因此主臥室採用和室的構造，成為在地板起居的空間。想要盡可能的壓低天花板高度來得到沉穩的氣氛，所以將傾斜天花板的最低高度設定在1700mm（※）。除了沒有裝設長押、盡量減少線條來成為現代性的造型，還效法町屋*那種可以靠肘的窗戶，將開口處拉高300mm。同時也利用這300mm，來設置室內可以使用的板凳。

（伊禮智）

1 牆壁裝設詳細圖 [S=1:4]

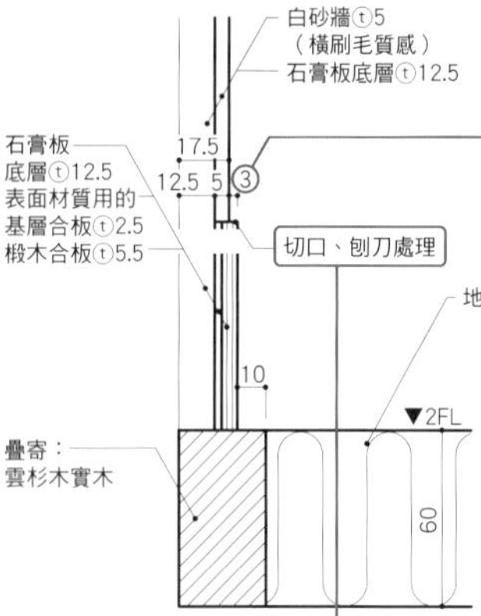

白砂牆ⓣ5
（橫刷毛質感）
石膏板底層ⓣ12.5
石膏板
底層ⓣ12.5
表面材質用的
基層合板ⓣ2.5
椴木合板ⓣ5.5
17.5
12.5
5
③
切口、刨刀處理
地板：疊蓆ⓣ60
10
▼2FL
疊寄：
雲杉木實木
60

裝有2.5mm的表面材質用的基層合板，得到3mm的凸出。要實現完全統一的平面需要極高的技術，必須確實保留調整用的縫隙。

組合部位用刨刀處理之後，直接貼在一起。切口的處理若是不夠漂亮，則會考慮切口用的膠帶。沒有設置裝飾性的條板，得到輕快的外觀。

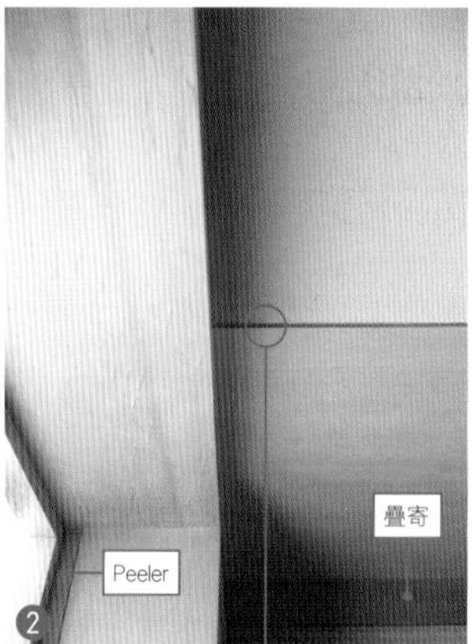

疊寄
Peeler

腰牆（椴木合板）跟牆壁（火山灰）的交接處沒有設置裝飾板條。

※町屋：町人（江戶時期住在町內（市內）的人們）的傳統日式住宅。

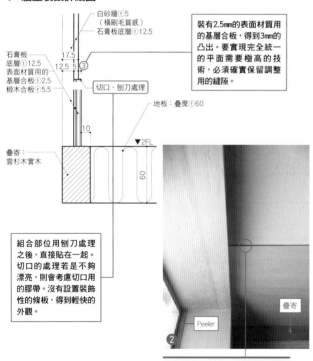

2 開口處詳細圖

平面詳細圖〔S＝1：15〕

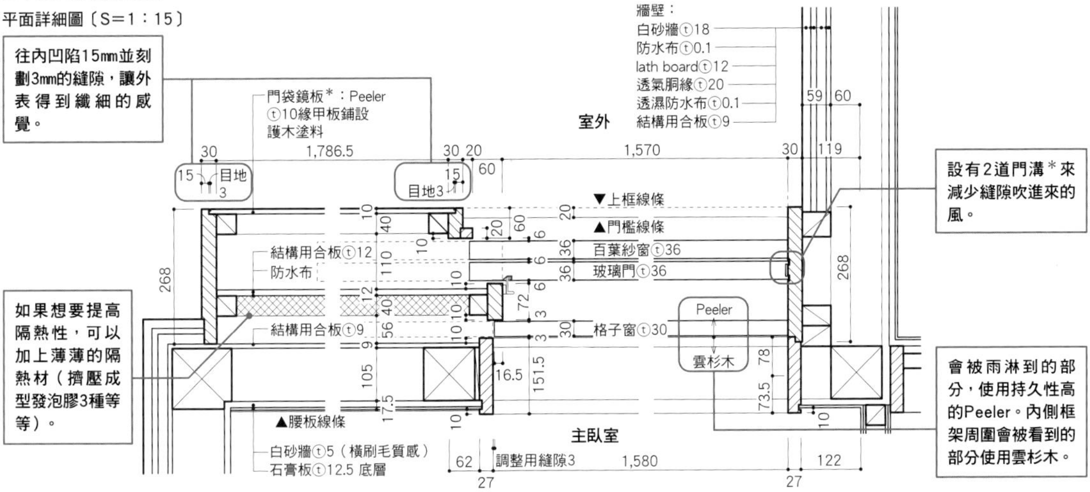
往內凹陷15mm並刻劃3mm的縫隙，讓外表得到纖細的感覺。
如果想要提高隔熱性，可以加上薄薄的隔熱材（擠壓成型發泡膠3種等等）。
設有2道門溝*來減少縫隙吹進來的風。
會被雨淋到的部分，使用持久性高的Peeler。內側框架周圍會被看到的部分使用雲杉木。
牆壁：
白砂牆ⓣ18
防水布ⓣ0.1
lath boardⓣ12
透氣胴緣ⓣ20
透濕防水布ⓣ0.1
結構用合板ⓣ9
門袋鏡板*：Peeler
ⓣ10縁甲板鋪設
護木塗料
室外
主臥室
目地3
▼上框線條
▲門檻線條
結構用合板ⓣ12
防水布
結構用合板ⓣ9
百葉紗窗ⓣ36
玻璃門ⓣ36
格子窗ⓣ30
Peeler
雲杉木
▲腰板線條
白砂牆ⓣ5（橫刷毛質感）
石膏板ⓣ12.5 底層
調整用縫隙3
1,786.5
1,570
1,580

扶手詳細圖〔S＝1：6〕

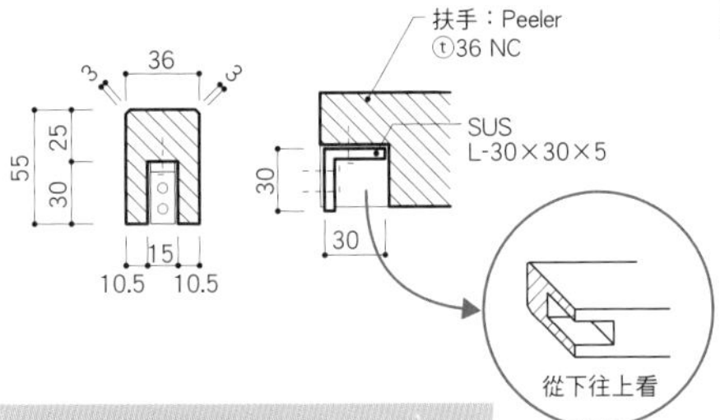
扶手：Peeler
ⓣ36 NC
SUS
L-30×30×5
從下往上看

預防墜落跟用來曬棉被的圓柱。

截面詳細圖〔S＝1：15〕

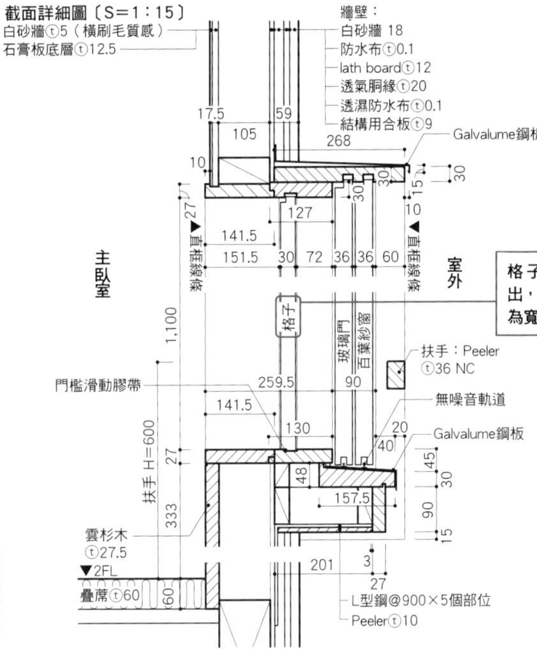
白砂牆ⓣ5（橫刷毛質感）
石膏板底層ⓣ12.5
牆壁：
白砂牆 18
防水布ⓣ0.1
lath boardⓣ12
透氣胴緣ⓣ20
透濕防水布ⓣ0.1
結構用合板ⓣ9
Galvalume鋼板
主臥室
室外
▼直框線條
格子
玻璃門
百葉紗窗
扶手：Peeler
ⓣ36 NC
門檻滑動膠帶
無噪音軌道
Galvalume鋼板
扶手 H=600
雲杉木
ⓣ27.5
▼2FL
疊蓆ⓣ60
L型鋼@900×5個部位
Peelerⓣ10
格子窗也往外凸出，讓室內得到更為寬敞的氣氛。

守谷之家

設計：伊禮智設計室
〔照片：西川公朗〕

2,100
屏風

用地的位置，是北方為森林步道，南方為道路的住宅街的一角。壓低屋簷的高度，讓正面道路也能看到住宅另一端的森林步道。從琉球民房傳統的屏風（大門與建築之間的屏障），也可以窺探到森林步道的綠色景觀（參閱14頁）。

1樓平面圖

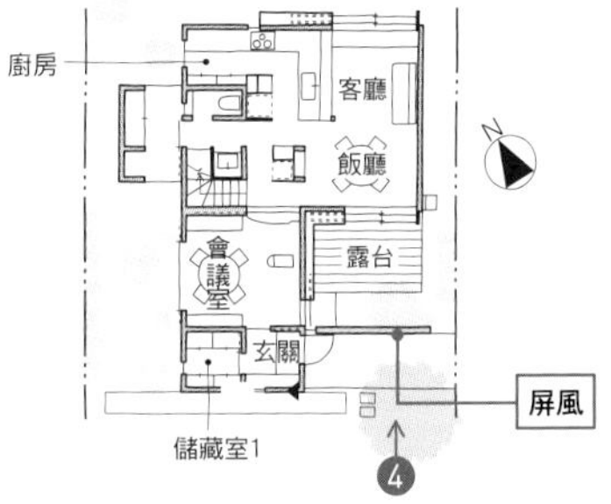
廚房
客廳
飯廳
會議室
露台
玄關
屏風
儲藏室1
N

2樓平面圖

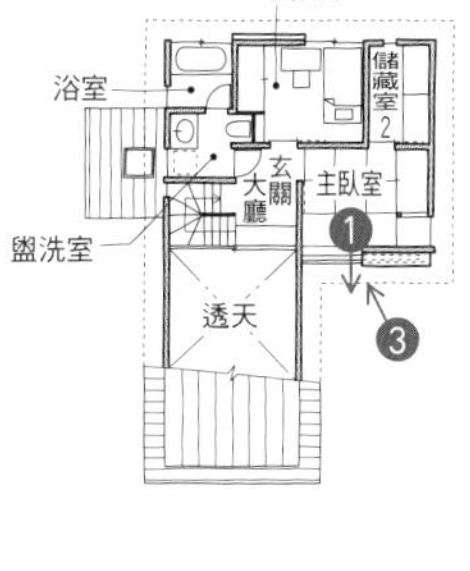
小孩房
浴室
儲藏室2
大廳
玄關
主臥室
盥洗室
透天

＊鏡板：鋪在框內的單片薄板。
＊門溝（戸決り）：在拉門跟柱子或框架接觸的部位，設置讓門板插入的縫隙（溝道）。

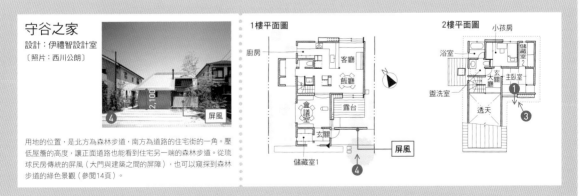

攻略浴室、盥洗室的「高度尺寸」

1 瞭望、換氣、防盜，擅用不同的窗戶高度

以木材打造的浴室所設置的開口，按照機能可以分成「為了欣賞外側景觀的窗戶」跟「用來換氣的窗戶」。絕對不可以只用大型的雙向滑窗來了事。就算使用鐵窗那種整面的欄杆，防盜機能仍舊不夠充分，一定要採用多層式的窗戶。

在左下的案例之中（日野之家），多層窗戶的下層為固定式，上層則是雙向滑窗。使用者泡在浴缸內的時候，雖然可以得到良好的景觀，但上方的雙向滑窗操作起來卻不大方便。另一方面在右下的案例（上祖師谷之家），則是下層為雙向滑窗，上層為固定窗戶。換氣用的雙向滑窗操作起來雖然方便，但是跟地平面比較接近，防盜機能略遜一籌。以木材來打造浴室的牆壁跟天花板的時候，絕對不可以缺少開窗換氣的機能。可以打開的窗戶一定要加裝整面的欄杆，請委託人在外出的時候打開來進行換氣。

以景觀跟換氣為優先的多層窗戶

下層為固定式窗戶，上層為雙向滑窗

圍牆：420㎜

浴缸周圍的圍牆高度是420㎜（200㎜四方的磁磚2片＋浴缸的邊緣20㎜），考慮到跨越浴缸的動作跟重心偏向頭部的高齡者，超過450㎜會太高、350㎜則掉落浴缸的危險性會增加。

以操作性為優先的多層窗戶

下層為雙向滑窗，上層為固定窗戶

腰牆：600㎜

腰牆的高度，是浴缸圍牆加上1片200㎜四方的磁磚，總共是600㎜，這以上的高度很少會沾到水，超過的部分大多使用柏木。200㎜四方的尺寸，跟浴室天花板高度的2,200㎜很好搭配。顏色選擇清潔感較高的白色。

隱藏百葉窗的框格（柏木100×24㎜）
雙向滑窗
柏木
920
固定窗
600
420
1

日野之家

固定窗
柏木
520
雙向滑窗
600
420
2

上祖師谷之家

本間至

機能性的空間，天花板高度為2100㎜

天花板的標準高度為2100㎜。有別於客廳等日常起居的生活空間，機能性空間的天花板高度，只要有最限度就已經足夠。

浴室會將盥洗室的地板高度減少100㎜，讓標準的天花板高度增加到2200㎜。表面的材質，大多會選擇尺寸分配起來恰到好處的200㎜的正方形磁磚。

本人原則上會在一棟住宅內設置2間廁所。但實際設計的時候，得考慮面積分配的優先度，因此給家人使用的那間廁所大多會採用2合1（洗臉台跟廁所一起）的款式。

洗臉台的櫃台桌，基本高度為780㎜（頂端）。如果增加到800、820㎜的話，洗臉時水會流到手肘。相反的如果降低到750㎜，則會讓使用者彎下腰來。因此基本高度設定為780㎜。考慮到打掃的方便性，會採用Under Counter（水槽邊緣來到櫃台桌頂部的下方）的方式。

取材、文章：岡村裕次
照片：富田治

2 從浴室得到光線的洗臉台

赤堤街的房子

盥洗室會有許多收納或裝在牆上的鏡子，比較無法設立大型的玻璃窗，很容易就變得比較暗。另一方面，浴室的開口大多擁有不小的尺寸，讓浴室的採光抵達盥洗室並非不可能。因此我們可以在盥洗室跟浴室之間設置開口，讓兩者共享採光，也表現出浴室跟盥洗室的連續性。

採光窗
1,320
1,100
2,200
220
780
80
3

盥洗室須要亮光的位置有，①顯示水龍頭的位置跟照亮手邊的光線、②照亮臉部的光線。對此，本案例在洗臉台跟鏡子之間設有高220mm的開口，當作照亮手邊的照明。另外在鏡子裝上裸露的燈泡，有如舞台準備室的化妝台一般將臉的正面照亮，這樣照鏡子的時候臉部也比較不會出現陰影。

讓浴室的光線照進盥洗室的採光窗，使用可以讓光線柔和擴散的強化霧面玻璃。

裝有毛巾掛架的收納門。表面材質為聚酯合板，可以預防濕毛巾所引起的發霉或表面塗裝的剝落。

浴室、盥洗室門窗外框周圍詳細圖〔S＝1：12〕

截面圖

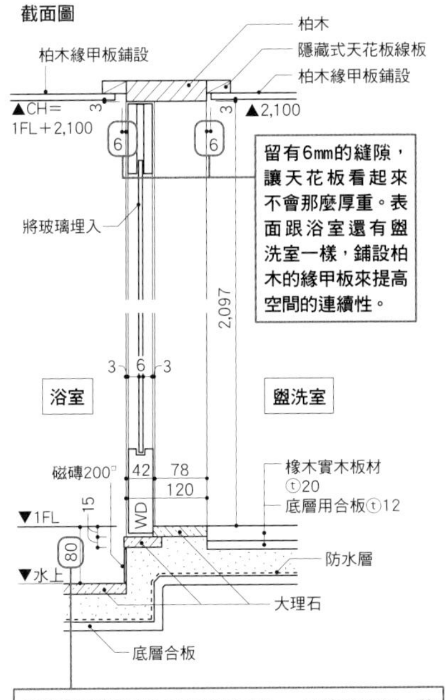

柏木
柏木緣甲板鋪設
隱藏式天花板線板
柏木緣甲板鋪設
▲CH＝1FL＋2,100
▲2,100
將玻璃埋入
2,097
浴室
盥洗室
磁磚200□
42
78
120
WD
橡木實木板材 ⓣ20
底層用合板ⓣ12
▼1FL
▼水上
防水層
大理石
底層合板

留有6mm的縫隙，讓天花板看起來不會那麼厚重。表面跟浴室還有盥洗室一樣，鋪設柏木的緣甲板來提高空間的連續性。

盥洗室跟浴室出入口的門板下方，一定會設置80mm的高低落差。為了保護木框，防水結構延伸到盥洗室那邊。另外也請委託人在泡澡的時候，把浴缸的蓋子放到木製門板的前方，以防止水去濺到盥洗室那邊。

平面圖

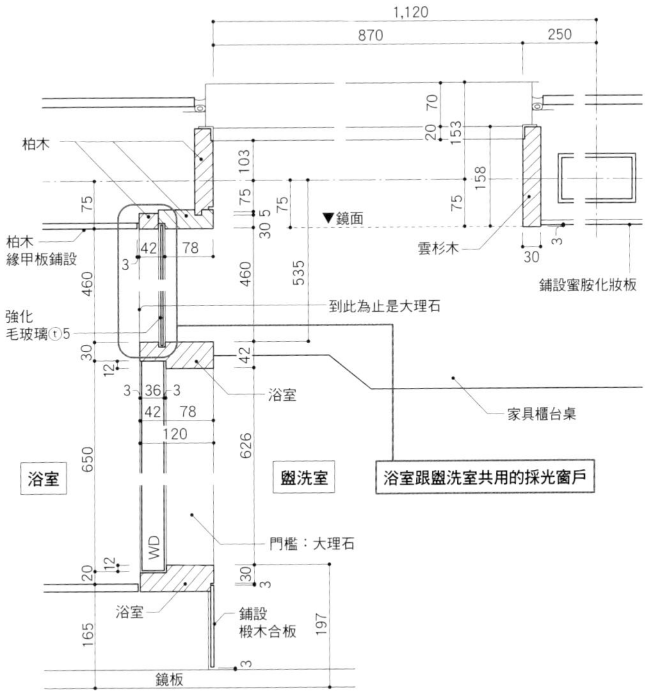

1,120
870
250
柏木
柏木緣甲板鋪設
強化毛玻璃ⓣ5
▼鏡面
雲杉木
鋪設蜜胺化妝板
到此為止是大理石
浴室
家具櫃台桌
浴室
盥洗室
門檻：大理石
浴室
鋪設椴木合板
鏡板

浴室跟盥洗室共用的採光窗戶

15坪的住家。透天高度3650mm的開放性浴室

300
3,650
700
60
1

通風用窗戶：300mm
讓浴室空氣對流，跟閣樓相連的通風用開口。尺寸為300mm。〔參閱圖2〕。

天井：3,650mm
最高天花板高度為3,650mm。用不透明的玻璃，讓閣樓天窗所射入的光線變成柔和的光芒，來照進浴室〔參閱圖2〕。

腰牆：700mm
牆壁距離地板700mm以上的高度會鋪設羽目板，在這之下則鋪設磁磚。就筆者的經驗來看，在鋪設木板的浴室之中，最容易發霉的部位是牆壁下方，再來是牆壁上方，最後才是天花板。所以只要在大約700mm以下的高度鋪設磁磚，就能省去很多麻煩。磁磚選擇污垢比較不明顯的深藍色25mm四方形。縫隙相當的綿密，兼顧防滑的機能。

建築面積25平方公尺的小型住宅。活動空間的結構跟家具都具有多重的使用方式，成為連續性的高密度空間。在這之中唯獨浴室，希望可以享有開放性的構造。因此用3650mm的透天結構跟閣樓相連，實現寬敞的舒適性。

浴室的氣積（地板面積×高）較大，在天花板附近設有通風用的窗戶，讓空氣可以隨時進行對流。因此濕氣不會累積在浴室內，發霉的可能性也大幅減少。一般來說，採用羽目板結構的浴室，在使用之後必須將水擦乾，本案例則沒有這種需求，使用起來有如單元衛浴一般的方便。〔伊禮智〕

1 截面圖 [S=1:120]

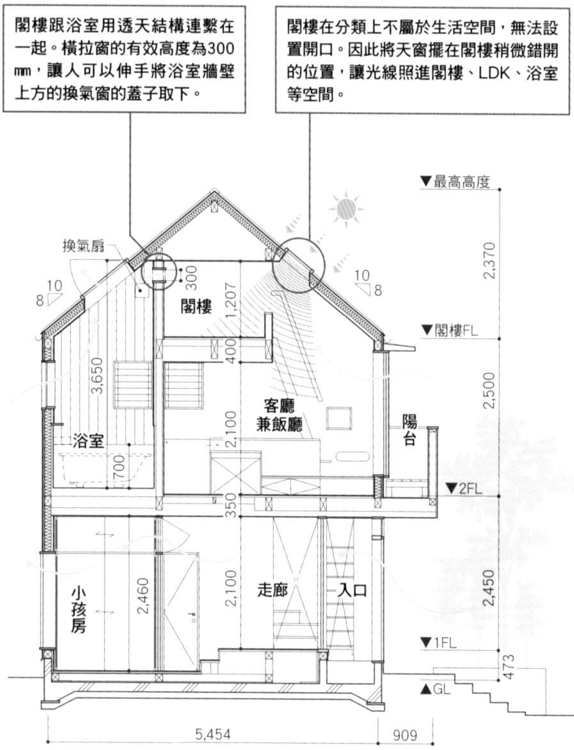
閣樓跟浴室用透天結構連繫在一起。橫拉窗的有效高度為300mm，讓人可以伸手將浴室牆壁上方的換氣窗的蓋子取下。
閣樓在分類上不屬於生活空間，無法設置開口。因此將天窗擺在閣樓稍微錯開的位置，讓光線照進閣樓、LDK、浴室等空間。
▼最高高度
換氣扇
閣樓
▼閣樓FL
客廳兼飯廳
陽台
浴室
▼2FL
小孩房
走廊
入口
▼1FL
▲GL
300
1,207
400
2,100
350
2,100
3,650
700
2,460
2,370
2,500
2,450
473
5,454
909
10
8

COLUMN
浴室、盥洗室有如月光一般照亮水面的衛浴照明

浴室的照明，最好要裝在牆上較低的位置。位置較低的照明，可以降低室內的重心，創造出適度的陰暗，讓人的身心放鬆下來。京都的俵屋旅館也是把照明裝在比較低的位置。〔照片❷〕〔伊禮智〕

527
233
1,160
400
1

照明的高度：距離浴缸邊緣760㎜

〔那珂湊之家〕設計：伊禮智、照片：西川公朗

1 浴室展開圖 [S=1:80]

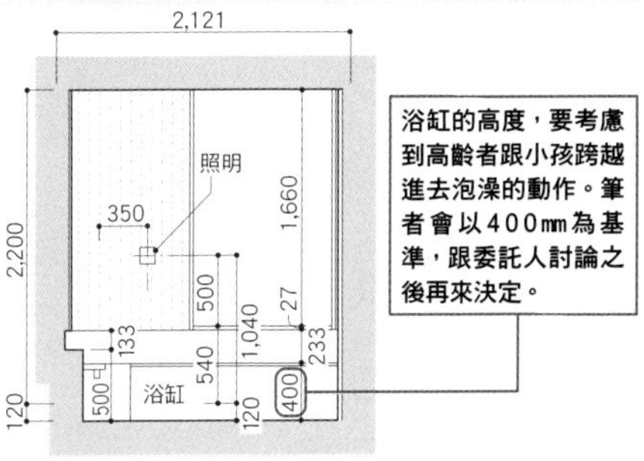

2,121
照明
350
2,200
1,660
500
1,040
27
133
540
233
500
浴缸
120
120
400
浴缸的高度，要考慮到高齡者跟小孩跨越進去泡澡的動作。筆者會以400㎜為基準，跟委託人討論之後再來決定。

2

俵屋旅館（京都）的浴室，照明被裝在比開口處頂端更低的位置。有如月亮的倒影一般，讓浴缸的水面反射出照明的光線，形成風雅的氣氛（作者拍攝）。

2 浴室、閣樓開口處詳細圖

截面詳細圖〔S＝1：20〕

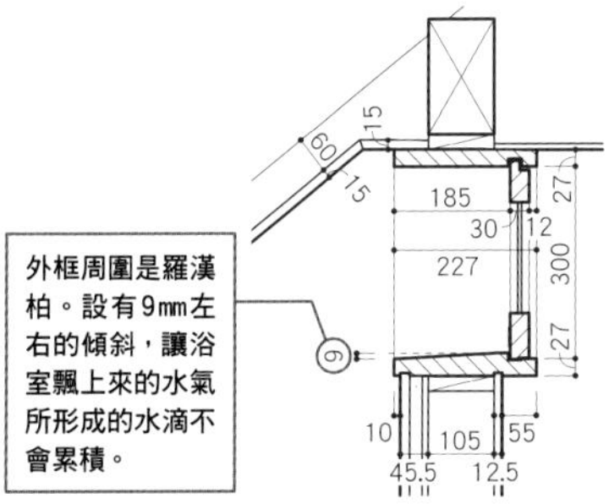

15
60
15
185
30
12
27
227
300
27
9
10
105
55
45.5
12.5
外框周圍是羅漢柏。設有9㎜左右的傾斜，讓浴室飄上來的水氣所形成的水滴不會累積。

平面詳細圖〔S＝1：20〕

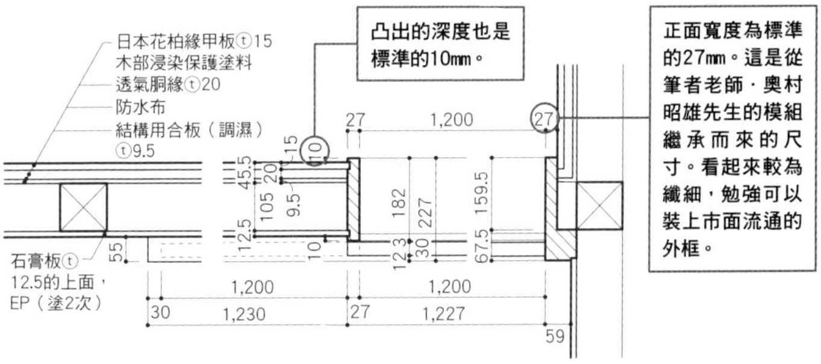

日本花柏緣甲板ⓣ15
木部浸染保護塗料
透氣胴緣ⓣ20
防水布
結構用合板（調濕）ⓣ9.5
凸出的深度也是標準的10㎜。
10
27
1,200
27
15
45.5
20
105
9.5
182
227
159.5
12.5
10
12.3
30
67.5
石膏板ⓣ12.5的上面，EP（塗2次）
55
1,200
1,200
30
1,230
27
1,227
59
正面寬度為標準的27㎜。這是從筆者老師．奧村昭雄先生的模組繼承而來的尺寸。看起來較為纖細，勉強可以裝上市面流通的外框。

15坪之家

設計：伊禮智設計室
〔照片：西川公朗〕

旁邊有公寓存在，改建之前總是得關上窗簾來保護隱私的委託人，迫切的希望可以擁有「明亮的住宅」。對此，筆者將客廳擺在2樓，設置天窗等開口來同時確保採光跟隱私。另外在有限的用地面積之中融合家具跟建築，讓所有空間都能得到活用。改變地板高度來當作電視架跟板凳、桌子等等，各種巧思隨處可見。

位置跟閣樓錯開的天窗
2

2樓平面圖

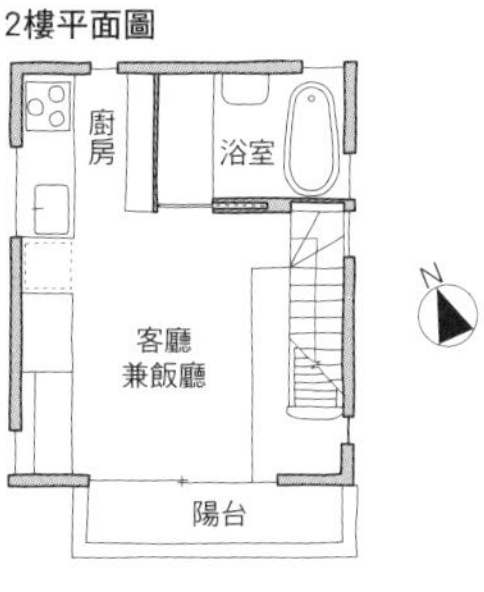

廚房
浴室
客廳兼飯廳
陽台
N

閣樓平面圖

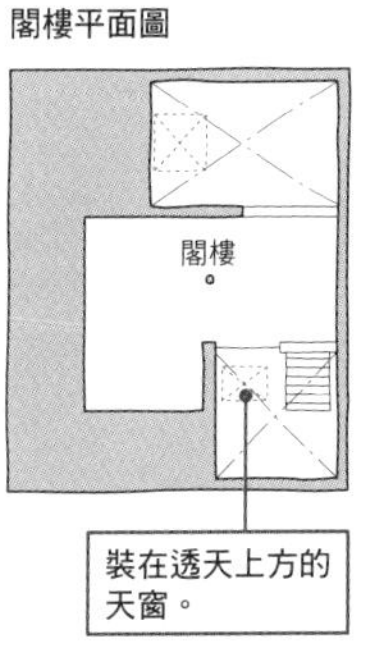

閣樓
裝在透天上方的天窗。

小孩也容易使用的洗臉台，重點在於280mm的鏡子

垂直擋板：280mm
考慮到孩童使用上的方便性，垂直擋板之中的280mm也當作鏡子來使用。水龍頭沒有直接裝在鏡子上，會夾上墊片來防止裂痕出現〔參閱圖1〕。

收納深度（有效尺寸）：140mm
正面收納之深度的有效尺寸為140mm左右，可以用橫的方式來收納整盒的衛生紙。

洗臉台前後深度：500mm
洗臉台的前後深度只有500mm，再加上水龍頭往外延伸，就算是孩童的手臂也伸得到，使用起來非常的方便。

配管、收納：265mm
在配管、收納的空間下方有265mm高的空間，可以擺放脫水用的洗衣籃等等。

140
800
280
80
500
750
265
1

洗臉台一般的高度是700～750mm。這份案例考慮到小學等低學年孩童的視線高度，在360mm的垂直擋板之中，加裝了280mm的鏡子。另外也考慮到孩童伸手的距離，將洗臉台的深度設定為最小的500mm。理所當然的，這些設計對大人來說沒有任何不便，使用起來的感覺相當良好。垂直擋板的部分改成玻璃，跟廚房面板、壁紙、磁磚相比，擁有更加容易打掃的優勢。

〔柏木學、柏木穗波〕

1 洗臉台詳細截面圖〔S=1:12〕

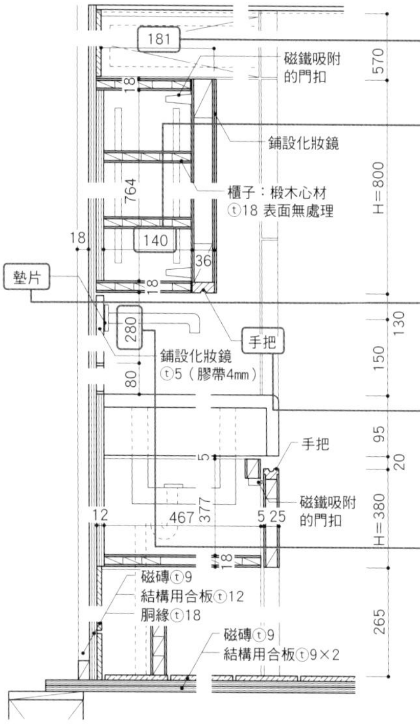
181
磁鐵吸附的門扣
570
18
鋪設化妝鏡
764
櫃子：椴木心材 ⓣ18 表面無處理
H=800
18
140
36
墊片
18
280
手把
130
鋪設化妝鏡 ⓣ5（膠帶4mm）
150
80
95
手把
5
20
377
磁鐵吸附的門扣
12
467
5
25
H=380
18
磁磚ⓣ9
結構用合板ⓣ12
胴緣ⓣ18
265
磁磚ⓣ9
結構用合板ⓣ9×2

鏡面收納的深度為181mm。有效尺寸約141mm，可以用橫向來放置整盒的衛生紙。

為了避免水龍頭直接跟鏡子接觸，裝設的時候有夾上墊片。

手把：鏡子容易留下指紋，用往內凹陷的方式來設置手把。

考慮到孩童的身高，將280mm的垂直擋板用來裝設鏡子。

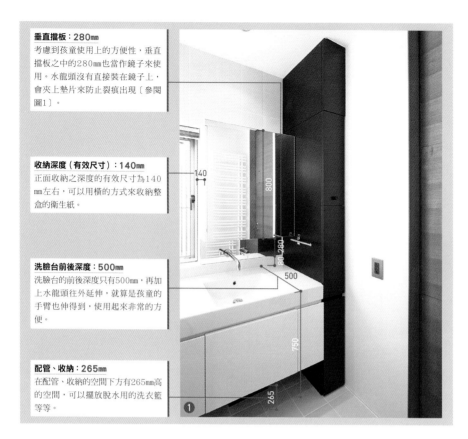

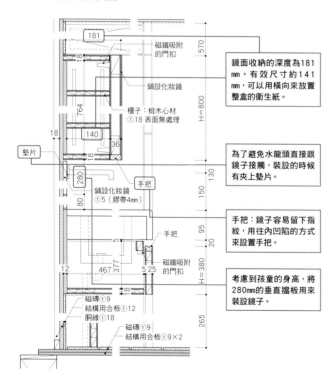

2 浴室的高度尺寸

雙向滑窗：1,400㎜
面向1樓土間的透天結構，預定將來可以瞭望到成長的植物。木製的百葉窗在擋下鄰居視線的同時，也具有換氣窗的機能。可以將窗戶打開來之後直接外出。

長方形的鏡子：高400×寬2,460㎜
坐在浴室的椅子時，鏡子剛好會來到視線的高度（鏡子中心的680㎜）。高度為200㎜四方的磁磚2片，寬度長達2,460㎜，讓浴室得到比實際面積更為寬廣的氣氛。

570
2,450
1,565
1,400
100
430
400
380
680
380
2
200㎜四方磁磚（白）

固定窗：1,565㎜
用固定窗將浴室跟盥洗室連繫在一起。為了保護隱私，在盥洗室一方裝有百葉窗。固定窗戶的底端，是浴缸往上430㎜的垂直擋板，跟另一邊的鏡子頂端高度相同。

防水用垂直擋板：100㎜
設有100㎜的垂直擋板，以免浴缸的水去濺到窗戶外框。

水龍頭：380㎜
水龍頭的中心高度為380㎜，跟浴缸邊緣下方的磁磚湊齊。設定成可以將洗臉盆擺到水龍頭下方的高度。

3 盥洗室、浴室外框周圍詳細截面圖［S=1:10］

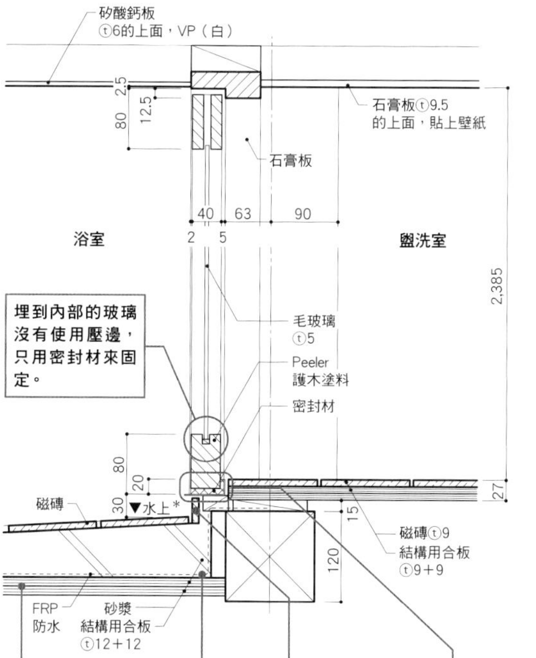
矽酸鈣板
ⓣ6的上面，VP（白）
2.5
12.5
80
石膏板ⓣ9.5
的上面，貼上壁紙
石膏板
40
63
90
2
5
浴室
盥洗室
2,385
埋到內部的玻璃沒有使用壓邊，只用密封材來固定。
毛玻璃
ⓣ5
Peeler
護木塗料
密封材
80
20
30
▼水上*
27
磁磚
15
磁磚ⓣ9
結構用合板
ⓣ9+9
120
FRP
防水
砂漿
結構用合板
ⓣ12+12

將日本傳統型的浴室擺在2樓，底層鋪有2片的結構用合板。

FRP防水一直包到盥洗室的側面為止。

浴室一方的垂直擋板，會將磁磚分割成適當的大小來貼上。

直框下端設有5㎜的溝道，用密封處理來防止水分入侵。

4 1樓、2樓截面圖［S=1:100］

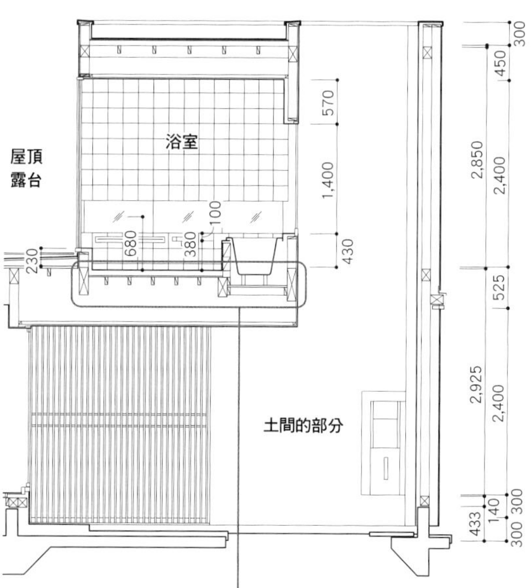
浴室
屋頂
露台
570
1,400
100
680
380
430
230
300
450
2,850
2,400
525
2,925
2,400
土間的部分
433
140
300
300

2樓的浴室採用傳統形態的設計。為了在清洗身體的場所進行防水加工，降低橫樑的頂端來進行表面處理。

「露地之家」設計：Kashiwagi Sui Associates、照片：上田宏。
＊水上：建築內讓水流動的傾斜地面之中，高度最高的部分。

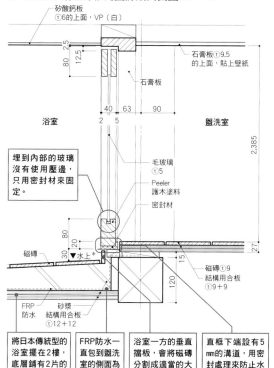

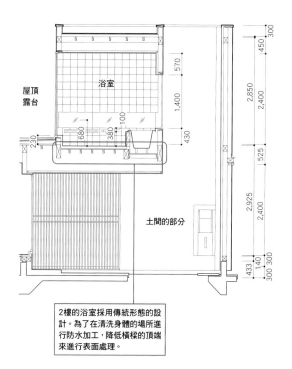

浴室、盥洗室

用可以收到牆內的窗戶取景。頂端高度為1060mm

1,721
1,060
106
60
1

開口處：內法1,060mm
設置高1,060×寬1,721mm的開口，來活用可以瞭望到的景色及享受半露天浴室的氣氛。站著清洗身體時，為了不讓垂壁阻礙到看向外側的視線，對於頂端的高度格外講究（委託人的視線高度大約是1,450mm，開口頂端1,060＋443＝1,503mm，以此當作垂壁下端的高度）。雖然也考慮使用固定式的窗戶，但只有夫妻兩人居住，所以採用將內外直接連繫在一起的設計。

防水擋板：60mm
最低限度的垂直防水擋板。高度為25mm四方的磁磚2片加上10mm的密封材，總共為60mm。

本份案例這種小型的房間（浴室），要盡可能的將要素統一。牆壁跟地板的表面，使用25mm四方的鑲嵌磁磚。並採用白色來突顯出窗外的景色。

用地的位置，是在東南方可以瞭望到橫濱．港未來地區的高台上。為了創造出可以活用這份景觀的浴室，將位置決定在2樓。站在洗身體的空間時，為了避免垂壁去擋到視線，開口處（可收到牆內的窗戶）從防水擋板的頂端往上1060mm的高度，另外還設定有1721mm的寬度，讓人不論是把頭靠在浴缸左右的哪一邊，視線都可以往外穿透出去。〔鈴木謙介〕

1 展開圖［S=1:50］

開口處：內法1,060mm
設置高1,060mm×寬1,721mm的開口，來活用可以瞭望到的景色。窗戶外框全部隱藏起來，讓景色可以直接融入室內。

照明方面，重點在於從上方跟正面將臉部照亮。如果從後頭部照亮的話，會讓臉部變暗。裝在牆上的照明高度，跟洗臉台照明的高度相同。

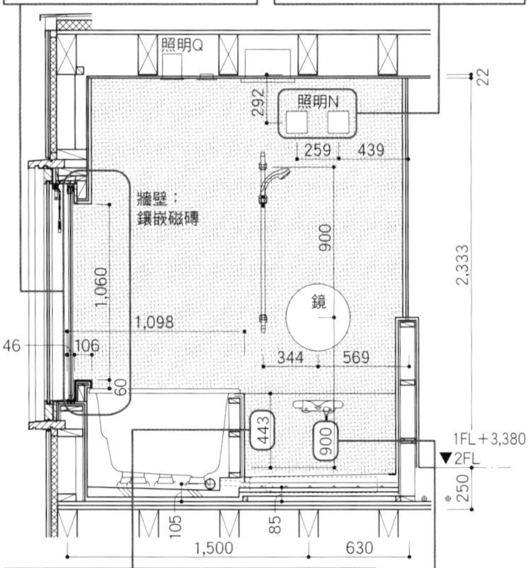

照明Q
照明N
22
292
259
439
牆壁：
鑲嵌磁磚
900
2,333
1,060
鏡
1,098
46
106
344
569
60
443
900
1FL＋3,380
2FL
250
105
85
1,500
630

浴缸的高度：443mm
考慮到跨越的動作，浴缸的高度最好是在500mm以下。清洗身體之空間的地板高度，跟浴缸底部最好也要湊齊。進入浴缸內的時候，底部太低會讓人往前倒下，太高的話往後倒下的危險性會增加。

鏡子：900mm
一邊請委託人坐下來，一邊在現場調整高度。

2 2樓平面圖［S=1:300］

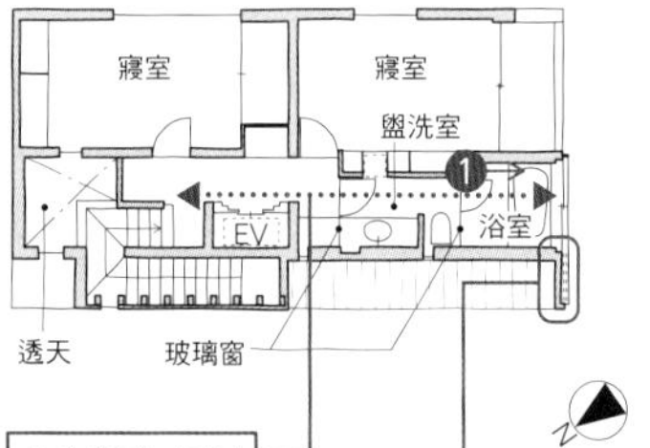

寢室
寢室
盥洗室
1
EV
浴室
透天
玻璃窗
N

站在走廊，可以透過浴室的開口來看到室外的景色。

設有門袋跟外牆，採用可以收到牆內的窗戶，來活用可以瞭望的景色。

〔篠原台之家〕設計：鈴木謙介建築設計事務所、照片：鈴木謙介建築設計事務所。

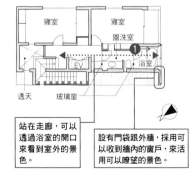

COLUMN

浴室、盥洗室 將洗臉台跟浴室的地板高度湊齊

浴室跟盥洗室，有洗臉台跟馬桶、衣服的收納、浴缸、淋浴等多種的設備存在。各種要素的高度不同，會讓空間產生凹凸，也不容易形成清爽的空間。

那麼，該怎樣才能讓這些要素變得不顯眼呢，請讓筆者在此提供示範。

盥洗室地板的高度往上3個台階（台階高度230×3＝690㎜）的高度，以此當作浴室的地板高度，然後將浴室地板往下挖深來成為浴缸，讓浴缸邊緣跟洗臉台的高度湊齊，以免空間產生不必要的凹凸（照片❶）。另外則是用固定窗戶將外側邊緣整齊的削平，天花板以2寸的傾斜往開口處緩緩的降低，顏色選擇容易反射其他色彩的白色。

照片❷是同一棟住宅的2樓浴室。此處也將浴缸邊緣跟洗臉台的高度湊齊，並且讓視線可以往開口處集中，盡可能實現清爽的外觀。跟照片❶形成對比的，牆壁、地板、天花板都選擇黑色，讓外側的綠色景觀可以反射到室內。用全高式的窗戶來將垂壁排除，以突顯出內外的對比。

（新關謙一郎）

1樓盥洗室、浴室

2
10
固定窗
1,600
淋浴室
2,045
300
480
120
320
20
1,500
600
鋪設琉球石灰岩
690
洗臉台
1

擋水板：20㎜
流向開口處的洗澡水，會用緩緩的斜面跟20㎜的邊緣（擋水板），來防止窗框被潑到。

傾斜天花板：1,600㎜
為了可以漂亮的取景，天花板以2寸的傾斜往開口處降低。固定窗戶的上端為1,600㎜，天花板雖然比較低，但泡在浴缸的時候會彎腰蹲下，或是坐在浴缸的邊緣，不用擔心會撞到頭。

浴缸：600×1,500×480㎜
浴缸的深度為480㎜，讓人可以從腳尖滑進去來泡到肩膀，並且讓頭部靠在浴缸邊緣來放鬆。牆壁跟開口這兩邊分別留有300㎜跟320㎜的餘白，以鑿穿浴室地板的方式來呈現浴缸。

地板高低差：690㎜
為了不讓空間有多餘的線條，將洗臉台跟浴室的地板高度統一。洗手（洗臉）台跟浴室地板的高低落差為690㎜，剛好是3層台階（台階高度230㎜×3層）的高度。為了用3層台階來跟浴室相連，將台階高度提升到上限的230㎜，高低落差設定為690㎜。

洗臉台跟浴缸邊緣的高度相同，將不必要的線條排除。

1,200
550
450
2

2樓洗臉台、浴室

浴缸：450㎜
考慮到抬起腳來跨過去的動作，浴缸的高度最好是450㎜。

「BSE」設計：NIIZEKI STUDIO、照片：西川公朗。

Chapter
2

設計
高品質的空間／
家具、室內裝潢篇

何謂未來之趨勢的「Total Design」

從「統合」到「細分化」

各位是否知道，目前跟室內裝潢有關的頭銜，有多少呢。從Designer（設計師）、Coordinator（整合師）、Planner（計劃者）……要數個清楚，不知得花上多少時間。

在我們周圍的環境之中，有無數的物品跟情報雜亂的存在著。新的東西一樣接一樣出現，由單獨的Multi-Player（橫跨複數領域的人員）來負責空間內所有一切的要素，變得越來越是困難。在這種時代的需求之下，讓細分化的頭銜一個又一個出現（表）。

理所當然的，這種狀況並非以前就已經存在。

比方說義大利建築師Ettore Sottsass，從類似福岡縣雙巨蛋都市（沒有實現）的都市計劃，到住宅、商業設施、產品、圖樣、美術品等多采多姿的設計都有參與。

除此之外也有許多建築師（※1），會參與從街道景觀到建築、裝潢、家具、商品的綜合性設計（※2）。

表｜跟室內設計相關的頭銜

Interior Designer
Interior Coordinator
Interior Planner
Interior Stylist
Product Designer
家具Designer
家具Buyer
家具Repairer
Display Designer
Kitchen Specialist
Kitchen Designer
Flower Designer
Gardening Designer
雜貨Buyer
雜貨Designer
Interior Shop Staff
居住環境福利Coordinator
Housing Adviser
收納Adviser
照明Designer
照明Consultant
空間Designer
空間Producer
建築士（一級、二級、木造）
Mansion Reform Manager
Textile Designer
Landscape Designer
Living Stylist
Lighting Coordinator
Home Inspector 等等

當他們面對「空間」的時候，並沒有職務這個明確的領域劃分存在。或者該說，沒有必要特地去進行區分。因為天花板的高度跟地板材質、照明計劃、窗戶照進來的陽光、掛在牆上的繪畫，甚至是住在此處之人們的表情，都以平等的價值，存在於空間內。

但是自從渡邊力、劍持勇、柳宗理這三大巨匠出現之後，狀況開始出現變化。身為建築領域之一部分的室內裝潢，開始出現專門的設計人員。之後一位接一位的室內設計師（Interior Designer）將他們活躍的場所擴展出去。

但局限在室內裝潢這個領域，前提是要先有建築才能一展所長，因此很難跳脫建築設計之一部分的這個框架。

之後差不多在1970年代，受到經濟成長的影響，店面設計的重要性開始浮上台面，辦公室也開始將環境的舒適性當作訴求。住家方面，公寓等集合性住宅漸漸增加，當Skeleton-Infill＊的概念跟Renovation（大規模之修改）開始受到矚目之後，「Interior Design（室內設計）」才終於成為獨立的領域。

室內設計的工作，基本上會以框體以外的室內空間為對象，但如果是商業空間的話，則會延長到建築物的外觀（吸引客人進入店內的立面（Facade）設計）。另外在獨棟住宅的領域，如果大規模改建的現場，也常常參與柱子或橫樑、牆壁的移動或撤除、補強等跟建築結構相關的作業。像這樣以室內設計的立場來對建築做出訴求的機會，其實不在少數。

以這種觀點來看，室內設計並非建築設計的一部分，已經可以說是處於完全對等的立場。

得到認知的頭銜

在穩固自己立場的同時，室內設計的內部，其實已經產生細胞分裂的現象，出現了「Interior Coordinator（室內整合師）」這個新的領域。

當然的，家具的設計也是屬於室內設計的一部分，但Interior Coordination在室內設計還屬於建築設計之一部分的時候，就已走上獨自的道路。【圖】

室內整合師在以前，只是為住宅設計挑選裝潢材料跟照明器具、家具等配件（一部分例外）純粹只是擔任搭配跟調整的工作（實際上更為複雜）。

但是到了最近，除了歷史背景、人體工學、素材、設備、環境工學、施工、Universal Design（共用性設計）、餐具、Interior Ornament（室內裝飾）等各種知識之外，還必須具備咨詢跟Presentation、商品流通等相關的知識跟能力。

1983年開始發行的這種証照，已經過了4分之1個世紀，在社會之中的認知度已經算得上

＊Skeleton-Infill：Skeleton（結構框架）跟Infill（內部裝潢與設備）分開來進行的工法。

圖｜「Total Design」的變遷影像

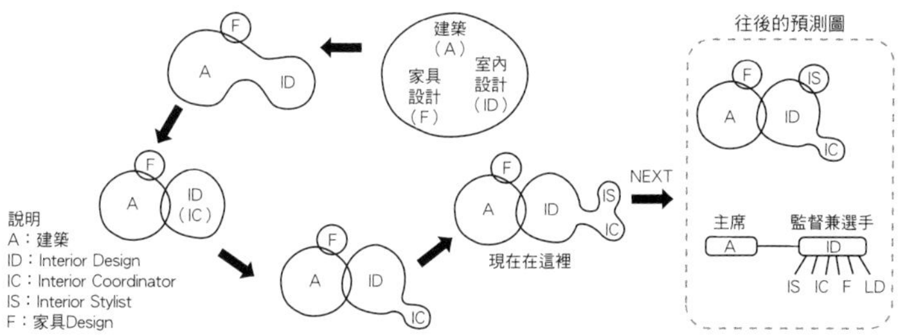

是穩定。

到了2000年代的前半期，業界又有另一股勢力展露頭角。那就是被稱為「Interior Stylist（室內造型師）」的這個職業。他們在雜誌跟電視節目上展開活躍，現在仍舊有許多現任的室內造型師存在。

造型師的工作範圍也非常的廣泛。在電視、雜誌、電影、網路等拍攝現場，以特定的主題來收集家具跟裝潢，在佈置跟照明方面進行詳細的演出。

除此之外，有些造型師也在櫥窗展示跟店面商品的陳列、店家或咖啡店的Produce等，多元的領域之中一展所長。

「造型師」跟「整合師」的區分相當困難，筆者認為造型師跟媒體的距離比較接近，整合師大多是接受單一個人之委託，相較之下造型師跟社會有著比較強的連繫。

細分化之後的Produce

跟室內裝潢有關的職種越來越細分化，室內設計師往後必須具備的，應該是進行Produce的能力。

按照計劃的需求來募集必要的人材，並將團隊的成果整合成單一的實體。為各種人員提供將才能與技術發揮到極限的「場所」，或許才是室內設計師必須擔任的角色。

當然，如果這個範圍涉及到建築的話，這份工作將由建築設計師來擔任。

1993年，身為建築家的石上申八郎用70年代席捲足球界的「Total Football（全攻全守）」來比喻「空間的Total Design」。

要約的說明，在全攻全守的策略之下，不光只是踢進球門的這個目的，連踢進球門的過程也開始受到矚目。

把這點套用在建築的Total Design上面，除了設計出整體結構的現有目標之外，細節也將受到重視，建築師必須要有各種細節的設計能力（＊）。

這個比喻，經過18年之後的現在，仍舊可以用稍微不同的解釋來表現。一邊互補互助，一邊往同一個目標＝空間的完成邁進，這跟現代足球應該有著相似之處才對。

在這種狀況之下，室內設計師就好比是團隊的Playing Manager（監督兼選手）。

另外，建築設計師在此處所扮演的角色，有時可以是團隊的成員之一，有時又是管理兼營運的主席。

（和田浩一）

木造獨棟住宅的Renovation。柱子的撤除跟移動、樑的變更、橫樑的裸露等建築性要素，跟委託人原本就擁有的家具組合，對地板牆壁還有天花板的材質、照明計劃進行Total的Coordination。

趴在地上的貓咪，也是室內裝潢的元素之一，跟家具還有日常用品以同等的價值來進行想像。

照明器具跟家具、光的照射方式、素材的使用方式全都按照視線的動作來進行Coordinate。往後除了完工的照片之外，像這樣可以讓人感受到風格的「室內裝潢風景」照片，也會變得很重要。

照片：山本Mariko

＊編輯部註

石上先生在本雜誌1993年5月號之中，提到了「A足球↓B茶↓C Total Design」的話題。

A足球：場內所有球員都能攻能守的全攻全守戰術之中，不光是球門前方，整個球場都是遊戲的最前線，球賽中的每個場面都受到觀眾同等的矚目。

B茶：在茶的世界之中，會透過空間的組成、喝茶、餐點、技巧、對話，在所有的感官領域之中都徹底的貫徹「茶的美學」，結果「泡茶」這個原本的目標，變成追求「美學」的動機之一。

C Total Design：一開始只是單純的想要以整體來進行空間設計，但這個想法卻對空間設計引起變革。

變革的重點有3，①跟整體相比，將比重放在特定的部分（相當於足球的「過程」）上面。②在重視「部分」的建築之中，整體跟部分的金字塔，還有表裡、大小等概念，全都擁有同等價值的設計。③空間跟細節本身成為讓人享受的對象，建築師必須思考如何可以娛樂使用者。

這是石上先生對於「空間的Total Design」所作出的結論。

※1：在歐美有Gunnar Asplund／爾瓦爾．阿爾托／阿納．雅各布森／Aldo Rossi／法蘭克．洛伊．萊特／路德維希．密斯．凡德羅，等等。在日本也有像村野建吾這種從大規模的飯店到飯店內部的裝潢、家具、照明等都著手進行設計的案例存在，仍舊是有許多建築家，會對整體空間進行設計。　※2：當然也有例外存在，比方說勒．柯比意設計的一系列的家具，就是跟Pierre Jeanneret、Charlotte Perriand等人共同設計。　※3：以婦女為主要對象的電視節目之中，「房間改造計劃」這個單元點燃流行的風潮，一口氣受到多方的矚目。

如何讓室內裝潢往上提升一個層次

內藏有大型電視銀幕的牆面收納

預定設置大型電視來陳列的牆面收納，與其說是家具，不如說是會對空間本身造成影響的機關。從家電的尺寸跟顏色的均衡性開始下手，配線跟開關盒的隱藏、建築化照明之效果的考量等等，注意各種細節來決定裝設的位置。這個牆面收納，同時也是讓空間充滿迫力的裝置。

〔黑崎敏〕

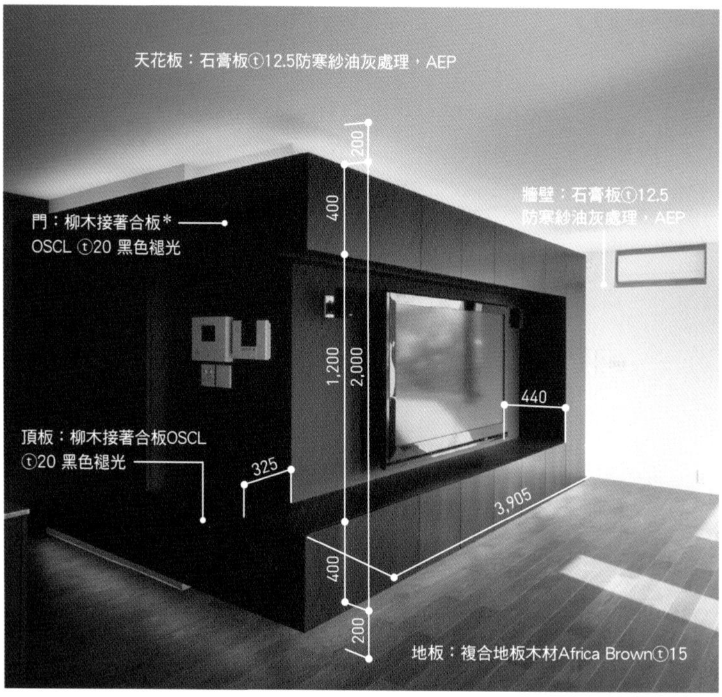

天花板：石膏板ⓣ12.5防寒紗油灰處理，AEP
門：柳木接著合板＊
OSCL ⓣ20 黑色褪光
牆壁：石膏板ⓣ12.5
防寒紗油灰處理，AEP
200
400
1,200
2,000
440
頂板：柳木接著合板OSCL
ⓣ20 黑色褪光
325
3,905
400
200
地板：複合地板木材Africa Brownⓣ15

圖1 | 利用結構的牆面

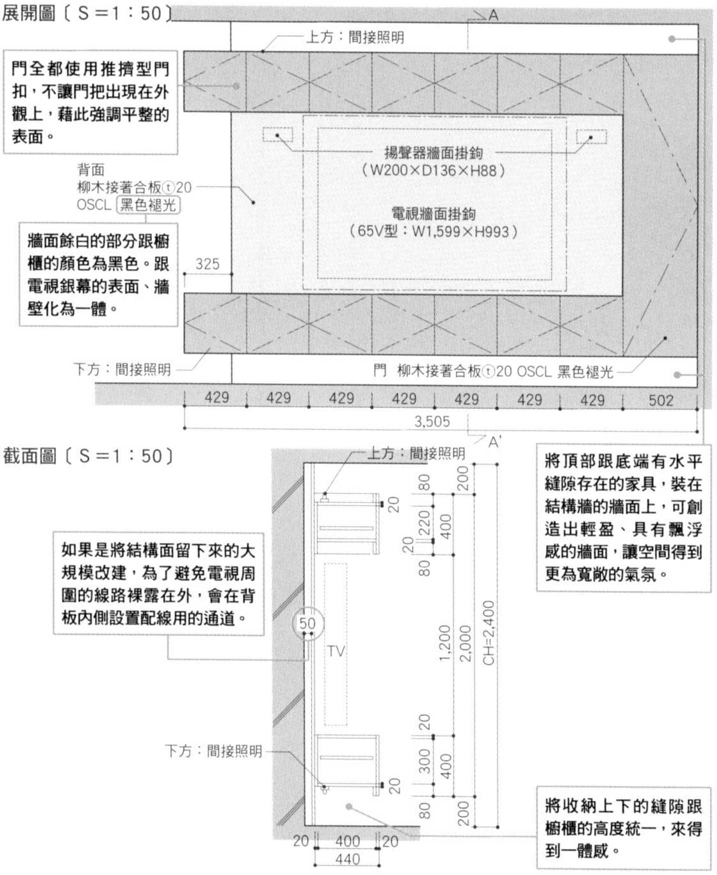

展開圖〔S＝1：50〕
A
上方：間接照明
門全都使用推擠型門扣，不讓門把出現在外觀上，藉此強調平整的表面。
背面
柳木接著合板ⓣ20
OSCL 黑色褪光
揚聲器牆面掛鉤
（W200×D136×H88）
電視牆面掛鉤
（65V型：W1,599×H993）
牆面餘白的部分跟櫥櫃的顏色為黑色。跟電視銀幕的表面、牆壁化為一體。
325
下方：間接照明
門 柳木接著合板ⓣ20 OSCL 黑色褪光
429
429
429
429
429
429
429
502
3,505
A'
截面圖〔S＝1：50〕
上方：間接照明
將頂部跟底端有水平縫隙存在的家具，裝在結構牆的牆面上，可創造出輕盈、具有飄浮感的牆面，讓空間得到更為寬敞的氣氛。
如果是將結構面留下來的大規模改建，為了避免電視周圍的線路裸露在外，會在背板內側設置配線用的通道。
50
TV
80
20
220
20
80
400
200
1,200
2,000
CH=2,400
20
300
20
80
400
200
下方：間接照明
將收納上下的縫隙跟櫥櫃的高度統一，來得到一體感。
20
400
20
440

＊接著合板（練付合板）：用接著劑貼上薄片來裝飾表面的合板。

圖2｜裝在面向透天結構的客廳正面

A-A′截面圖〔S＝1：80〕展開圖〔S＝1：80〕

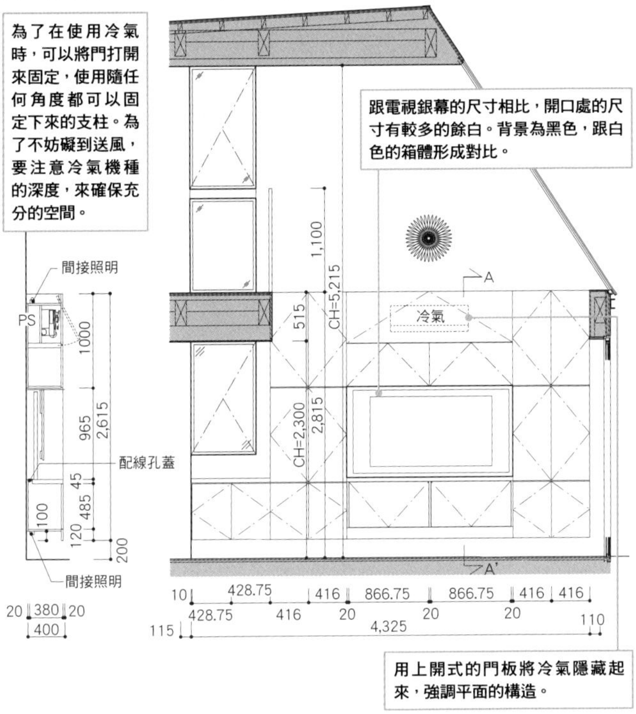
為了在使用冷氣時，可以將門打開來固定，使用隨任何角度都可以固定下來的支柱。為了不妨礙到送風，要注意冷氣機種的深度，來確保充分的空間。
跟電視銀幕的尺寸相比，開口處的尺寸有較多的餘白。背景為黑色，跟白色的箱體形成對比。
用上開式的門板將冷氣隱藏起來，強調平面的構造。
間接照明
PS
配線孔蓋
間接照明
冷氣
A
A′
1,100
CH=5,215
515
CH=2,300
2,815
1000
965
2,615
45
485
100
120
200
20 380 20
400
10
428.75
428.75
416
416
20
866.75
866.75
20
416
416
20
110
115
4,325

（上）面向透天結構，裝在客廳正面的牆面收納，兼具電視開口跟客廳收納的機能。特別注意讓口字型的平面，可以用單一的結構體來呈現。將白色框體的背景塗成黑色，來創造出深度與立體感，讓上下較長的空間得到均衡性。

（右）間接照明的效果，讓垂直的透天結構，給人往內延伸出去的感覺。

COLUMN

掌握薄型電視的尺寸跟裝設位置

在這幾年迅速的薄型化、大型化的電視機，如何決定它們在空間內的位置，是室內設計的主要重點之一。首先要掌握它們的尺寸〔表〕。

不論什樣的距離都可以視聽，是否意識到這點也非常的重要。高解析度播放的最佳視聽距離，據說是畫面高度的3倍。50V型的畫面高度大約是60cm，最佳的視聽距離為180cm。接著是裝設的高度。比方說坐在沙發上的視線高度為120mm，畫面中心最好是比眼睛高度低個30～50cm。50V型的畫面中心大約是40cm，因此裝設高度大約是距離地板30～50cm〔圖〕。

表｜薄型電視的畫面尺寸一覽表

面〔＝〕（對角線尺寸）	16：09（長型）
20V型（ 50.8）	44.3（寬）×24.9（長）
26V型（ 66.0）	57.6×32.4
32V型（ 81.3）	70.8×39.9
37V型（ 94.0）	81.9×46.1
40V型（101.6）	88.4×49.8
42V型（106.7）	93.0×52.3
46V型（116.8）	101.8×57.3
50V型（127.0）	110.7×62.3
55V型（139.7）	121.8×68.5
60V型（152.4）	132.8×74.7
65V型（165.1）	143.9×80.9
70V型（177.8）	155.0×87.2
75V型（190.5）	166.0×93.4

※這份數據，純粹只是顯示畫面的尺寸。包含外框在內的實際尺寸，請從製造商官方網站查詢。

圖｜電視的最佳裝設位置

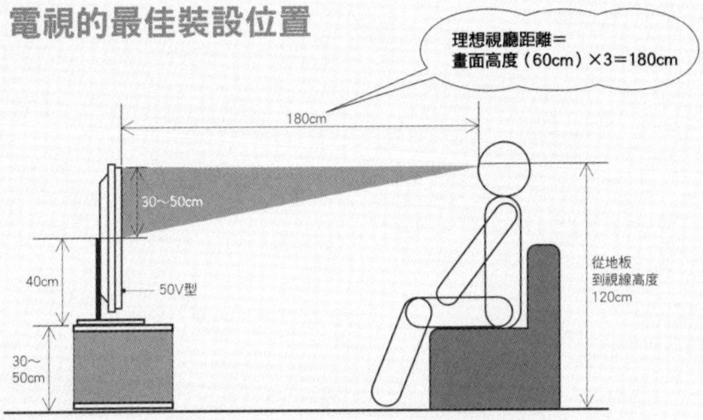
理想視聽距離＝
畫面高度（60cm）×3＝180cm
180cm
30～50cm
40cm
50V型
30～
50cm
從地板
到視線高度
120cm

活用空間來設置多功能的電視周邊設備

客廳、飯廳、廚房，不論位在哪裡都可以觀看跟操作電視的住宅計劃。讓樓梯平台成為大型的箱子，把影音設備或CD、DVD等收納在此，讓電線跟機械從視線之中排除。影音設備的收納空間，同時也是樓梯平台，也是用花跟容器來進行裝飾的凹間，面向南邊讓陽光照入，讓它得到有如緣側一般的氣氛。

〔島田陽〕

圖1｜影音設備收納等角圖

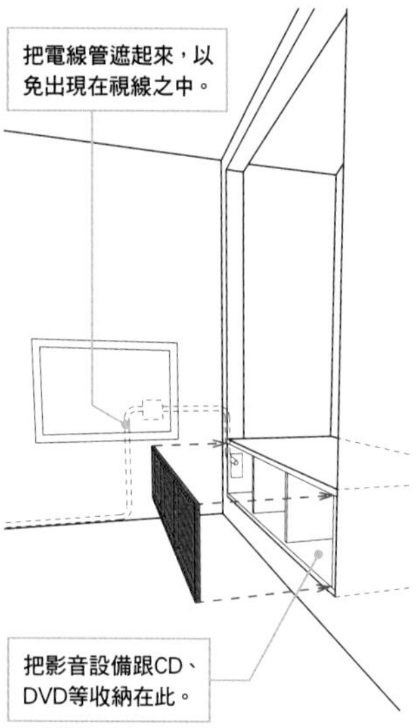

把電線管遮起來，以免出現在視線之中。
把影音設備跟CD、DVD等收納在此。

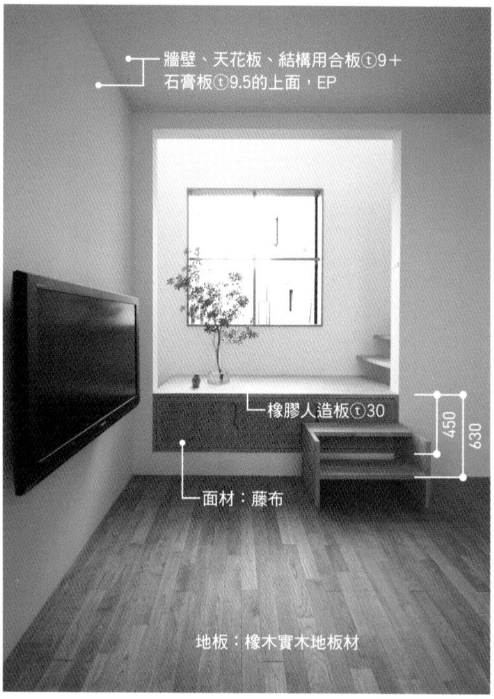

牆壁、天花板、結構用合板ⓣ9＋石膏板ⓣ9.5的上面，EP
橡膠人造板ⓣ30
450
630
面材：藤布
地板：橡木實木地板材

圖2｜客廳平面圖、配線圖［S=1:80］

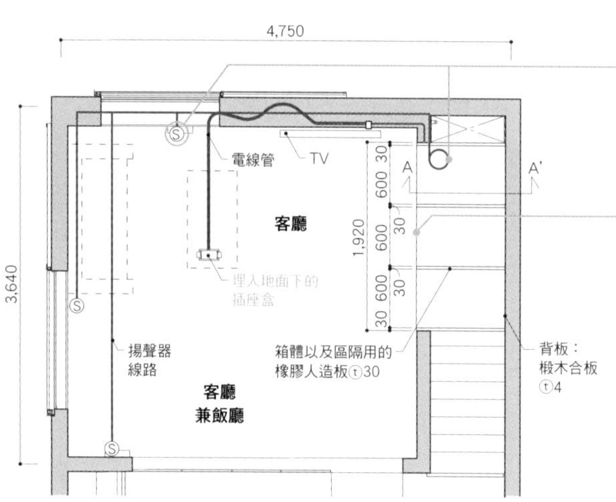

4,750
3,640
1,920
600
30
電線管
TV
A
A'
客廳
埋入地面下的插座盒
揚聲器線路
箱體以及區隔用的橡膠人造板ⓣ30
背板：椴木合板ⓣ4
客廳兼飯廳
把揚聲器的端子線配置在3個位置。其中也包含現在沒有設置揚聲器的地點，為將來的擴充做好準備。
為了讓遙控器的訊號可以通過，收納的正面使用藤所編織的藤布。用皮革的繩子來取代手把。

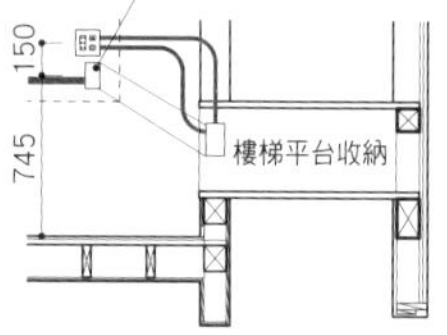

A-A′ 截面圖
空白的平板
150
745
樓梯平台收納

圖3｜埋入地面的插座盒裝設詳細圖［S=1:10］

截面圖

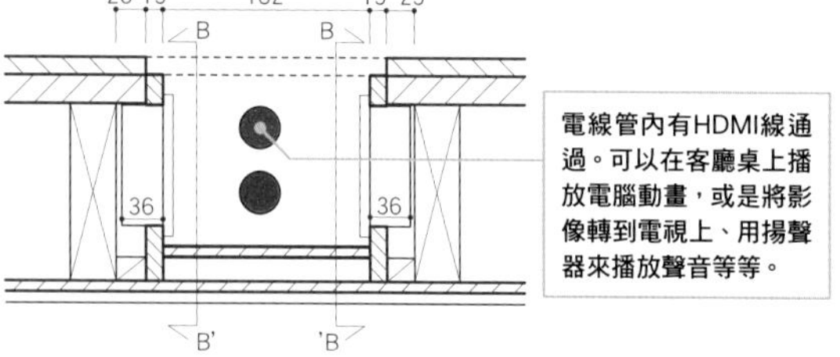

26
15
182
15
25
B
B'
36
電線管內有HDMI線通過。可以在客廳桌上播放電腦動畫，或是將影像轉到電視上、用揚聲器來播放聲音等等。

B-B′ 截面圖

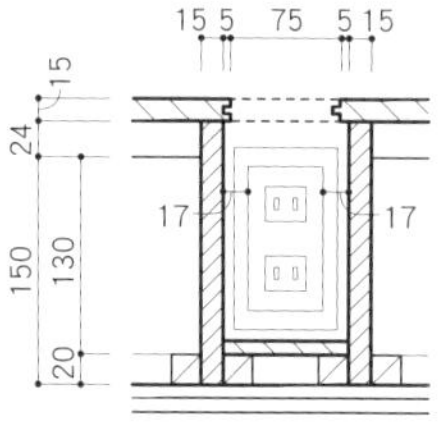

15 5 75 5 15
15
24
150
130
20
17
17

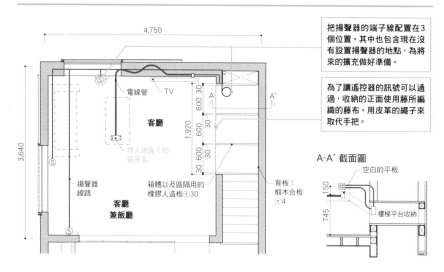

把電視收納在廚房櫃台的內側

面向充滿綠色景觀的寬7公尺、高4.3公尺的全面開口，來配置L字型的沙發床，筆者認為此處的前方不應該擺設矮桌或電視。因此將廚房櫃台桌的正面、剛好可以將酒瓶遮住的腰牆，拿來當作靠背還有餐具跟影音設備的收納。在這前方設有跟沙發床高度相同的邊桌。

〔武當恭美〕

天花板：石膏板ⓣ12.5 AEP
書櫃
Library Desk
吊材：鋼管12φ熱浸鋅
牆：日本落葉松緣甲板羽目鋪設
塗佈滲透性護木塗料
椴木合板CL
地板樑：人造木材CL
冰箱門板：
椴木合板CL
椴木合板CL
沙發床
椴木材CL
柳木人造板
CLⓣ30
邊桌
地板：橡木實木地板材 塗佈植物性護木油

圖1｜客廳平面圖［S=1:60］

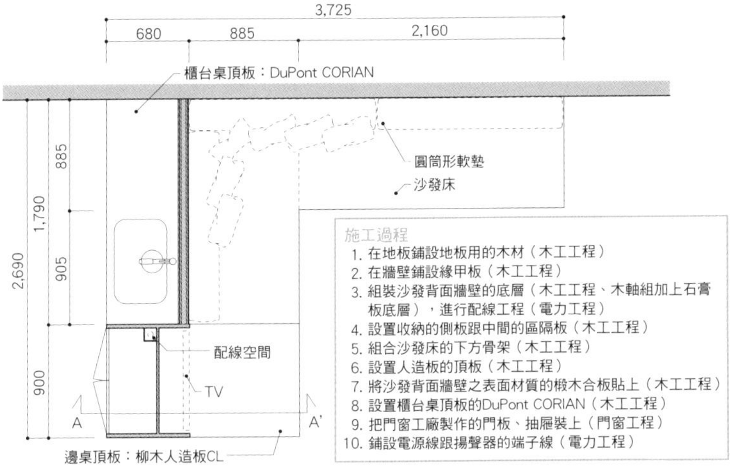

3,725
680
885
2,160
櫃台桌頂板：DuPont CORIAN
圓筒形軟墊
沙發床
885
1,790
905
2,690
配線空間
TV
900
A
A'
邊桌頂板：柳木人造板CL

施工過程
1. 在地板鋪設地板用的木材（木工工程）
2. 在牆壁鋪設緣甲板（木工工程）
3. 組裝沙發背面牆壁的底層（木工工程、木軸組加上石膏板底層），進行配線工程（電力工程）
4. 設置收納的側板跟中間的區隔板（木工工程）
5. 組合沙發床的下方骨架（木工工程）
6. 設置人造板的頂板（木工工程）
7. 將沙發背面牆壁之表面材質的椴木合板貼上（木工工程）
8. 設置櫃台桌頂板的DuPont CORIAN（木工工程）
9. 把門窗工廠製作的門板、抽屜裝上（門窗工程）
10. 鋪設電源線跟揚聲器的端子線（電力工程）

圖2｜截面圖、立面圖［S=1:50］

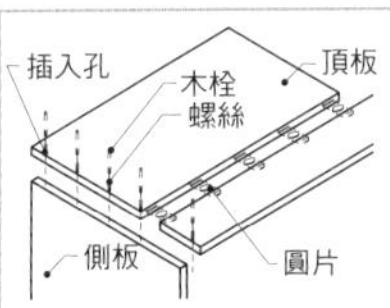

插入孔
木栓
螺絲
頂板
側板
圓片

頂板是用接刀（Joint Cutter）進行溝道加工之後，將圓片（Biscuit）插入來進行結合，藉此增加邊緣的面積。善加利用多機能性的材料，可以壓低製作的成本。另外，頂板跟側板用螺絲結合（一併使用接著劑）之後，將木栓塞入。

將2種聚氨酯跟海綿疊上5層，用脫脂綿包起來，放到合板的底層，並包上布料。會在工廠測試過坐起來的感覺之後，再來決定海綿的組合。

請木工師傅用椴木的心材跟木材組合出骨架，然後把家具工廠製作的床墊放上去。

A-A′截面圖〔S=1：50〕

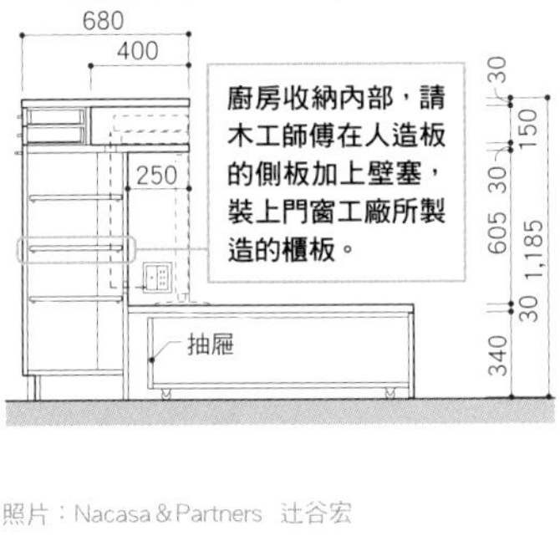

680
400
250
抽屜
30
150
30
605
1,185
30
340

廚房收納內部，請木工師傅在人造板的側板加上壁塞，裝上門窗工廠所製造的櫃板。

截面圖〔S=1：50〕

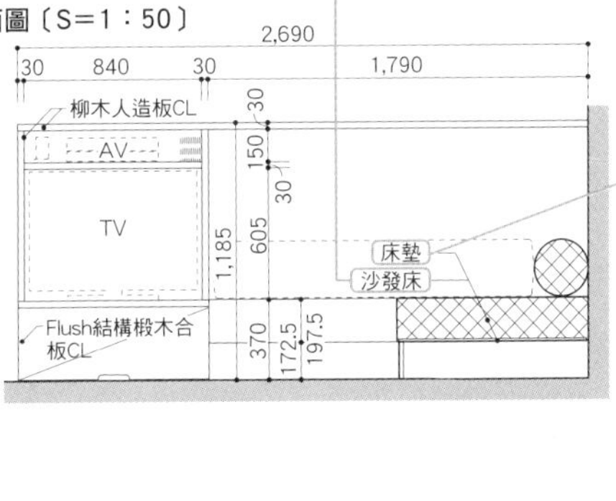

2,690
30
840
30
1,790
柳木人造板CL
AV
TV
30
150
30
605
1,185
床墊
沙發床
Flush結構椴木合板CL
370
172.5
197.5

照片：Nacasa＆Partners 辻谷宏

讓細部存在感消失的玻璃櫃與玻璃收納

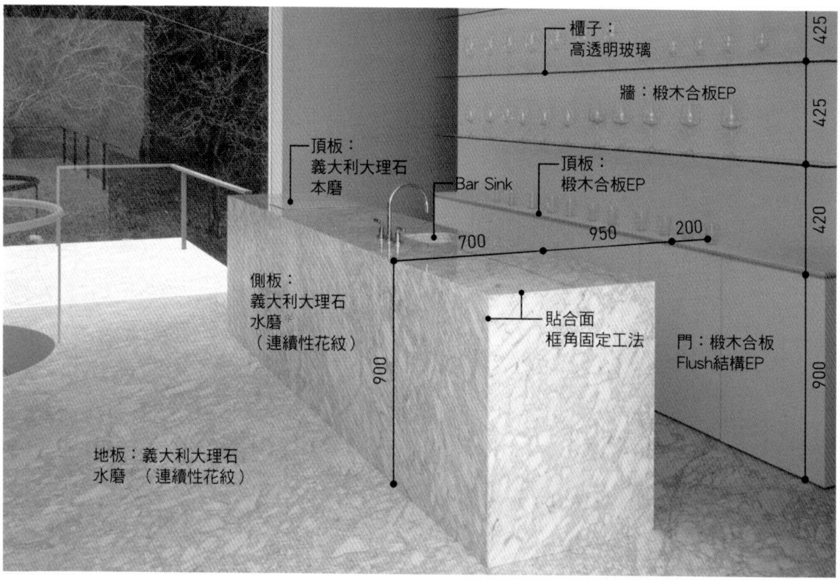

櫃子：
高透明玻璃
牆：椴木合板EP
頂板：
義大利大理石
本磨
Bar Sink
頂板：
椴木合板EP
700
950
200
425
425
420
900
側板：
義大利大理石
水磨
（連續性花紋）
貼合面
框角固定工法
門：椴木合板
Flush結構EP
900
地板：義大利大理石
水磨（連續性花紋）

圖1｜玻璃櫃截面圖〔S=1:20〕

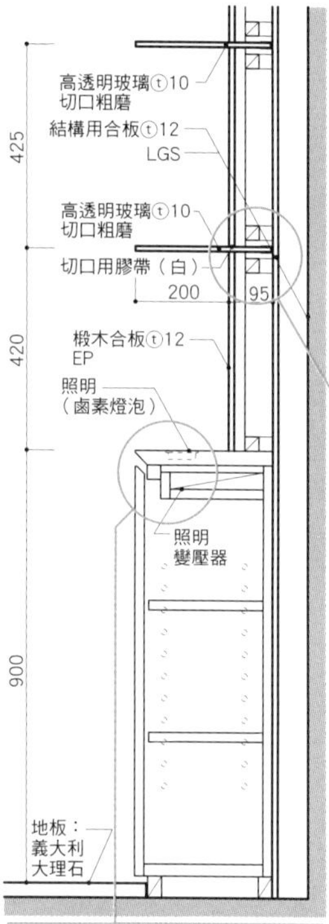

高透明玻璃ⓣ10
切口粗磨
結構用合板ⓣ12
LGS
425
高透明玻璃ⓣ10
切口粗磨
切口用膠帶（白）
200
95
420
椴木合板ⓣ12
EP
照明
（鹵素燈泡）
照明
變壓器
900
地板：
義大利
大理石

將透明玻璃當作中間的櫃板，從上下兩個方向照亮使光擴散，創造出整面牆壁都是照明器具一般的效果。

圖2｜玻璃櫃裝設詳細

玻璃櫃平面圖〔S＝1：30〕

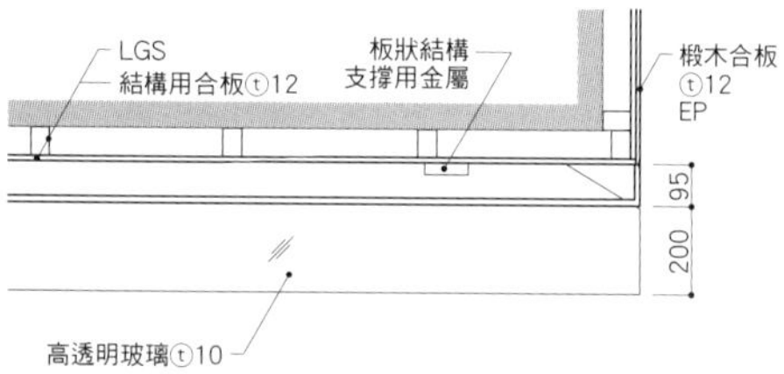

LGS
結構用合板ⓣ12
板狀結構
支撐用金屬
椴木合板
ⓣ12
EP
95
200
高透明玻璃ⓣ10

為了不讓金屬零件裸露，讓固定部位往牆內埋入，實現了只有玻璃浮在空間內的造型。另外用粗磨來處理玻璃的切口，以免底層的材質被反射出來。

圖3｜收納門裝設詳細圖

收納門平面圖〔S＝1：30〕

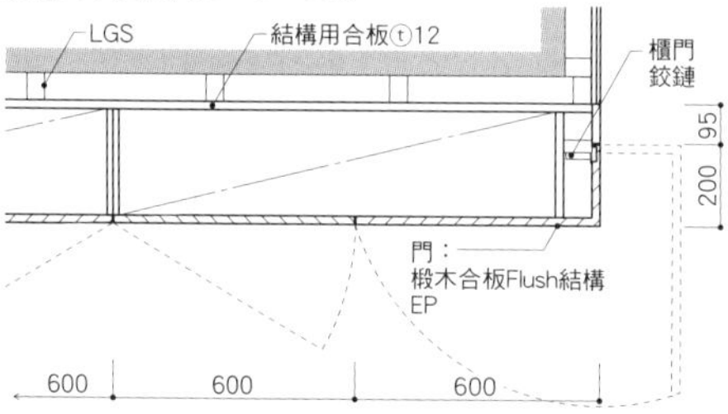

LGS
結構用合板ⓣ12
櫃門
鉸鏈
95
200
門：
椴木合板Flush結構
EP
600
600
600

為了不讓門板切口的線條出現在側面，採用L型的門板。並且讓櫃門鉸鏈的位置往後退，讓結構上的細節消失。

門板開合的切口，會有收納邊緣的外側轉角露出，讓人察覺到面板材質的厚度。對此，本案例以外側轉角的切口不會露出來的方式，來決定細節的造型。櫃板使用高透明玻璃，將固定部位埋進櫃子內側的牆面，盡可能的成為完全透明的存在。〔原田真宏、原田麻魚〕

照片（上）：鈴木研一
＊本磨：拋光、表面最為平滑。
＊水磨：光滑度比不上本磨、不帶光澤、模樣較為模糊。

COLUMN

活用彩色玻璃的家具

彩色玻璃，是讓浮法玻璃的單面塗上特殊塗料來燒成彩色的玻璃製牆壁表面材料。

大多會貼到牆上來使用，但就算是拿來將整個家具包起來，還是可以形成有別於跟蜜胺、聚氨酯、UV等材質的，極為美麗的質感（照片1）。

在此將彩色玻璃分成3種不同的使用部位來進行說明。

照片1　使用色彩鮮艷的高透明彩色玻璃（透明度較高，切口沒有玻璃那種獨特的藍色）。使用這種材質，可以更進一步的提高家具的高級感。（「Vitro」旭硝子）

1. 櫃台桌

櫃台桌的重點，在於事先掌握放置物品的重量，來決定厚度跟連結部位。另外也必須設置配線跟影音機器等散熱所須要的孔（照片2）。

固定到櫃子上的時候，會在現場用矽樹脂來進行接著。白色系的彩色玻璃，比較容易反應出櫃子等接著面的顏色，因此接著的表面最好是使用白色的聚酯合板。

照片2　設有3個配線用孔、2個散熱孔。在設計的時候指定好位置，搬到現場之前先在工廠進行加工。

2. 門

只要使用玻璃的合頁，單獨的彩色玻璃也能成為門板。但如果家具本身也是用彩色玻璃來製作，則除了門板之外，還會須要抽屜。

為了讓整體的外觀得到清爽跟高級的感覺，玻璃的表面盡量不要裝設金屬零件（合頁或手把）。因此在玻璃內側設置約15㎜厚的底層門板，將彩色玻璃貼在這上面。透過這種手法，不論是櫃門鉸鏈還是抽出用的軌道、緩衝用的滑柱，都可以用跟一般的家具相同的方式來裝設。

此時所使用的金屬零件，如果是外拉型的抽屜，可以搭配按開式滑軌，外開式的門板則可以搭配推擠型的門扣，讓彩色玻璃的表面維持平滑的狀態（照片3）。

3. 櫥櫃（箱體）

沒辦法只用玻璃來製作整個櫥櫃，因此會跟門板一樣，採用在表面貼上玻璃的手法。跟櫃台桌一樣的，此時可以順便將門的切口遮起來（照片4）。

照片3　抽屜正面門板的切面，把玻璃貼在底層上。

這樣可以讓整個家具都被玻璃包覆起來，讓室內的主題得到統一。

製作影音收納的注意點

當作影音設備的收納來使用時，會將數位硬碟錄影機跟DVD播放器等影音機器收在內部。理所當然的，會透過遙控器來進行操作。但門的構造為兩層，讓紅外線的訊號無法抵達內部的接收器。解決的方法之一，是將內側底板的中央掏空（照片5）。

此時必須注意的，是彩色玻璃表面所包覆的塗料，有些顏色可能完全無法讓紅外線通過。必須先向廠商索取彩色玻璃的樣品（最好有A4尺寸），來確認紅外線是否可以穿過。

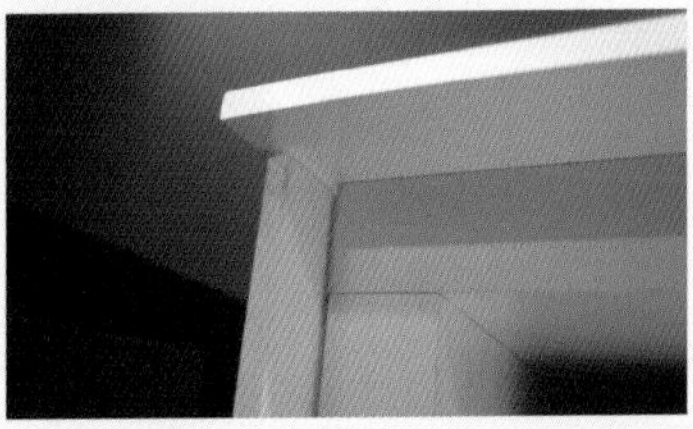

照片4　跟照片3一樣採用2層結構，讓彩色玻璃往外延伸門板厚度的份量，將門的切口隱藏起來。

另外，就算是紅外線可以通過，跟透明玻璃相比，還是會讓遙控器的有效距離大幅的縮短，關於這點，也必須事先進行測驗。

（增田憲一）

照片5　中央掏空的部位只使用玻璃來當作表面材質，讓紅外線可以穿過。但必須事先確認使用玻璃的種類。

跟廚房櫃台一體成型的桌子跟展示櫃

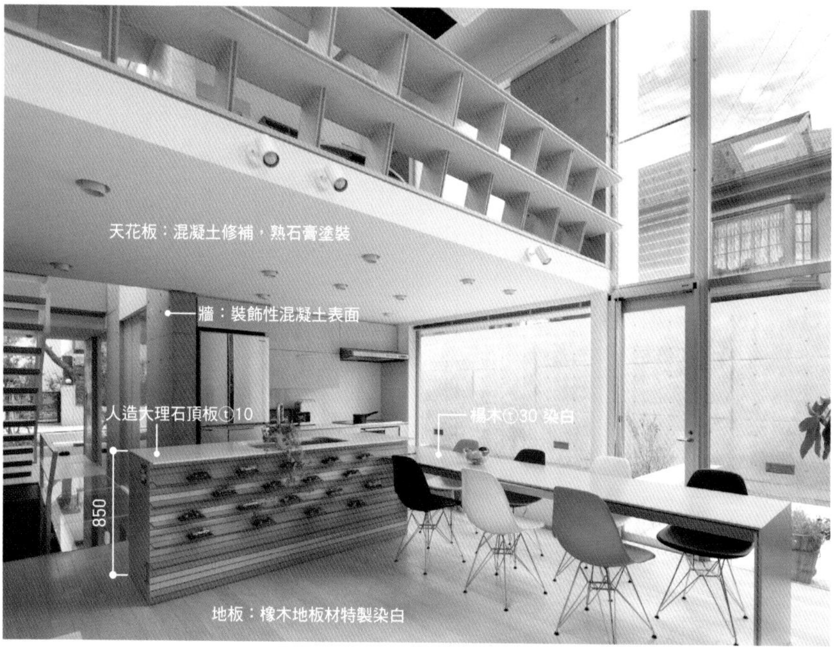
天花板：混凝土修補，熟石膏塗裝
牆：裝飾性混凝土表面
人造大理石頂板ⓣ10
楊木ⓣ30 染白
850
地板：橡木地板材特製染白

客廳透過4.4公尺的透天結構來跟樓上孩子們的空間相連，設有許多專為此處打造的家具。配合那直線性的建築造型，採用將細節壓到最低限度的設計。另一方面，共通性的使用感觸柔軟、帶有木紋的楊木跟染成白色的素材，藉此表現出溫暖的質感，刻意讓空間得到一份清晰感。

〔庄司寬〕

圖1｜餐桌展開圖〔S=1:40〕

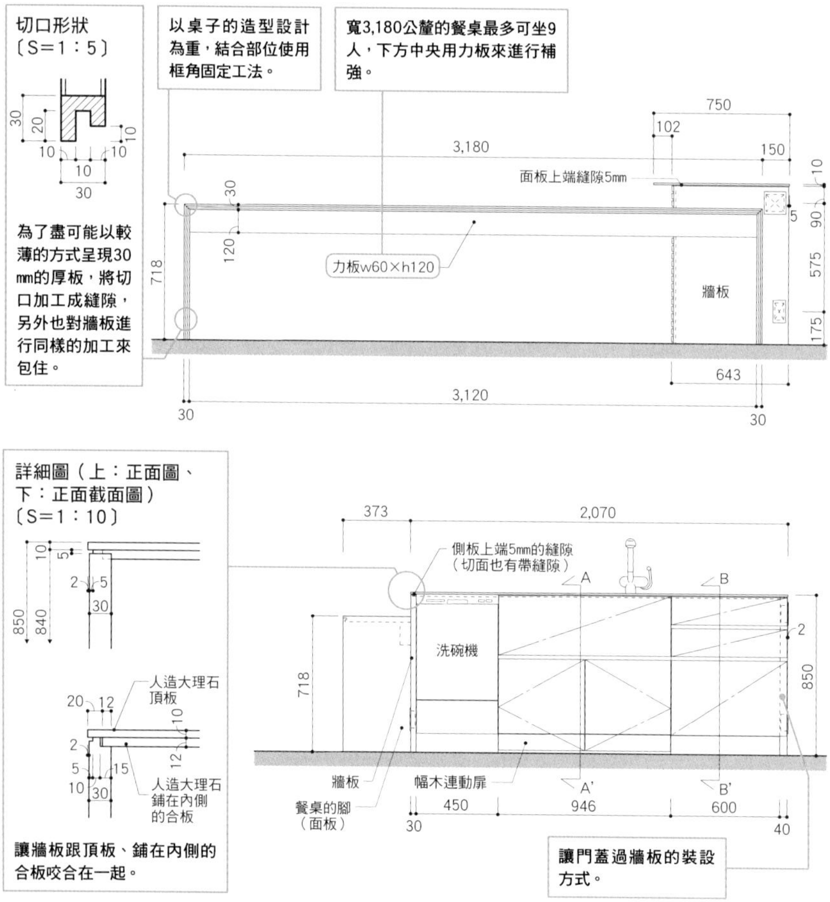
切口形狀
〔S=1：5〕
為了盡可能以較薄的方式呈現30mm的厚板，將切口加工成縫隙，另外也對牆板進行同樣的加工來包住。
以桌子的造型設計為重，結合部位使用框角固定工法。
寬3,180公釐的餐桌最多可坐9人，下方中央用力板來進行補強。
3,180
750
102
150
面板上端縫隙5mm
力板w60×h120
718
牆板
575
175
643
3,120
30
詳細圖（上：正面圖、下：正面截面圖）
〔S=1：10〕
人造大理石頂板
人造大理石鋪在內側的合板
讓牆板跟頂板、鋪在內側的合板咬合在一起。
373
2,070
側板上端5mm的縫隙
（切面也有帶縫隙）
洗碗機
850
牆板
幅木連動扉
餐桌的腳
（面板）
450
946
600
40
讓門蓋過牆板的裝設方式。

圖2 | 廚房櫃台桌、裝飾櫃截面圖［S=1:20］

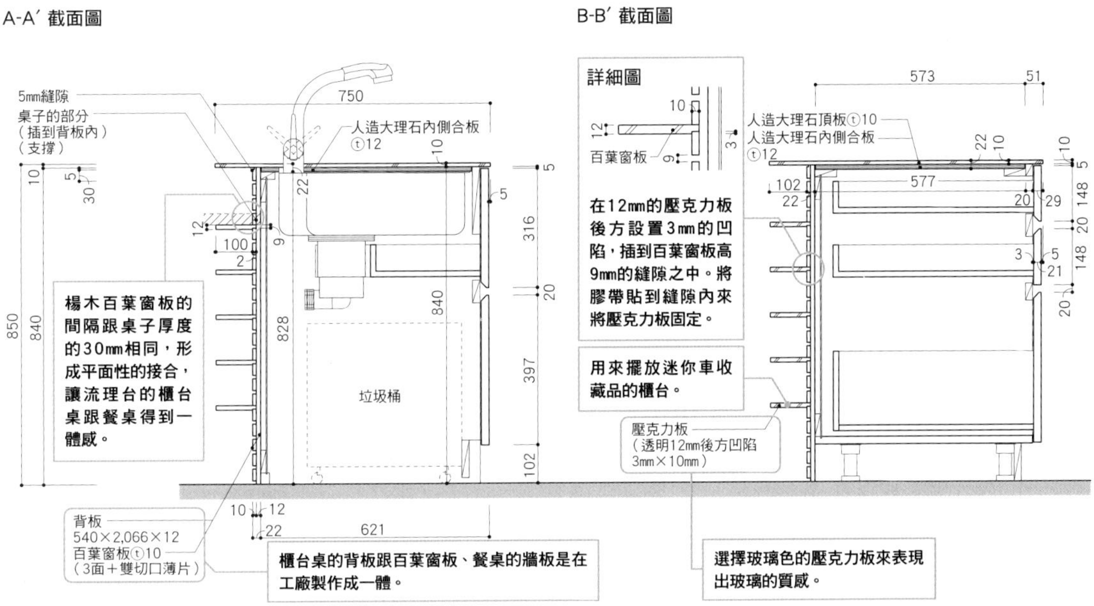

提高LDK機能的現場打造之家具

以9人家族的生活空間（LDK）來說，16張疊蓆絕對稱不上是寬敞，為了讓此處的機能得以成立，特別製作有複數的現場打造之家具。玻璃門板的餐具櫃、下方為收納空間的7人用板凳、影音設備的收納、9人用的餐桌、附帶展示櫃的廚房櫃台等等，全都是在現場量身打造。透過這些精心設計的家具，來對家人的活動進行提案，讓家族之間可以自然的進行溝通。另外，讓現場打造的家具擁有充分的機能，還可以將擺設型的家具排除，讓空間得到清爽的氣氛。

1樓平面圖〔S=1：80〕

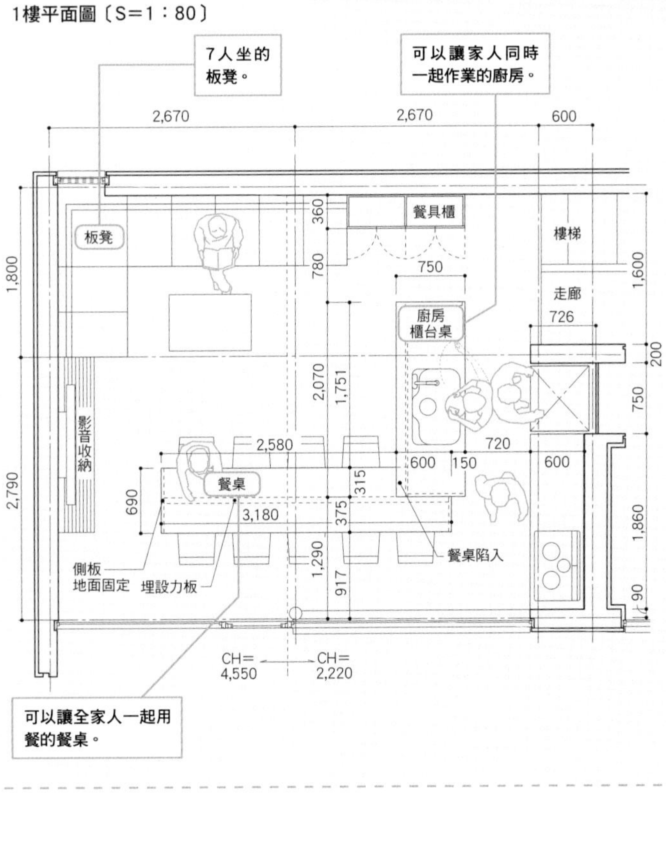

現場打造的家具全都是以楊木＋染白色的表面來統一。

照片：黑住直臣

活用樑柱結構的牆面收納

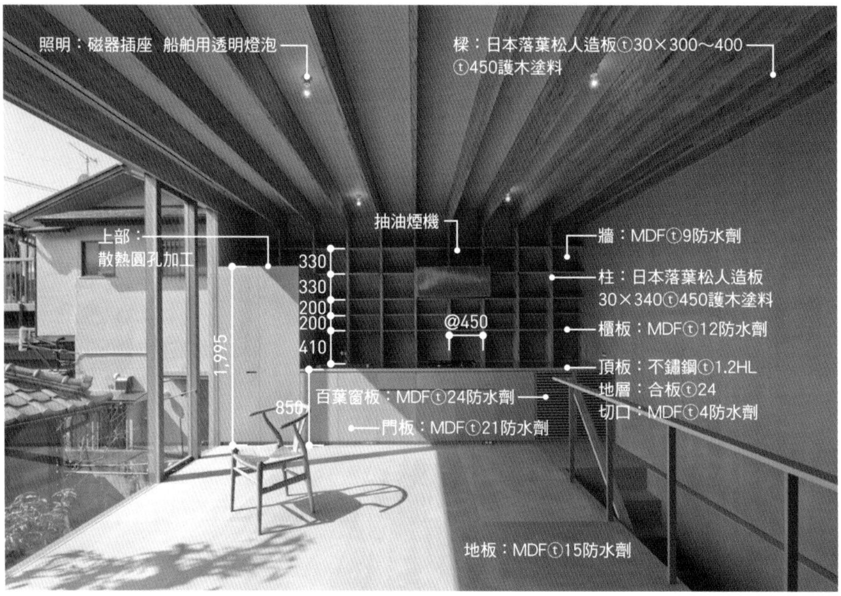
照明：磁器插座 船舶用透明燈泡
樑：日本落葉松人造板ⓣ30×300～400 ⓣ450護木塗料
抽油煙機
牆：MDFⓣ9防水劑
上部：散熱圓孔加工
柱：日本落葉松人造板 30×340ⓣ450護木塗料
330
330
200
200
410
@450
櫃板：MDFⓣ12防水劑
1,995
頂板：不鏽鋼ⓣ1.2HL
地層：合板ⓣ24
切口：MDFⓣ4防水劑
850
百葉窗板：MDFⓣ24防水劑
門板：MDFⓣ21防水劑
地板：MDFⓣ15防水劑

圖1 廚房詳細圖［S=1:60］

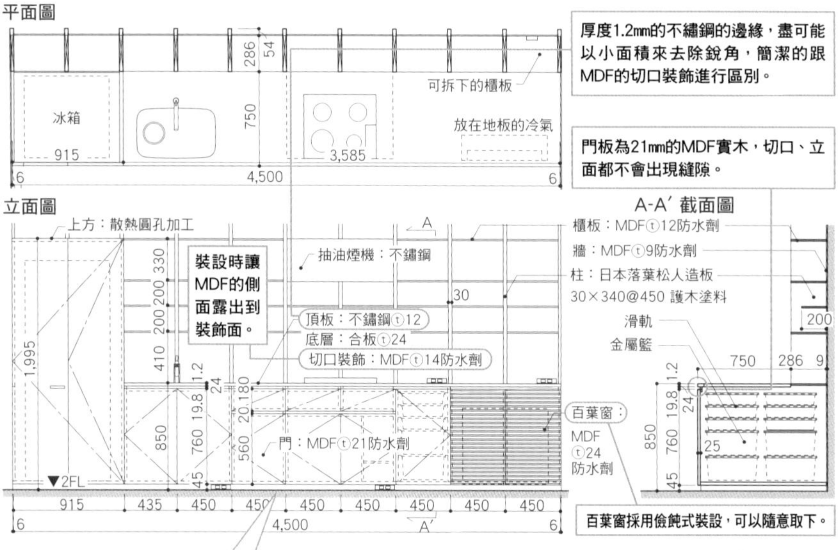
平面圖
冰箱
915
750
286
54
可拆下的櫃板
放在地板的冷氣
3,585
6
4,500
6
厚度1.2mm的不鏽鋼的邊緣，盡可能以小面積來去除銳角，簡潔的跟MDF的切口裝飾進行區別。
門板為21mm的MDF實木，切口、立面都不會出現縫隙。
立面圖
上方：散熱圓孔加工
A
抽油煙機：不鏽鋼
裝設時讓MDF的側面露出到裝飾面。
頂板：不鏽鋼ⓣ12
底層：合板ⓣ24
切口裝飾：MDFⓣ14防水劑
門：MDFⓣ21防水劑
1,995
▼2FL
915
435
450
450
450
450
450
450
450
4,500
A′
A-A′截面圖
櫃板：MDFⓣ12防水劑
牆：MDFⓣ9防水劑
柱：日本落葉松人造板
30×340@450 護木塗料
滑軌
金屬籃
750
286
9
200
百葉窗：MDF ⓣ24 防水劑
百葉窗採用鉸鏈式裝設，可以隨意取下。

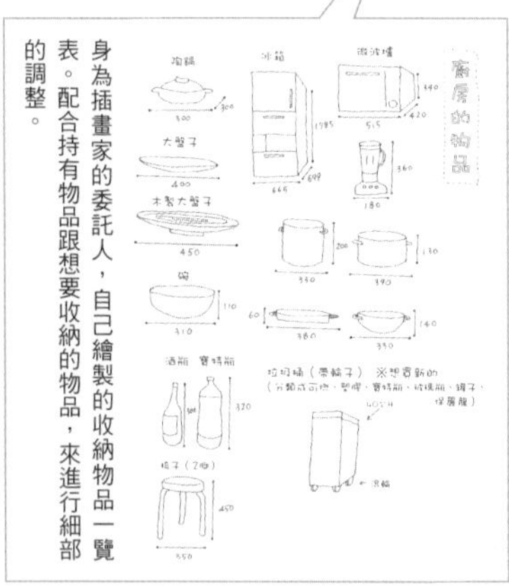
廚房的物品

身為插畫家的委託人，自己繪製的收納物品一覽表。配合持有物品跟想要收納的物品，來進行細部的調整。

將市面販賣的金屬籃裝在樹脂軌道上，往內側的方向排成2排，讓空間做有效的利用。另外會用木工修邊機，把切口面往內挖深來當作手把，讓立面沒有任何的金屬零件出現。

基於用地大小等條件的限制，必須在客廳與廚房較小的單層樓住宅同居，因此將設計上的重點放在盡可能降低「廚房的感覺」。跟一般建築一樣，在廚房設有用MDF（中密度纖維板）構成的，從冰箱到空調設備都可以收納的一連串的櫥櫃。讓廚房的存在融入生活空間的一部分，成為不會妨礙客廳休閒氣氛，有如家具一般的存在。

（原田真宏．原田麻魚）

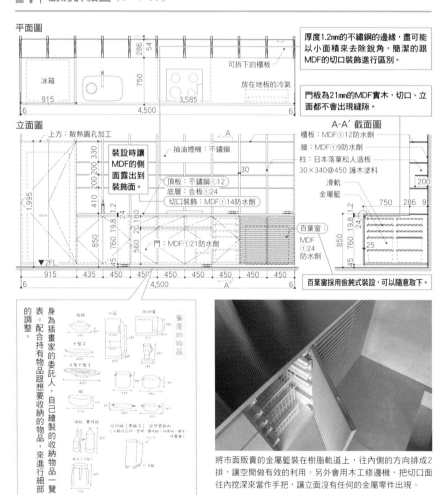

圖2｜櫃板詳細圖［S=1:10］

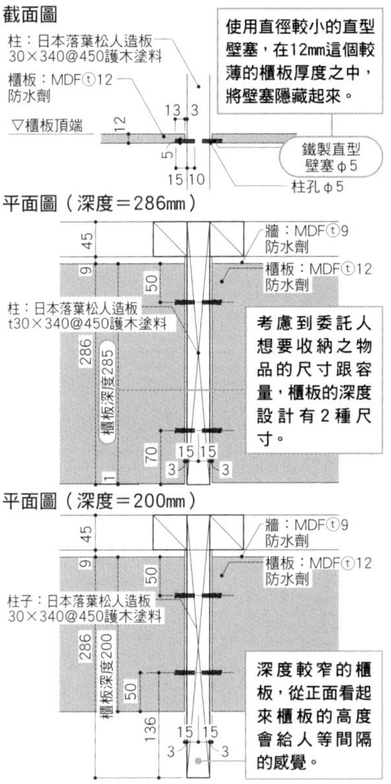

截面圖
柱：日本落葉松人造板
30×340@450護木塗料
櫃板：MDFⓣ12
防水劑
▽櫃板頂端
使用直徑較小的直型壁塞，在12mm這個較薄的櫃板厚度之中，將壁塞隱藏起來。
鐵製直型壁塞φ5
柱孔φ5
平面圖（深度＝286mm）
牆：MDFⓣ9
防水劑
櫃板：MDFⓣ12
防水劑
柱：日本落葉松人造板
t30×340@450護木塗料
櫃板深度285
考慮到委託人想要收納之物品的尺寸跟容量，櫃板的深度設計有2種尺寸。
平面圖（深度＝200mm）
牆：MDFⓣ9
防水劑
櫃板：MDFⓣ12
防水劑
柱子：日本落葉松人造板
30×340@450護木塗料
櫃板深度200
深度較窄的櫃板，從正面看起來櫃板的高度會給人等間隔的感覺。

圖3｜柱子跟樑的結合部位［S=1:20］

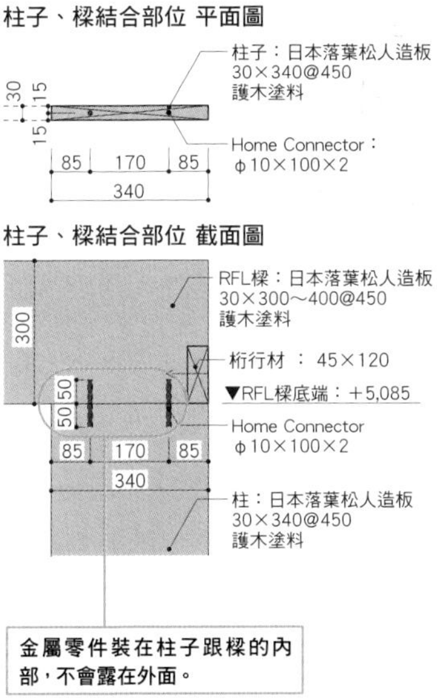

柱子、樑結合部位 平面圖
柱子：日本落葉松人造板
30×340@450
護木塗料
Home Connector：
φ10×100×2
85 170 85
340
柱子、樑結合部位 截面圖
RFL樑：日本落葉松人造板
30×300～400@450
護木塗料
桁行材：45×120
▼RFL樑底端：＋5,085
Home Connector
φ10×100×2
柱：日本落葉松人造板
30×340@450
護木塗料
金屬零件裝在柱子跟樑的內部，不會露在外面。

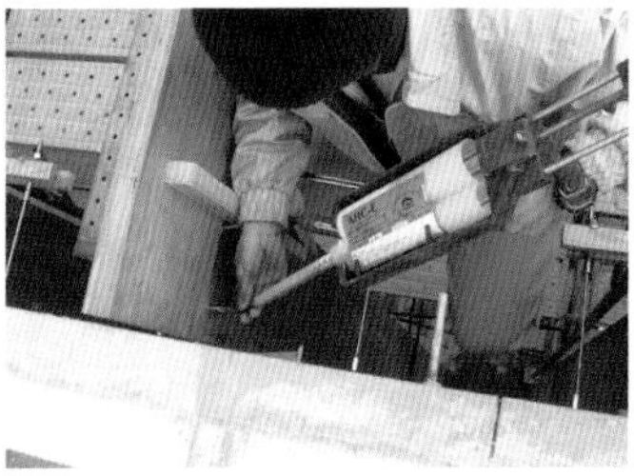

樑跟柱子的結合部位，使用中空式金屬零件的Home Connector（簡稱HC）跟接著劑，採用金屬零件不會露出的HC工法（上方照片）。

〔施工工程〕

1. 在柱子、樑的結合面設置插入HD用的開孔，把HC裝到內部。
2. 讓柱子、樑的結合。
3. 使用專用的注射器，透過細管從柱子側面的注射孔，來將接著劑注入（下方照片）。
4. 最後在注射孔埋上跟柱子同樣材質的木栓，施工便告結束。

刻意在「小型建築」之中創造出「較小的尺度」

建築之結構體的日本落葉松人造板，厚度為30mm，以450mm的間隔排列，就家具來說，以比較小的尺度來進行調整。這是為了將建築整合成「與規模相符合的存在」，讓「小」這個負面的印象，轉換成「親密度」這種正面的感觸。同時也將一般會成為剩餘空間的柱子之間的部分，當作收納來活用。廚房、客廳、寢室、書房等各個場所也都擁有收納的機能，讓有限的室內空間盡可能的得到活用。

跟廚房相反方向的客廳牆面收納，收納物品不同，展現出來的表情也不一樣。

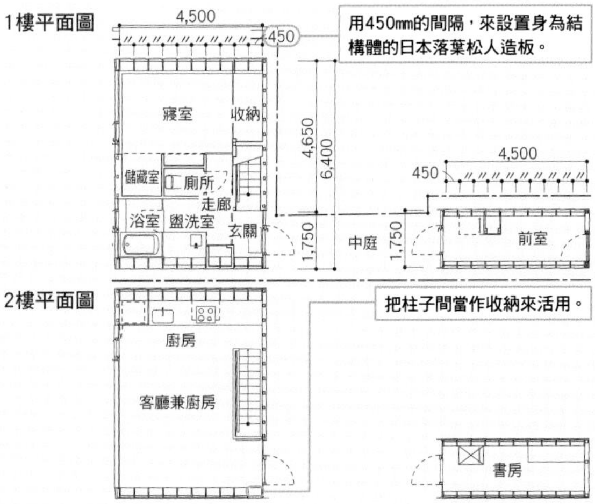

1樓平面圖
4,500
450
用450mm的間隔，來設置身為結構體的日本落葉松人造板。
寢室
收納
儲藏室
廁所
走廊
浴室
盥洗室
玄關
4,650
6,400
1,750
中庭
1,750
4,500
450
前室
2樓平面圖
把柱子間當作收納來活用。
廚房
客廳兼廚房
書房

照片（94頁上方）：小川重雄

利用結構柱的2層樓透天的牆面書櫃

往外延伸至道路邊緣，鋪設鐵板的5.5×6.7公尺的建築立面。活用這份往外推出去的空間，在建築內側佈置整面的書架。抗風壓的鋼架在室內裸露，利用這點來插上木製櫃板，固定之後在前方裝上實木的正面條板，形成水平延伸出去的線條。除了書本之外，還可以放置裝框的紀念品、古董、搜集品等等，對這個家來說具有意義的物品都集中在此。〔津野惠美子〕

圖1｜書櫃截面圖［S=1:50］

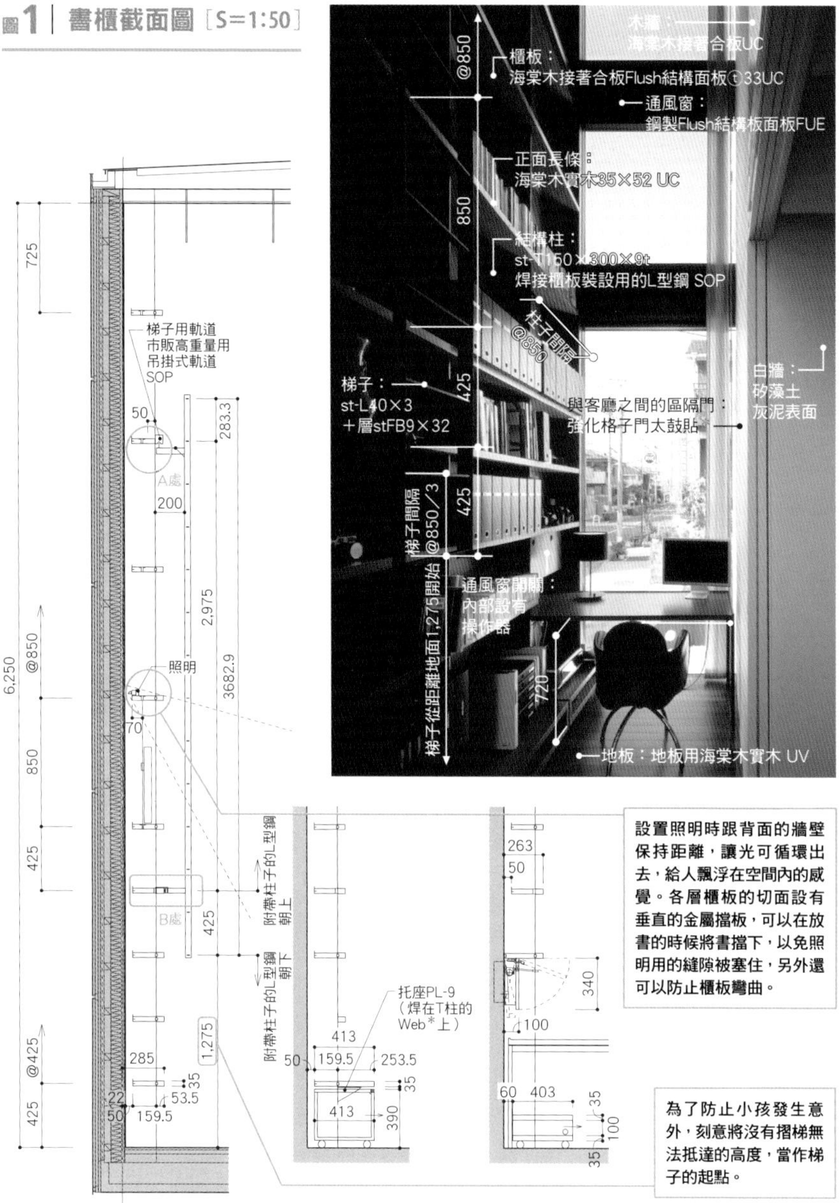

木牆：海棠木接著合板UC
櫃板：海棠木接著合板Flush結構面板㋣33UC
通風窗：鋼製Flush結構板面板FUE
正面長條：海棠木實木35×52 UC
結構柱：st-T150×300×9t 焊接櫃板裝設用的L型鋼 SOP
柱子間隔@850
梯子：st-L40×3 ＋層stFB9×32
與客廳之間的區隔門：強化格子門太鼓貼
白牆：矽藻土灰泥表面
梯子間隔@850／3
梯子從距離地面1,275開始
通風窗開關：內部設有操作器
地板：地板用海棠木實木 UV
梯子用軌道 市販高重量用吊掛式軌道 SOP
A處
B處
照明
附帶柱子的L型鋼朝上
附帶柱子的L型鋼朝下
托座PL-9（焊在T柱的Web＊上）
6,250
725
@850
850
425
@425
2,975
3682.9
283.3
1,275

設置照明時跟背面的牆壁保持距離，讓光可循環出去，給人飄浮在空間內的感覺。各層櫃板的切面設有垂直的金屬擋板，可以在放書的時候將書擋下，以免照明用的縫隙被塞住，另外還可以防止櫃板彎曲。

為了防止小孩發生意外，刻意將沒有摺梯無法抵達的高度，當作梯子的起點。

圖2｜櫃子裝設部位詳細圖

A處詳細圖〔S=1：8〕

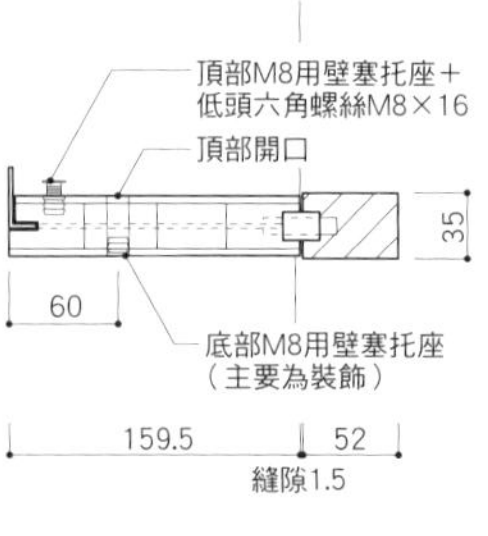

頂部M8用壁塞托座＋低頭六角螺絲M8×16
頂部開口
底部M8用壁塞托座（主要為裝飾）
60
35
159.5
52
縫隙1.5

上層的櫃板間隔較大，可以用來擺設展示物品。為了用瀟灑的方式裝設金屬吊繩，用已經存在的壁塞托座來裝上吊繩掛勾。

B處詳細圖〔S=1：8〕

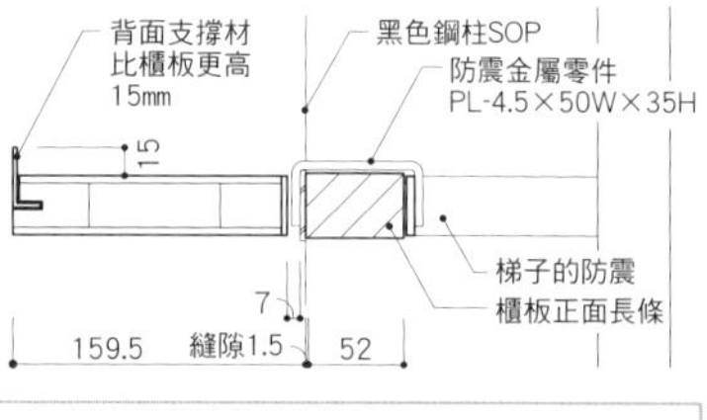

背面支撐材比櫃板更高15mm
黑色鋼柱SOP
防震金屬零件PL-4.5×50W×35H
梯子的防震
櫃板正面長條
15
7
159.5
縫隙1.5
52

為了在使用的時候不會晃動，用梯子的防震材跟櫃板的正面長條夾起來固定的ㄈ字型金屬零件。

＊Web：T型鋼或I型鋼的垂直部分。
＊太鼓貼：格子門窗的正面跟反面都貼上紙，讓內部成為中空。

圖3｜書櫃立面圖〔S=1:120〕

從1樓正面拍攝。右方內側的空間是設有桌子的書房。

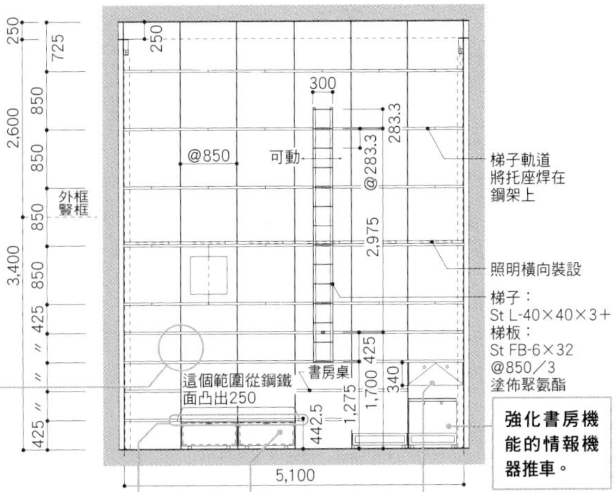

250
725
850
2,600
850
850
外框
豎框
3,400
850
425
〃
〃
425
〃
〃
425
250
300
@850
可動
@283.3
283.3
2,975
這個範圍從鋼鐵面凸出250
書房桌
425
1,275
1,700
340
442.5
5,100
梯子軌道
將托座焊在鋼架上
照明橫向裝設
梯子：
St L-40×40×3＋
梯板：
St FB-6×32
@850／3
塗佈聚氨酯

強化書房機能的情報機器推車。

可以當作讀書用的板凳，也可以當作小孩畫圖的桌子，深度485mm的櫃子。

為了輕鬆收拾散亂的物品，用跟書櫃同樣的材料，製作上開式的收納用推車。

為書桌正面的通風窗設置開合用的操作裝置。跟裝飾面板化為一體。

部分詳細圖〔S=1：10〕

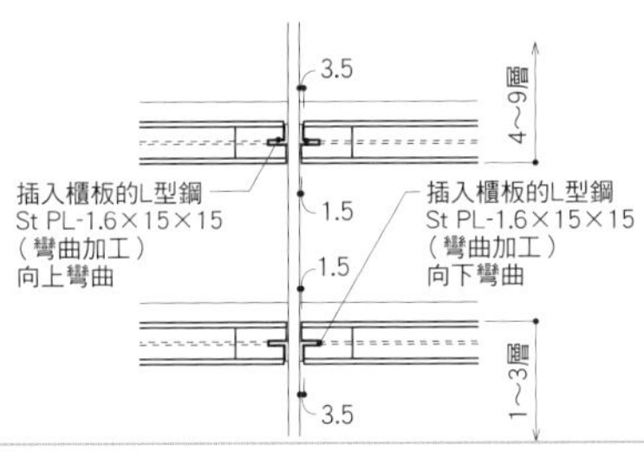

3.5
4～9層
插入櫃板的L型鋼
St PL-1.6×15×15
（彎曲加工）
向上彎曲
1.5
插入櫃板的L型鋼
St PL-1.6×15×15
（彎曲加工）
向下彎曲
1.5
1～3層
3.5

將木製的櫃板，插到焊在鋼柱上的L型鋼。為了不讓櫃板跟柱子之間，金屬零件的厚度所形成的縫隙被人看到，配合視線的高度來改變裝設方向。

圖4｜書櫃各層的平面圖〔S=1:80〕

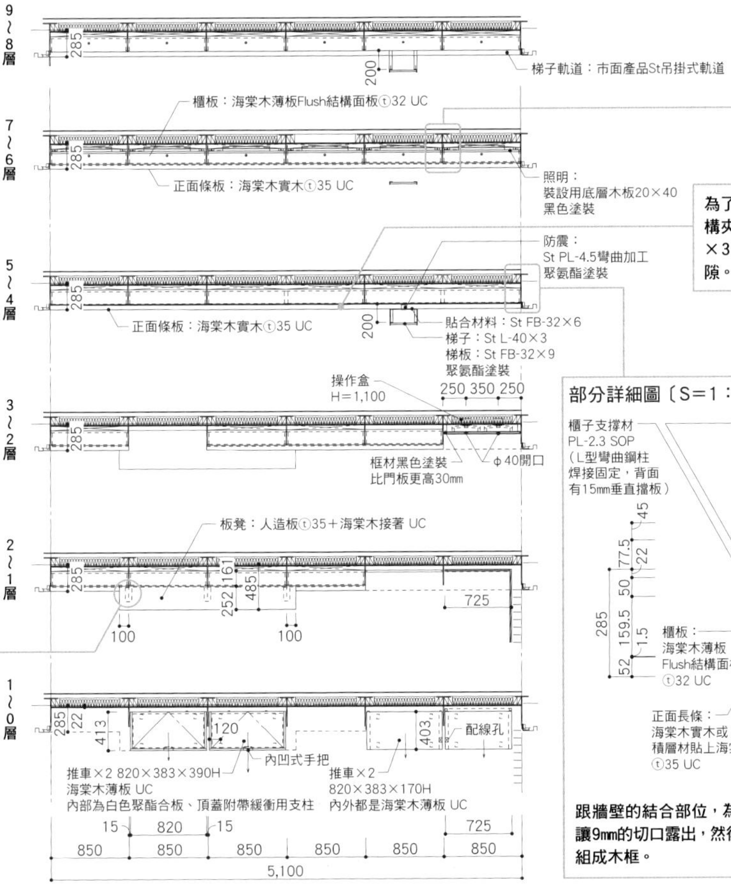

9～8層
285
200
梯子軌道：市面產品St吊掛式軌道
櫃板：海棠木薄板Flush結構面板ⓣ32 UC
7～6層
285
正面條板：海棠木實木ⓣ35 UC
照明：
裝設用底層木板20×40
黑色塗裝
防震：
St PL-4.5彎曲加工
聚氨酯塗裝
5～4層
285
正面條板：海棠木實木ⓣ35 UC
200
貼合材料：St FB-32×6
梯子：St L-40×3
梯板：St FB-32×9
聚氨酯塗裝
操作盒
H=1,100
250 350 250
3～2層
285
框材黑色塗裝
比門板更高30mm
φ40開口
板凳：人造板ⓣ35＋海棠木接著 UC
2～1層
285
161
485
252
725
100
100
1～0層
285
22
413
120
403
配線孔
內凹式手把
推車×2 820×383×390H
海棠木薄板 UC
內部為白色聚酯合板、頂蓋附帶緩衝用支柱
推車×2
820×383×170H
內外都是海棠木薄板 UC
15
820
15
725
850
850
850
850
850
850
5,100

將L型鋼焊接到鋼架上，然後插上櫃板。

為了讓正面條板將梯子的防震結構夾住，在柱子焊接有St FB-38×3，跟櫃板之間維持5mm的縫隙。

板凳是用焊在鋼架上的托座來支撐。

部分詳細圖〔S=1：20〕

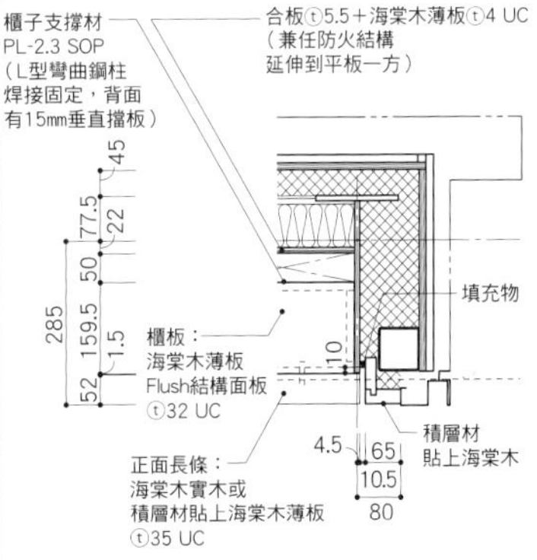

櫃子支撐材
PL-2.3 SOP
（L型彎曲鋼柱
焊接固定，背面
有15mm垂直擋板）
合板ⓣ5.5＋海棠木薄板ⓣ4 UC
（兼任防火結構
延伸到平板一方）
45
77.5
22
50
285
159.5
1.5
52
填充物
櫃板：
海棠木薄板
Flush結構面板
ⓣ32 UC
10
正面長條：
海棠木實木或
積層材貼上海棠木薄板
ⓣ35 UC
4.5
65
10.5
80
積層材
貼上海棠木

跟牆壁的結合部位，為了強調結構柱的連續性，先讓9mm的切口露出，然後用填充物把邊緣蓋住之後再組成木框。

照片：西川公朗

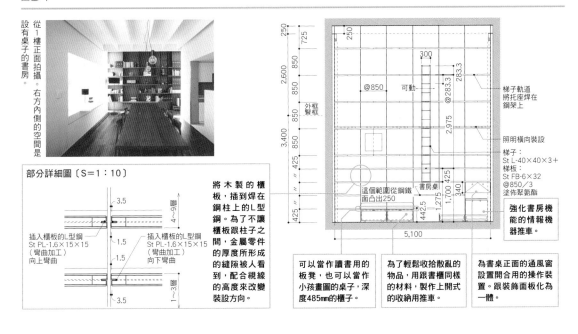

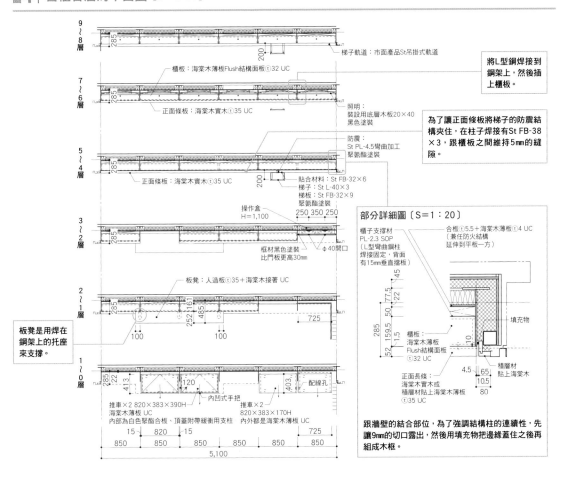

與開口處線條湊齊的牆面收納

將冷氣裝到百葉窗板的內側來讓存在感消失，並將收納下方跟窗戶的線條湊齊，以連續性的牆面來呈現外表。在製作牆面的收納時，重點是施工順序跟設備收進去的感覺。此處先將配管作業完成，然後從設備空間的那邊來擺設家具。兩端在施工的時候留有多餘的縫隙，會用金屬零件跟切口用膠帶等，最後的表面加工來進行調整。〔松山將勝〕

圖1 | 牆面收納A-A′截面圖［S=1:50］

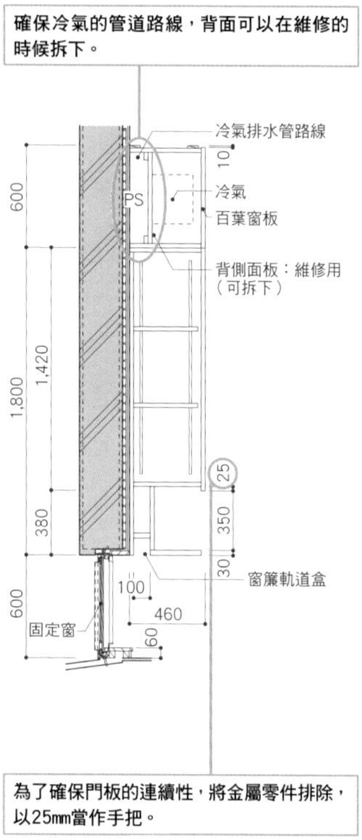
確保冷氣的管道路線，背面可以在維修的時候拆下。
冷氣排水管路線
PS
冷氣
百葉窗板
背側面板：維修用（可拆下）
窗簾軌道盒
固定窗
600
1,800
1,420
380
600
10
25
350
30
100
460
60
為了確保門板的連續性，將金屬零件排除，以25mm當作手把。

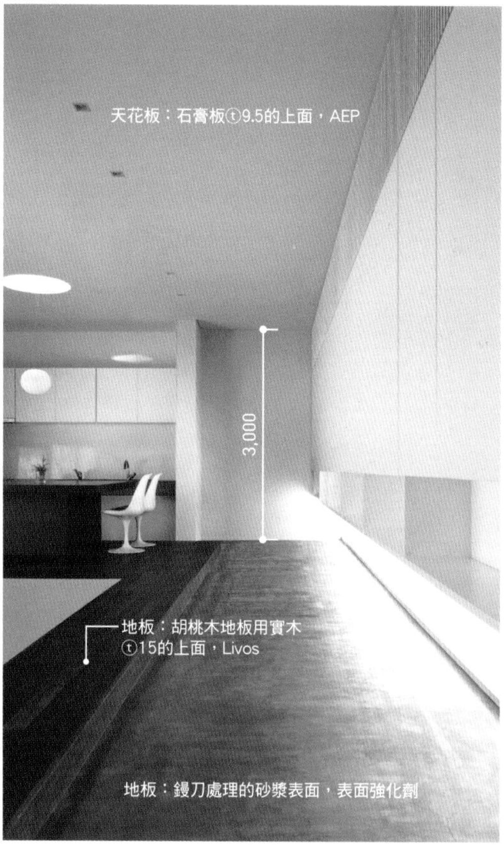
天花板：石膏板ⓣ9.5的上面，AEP
3,000
地板：胡桃木地板用實木ⓣ15的上面，Livos
地板：鏝刀處理的砂漿表面，表面強化劑

圖2 | 牆面收納展開圖［S=1:80］

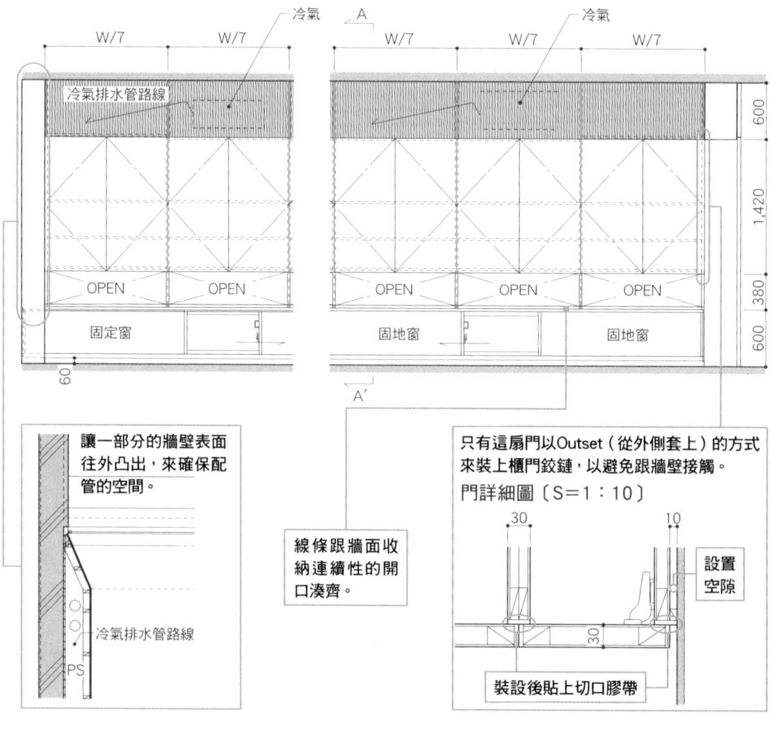
冷氣
A
W/7
冷氣排水管路線
OPEN
固定窗
固地窗
600
1,420
380
60
A′
讓一部分的牆壁表面往外凸出，來確保配管的空間。
冷氣排水管路線
PS
線條跟牆面收納連續性的開口湊齊。
只有這扇門以Outset（從外側套上）的方式來裝上櫃門鉸鏈，以避免跟牆壁接觸。
門詳細圖〔S=1：10〕
30
10
設置空隙
裝設後貼上切口膠帶

照片：石井紀久

開放式廚房的背面收納與裝飾窗

天花板：石膏板ⓣ9.5EP
落地燈
抽油煙機：不鏽鋼ⓣ1.5彎曲加工
牆：石膏板ⓣ12.5 EP
拉門軌道
850
和紙面板
850
850
石膏板：ⓣ12.5EP
850
餐桌：海棠木材+SUS
地板：地板用海棠木實木ⓣ15
塗佈亞麻仁油

圖1｜廚房背面收納立面圖、截面圖〔S=1:100〕

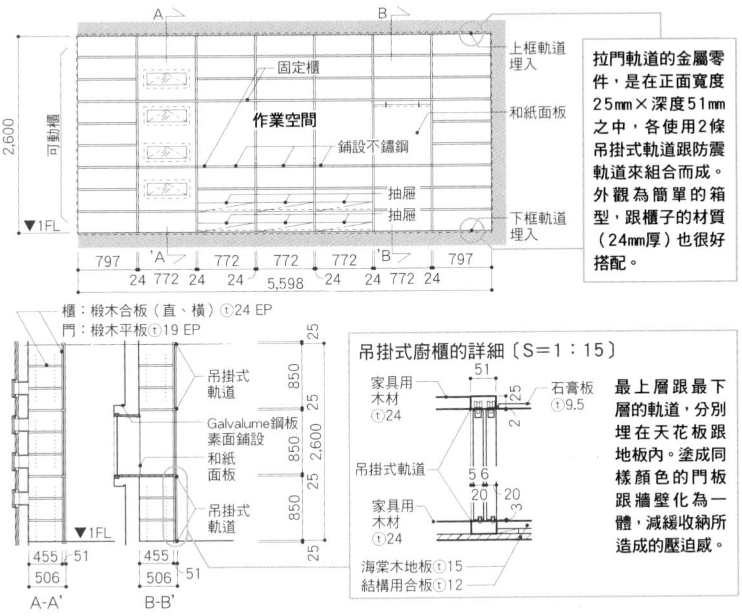

固定櫃
作業空間
鋪設不鏽鋼
抽屜
抽屜
上框軌道埋入
和紙面板
下框軌道埋入
可動櫃
2,600
▼1FL
797
772
772
772
797
24 772 24
24
5,598
24
24 772 24
拉門軌道的金屬零件，是在正面寬度25mm×深度51mm之中，各使用2條吊掛式軌道跟防震軌道來組合而成。外觀為簡單的箱型，跟櫃子的材質（24mm厚）也很好搭配。
櫃：椴木合板（直、橫）ⓣ24 EP
門：椴木平板ⓣ19 EP
吊掛式軌道
Galvalume鋼板素面鋪設
和紙面板
吊掛式軌道
▼1FL
455
51
506
455
506
51
A-A'
B-B'
25
850
25
850
2,600
25
850
25
吊掛式廚櫃的詳細〔S=1：15〕
家具用木材ⓣ24
石膏板ⓣ9.5
吊掛式軌道
家具用木材ⓣ24
海棠木地板ⓣ15
結構用合板ⓣ12
最上層跟最下層的軌道，分別埋在天花板跟地板內。塗成同樣顏色的門板跟牆壁化為一體，減緩收納所造成的壓迫感。

圖2｜和紙面板詳細圖〔S=1:50〕

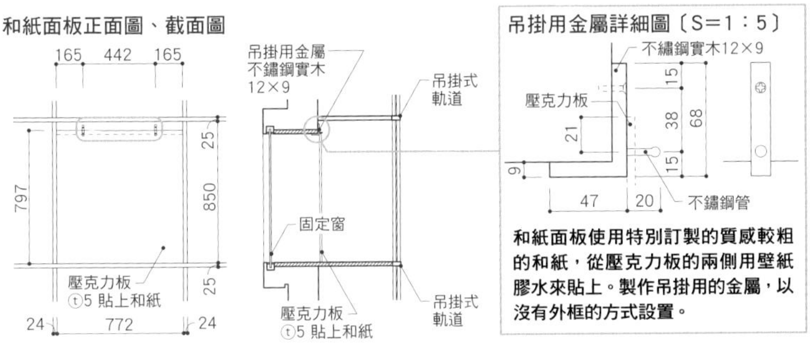

和紙面板正面圖、截面圖
165 442 165
797
25
850
25
壓克力板ⓣ5 貼上和紙
24
772
24
吊掛用金屬不鏽鋼實木12×9
吊掛式軌道
固定窗
壓克力板ⓣ5 貼上和紙
吊掛式軌道
吊掛用金屬詳細圖〔S=1：5〕
不鏽鋼實木12×9
壓克力板
不鏽鋼管
47
20
15
38
68
15
21
9
和紙面板使用特別訂製的質感較粗的和紙，從壓克力板的兩側用壁紙膠水來貼上。製作吊掛用的金屬，以沒有外框的方式設置。

設計對面式廚房的時候，為了提高一體感，大多不會裝設吊掛式的收納空間，以現場打造的方式在廚房背面製作牆面收納，以免機能性受損。在此讓交叉狀的門板，跟牆壁一樣塗成白跟銀的2種顏色，藉此跟廚房的牆面取得均衡性。收納的內部設有補助性的作業台，也有和紙面板所形成的裝飾窗，讓廚房得到多元性的機能。〔宮原輝夫〕

把客廳與飯廳之空間連繫在一起的收納家具

木造2樓的獨棟住宅，在2樓利用錯層來形成單層的構造，設計成寬廣的帶狀空間。沿著錯層結構所設置的箱型收納，會配合現場的氣氛將空間連繫在一起，讓帶狀的空間得到連續性跟流動性。

〔甲村健一〕

天花板：石膏板ⓣ9.5的上面，貼上塑膠壁紙
3,650
550
650
地板：300
5,200
450
200
櫃台門：聚酯合板（棕色）
櫃台桌頂板：蜜胺化妝板（棕色）
地板整體為錯層的構造，讓人有可能以從下往上的角度來看收納，因此櫃台收納的底板跟頂板使用共通的材質。
地板：櫟木地板ⓣ14
轉角使用框角固定工法

圖1｜客廳、飯廳展開圖〔S=1:100〕

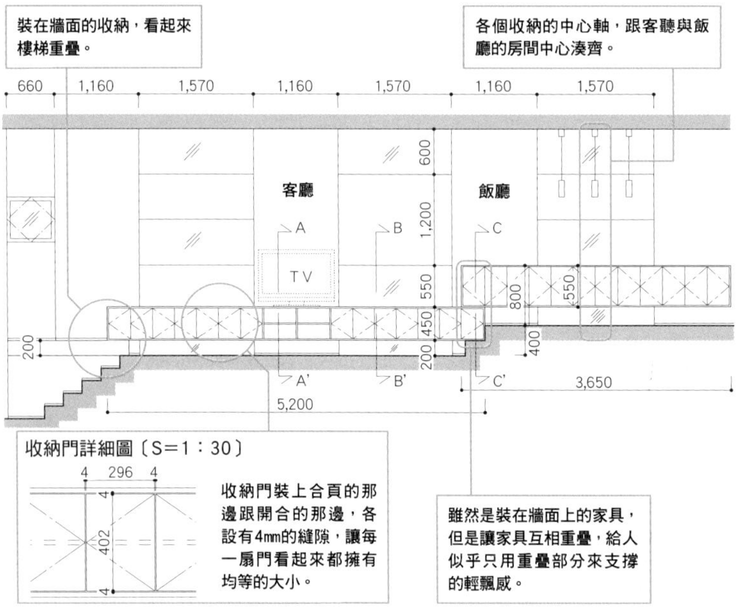

裝在牆面的收納，看起來樓梯重疊。
各個收納的中心軸，跟客廳與飯廳的房間中心湊齊。
660
1,160
1,570
1,160
1,570
1,160
1,570
600
客廳
飯廳
A
B
C
1,200
TV
550
800
550
450
400
200
200
A'
B'
C'
3,650
5,200
收納門詳細圖〔S=1：30〕
4
296
4
402
收納門裝上合頁的那邊跟開合的那邊，各設有4mm的縫隙，讓每一扇門看起來都擁有均等的大小。
雖然是裝在牆面上的家具，但是讓家具互相重疊，給人似乎只用重疊部分來支撐的輕飄感。

圖2 | 壁面收納截面圖［S=1:25］

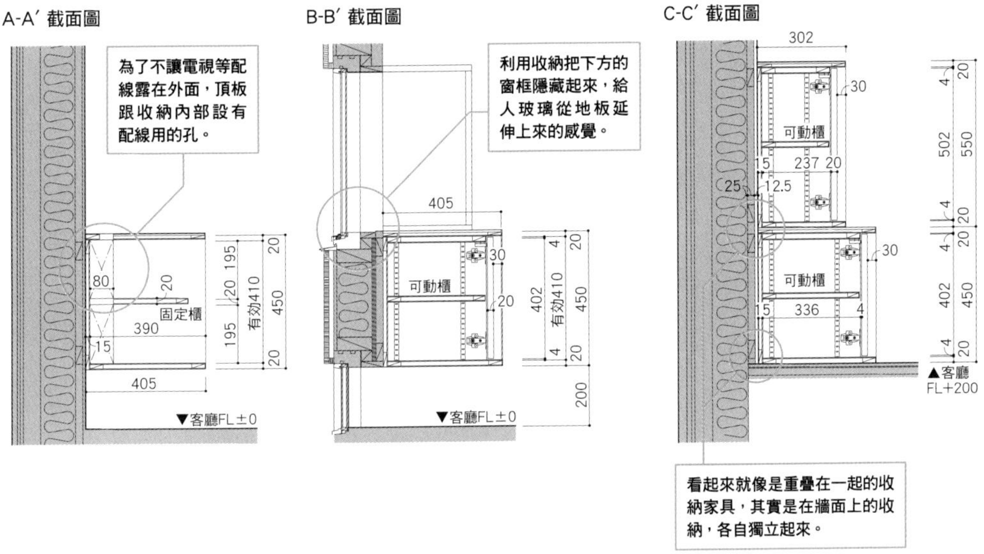
A-A′ 截面圖
為了不讓電視等配線露在外面，頂板跟收納內部設有配線用的孔。
固定櫃
有效410
▼客廳FL±0
B-B′ 截面圖
利用收納把下方的窗框隱藏起來，給人玻璃從地板延伸上來的感覺。
可動櫃
有効410
▼客廳FL±0
C-C′ 截面圖
可動櫃
可動櫃
▲客廳 FL+200
看起來就像是重疊在一起的收納家具，其實是在牆面上的收納，各自獨立起來。

將視線誘導至室外

客廳的電視架兼收納跟樓梯間與飯廳相連、飯廳的收納家具跟飯廳與廚房相連。另外在各個空間內，會配合視線的高度來擺設家具，將視線導引至室外。因此不光是室內的連續性，也讓室內跟室外得到連續的感覺。來自背後開口的光線，讓收納得到飄浮的感覺，更進一步提高對於室外的開放性。收納背後的窗框，看起來就像是越過收納的大型開口。

2樓客廳、飯廳、廚房　軸測圖

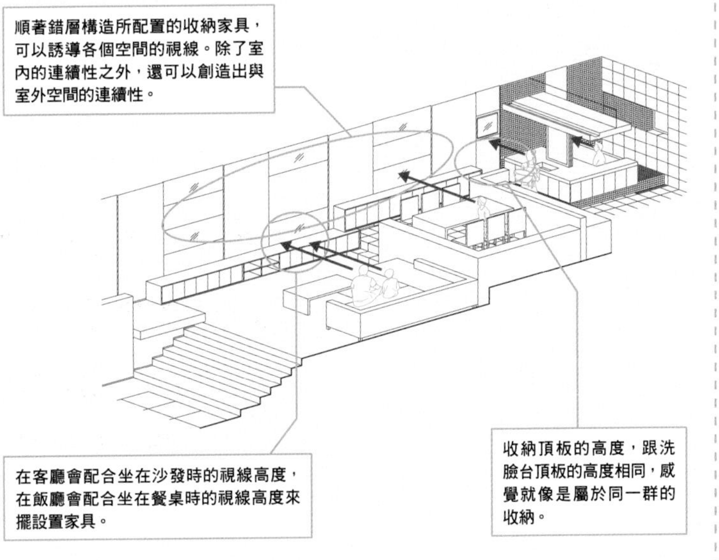
順著錯層構造所配置的收納家具，可以誘導各個空間的視線。除了室內的連續性之外，還可以創造出與室外空間的連續性。
在客廳會配合坐在沙發時的視線高度，在飯廳會配合坐在餐桌時的視線高度來擺設置家具。
收納頂板的高度，跟洗臉台頂板的高度相同，感覺就像是屬於同一群的收納。

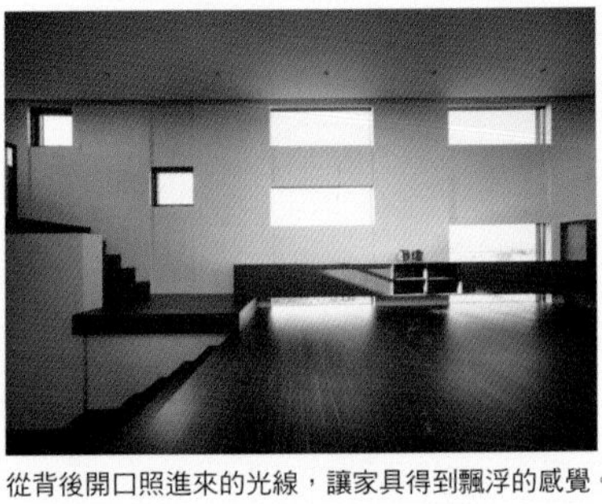

從背後開口照進來的光線，讓家具得到飄浮的感覺。

跟窗台化為一體的櫃台跟板凳

小孩的房間並非只是單純用來就寢的空間，希望是圖書室、也可以是客廳，經過討論之後，決定追加「長板凳」跟「讀書桌」。不希望變得像山中小屋那樣，於是追求精簡的造型跟機能性，採用跟窗戶化為一體的設計。跟窗台（外框）連繫在一起的櫃台桌、板凳的背板等等，工程定位在現場打造跟家具製造這兩者之間。〔橫河健〕

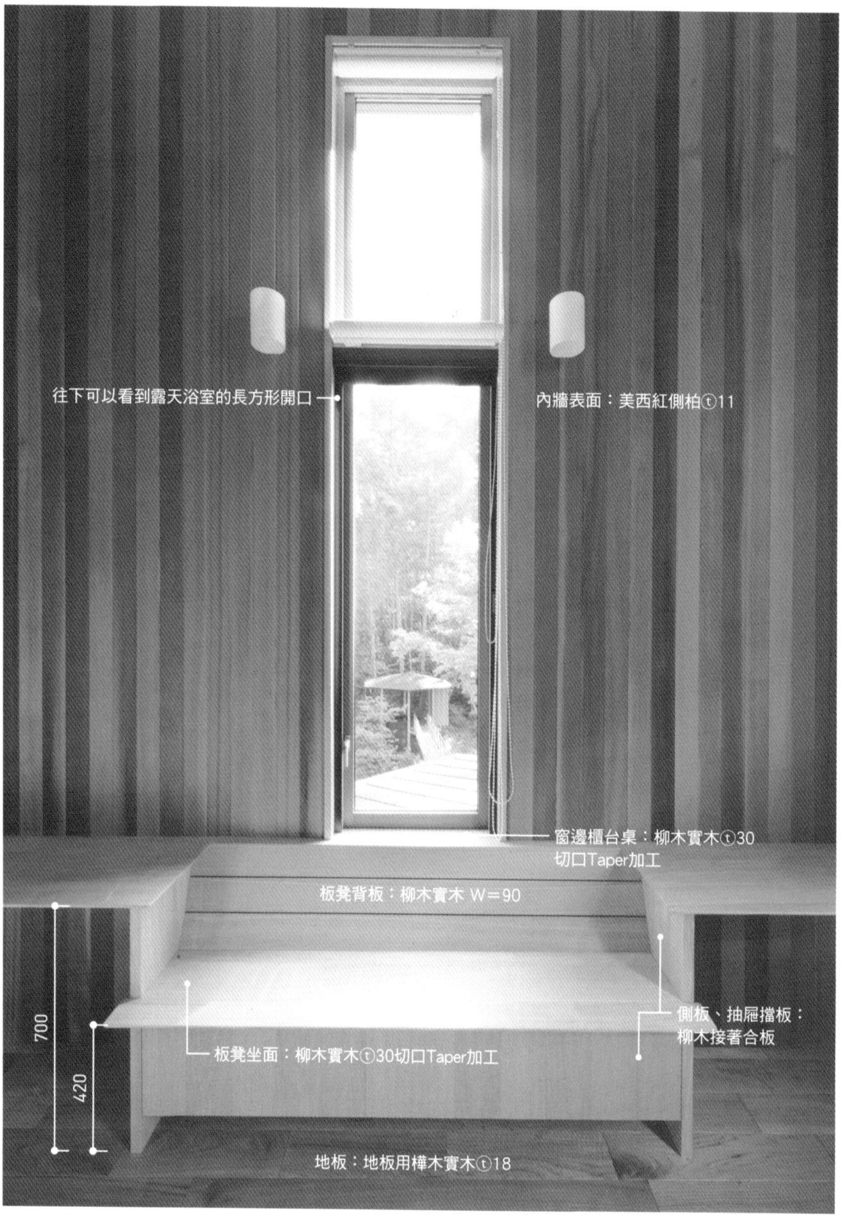
往下可以看到露天浴室的長方形開口
內牆表面：美西紅側柏ⓣ11
窗邊櫃台桌：柳木實木ⓣ30
切口Taper加工
板凳背板：柳木實木 W=90
側板、抽屜擋板：
柳木接著合板
700
420
板凳坐面：柳木實木ⓣ30切口Taper加工
地板：地板用樺木實木ⓣ18

圖1 | 板凳、櫃台桌展開圖［S=1:80］

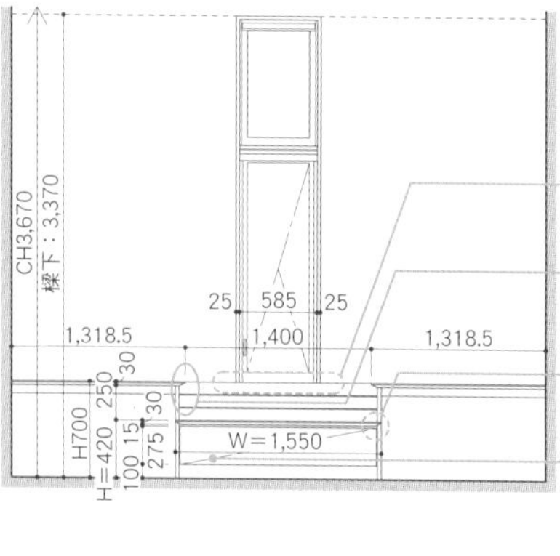
CH3,670
棟下：3,370
25
585
25
1,318.5
1,400
1,318.5
30
250
30
H700
H=420
100
15
275
W=1,550

為了盡可能的讓窗邊櫃台桌／板凳化為一體，採用螺絲不會被看到的裝設手法。設計師跟師傅在現場提出各自的創意，是確保品質的重點。

窗邊櫃台（外框＋櫃台桌）以化為一體的方式製作，插進側板基座跟牆壁的縫隙內。

讓坐面傾斜，將板凳的背板（3片一體）鑲上來插入，用螺絲將背板凹陷的縫隙固定到底層上。

把坐面裝到板凳的底層。將背板裝到設置用的底層上。

坐面下方裝上抽屜。

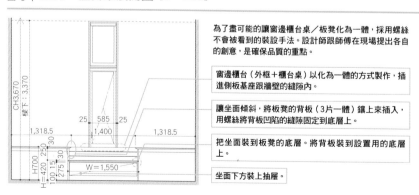

圖2｜板凳、櫃台桌俯視圖、截面圖［S=1:25］

俯視圖

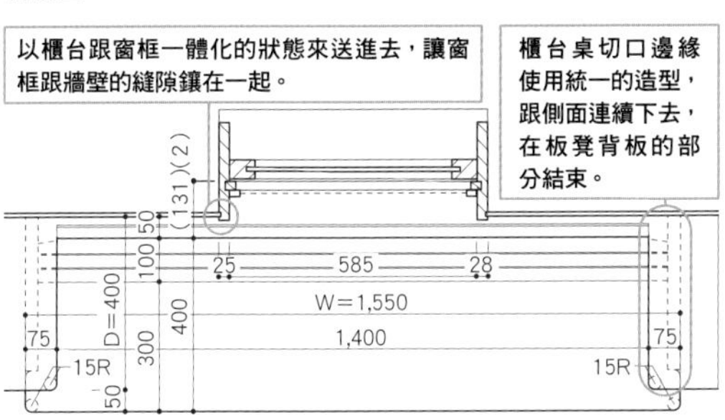

以櫃台跟窗框一體化的狀態來送進去，讓窗框跟牆壁的縫隙鑲在一起。
櫃台桌切口邊緣使用統一的造型，跟側面連續下去，在板凳背板的部分結束。
(131)(2)
50
100
25
585
28
W=1,550
D=400
400
1,400
75
75
300
15R
15R
50

截面圖

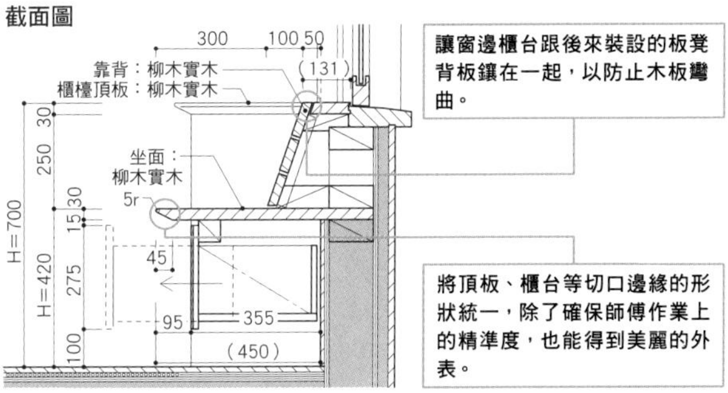

300
100 50
靠背：柳木實木
櫃檯頂板：柳木實木
(131)
讓窗邊櫃台跟後來裝設的板凳背板鑲在一起，以防止木板彎曲。
30
250
H=700
坐面：柳木實木
5r
30
15
45
275
H=420
95
355
100
(450)
將頂板、櫃台等切口邊緣的形狀統一，除了確保師傅作業上的精準度，也能得到美麗的外表。

以家具來構成的小孩房

這份案例的用地，有著很好的「起伏」。起伏並不只是斜坡地高低差的變化。用地深處像小溪的殘影一般，有著小小的水路，跟前方的寬敞形成對比，讓人體會到往內延伸的感覺。筆者在實際開始設計、前往預定地觀察的時候，總是會先找出這份用地內，自己最想逗留的位置。這份用地，與其從高處往下瞭望，不如從低處的位置看出去，比較能用水平的視線來享受充分的自然，另外還可以提供都市內很難體驗到的，舒適的寬敞跟距離感。

要在起伏的用地內從較低的位置進行瞭望，那屋簷則必須又薄又長，平坦的平房構造最為合適。另一方面，小孩跟家長一起生活的空間，以及只屬於孩子們的場所，是否可以擁有不同的空間性特徵？樂趣較多的別墅生活，特別會給人這種感覺。也就是說，對孩子們而言寢室不光只是就寢的空間，也是充滿樂趣的場所、具有豐富想像力跟夢想的空間。因此希望可以在塔一般的建築內部，創造出讓夢想天馬行空的房間（圖1）。

為了實現這點，沒有採用只是被單純區隔出來的房間。就算面積不大，還是在天花板較高的室內加裝了連續性的書櫃、床、板凳、櫃台桌等要素（圖2）。

這份空間實現了建築就是家具、家具就是建築的一體性結構。別墅的小孩房並非只是住宅的單一房間，而是可以留在記憶之中的場所。想到這點的時候，很自然的就決定要使用這種被家具所包圍的空間。

現場打造的床鋪使用獨自的金屬零件。

圖1｜截面圖［S=1:180］

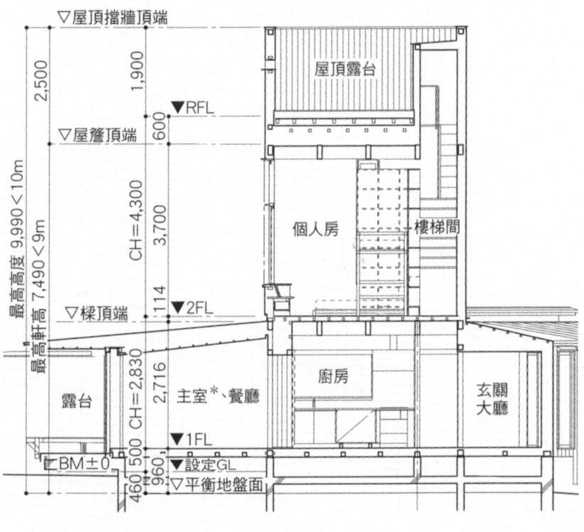

▽屋頂擋牆頂端
2,500
1,900
屋頂露台
▼RFL
▽屋簷頂端
600
最高高度 9,990＜10m
最高軒高 7,490＜9m
CH=4,300
3,700
個人房
樓梯間
▽樑頂端
114
▼2FL
露台
CH=2,830
2,716
主室*、餐廳
廚房
玄關大廳
▼1FL
▽BM±0
500
960
▼設定GL
460
▽平衡地盤面

圖2｜2樓平面圖［S=1:125］

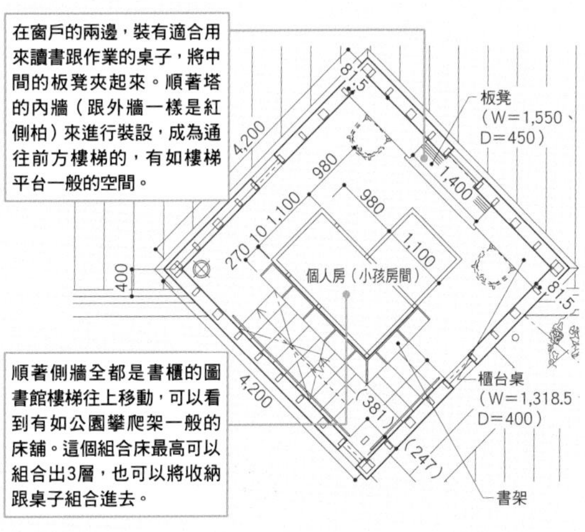

在窗戶的兩邊，裝有適合用來讀書跟作業的桌子，將中間的板凳夾起來。順著塔的內牆（跟外牆一樣是紅側柏）來進行裝設，成為通往前方樓梯的，有如樓梯平台一般的空間。
81.5
板凳
（W=1,550、D=450）
4,200
1,400
980
980
270 10 1,100
1,100
400
個人房（小孩房間）
81.5
順著側牆全都是書櫃的圖書館樓梯往上移動，可以看到有如公園攀爬架一般的床鋪。這個組合床最高可以組合出3層，也可以將收納跟桌子組合進去。
4,200
櫃台桌
（W=1,318.5
D=400）
(381)
(247)
書架

＊主室：主要生活空間。
照片：新建築社寫真部

將地板、桌子、收納的材質湊齊來得到統一感

把書房用的空間，設計成也能用來進行洗衣作業的場所。跟露台相連的桌子兼具錯層一般的結構性機能，依照需求可以當作地板來使用，讓單一的設計對應複數的用途。另外，材質跟所有的細節，都考慮到如何讓人專心集中在作業上面。〔竹內嚴〕

圖1｜書房平面圖〔S=1:100〕

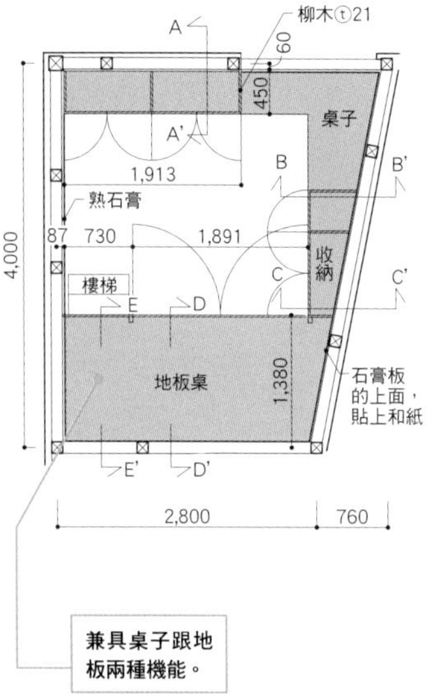

柳木ⓣ21
60
450
桌子
A
A'
1,913
B
B'
熟石膏
87 730
1,891
收納
C
C'
4,000
樓梯
E
D
地板桌
1,380
石膏板的上面，貼上和紙
E'
D'
2,800
760
兼具桌子跟地板兩種機能。

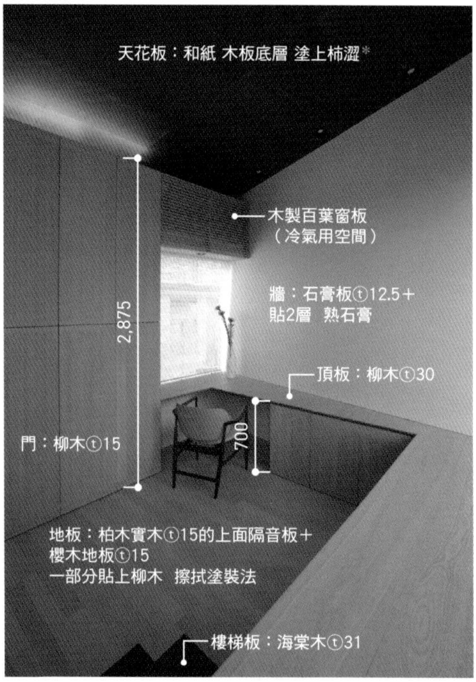

天花板：和紙 木板底層 塗上柿澀*
木製百葉窗板（冷氣用空間）
2,875
牆：石膏板ⓣ12.5＋貼2層 熟石膏
頂板：柳木ⓣ30
700
門：柳木ⓣ15
地板：柏木實木ⓣ15的上面隔音板＋櫻木地板ⓣ15
一部分貼上柳木 擦拭塗裝法
樓梯板：海棠木ⓣ31

圖2｜書櫃A-A'截面圖〔S=1:80〕

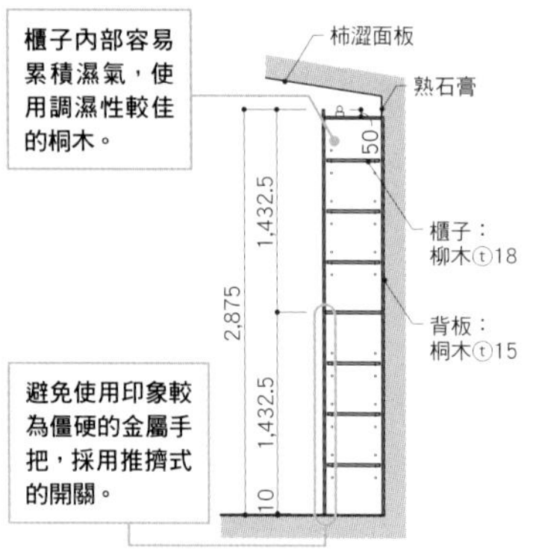

櫃子內部容易累積濕氣，使用調濕性較佳的桐木。
柿澀面板
熟石膏
50
1,432.5
2,875
1,432.5
10
櫃子：柳木ⓣ18
背板：桐木ⓣ15
避免使用印象較為僵硬的金屬手把，採用推擠式的開關。

圖3｜書櫃展開圖〔S=1:80〕

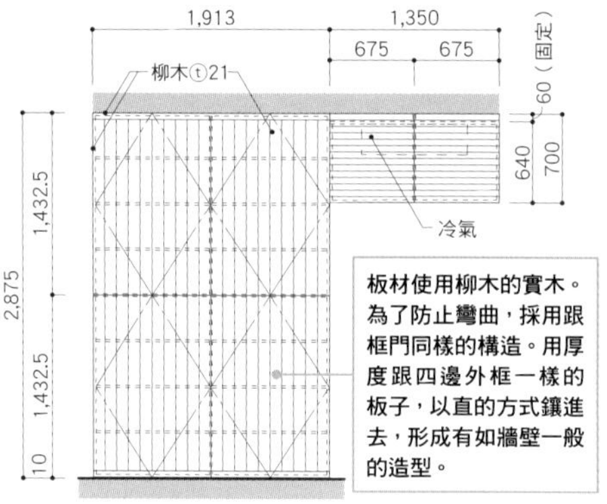

1,913
1,350
675
675
60（固定）
柳木ⓣ21
640
700
冷氣
1,432.5
2,875
1,432.5
10
板材使用柳木的實木。為了防止彎曲，採用跟框門同樣的構造。用厚度跟四邊外框一樣的板子，以直的方式鑲進去，形成有如牆壁一般的造型。

圖4｜冷氣的空間　裝設詳細

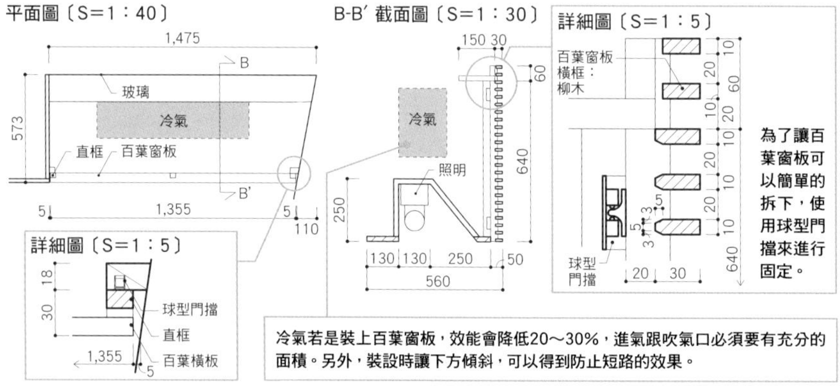

平面圖〔S=1：40〕
1,475
B
玻璃
573
冷氣
直框
百葉窗板
B'
5
1,355
5
110
詳細圖〔S=1：5〕
18
30
球型門擋
直框
1,355
百葉橫板
5
B-B' 截面圖〔S=1：30〕
150 30
60
冷氣
照明
640
250
130
130
250
50
560
詳細圖〔S=1：5〕
百葉窗板橫框：柳木
10
20
60
10
20
10
20
10
20
10
640
5
3
5
3
球型門擋
20
30
為了讓百葉窗板可以簡單的拆下，使用球型門擋來進行固定。
冷氣若是裝上百葉窗板，效能會降低20～30%，進氣跟吹氣口必須要有充分的面積。另外，裝設時讓下方傾斜，可以得到防止短路的效果。

＊柿澀：將澀柿未成熟的果實粉碎，讓擠出來的汁液發酵、成熟之後的紅褐色液體。

圖5｜收納展開、截面圖［S=1:50］

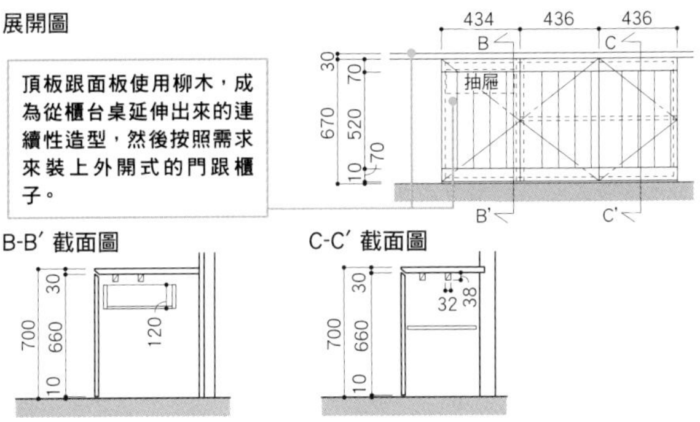
展開圖
頂板跟面板使用柳木，成為從櫃台桌延伸出來的連續性造型，然後按照需求來裝上外開式的門跟櫃子。
434
436
436
B
C
抽屜
30
70
670
520
70
10
B'
C'
B-B′ 截面圖
30
700
660
120
10
C-C′ 截面圖
30
32
38
700
660
10

圖6｜地板桌展開、截面圖［S=1:50］

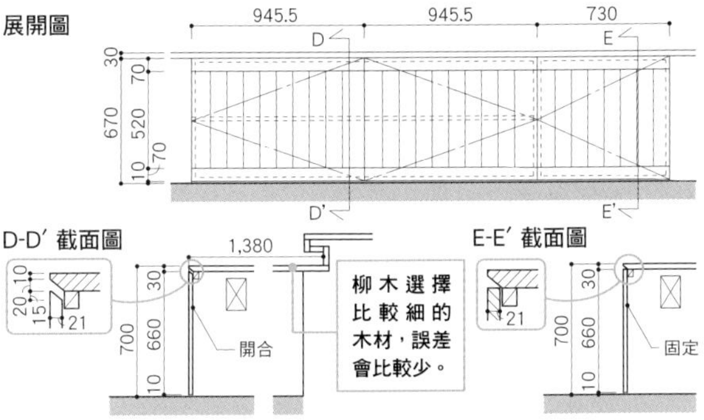
展開圖
945.5
945.5
730
D
E
30
70
670
520
70
10
D'
E'
D-D′ 截面圖
1,380
10
20
15
21
30
700
660
10
開合
柳木選擇比較細的木材，誤差會比較少。
E-E′ 截面圖
21
30
700
660
10
固定

圖7｜書房展開圖［S=1:100］

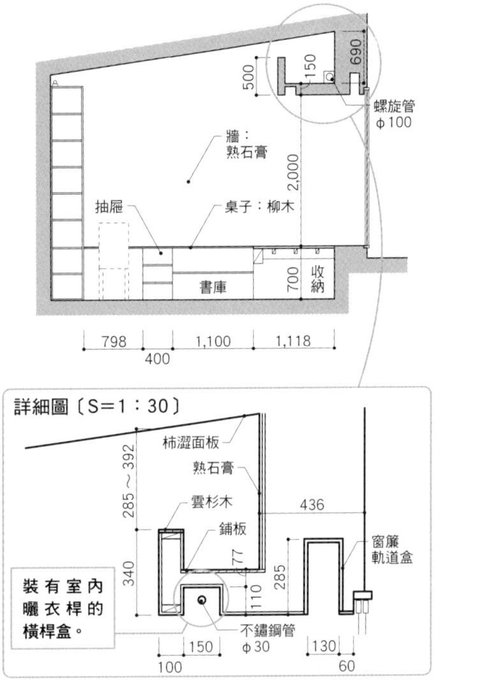
690
150
500
螺旋管
φ100
牆：
熟石膏
2,000
抽屜
桌子：柳木
700
收納
書庫
798
1,100
1,118
400
詳細圖〔S=1：30〕
柿澀面板
熟石膏
雲杉木
鋪板
285～392
436
窗簾
軌道盒
77
340
110
285
裝有室內曬衣桿的橫桿盒。
不鏽鋼管
φ30
150
130
100
60

如果要用木材當作建築的母材，不用多說的，必須按照用途來選擇不同的樹種。素材的挑選跟決擇本身，就會成為建築的一種細節。這份案例，在整棟住宅內使用了8種木材（全部都是實木、表）跟4種加工用材料。

加工用材料使用木頭的樹汁類，把漆、和紙當作內裝材，柿澀當作塗佈用的材料，米糠當作蠟。委託人對於化學物質比較會過敏，因此一切都以自然材料為前提，在各種部位使用不同的木材。

在空間內使用不同的木材

表｜使用的木材

1. 柏木／耐水性佳，活用那強度一年比一年增加的特徵來當作結構材，用在地板的底層等。
2. 柚木／耐水性跟耐磨性佳、擁有美麗的木紋跟色澤，用在內牆跟外牆等。
3. 海棠木／堅硬且誤差較少，擁有獨自的色澤跟質感，用在樓梯的台階或窗框等。
4. 柳木／堅硬且加工性優良的材料，色澤跟木紋給人沉穩的觸感，當作地板、桌子、家具表面等。
5. 櫻木／活用不怕濕氣的特徵，為了將空間拉向比較明亮氣氛，選擇白色的蒲櫻木來使用。
6. 桐木／比較不吸收濕氣、熱導率低，具有排除濕氣的性質，加工性良好且重量輕，當作家具內側的表面材質。
7. 黑檀／深褐色的色澤加上素材平面性的觸感、厚重的存在感，可以將空間整合在一起，當作電視架等家具。
8. 重蟻木／比重較重、耐久性佳，表面有天然的蠟狀物質包覆，直接經得起長期的使用。當作庭院露台的材料。

窗框（海棠木實木+米糠）

內牆（柚木實木+米糠）

電視架（黑檀實木+米糠）

照片：新建築社寫真部

活用現存格局的沙發區塊

被大型的開口跟結構牆包圍，設計時決定要幫這個「凹陷的空間」打造專用的沙發。除了沙發本身的素材之外，還在牆壁、地板、桌子使用橡木，但是讓表面各自擁有不同的表情。沙發軟墊的部分使用沒有染色的天然皮革，讓人可以享受時間對素材所造成的影響。

〔渡邊謙一郎〕

天花板：石膏板ⓣ12.5AEP
牆：橡木柾紋實木 橫向鋪設
2,265
3,309
1,195
中央矮桌：
橡木柾紋實木
透明蠟的表面處理
背板：橡木柾紋合板
切口：橡木柾紋實木ⓣ3
未染色的皮革
蜜胺化妝板
地板：地板用橡木實木ⓣ15 貼上Herringbone花紋 無塗裝

圖1｜沙發正面圖［S=1:50］

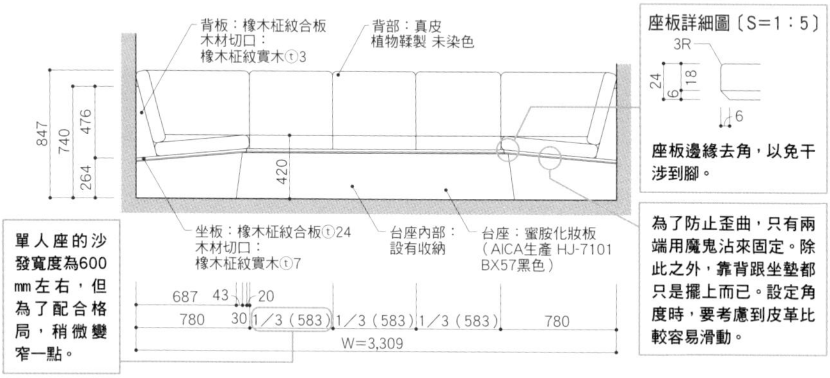

背板：橡木柾紋合板
木材切口：
橡木柾紋實木ⓣ3
背部：真皮
植物鞣製 未染色
座板詳細圖〔S=1：5〕
3R
24
6
18
6
座板邊緣去角，以免干涉到腳。
847
740
476
264
420
坐板：橡木柾紋合板ⓣ24
木材切口：
橡木柾紋實木ⓣ7
台座內部：
設有收納
台座：蜜胺化妝板
（AICA生產 HJ-7101 BX57黑色）
為了防止歪曲，只有兩端用魔鬼沾來固定。除此之外，靠背跟坐墊都只是擺上而已。設定角度時，要考慮到皮革比較容易滑動。
單人座的沙發寬度為600㎜左右，但為了配合格局，稍微變窄一點。
687
43
20
780
30
1／3（583）
1／3（583）
1／3（583）
780
W=3,309

圖2｜沙發截面圖（兩端）［S=1:20］

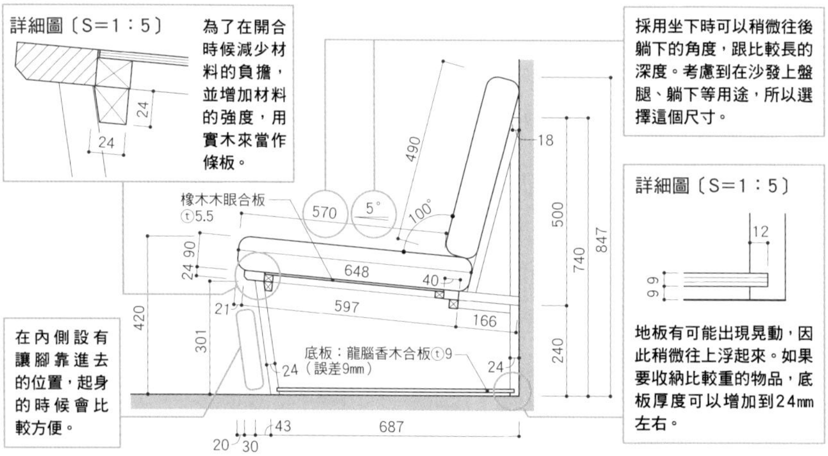

詳細圖〔S=1：5〕
24
24
為了在開合時候減少材料的負擔，並增加材料的強度，用實木來當作條板。
採用坐下時可以稍微往後躺下的角度，跟比較長的深度。考慮到在沙發上盤腿、躺下等用途，所以選擇這個尺寸。
490
18
橡木木眼合板
ⓣ5.5
570
5°
100°
500
740
847
90
24
648
40
21
597
166
420
301
240
底板：龍腦香木合板ⓣ9
24（誤差9mm）
24
在內側設有讓腳靠進去的位置，起身的時候會比較方便。
43
687
20
30
詳細圖〔S=1：5〕
12
9
9
地板有可能出現晃動，因此稍微往上浮起來。如果要收納比較重的物品，底板厚度可以增加到24㎜左右。

COLUMN
利用疊蓆的可動式家具

就算是空間不足、無法設置和室的小型住宅，也可以使用可動式的疊蓆，來把空間的潛能發揮到最大。

摺疊起來或是進行移動，輕輕鬆鬆的就能創造出跟平時不一樣的氣氛，是這種手法最大的魅力。小孩子午睡、更換尿布、整理洗好的衣物，不光是這些日常性的用途，突然有訪客來臨的時候，也可以當作臨時的寢室，不用特別去準備單人房。

如果要在木頭地板的空間鋪設疊蓆，為了避免太過偏重於和室的氣氛，可以選擇彩色的疊蓆，在顏色控制的方面要多加留意。〔黑崎敏〕

在住宅兼工作場所的沙龍空間，設置可動式的疊蓆。工作時雖然收在牆面上，跟家人一起渡過的時候，則可以放下來休閒或睡午覺、摺衣服，對應各種不同的用途。

只要把疊蓆放下來，就會成為4張疊蓆左右的空間。

詳細圖〔S=1：40〕

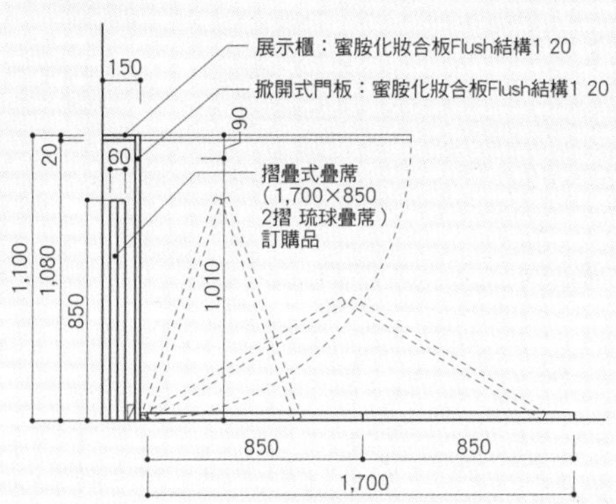
展示櫃：蜜胺化妝合板Flush結構1 20
掀開式門板：蜜胺化妝合板Flush結構1 20
摺疊式疊蓆
（1,700×850
2摺 琉球疊蓆）
訂購品
150
60
90
20
1,100
1,080
850
1,010
850
850
1,700

跟島型的互動式廚房相接，尺寸不大的疊蓆空間。下方的抽屜型收納，可以用來放置調理器具跟各種廚房用品。

坐在疊蓆上的時候，視線高度剛好會跟在廚房作業的人一樣高。

A-A′ 截面圖〔S=1：50〕

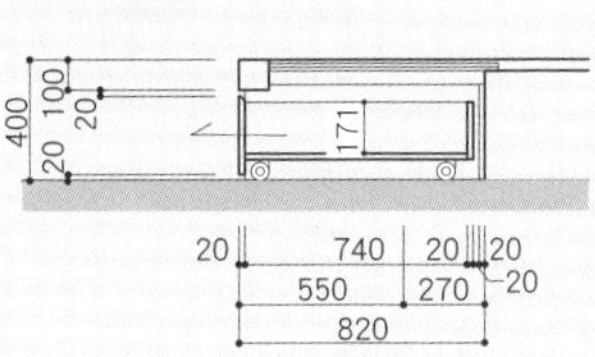
400
100
20
20
171
20
740
20
20
550
270
20
820

平面圖〔S=1：60〕

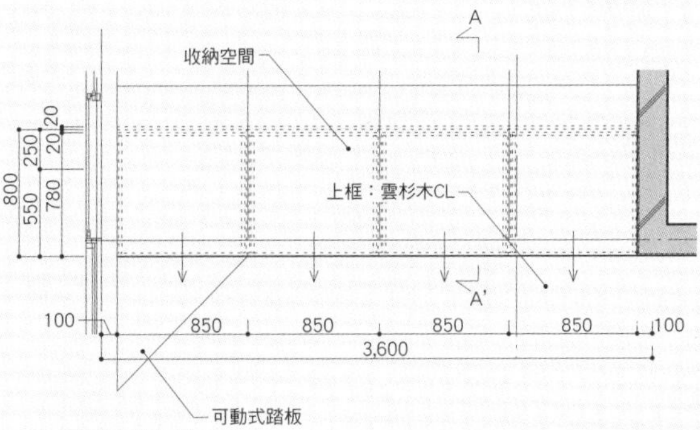
A
收納空間
上框：雲杉木CL
A′
20
250
20
800
550
780
100
850
850
850
850
100
3,600
可動式踏板

設置這個可動式的疊蓆，來享受音樂跟讀書的樂趣。用身為家具的疊蓆來取代沙發，可以按照不同的狀況來坐下、躺下、團聚等等，自由的享受各種不同的用途。

平面圖〔S=1：60〕

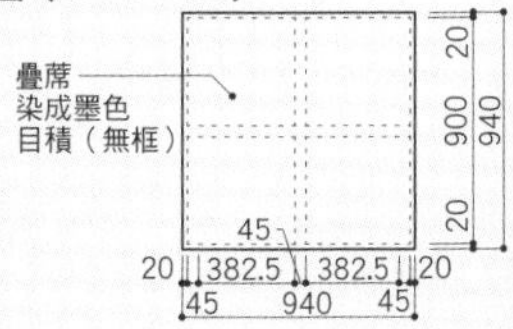
疊蓆
染成墨色
目積（無框）
20
900
940
20
45
20
382.5
382.5
20
45
940
45

立面圖〔S=1：60〕

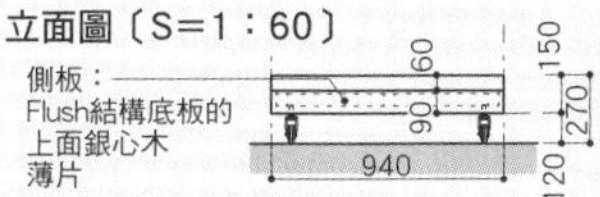
側板：
Flush結構底板的
上面銀心木
薄片
60
90
150
270
120
940

截面圖〔S=1：60〕

用魔鬼沾來跟底層固定。

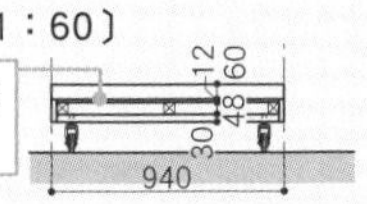
12
48
60
30
940

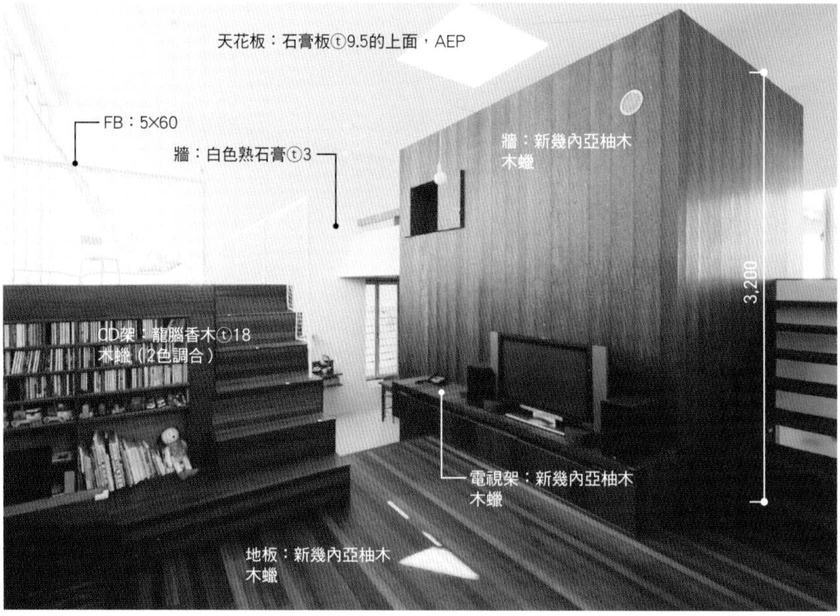
天花板：石膏板ⓣ9.5的上面，AEP
FB：5×60
牆：白色熟石膏ⓣ3
牆：新幾內亞柚木
木蠟
3,200
CD架：龍腦香木ⓣ18
木蠟（2色調合）
電視架：新幾內亞柚木
木蠟
地板：新幾內亞柚木
木蠟

設有衣櫃跟書房的BOX

盡可能的將區隔用的牆壁排除，在這個大空間內幾乎中央的位置，擺設箱型的結構體。1樓是衣櫃、2樓則是書房。以這個箱型結構為中心，設有7種不同的地板高度，以錯層的方式將空間連繫在一起。箱體的外側是電視架，內側以現場打造的方式設有櫃台跟收納。這個箱體是區隔空間的牆壁，同時也是大型的家具。〔服部信康〕

圖1｜截面展開圖〔S=1:120〕

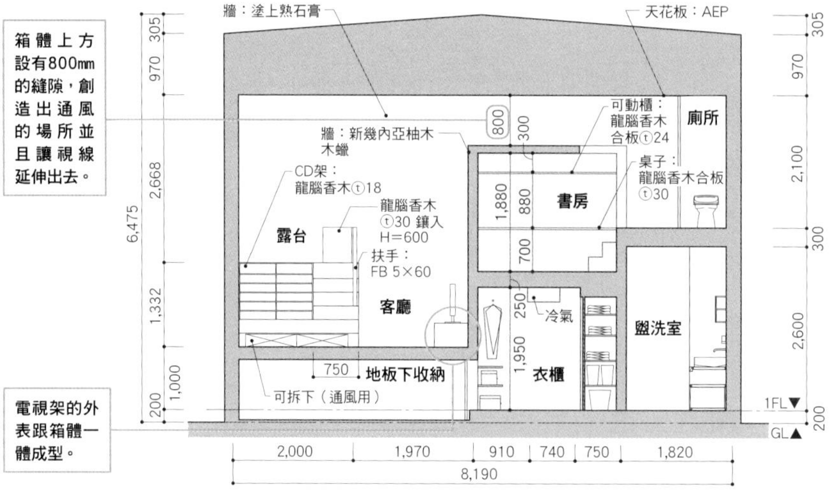
箱體上方設有800㎜的縫隙，創造出通風的場所並且讓視線延伸出去。
電視架的外表跟箱體一體成型。
牆：塗上熟石膏
天花板：AEP
牆：新幾內亞柚木
木蠟
800
300
可動櫃：
龍腦香木
合板ⓣ24
廁所
桌子：
龍腦香木合板
ⓣ30
書房
CD架：
龍腦香木ⓣ18
龍腦香木
ⓣ30 鑲入
H=600
扶手：
FB 5×60
露台
客廳
1,880
880
700
250
冷氣
1,950
衣櫃
盥洗室
750
地板下收納
可拆下（通風用）
305
970
2,668
6,475
1,332
1,000
200
2,100
300
2,600
1FL▼
GL▲
2,000
1,970
910
740
750
1,820
8,190

圖2｜電視架展開圖、截面圖

展開圖〔S=1：80〕

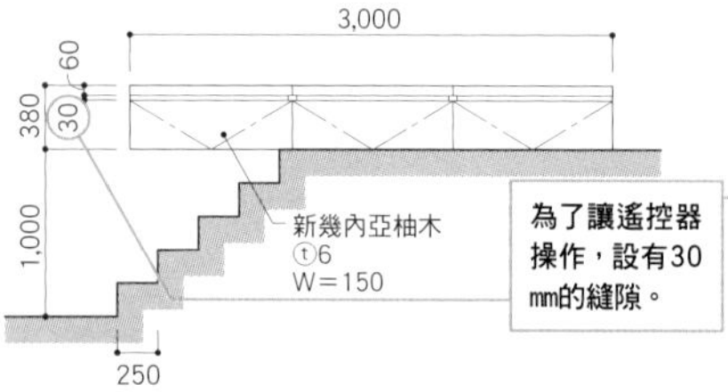
3,000
60
30
380
1,000
新幾內亞柚木
ⓣ6
W=150
250
為了讓遙控器操作，設有30㎜的縫隙。

截面圖〔S=1：15〕

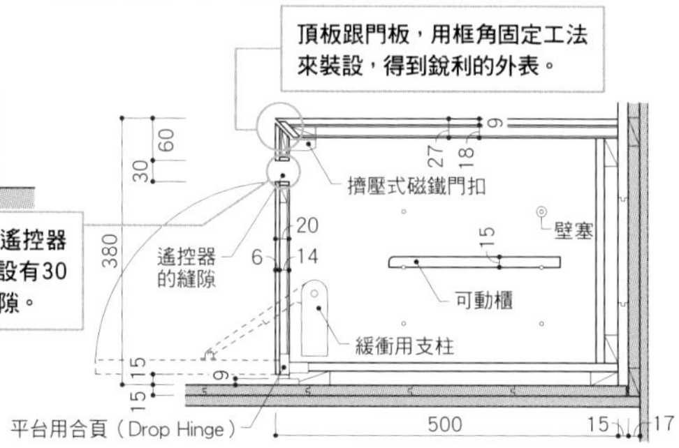
頂板跟門板，用框角固定工法來裝設，得到銳利的外表。
9
27
18
擠壓式磁鐵門扣
60
30
20
14
6
遙控器
的縫隙
壁塞
15
可動櫃
380
緩衝用支柱
15
9
15
平台用合頁（Drop Hinge）
500
15
17

圖3 箱體平面詳細圖〔S=1:40〕

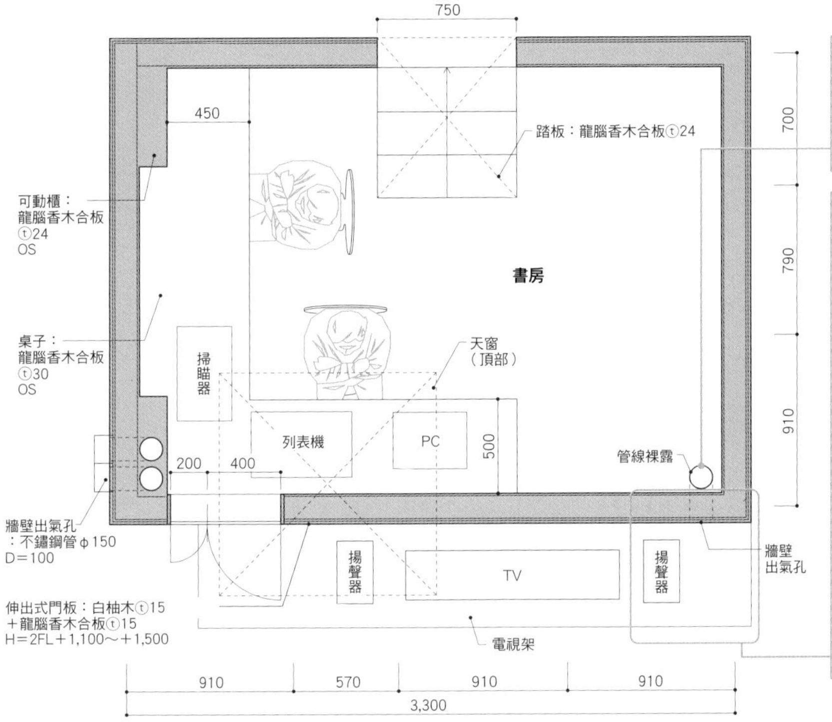
750
450
700
790
910
踏板：龍腦香木合板ⓣ24
可動櫃：
龍腦香木合板
ⓣ24
OS
書房
桌子：
龍腦香木合板
ⓣ30
OS
掃瞄器
天窗
（頂部）
列表機
PC
500
管線裸露
200
400
牆壁出氣孔
：不鏽鋼管 φ150
D=100
揚聲器
TV
揚聲器
牆壁
出氣孔
伸出式門板：白柚木ⓣ15
＋龍腦香木合板ⓣ15
H=2FL＋1,100～＋1,500
電視架
910
570
910
910
3,300

箱體1樓衣櫃的天花板，設有1台業務用的冷氣機，從箱體上方所設置的3個出氣孔將冷氣噴出。成為有效降低整體住宅溫度的系統。

箱體、電視架結合部位詳細圖〔S=1：30〕

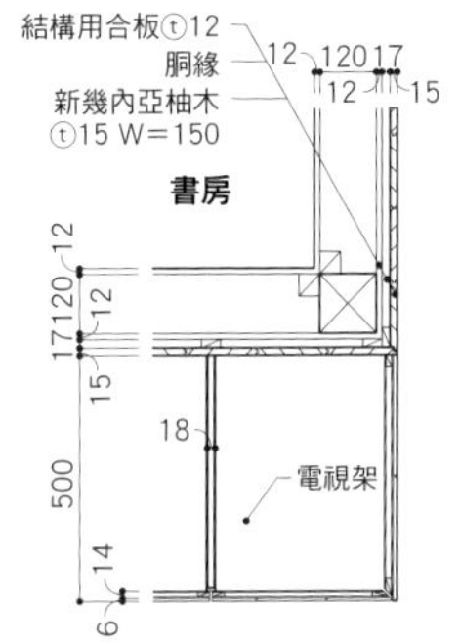
結構用合板ⓣ12
胴緣
新幾內亞柚木
ⓣ15 W=150
12
120
17
12
15
書房
12
17
120
12
15
18
500
電視架
14
6

跟箱體一樣鋪設新幾內亞柚木，採用可以讓人看到切口的裝設手法，形成從箱體往外凸出的感覺。

2樓平面圖

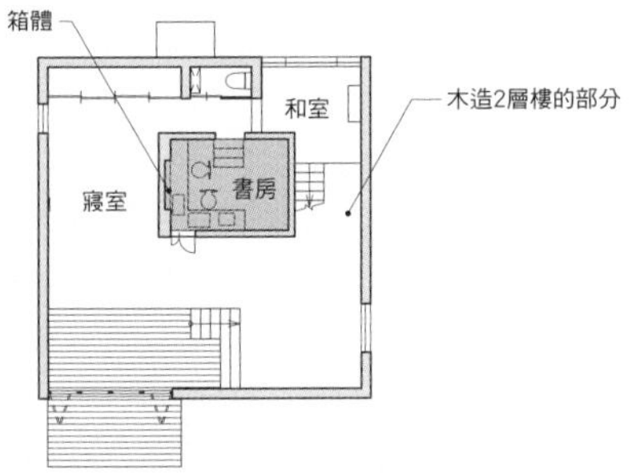
箱體
木造2層樓的部分
和室
寢室
書房

1樓平面圖

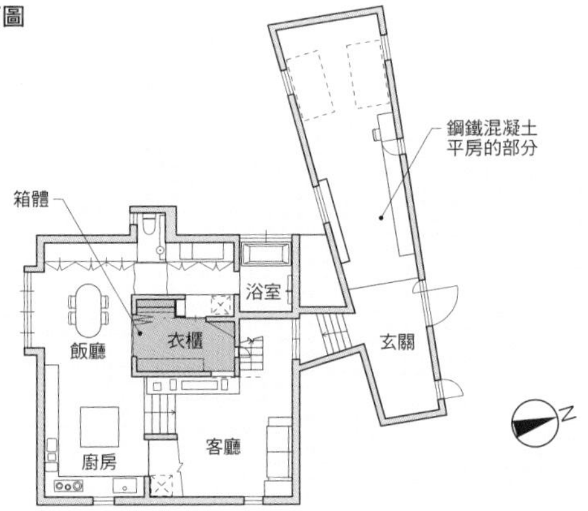
鋼鐵混凝土
平房的部分
箱體
浴室
飯廳
衣櫃
玄關
廚房
客廳
N

用箱體結構來緩緩的區隔沒有柱子的大型空間

由平台狀的鋼筋混凝土的平房，跟8．19公尺四方的木造2層樓建築所構成的這棟住宅，以可以對應擁有小孩的家庭，跟將來生活方式的變化為前提來進行設計。平房的部分，預定要給孩子們當作個人的房間，木造2層樓的主要建築，以菱型跟卍字型來組合樑的結構，實現不須要柱子的大型空間，對於將來的改建也能柔軟的對應。為了以緩和的方式來區隔這個大型空間，在中央配置箱體的結構，創造出把家人連繫在一起生活的場所。

箱體內的2樓書房。光線從小窗跟上方的縫隙照進來，讓人可以察覺到家人的存在感。

在浴室內外延伸的連續性照明

照明BOX：耐水合板底層ⓣ15／蜜胺化妝板ⓣ4
照明遮罩：乳白色壓克力ⓣ3＋透明壓克力ⓣ3
天花板：石膏板ⓣ12 AEP
天花板：耐水合板ⓣ9／
蜜胺化妝板ⓣ＝4
照明BOX：合板底層ⓣ15 AEP
照明遮罩：乳白色壓克力ⓣ3＋透明壓克力ⓣ3
牆：石膏板ⓣ12 AEP
牆：耐水合板ⓣ12＋防水布／
Tile-Crete＊ PSⓣ33＋Tile-Creteⓣ8／
聚氨酯塗佈
浴缸周圍：大理石
馬賽克花紋
地板：恆溫瓷磚300□

圖 ｜ 天花板俯視圖［S＝1:120］

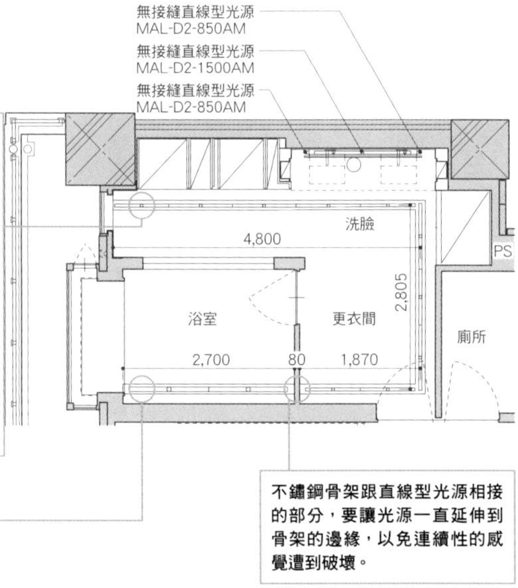
無接縫直線型光源
MAL-D2-850AM
無接縫直線型光源
MAL-D2-1500AM
無接縫直線型光源
MAL-D2-850AM
洗臉
4,800
PS
浴室
更衣間
2,805
廁所
2,700
80
1,870
不鏽鋼骨架跟直線型光源相接的部分，要讓光源一直延伸到骨架的邊緣，以免連續性的感覺遭到破壞。

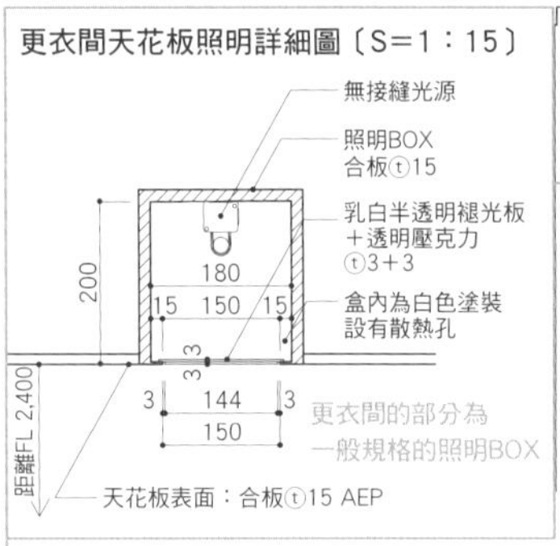
更衣間天花板照明詳細圖〔S＝1：15〕
無接縫光源
照明BOX
合板ⓣ15
乳白半透明褪光板
＋透明壓克力
ⓣ3＋3
盒內為白色塗裝
設有散熱孔
200
180
15 150 15
3
3
3 144 3
150
距離FL 2,400
更衣間的部分為
一般規格的照明BOX
天花板表面：合板ⓣ15 AEP

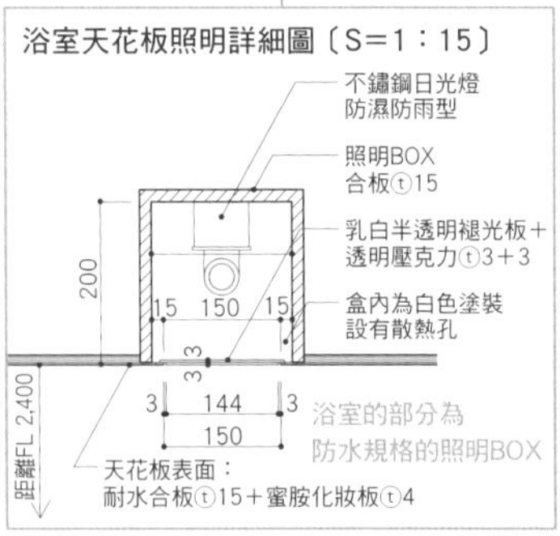
浴室天花板照明詳細圖〔S＝1：15〕
不鏽鋼日光燈
防濕防雨型
照明BOX
合板ⓣ15
乳白半透明褪光板＋
透明壓克力ⓣ3＋3
盒內為白色塗裝
設有散熱孔
200
15 150 15
3
3
3 144 3
150
距離FL 2,400
浴室的部分為
防水規格的照明BOX
天花板表面：
耐水合板ⓣ15＋蜜胺化妝板ⓣ4

用3個方向的鏡子來將照明的線條反射出來。

浴室、洗臉、更衣間化為一體的衛浴空間。洗臉台、洗衣機、衣物的收納等等，擺在外圍的牆壁上。順著設有各種機能的牆面，來裝設直線型的照明，就能為必要的場所提供充分的亮度。將浴室內外連繫在一起的1條光線，可以強調浴室跟盥洗室、更衣間的一體感，讓人更進一步的體會到衛浴設備的寬敞性。

〔夏木知道〕

照片：Nacasa & Partners
＊Tile-Crete：INAX公司的防水結構

用光來突顯出細長的線條

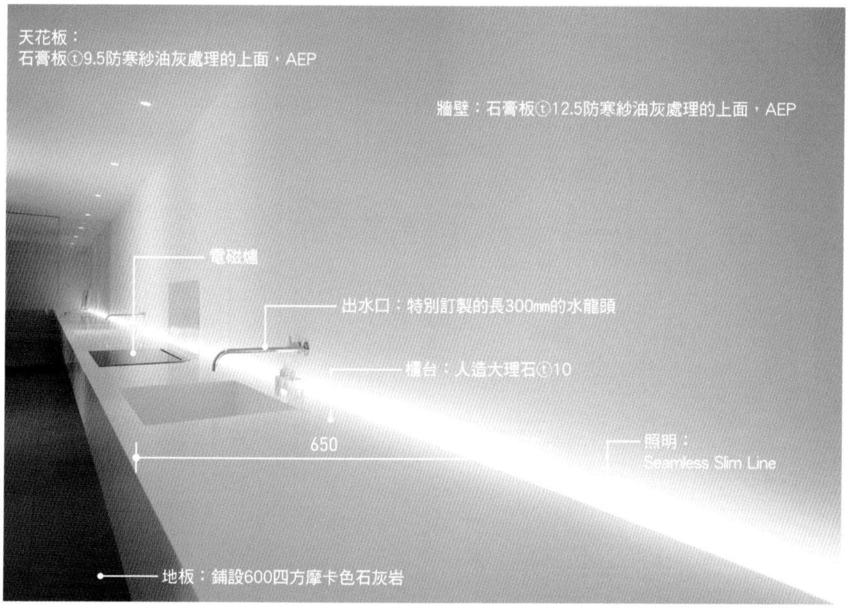

天花板：
石膏板ⓣ9.5防寒紗油灰處理的上面，AEP
牆壁：石膏板ⓣ12.5防寒紗油灰處理的上面，AEP
電磁爐
出水口：特別訂製的長300mm的水龍頭
櫃台：人造大理石ⓣ10
650
照明：
Seamless Slim Line
地板：鋪設600四方摩卡色石灰岩

圖1 | 櫃台展開圖［S=1:200］

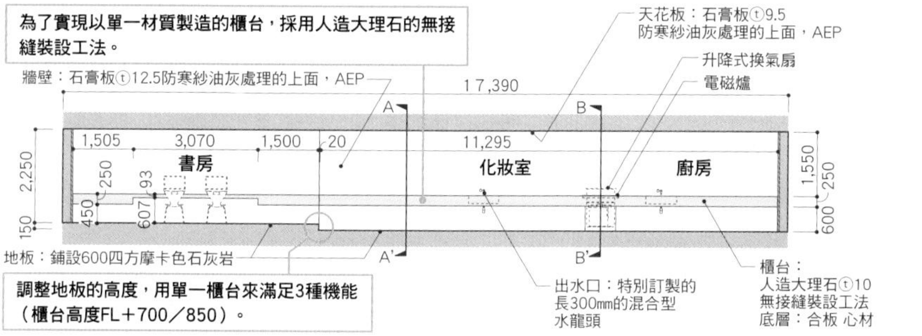

為了實現以單一材質製造的櫃台，採用人造大理石的無接縫裝設工法。
天花板：石膏板ⓣ9.5
防寒紗油灰處理的上面，AEP
升降式換氣扇
電磁爐
牆壁：石膏板ⓣ12.5防寒紗油灰處理的上面，AEP
17,390
A
B
1,505
3,070
1,500
20
11,295
2,250
150
250
93
450
607
書房
化妝室
廚房
1,550
250
600
A'
B'
地板：鋪設600四方摩卡色石灰岩
調整地板的高度，用單一櫃台來滿足3種機能（櫃台高度FL＋700／850）。
出水口：特別訂製的
長300mm的混合型
水龍頭
櫃台：
人造大理石ⓣ10
無接縫裝設工法
底層：合板 心材

圖2 | 櫃台截面圖［S=1:50］

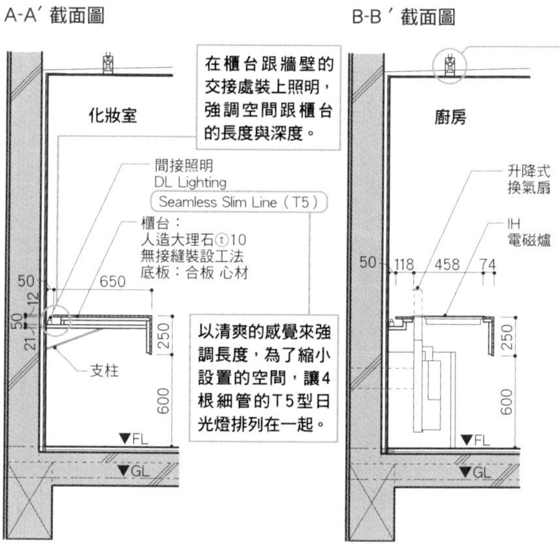

A-A′截面圖
B-B′截面圖
化妝室
在櫃台跟牆壁的交接處裝上照明，強調空間跟櫃台的長度與深度。
間接照明
DL Lighting
Seamless Slim Line（T5）
櫃台：
人造大理石ⓣ10
無接縫裝設工法
底板：合板 心材
50
650
12
50
21
250
600
支柱
以清爽的感覺來強調長度，為了縮小設置的空間，讓4根細管的T5型日光燈排列在一起。
▼FL
▼GL
廚房
升降式
換氣扇
IH
電磁爐
50
118
458
74
250
600
▼FL
▼GL

在櫃台上方6處設置有投射燈，以等間隔來配置。確保櫃台的表面得到均等的亮度。

從書房的側面拍攝。以玻璃拉門來進行區隔。

在深度約17公尺的細長型空間，連續性的擺上廚房、化妝室、書房等3個房間，用單一的櫃台桌來連繫在一起。在櫃台跟牆壁相接的線條裝設照明，強調這個空間跟櫃台桌所擁有的直線性的長度與深度。展現出一體感的同時，也各自擁有不同的機能，讓這個場所得到多元的使用方式。

〔小川晉一〕

以縱向連繫來自上下樓層中，四方形小窗的光線

用地位在商業地區，讓人不得不去在意來自外側的視線。因此放棄大型的開口，以數量較多的小型開口來取代。從開口處幾乎看不到內側，但從內側卻可以清楚的看到室外，也可以進行採光。更進一步的，在地板跟天花板的平面設置開口，並裝設照明器具，藉此將3層樓的各個地板連繫起來，以上下左右來為視線提供延伸。小型的開口分別可以提供自然與人造的光線。〔上田知正、中川陽子〕

天花板：石膏板AEP／CH＝2,440
下垂天花板：石膏板AEP／CH＝2,000

圖1｜2樓天花板俯視圖（透視）［S=1:150］

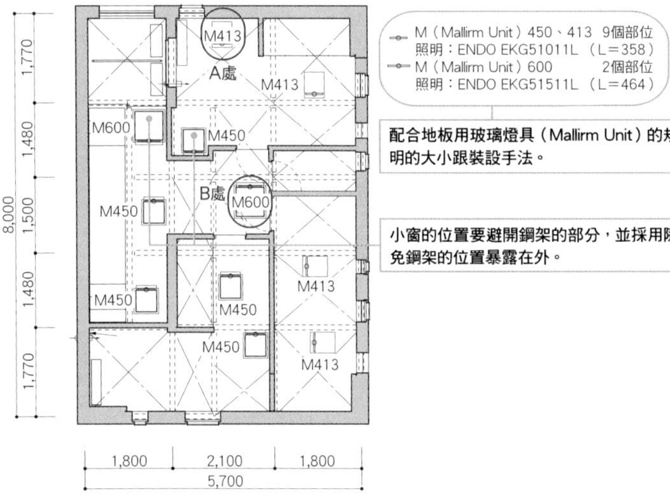

M413
A處
M413
M600
M450
B處
M600
M450
M450
M413
M450
M450
M413
1,770
1,480
1,500
1,480
1,770
8,000
1,800
2,100
1,800
5,700
M（Mallirm Unit）450、413　9個部位
照明：ENDO EKG51011L （L＝358）
M（Mallirm Unit）600　2個部位
照明：ENDO EKG51511L （L＝464）

配合地板用玻璃燈具（Mallirm Unit）的規格尺寸，來設計照明的大小跟裝設手法。

小窗的位置要避開鋼架的部分，並採用隨機性的排列，以避免鋼架的位置暴露在外。

圖2｜照明詳細圖［S=1:15］

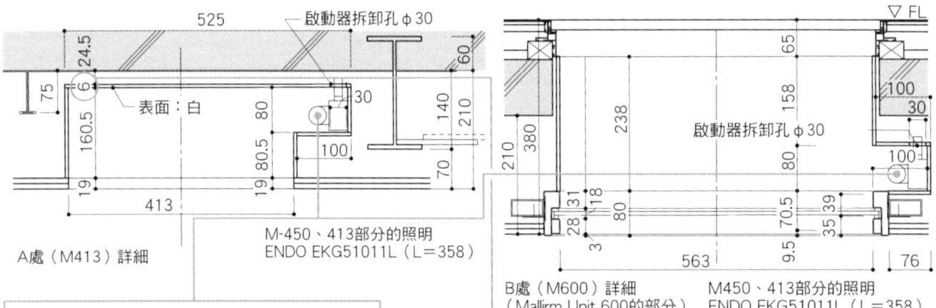

525
啟動器拆卸孔 φ 30
表面：白
413
A處（M413）詳細
M-450、413部分的照明
ENDO EKG51011L（L＝358）
▽FL
啟動器拆卸孔 φ 30
563
B處（M600）詳細
（Mallirm Unit 600的部分）
M450、413部分的照明
ENDO EKG51011L（L＝358）

直管型日光燈，裝在橫向凹陷的位置。考慮到交換上的方便性跟光源是否會被直接，來決定位置的深度。

窗框兼照明箱因為是裝在石膏板上面，因此刻意使用椴木合板ⓣ6使其容易變形。

COLUMN 把硬質塑膠壁紙當作室內裝潢的利器

重新設計飯店內的婚禮服裝室。每天會有許多人頻繁的將衣服拿進拿出，因此吊架周圍的材質，在美觀的同時也必須擁有充分的耐久性。

吊架之區隔牆的表面如果採用塗裝的處理，會因為衣架的碰撞而受損。本案採用硬質塑膠印刷壁紙（此處為Dinoc Sheet）來貼在各個部位。硬質塑膠印刷貼紙，是為了展現出木材或石頭等真品一般質感的裝飾性印刷膠膜，門窗、餐桌、書桌、門板等等，使用範圍非常的廣泛。雖然說是印刷膠膜，卻不會給人廉價的感覺，可以展現出膠膜才會擁有的獨特質感。應用在住宅上，比方說木製家具的表面，可以兼顧到持久性跟室內空間的演出。

（KEIKO+MANABU）

照片1 室內常常會被衣服的陳列架所埋沒，以店面的LOGO「μ」為造型曲線，來設置有如窗簾一般的吊衣架的區隔板。透過塑膠印刷貼紙，在豪華之中隱藏有些許的沉穩，創造出獨特的氣氛。

圖1｜窗簾型面板的外觀圖 [S=1:50]

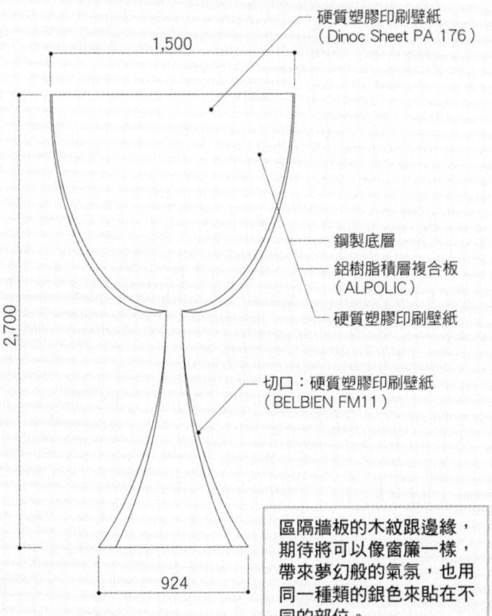

硬質塑膠印刷壁紙
（Dinoc Sheet PA 176）
1,500
2,700
鋼製底層
鋁樹脂積層複合板
（ALPOLIC）
硬質塑膠印刷壁紙
切口：硬質塑膠印刷壁紙
（BELBIEN FM11）
924
區隔牆板的木紋跟邊緣，期待將可以像窗簾一樣，帶來夢幻般的氣氛，也用同一種類的銀色來貼在不同的部位。

圖2｜展開圖 [S=1:80]

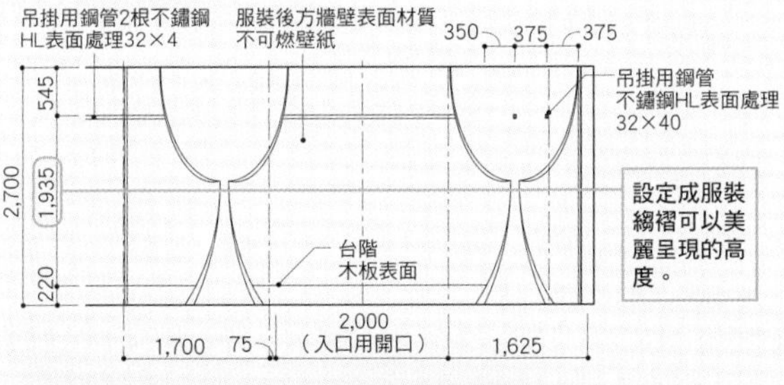

吊掛用鋼管2根不鏽鋼
HL表面處理32×4
服裝後方牆壁表面材質
不可燃壁紙
350
375
375
吊掛用鋼管
不鏽鋼HL表面處理
32×40
545
2,700
1,935
220
台階
木板表面
設定成服裝縐褶可以美麗呈現的高度。
2,000
（入口用開口）
1,700
75
1,625

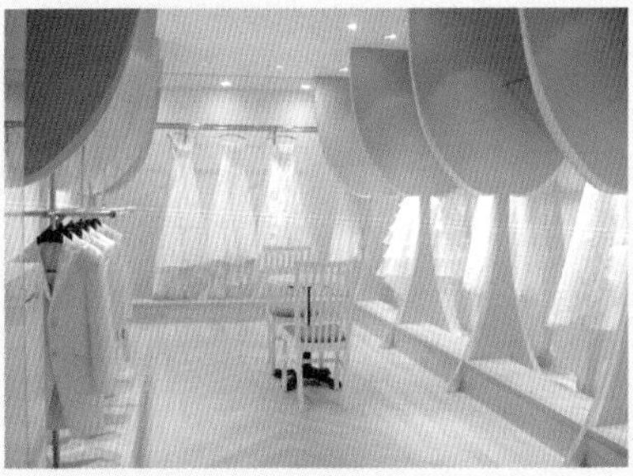

照片2 在新娘禮服的對面陳列新郎用的服裝，可以讓情侶共享挑選服裝的時間。試穿之後，透過鏡子用「Happy Toast」的鏡框將本人美麗的包圍，花束也以半圓形的軌道來飄在空中。

案例：「BRIDARIUM MUE」（Hotel METROPOLITAN在長野內所開設的婚紗公司）

可以在夜晚成為間接照明的天窗

存在於密度較高之地區的用地，以天窗來進行採光會是有效的手法。特別是裝在牆邊的天窗，可以用打在牆上的倒影，來表達出時間跟季節的變化，讓空間產生各式各樣的表情。在天窗垂直的部分裝上照明器具，可以在夜晚讓照明的光線往下照射，帶來跟白天的陽光一樣的效果。

〔新關謙一郎〕

天花板：石膏板底層ⓣ9.5AEP
牆：石膏板底層ⓣ12.5AEP
天窗
2,320
1,400
廚房櫃台
石膏板ⓣ12.5AEP
地板：地板用楓木實木ⓣ15 蜜蠟塗裝

圖1｜將整個牆面照亮

天窗部分詳細圖〔S=1：20〕

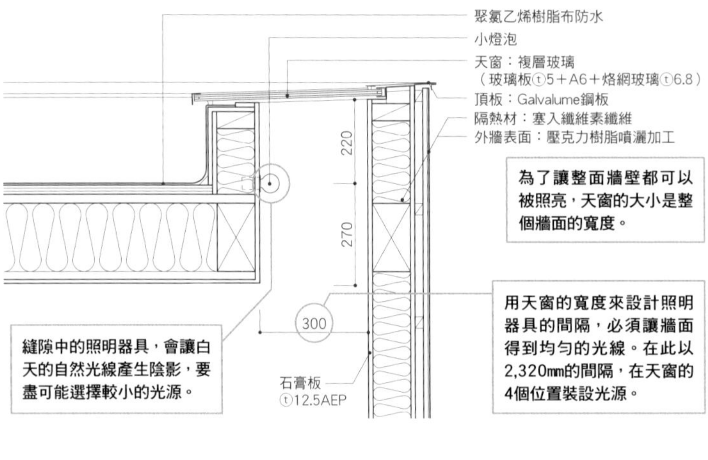

聚氯乙烯樹脂布防水
小燈泡
天窗：複層玻璃
（玻璃板ⓣ5＋A6＋烙網玻璃ⓣ6.8）
頂板：Galvalume鋼板
隔熱材：塞入纖維素纖維
外牆表面：壓克力樹脂噴灑加工
220
270
300
為了讓整面牆壁都可以被照亮，天窗的大小是整個牆面的寬度。
用天窗的寬度來設計照明器具的間隔，必須讓牆面得到均勻的光線。在此以2,320㎜的間隔，在天窗的4個位置裝設光源。
縫隙中的照明器具，會讓白天的自然光線產生陰影，要盡可能選擇較小的光源。
石膏板
ⓣ12.5AEP

圖2 將裸露的橫樑照亮

天窗部分詳細圖〔S＝1：20〕

裸露的結構樑，可以讓天窗形成對比較強的陰影。

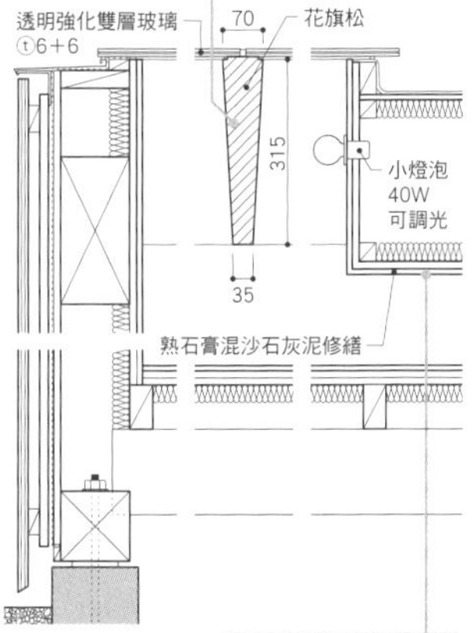

透明強化雙層玻璃
ⓣ6+6
70
花旗松
315
小燈泡
40W
可調光
35
熟石膏混沙石灰泥修繕

夜晚也只用天窗的光源，來將空間照亮。天花板的表面沒有裝設照明器具。

天花板照進來的光線，打在牆壁的熟石膏跟灰泥修繕的表面，透過質感來產生細微的陰影。

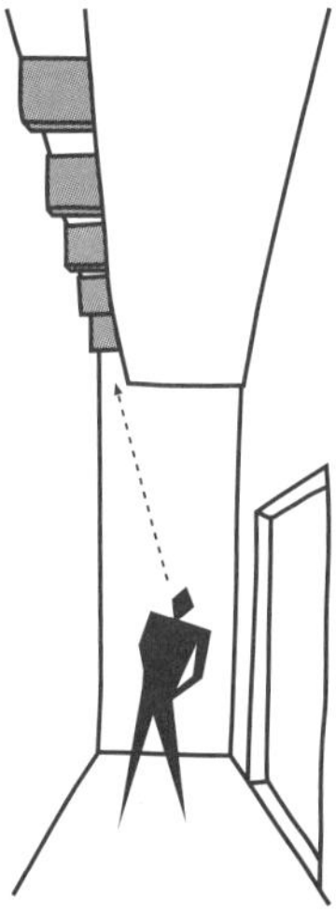

為了避免往上看的時候讓光源出現在視線內，必須仔細調整光源的位置。

裸露的橫樑將影子印在牆壁上，成為帶有陰影的表情。不論是自然光還是人工光源，都會先打在牆上再反射到室內。

在空間內形成濃淡的亮光

用照明跟開口來為空間提供光線的時候，不要只是追求均等的亮度，而是分成暗跟亮的部分，讓空間得到深度與延伸出去的感覺。建築物的深處被牆壁跟天花板所包圍，自然光被擋下，成為陰暗的空間。在此一點一點的設置開口或照明，可以讓陰暗的空間慢慢出現亮光。天窗或牆上的開口、暖爐或擺設型的照明等等，在封閉的空間內創造出細小的光亮，將這些部位連繫起來的位置，會刻意調整為比較暗的空間。這樣可以讓光產生不均勻性，成為印象深刻的空間。為了活用間接照明，要盡可能避免天花板燈或吊燈這些裝在天花板表面的燈具，選擇以擺設型燈具為主的照明計劃。

用暖爐跟天窗，來創造局部性的亮光。

利用間接照明跟擺設型的燈具，在陰暗的空間內創造出明亮。

用牆壁上方跟天花板之間的縫隙，來設置間接照明。

把牆壁、天花板照亮 讓空間得到寬敞的氣氛

讓光線在天花板或牆壁進行反射，不光是可以從反射面得到柔和的光線，還可以表現出沉穩的氣氛。比方說坐在地板起居的客廳，在較低的位置裝設往上照亮的光源，可以在大型的牆面創造出光的漸層。另外，在沒有牆壁區隔的One Room結構之中，以天花板來進行反射的間接照明，也可以有效的強調連續性的空間。〔黑崎敏〕

圖1 位置較低的往上照明

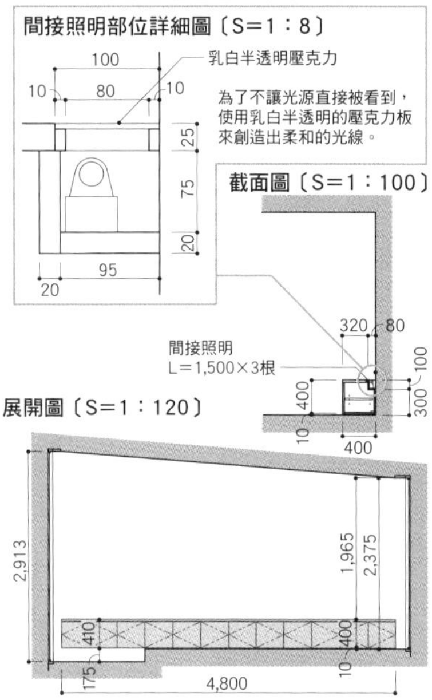
間接照明部位詳細圖〔S=1：8〕
100
10
80
10
乳白半透明壓克力
為了不讓光源直接被看到，使用乳白半透明的壓克力板來創造出柔和的光線。
25
75
20
95
20
截面圖〔S=1：100〕
320
80
間接照明
L=1,500×3根
100
300
400
10
400
展開圖〔S=1：120〕
2,913
1,965
2,375
410
400
175
10
4,800

400
400
門：柳木 Flush板OSCLⓣ20
頂板：柳木人造板OSCLⓣ35
地板：對應地板暖氣的無邊疊蓆

圖2 利用家具頂部來將天花板照亮

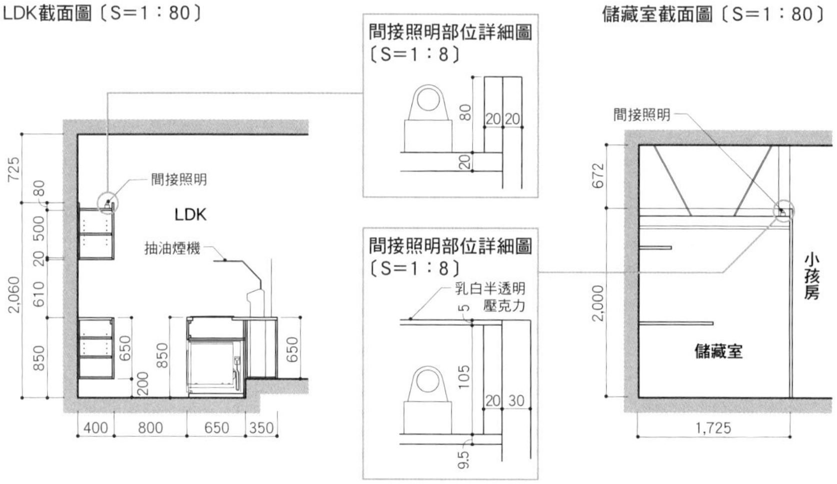
LDK截面圖〔S=1：80〕
間接照明部位詳細圖〔S=1：8〕
儲藏室截面圖〔S=1：80〕
80
20
20
20
725
80
500
20
610
850
2,060
間接照明
LDK
抽油煙機
650
850
200
650
400
800
650
350
間接照明部位詳細圖〔S=1：8〕
乳白半透明壓克力
5
105
20
30
9.5
間接照明
672
2,000
小孩房
儲藏室
1,725

用染成深色的家具來組合間接照明，可以讓光的線條跟對比更加明顯。

為了避免燈具被間接照明照亮，裝在天花板來直接進行照射的燈具不可以太多。

COLUMN 以玻璃為基本材質的魔術帳篷

對擁有咖啡廳、流行服飾、畫廊的品牌所經營的家庭搜藏品的展示空間進行設計。以「MAGIC TENT」為主題，用玻璃當作區隔用的基本架構來擺在空間的中央，在鋸齒狀的谷底創造出3個舞台。

區隔用的結構，是將3片彩色膠膜重疊在一起，將展現出來的顏色壓成薄薄的彩色玻璃。這款玻璃，是日本國內第一個兩面都施加有鏡面加工的鏡面膠膜。在這上面貼上偏光膠帶、白色膠帶來形成相間的圖樣。

〔KEIKO+MANABU〕

圖1 區隔截面

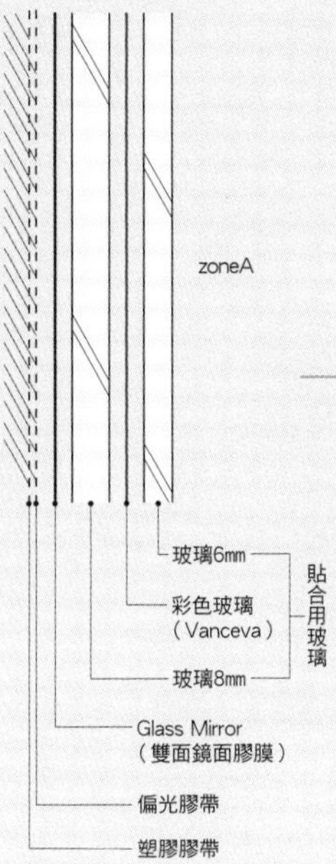
zoneB
zoneA
玻璃6mm
彩色玻璃
（Vanceva）
玻璃8mm
貼合用玻璃
Glass Mirror
（雙面鏡面膠膜）
偏光膠帶
塑膠膠帶

照片1　從〔zone A〕一方來看「魔術帳篷」。將具有倒影的玻璃分割成不同的區塊來擺設，讓有限的空間也能得到寬敞的感覺。

圖2 平面圖

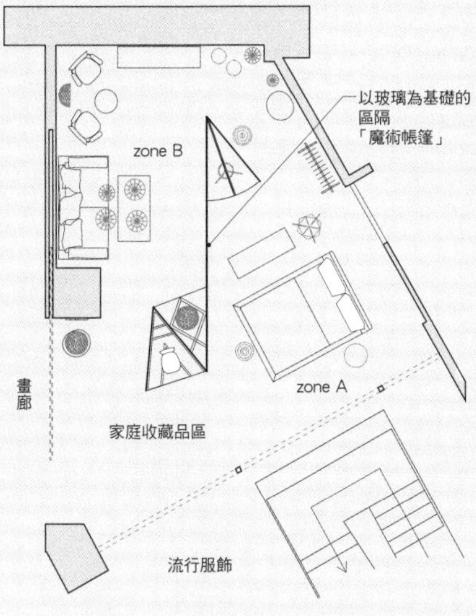
以玻璃為基礎的
區隔
「魔術帳篷」
zone B
zone A
畫廊
家庭收藏品區
流行服飾

照片2　從〔zone B〕一方來看「魔術帳篷」。用高2.8公尺的大型鏡子，讓人有如試衣服一般，可以觀察家具跟自己搭配的感覺。旁邊畫廊的美術品也出現在鏡子內來當作配件之一，藉此提出具有美術品之日常生活的訴求。這個圖樣以馬戲團的帳篷為主題，就如同馬戲團來到街上給人帶來那種期待，創造出站在帳篷入口一般的興奮。注重人與空間之縮尺的同時，也表現出鏡子的影像效果、商品的躍動跟飄浮感。

案例：DIESEL 渋谷店
照片：太田拓

將裸露的結構體美麗的照亮

如果要在結構體裸露的天花板設置照明，重點將是如何把結構體美麗的照亮，以及盡可能的減少照明器具露出來的部分。沒有可以用來遮掩的場所、施工所造成的影響會時常出現在視線內，基於這兩點，最好在裝設之前用模擬器來進行模擬，事先完成具體的計劃。

〔戶恒浩人〕

天花板：杉木羽目板鋪設
牆：石膏板的上面，AEP
椴木合板的上面，OSCL
地板：櫟木複合地板材

玉川上水之家／主題設計：MDS一級建築士事務所

圖1 從下方照亮裸露的天花板

如果要用間接照明來將天花板的表面照亮，必須注意Cut Off Line（擋光板在照射面所形成的光的境界）的位置。Cut Off Line的呈現方式，會受到光源的裝設位置跟擋光板的高度影響。可以在CG模擬之中，確認一下Cut Off Line會出現在什麼樣的位置。此處採用位置比較自然的提案①。

Cut Off的位置

提案②：Cut Off Line－屋頂FL＋1,500㎜。

Cut Off的位置
B處
A處

提案①：Cut Off Line－屋頂開口處下端。

Cut Off的位置

提案③：Cut Off Line－橫樑下端。

A處截面圖〔S＝1：15〕　B處截面圖〔S＝1：15〕

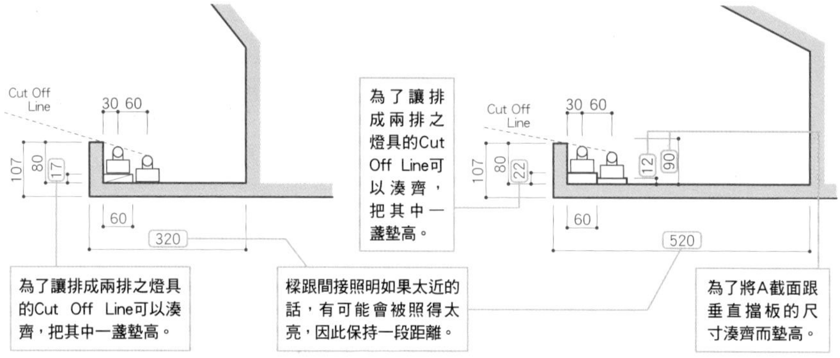

Cut Off Line
30 60
107
80
17
60
320
為了讓排成兩排之燈具的Cut Off Line可以湊齊，把其中一盞墊高。
Cut Off Line
30 60
107
80
22
12
90
60
520
為了讓排成兩排之燈具的Cut Off Line可以湊齊，把其中一盞墊高。
樑跟間接照明如果太近的話，有可能會被照得太亮，因此保持一段距離。
為了將A截面跟垂直擋板的尺寸湊齊而墊高。

圖2｜活用樑的形狀來設置照明

（荻窪之家／主題設計：MDS一級建築士事務所）

照明詳細圖
（上：飯廳＋廚房、下：客廳）
〔S＝1：20〕

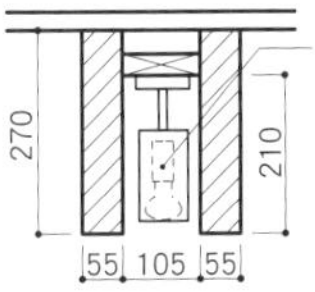

投射燈：
迷你氪氣
反射光源
270
210
55 105 55

用來當作基礎照明的投射燈。往內推來降低眩目的感覺，讓橫樑被照亮的部分不會讓人感到在意。

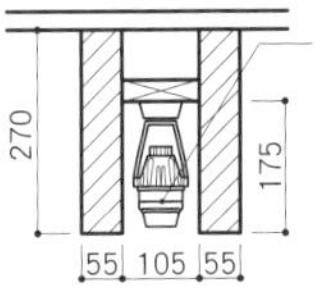

投射燈：
鹵素反射鏡
燈泡
270
175
55 105 55

用來將桌子照亮的投射燈。原本是跟遮罩搭配來降低亮度的燈具，因此以光不會照到樑為優先（跟樑的底部湊齊）。

圖3｜在裸露的天花板表面直接設置投射燈

（荻窪之家／主題設計：MDS一級建築士事務所）。

照明詳細圖〔S＝1：20〕

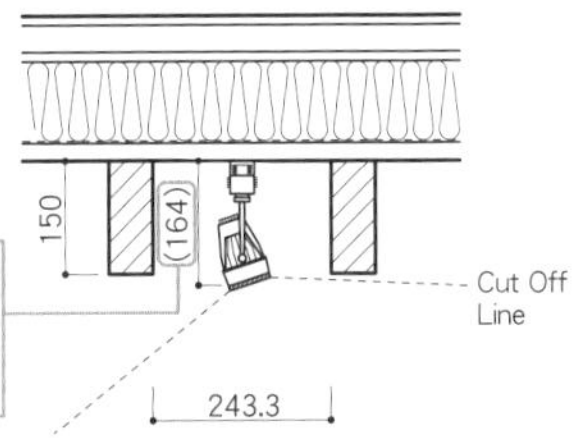

150
(164)
Cut Off
Line
243.3

投射燈往左右擺動的時候，讓光線不會蓋到樑的表面。

圖4｜利用RC天花板表面跟樓梯的照明

埋入天花板
埋入樓梯

埋入天花板表面的照明跟利用樓梯所裝設的照明（南麻布之家／主題設計：若松均建築設計事務所）。

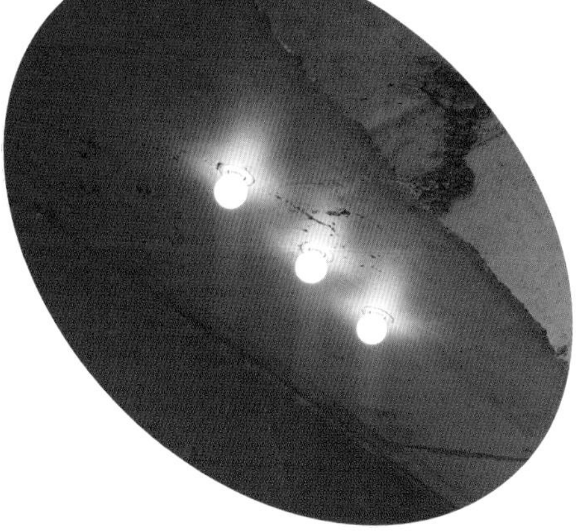

埋入天花板的照明。

埋入樓梯之照明BOX詳細圖〔S＝1：6〕

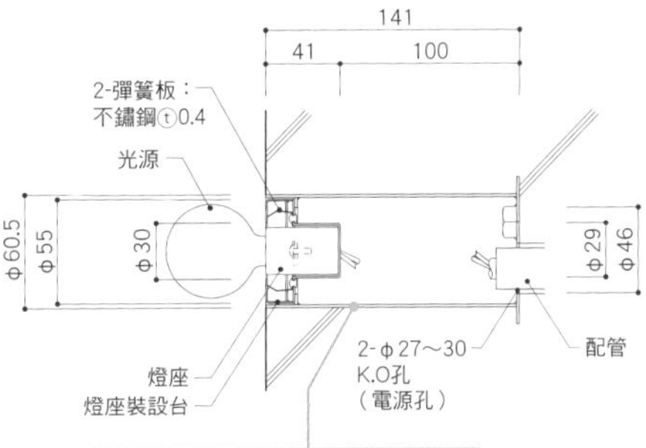

141
41
100
2-彈簧板：
不鏽鋼ⓣ0.4
光源
φ60.5
φ55
φ30
φ29
φ46
燈座
燈座裝設台
2-φ27～30
K.O孔
（電源孔）
配管

接線用的埋設箱，會配合樓梯的形狀使用細長的管狀結構。

埋入天花板之照明BOX詳細圖〔S＝1：6〕

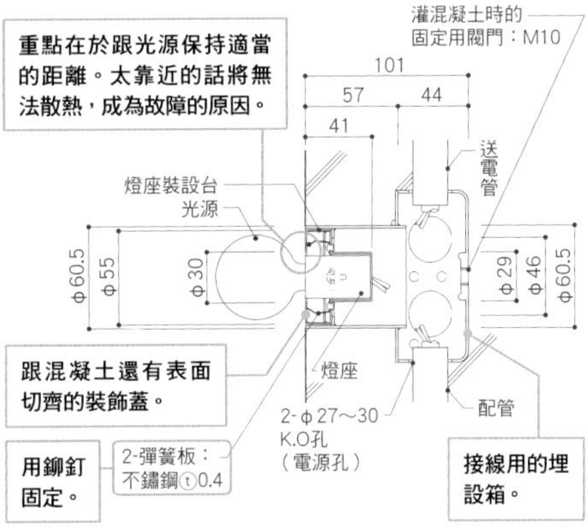

灌混凝土時的
固定用閥門：M10
101
57
44
41
送電管
燈座裝設台
光源
φ60.5
φ55
φ30
φ29
φ46
φ60.5
燈座
2-φ27～30
K.O孔
（電源孔）
配管
2-彈簧板：
不鏽鋼ⓣ0.4

重點在於跟光源保持適當的距離。太靠近的話將無法散熱，成為故障的原因。

跟混凝土還有表面切齊的裝飾蓋。

用鉚釘固定。

接線用的埋設箱。

把縱向與橫向的間接照明分開使用

縱向的間接照明，施工跟保養都很不容易，必須先確保裝設跟維修用的深度，並且進行遮光，讓光源不會被外側看到。天花板的間接照明，以貼上銀箔讓天花板得到飄浮感為主要目的，因此大膽的確保照明箱內的高度尺寸。照明箱內水平面跟垂直面的交接處，設在不會被看到的位置。

〔戸恒浩人〕

天花板：LGS＋石膏板底層的上面，
銀箔和紙
300
照明：無接縫直線光源
燈泡色：2,800K
牆：LGS＋石膏板底層的上面，
灰泥
1,710
凹間：貼上銀箔和紙

O-HOUSE／主題設計：芦原太郎建築設計事務所。

圖1 | 天花板照明截面詳細圖 [S=1:15]

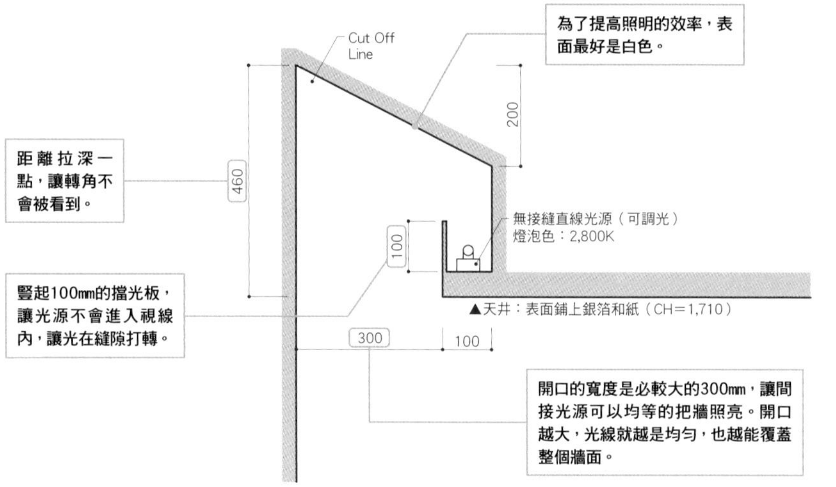

Cut Off
Line
為了提高照明的效率，表
面最好是白色。
200
距離拉深一
點，讓轉角不
會被看到。
460
100
無接縫直線光源（可調光）
燈泡色：2,800K
豎起100㎜的擋光板，
讓光源不會進入視線
內，讓光在縫隙打轉。
▲天井：表面鋪上銀箔和紙（CH=1,710）
300
100
開口的寬度是必較大的300㎜，讓間
接光源可以均等的把牆照亮。開口
越大，光線就越是均勻，也越能覆蓋
整個牆面。

圖2 | 地板間接照明平面詳細圖 [S=1:15]

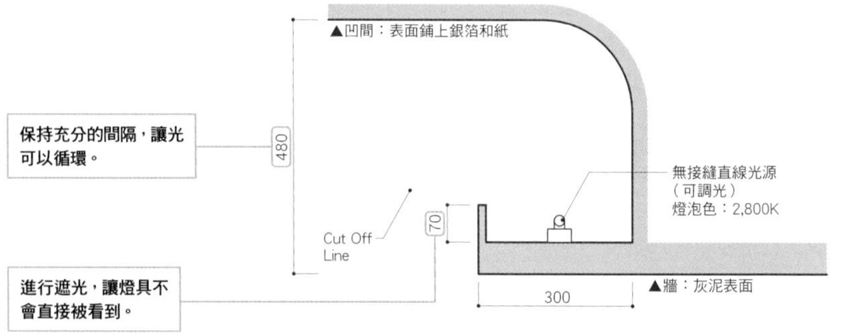

▲凹間：表面鋪上銀箔和紙
保持充分的間隔，讓光
可以循環。
480
無接縫直線光源
（可調光）
燈泡色：2,800K
Cut Off
Line
70
進行遮光，讓燈具不
會直接被看到。
300
▲牆：灰泥表面

將百葉窗照亮的照明

這間公寓在大規模改建的時候，為了讓原本的鋁製窗框跟牆面可以得到連續性的外表，設置了最大寬度的木製百葉窗板。造型上特別的講究，跟室內裝潢順利的融合在一起。在百葉窗板的上方裝設間接照明，順著每一片條板的角度來產生光的漸層，呈現出具有深度的表情。〔黑崎敏〕

開放櫃：
蜜胺化妝板 平面
天花板：石膏板ⓣ9.5
防寒紗油灰處理的上面，矽藻土塗佈
450
條板：美國紅杉
褪光OF
1,850
地板：地板用
科涅克梣木ⓣ15

圖1 | 開口處展開圖［S=1:80］

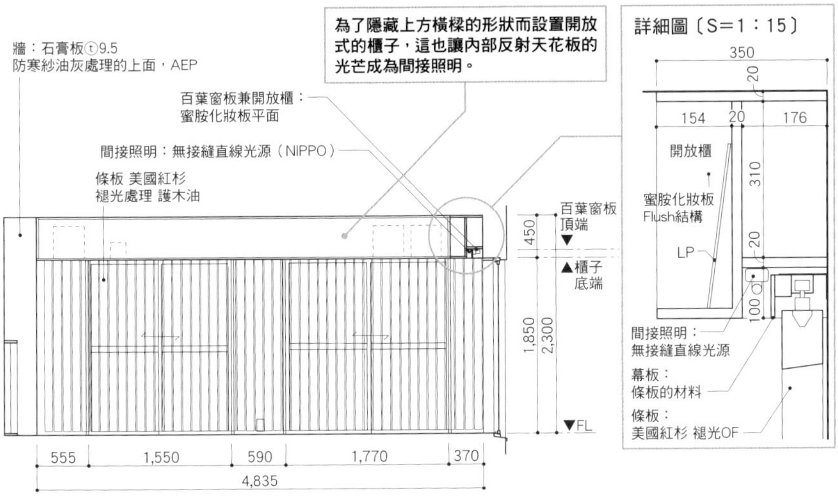
為了隱藏上方橫樑的形狀而設置開放式的櫃子，這也讓內部反射天花板的光芒成為間接照明。
牆：石膏板ⓣ9.5
防寒紗油灰處理的上面，AEP
百葉窗板兼開放櫃：
蜜胺化妝板平面
間接照明：無接縫直線光源（NIPPO）
條板 美國紅杉
褪光處理 護木油
百葉窗板
頂端
▼
▲櫃子
底端
450
1,850
2,300
▼FL
555
1,550
590
1,770
370
4,835
詳細圖〔S=1：15〕
350
20
154
20
176
開放櫃
310
蜜胺化妝板
Flush結構
20
LP
100
間接照明：
無接縫直線光源
幕板：
條板的材料
條板：
美國紅杉 褪光OF

圖2 | 平面圖

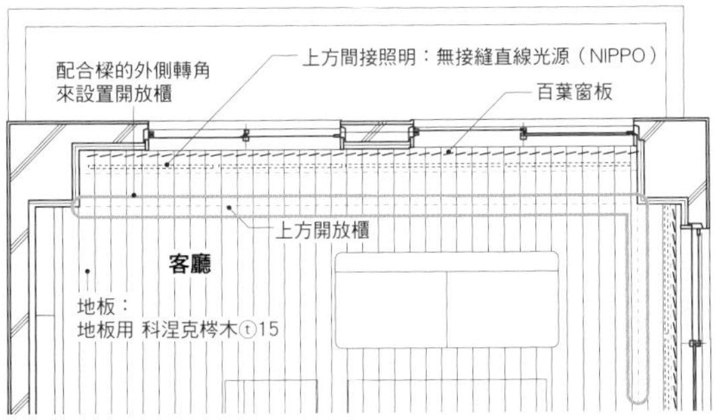
配合樑的外側轉角
來設置開放櫃
上方間接照明：無接縫直線光源（NIPPO）
百葉窗板
上方開放櫃
客廳
地板：
地板用 科涅克梣木ⓣ15

為了讓所有條板都被照亮，設計的時候必須考慮Cut Off Line的位置。

不讓垂直百葉窗的外框被看到的裝設手法

穿越複數樓層的幕牆型窗框，採用具有統一感的垂直百葉窗簾，藉此控制內外的風景。在窗框內側設置足以容納窗簾軌道盒的空間，將條板的上下隱藏起來。隱藏外框，除了可以大幅提升開口處骨架的效果，還可以象徵性的將風景分割開來。〔黑崎敏〕

圖1 | 開口處截面圖［S=1:15］

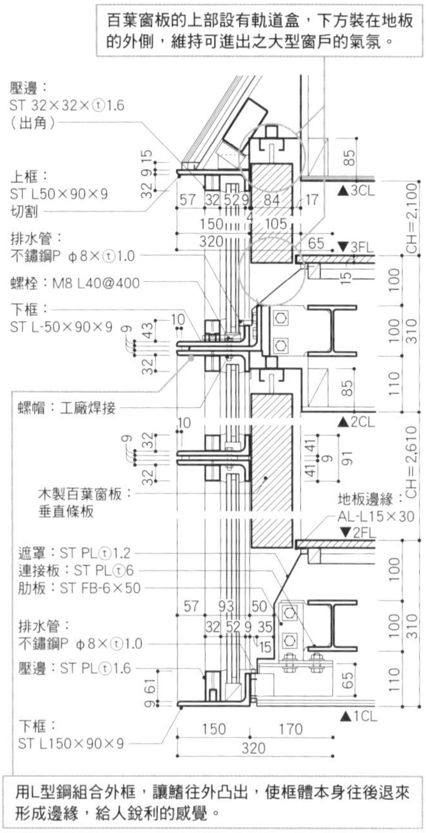

圖2 | 開口處平面圖［S=1:12］

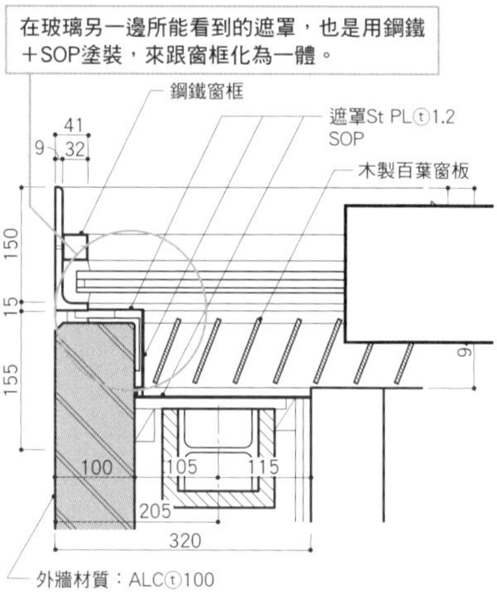

正面立面用鋼鐵窗框形成大型的開口，以幕牆的方式來裝設。配合這個設計來裝上垂直的百葉窗。位在玻璃另一邊的牆壁不會被看到，實現清爽的外觀。

避開結構樑往內深入的窗簾軌道盒

天花板：混凝土表面
牆：石膏板ⓣ12.5（GL工法）
防寒紗油灰處理的上面，AEP
2,235
地板：爐渣混凝土ⓣ50 鏝刀直接修繕
塗佈混凝土塗封劑

沒有將捲簾（百葉窗）直接裝在混凝土的天花板表面，而是先往內挖出箱型的結構，藉此將百葉窗的存在感去除。跟條板疊在一起收納的百葉窗相比，捲簾式的百葉更為精簡。但結構樑的位置將是個問題，要事先考慮好鋼筋的排列方式，跟地板高度沒有任何勉強的形成連續性的構造。

〔黑崎敏〕

圖 ｜ 開口處截面圖［S=1:15］

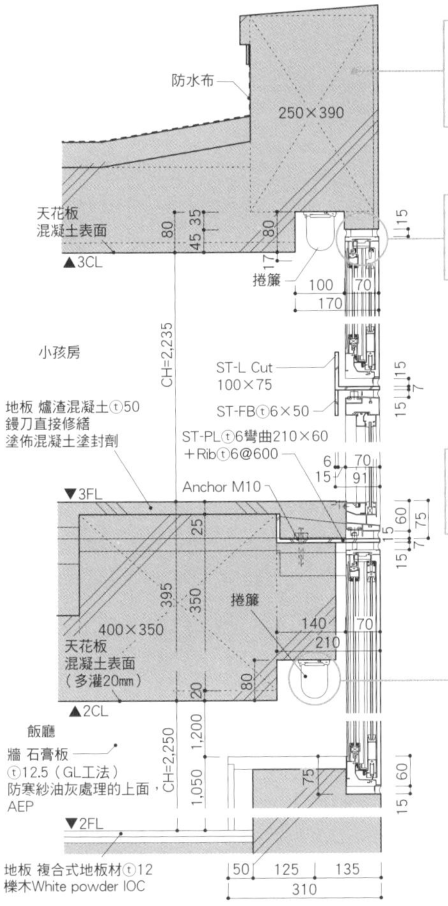

防水布
250×390
天花板
混凝土表面
▲3CL
捲簾
100
70
170
小孩房
CH=2,235
ST-L Cut
100×75
ST-FBⓣ6×50
地板 爐渣混凝土ⓣ50
鏝刀直接修繕
塗佈混凝土塗封劑
ST-PLⓣ6彎曲210×60
＋Ribⓣ6@600
Anchor M10
▼3FL
400×350
天花板
混凝土表面
（多灌20mm）
捲簾
140
210
▲2CL
飯廳
牆 石膏板
ⓣ12.5（GL工法）
防寒紗油灰處理的上面，
AEP
CH=2,250
▼2FL
地板 複合式地板材ⓣ12
櫟木White powder IOC
50
125
135
310

如果採用混凝土來當作天花板的表面，要事先跟結構設計師討論平面跟樑的位置關係以及鋼筋的位置，來決定挖深的部位要在哪裡。

窗框的上框如果會被室內一方看到，可以用跟窗框一樣材質的遮罩來處理表面。

裝設捲簾來隱藏天花板被挖深的部位，可以讓捲簾的存在感從室內消失。

2樓飯廳，窗框的上框跟捲簾採用室內無法看到的裝設方式。

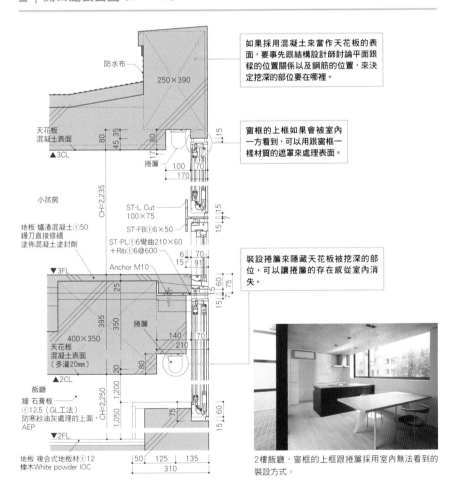

讓橫向連續性窗戶得到延伸感的百葉窗軌道盒

以包圍空間的方式來配置的，左右較長的連續性窗戶。為了以自然的方式創造出立體感，並且得到延伸出去的感覺，決定追加百葉窗的軌道盒。沒有使用裝在天花板上的照明，而是讓這個軌道盒本身也兼具照明箱的機能，成為一個獨立的光源，在夜晚的時候會連同存在感一起消失。

〔竹內嚴〕

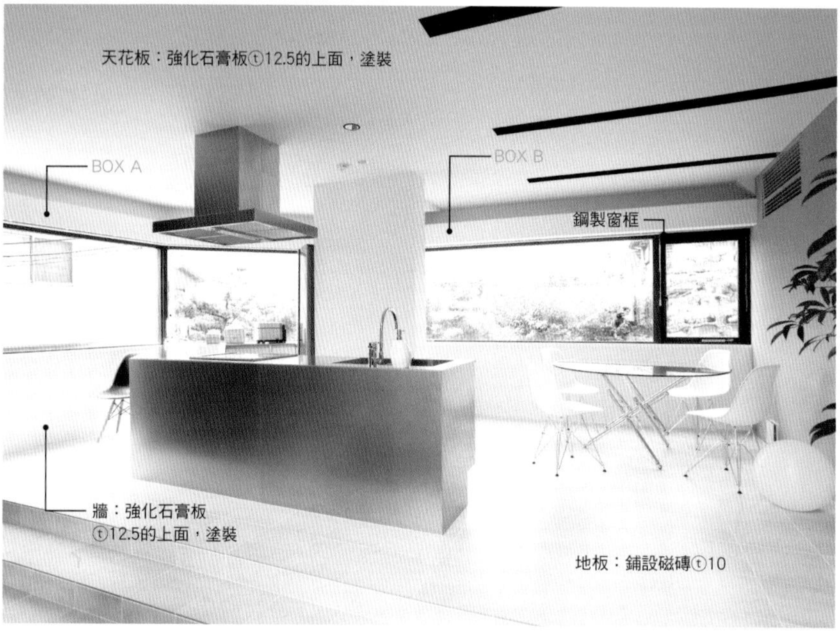

天花板：強化石膏板ⓣ12.5的上面，塗裝
BOX A
BOX B
鋼製窗框
牆：強化石膏板
ⓣ12.5的上面，塗裝
地板：鋪設磁磚ⓣ10

圖1 | 開口處詳細圖

BOX A截面圖〔S=1：20〕　BOX B 截面圖〔S=1：20〕

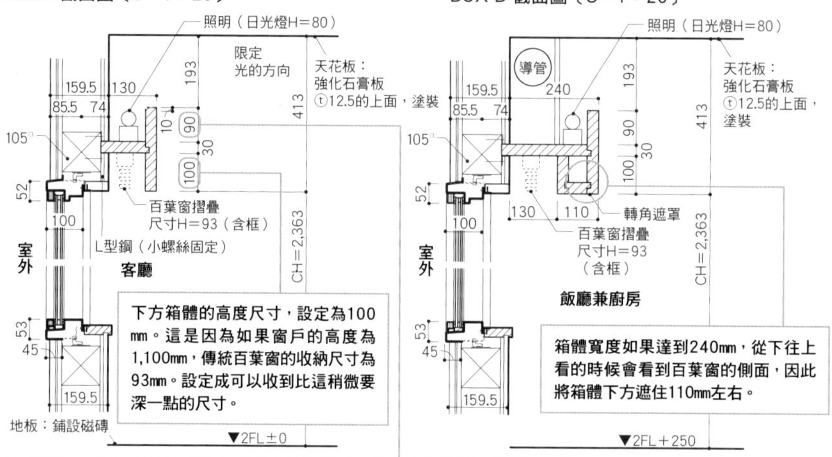

照明（日光燈H=80）
限定
光的方向
天花板：
強化石膏板
ⓣ12.5的上面，塗裝
193
413
159.5
130
85.5
74
105
10
90
30
100
52
百葉窗摺疊
尺寸H=93（含框）
L型鋼（小螺絲固定）
室外
客廳
CH=2,363
53
45
地板：鋪設磁磚
▼2FL±0
導管
240
轉角遮罩
110
百葉窗摺疊
尺寸H=93
（含框）
飯廳兼廚房
▼2FL＋250
下方箱體的高度尺寸，設定為100㎜。這是因為如果窗戶的高度為1,100㎜，傳統百葉窗的收納尺寸為93㎜。設定成可以收到比這稍微要深一點的尺寸。
箱體寬度如果達到240㎜，從下往上看的時候會看到百葉窗的側面，因此將箱體下方遮住110㎜左右。

上方箱體的高度尺寸，是一般照明器具之高度的80㎜左右，為了不讓照明器具被看到，且盡可能的把配光局限在牆邊，因此從照明的頂端往上提高10㎜來成為90㎜。此處採用往上照射的洗牆式照明計劃，如果燈具頂端高過箱體的上面，會讓光照到水平跟下面的方向，讓整個天花板亮起來。因此設計的時候會注意不要讓光過度的擴散。

BOX A截面圖〔S=1：20〕　BOX B 截面圖〔S=1：20〕

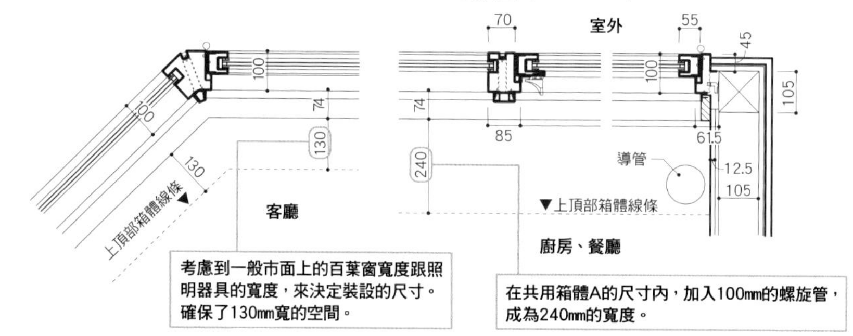

100
74
130
上頂部箱體線條
客廳
70
室外
55
45
85
61.5
105
240
導管
12.5
▼上頂部箱體線條
廚房、餐廳
考慮到一般市面上的百葉窗寬度跟照明器具的寬度，來決定裝設的尺寸。確保了130㎜寬的空間。
在共用箱體A的尺寸內，加入100㎜的螺旋管，成為240㎜的寬度。

利用垂壁來收納百葉窗

想要以清爽又銳利的感覺來表現開口的部分。這份案例用造型簡單的窗框環繞頂部跟左右3個方向，來規劃出窗戶的造型，將適度的景觀融入室內之中。為了不讓百葉窗影響到窗戶的輪廓線，用垂壁凸出來的幕板來將百葉窗隱藏起來，讓存在感得以消失。〔加藤武志〕

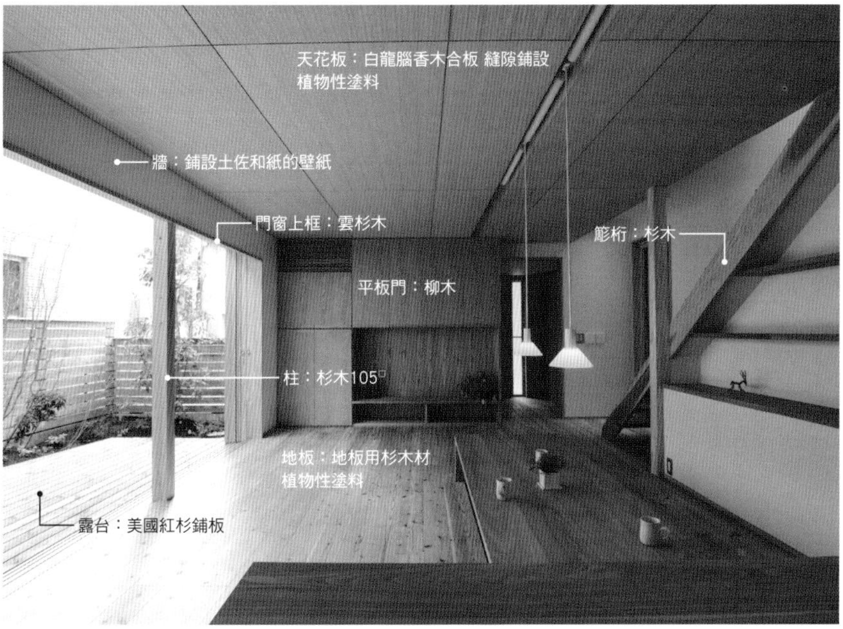

天花板：白龍腦香木合板 縫隙鋪設
植物性塗料
牆：鋪設土佐和紙的壁紙
門窗上框：雲杉木
平板門：柳木
椽桁：杉木
柱：杉木105□
地板：地板用杉木材
植物性塗料
露台：美國紅杉鋪板

圖｜開口處詳細圖［S=1:10］

開口處截面圖〔S=1：12〕

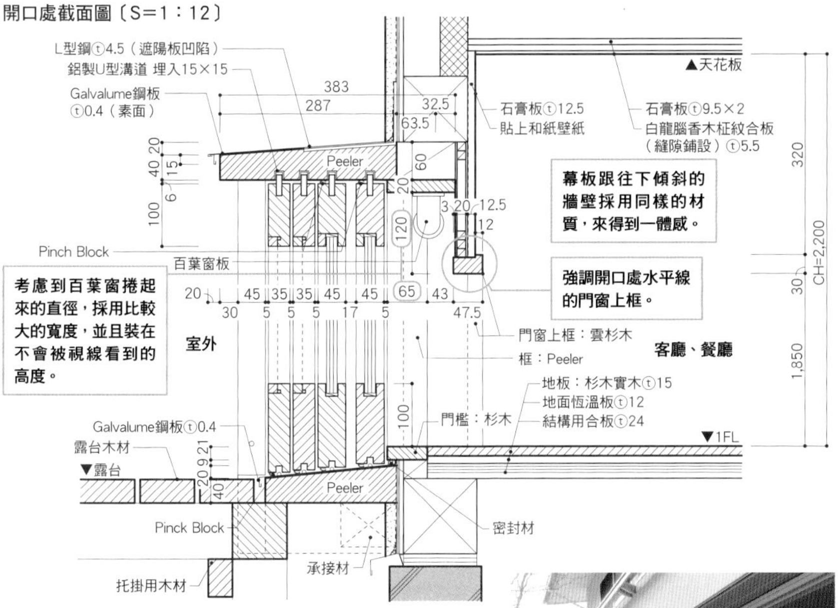

L型鋼ⓣ4.5（遮陽板凹陷）
鋁製U型溝道 埋入15×15
Galvalume鋼板
ⓣ0.4（素面）
383
287
32.5
63.5
Peeler
石膏板ⓣ12.5
貼上和紙壁紙
石膏板ⓣ9.5×2
白龍腦香木柾紋合板
（縫隙鋪設）ⓣ5.5
▲天花板
幕板跟往下傾斜的牆壁採用同樣的材質，來得到一體感。
強調開口處水平線的門窗上框。
Pinch Block
百葉窗板
考慮到百葉窗捲起來的直徑，採用比較大的寬度，並且裝在不會被視線看到的高度。
室外
門窗上框：雲杉木
框：Peeler
客廳、餐廳
地板：杉木實木ⓣ15
地面恆溫板ⓣ12
結構用合板ⓣ24
門檻：杉木
▼1FL
CH=2,200
320
1,850
Galvalume鋼板ⓣ0.4
露台木材
▼露台
Peeler
Pinck Block
密封材
承接材
托掛用木材

開口處截面圖〔S=1：12〕

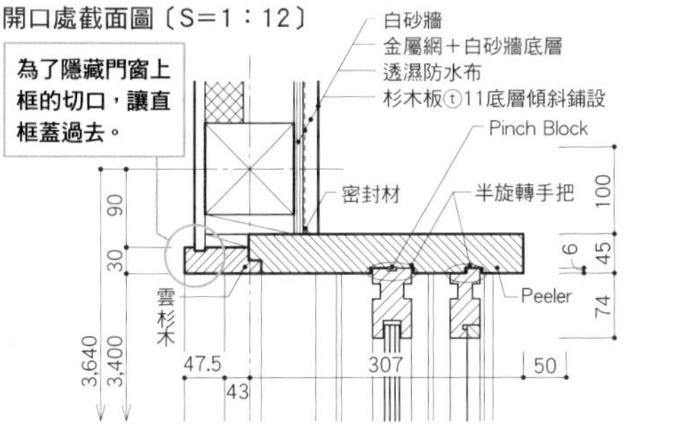

白砂牆
金屬網＋白砂牆底層
透濕防水布
杉木板ⓣ11底層傾斜鋪設
Pinch Block
為了隱藏門窗上框的切口，讓直框蓋過去。
密封材
半旋轉手把
Peeler
雲杉木
3,640
3,400
47.5
43
307
50

從露台看起來的樣子。夾著1根柱子，兩道百葉窗以非常清爽的方式裝設。

COLUMN

交屋前夕出現瑕疵！可以回復到相當程度的修補技巧

「修補專家」是比較新的職業，但是在施工人員這行之中，或許已經不再陌生。最近幾年，對於「住宅」這項商品的品質要求越來越高，在建商跟工務店經手的住宅現場，「修補工程」也已經成為一道固定的程序。

必須修補的傷痕，沒有任何一個相同。因此修復的成果，會依照執行者的知識、經驗、技術而產生很大的落差。

比方說木頭地板這個最為典型的修補對象，除了實木、人造板、積層材的差異，在積層材之中也有如同橡木那樣木紋非常清楚的環孔材（照片1）跟蒲櫻木這種散孔材等，表面處理完全一樣的材質。而就算是同樣的材質，隨著傷口的不同，使用的材料跟手法也有可能產生變化。

修補作業給人的印象，或許只是交換材料或填補傷口，但實際上卻必須繪製木紋、對單色的現場打造之家具或門窗（照片2）、鋁製窗框、石材的色澤進行調整（照片3）等等，作業內容非常的多元。外觀上的各種瑕疵，在大多數的狀況之下，都可以透過這些專家的技術來修正，沒有必要整個換新。

理所當然的，不是任何瑕疵都有辦法補到天衣無縫，但是在放棄之前，還是值得跟修補專家商量看看。說不定會出現意想不到的結果，請務必活用。

（大河內四郎）

照片1　在木頭地板留下配管用的孔。先將木頭塞入，灌入環氧樹脂的油灰之後，磨平並且畫上木紋。噴上保護漆並調整光澤即可完成。

照片2　全新建築的白色門板。用環氧樹脂的油灰塑造出原本應有的形狀，調色之後用噴槍噴上去，調整光澤之後即可完成。

照片3　修補石頭的外牆。因為有耐氣候性的問題，要盡量不去上色。用幾種顏色不同的油灰來進行調色，一邊填充一邊創造出質感。

照片4　修補磁磚缺了一角的邊緣。雖然是在室外，但這個案例還是有進行上色。

裝在大型開口的捲簾

寬7公尺、高3公尺的大型開口，必須連續性的裝設好幾捆的捲簾。為了不損礙到景觀，選擇帶有拉把的款式，以免鏈子在開口途中被看到。將天花板的收納盒加深，連同拉把一起收納進去，就能實現存在感完全消失的開口。

〔小川晉一〕

天花板：石膏板ⓣ9.5油灰處理的上面，EP
牆：石膏板ⓣ12.5油灰處理的上面，EP
3,000
地板：鋪設洞石600□ⓣ16
塗佈防水劑

圖 | 開口處截面圖［S=1:80］

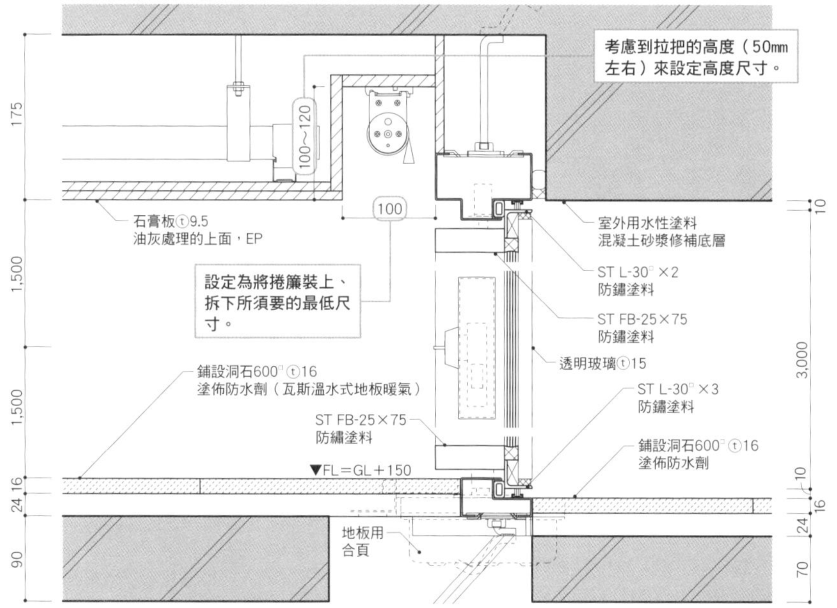

考慮到拉把的高度（50mm左右）來設定高度尺寸。
175
100~120
100
石膏板ⓣ9.5
油灰處理的上面，EP
設定為將捲簾裝上、拆下所須要的最低尺寸。
1,500
1,500
室外用水性塗料
混凝土砂漿修補底層
ST L-30□×2
防鏽塗料
ST FB-25×75
防鏽塗料
透明玻璃ⓣ15
鋪設洞石600□ⓣ16
塗佈防水劑（瓦斯溫水式地板暖氣）
ST L-30□×3
防鏽塗料
ST FB-25×75
防鏽塗料
鋪設洞石600□ⓣ16
塗佈防水劑
▼FL=GL+150
地板用
合頁
3,000
10
10
16
24
70
16
24
90

拉把式的捲簾，一直到3公尺高為止，都可以用專用的鉤子來進行操作。如果超過3公尺，預算允許的話會選擇電動式捲簾。

跟整個正面一樣寬的開口，捲簾的存在完全被隱藏起來。

活用光源的特徵！LED攻略法

LED、日光燈、白熱燈泡比較三者的特徵

最近幾年越來越是普及的LED光源，跟傳統性的光源相比，它到底有什不同呢？

在照明設計的領域，LED幾乎被當作日光燈跟白熱燈泡的替代品。但是就照明計劃原本的意義來看，應該是要理解各種光源的特徵，按照需求來分開使用才是。在此將照明計劃之前提的基本知識，以及各種光源的特徵整理出來，讓我們一起重新複習一下（表1）。

身為照明器具的LED

LED本身並不是新的技術。它從以前就被當作機械的顯示燈或訊號燈，從1960年代就已經被實用化。

之所以到近幾年才在照明器具的領域展露頭角，是因為跟住宅的傳統性光源相比，光量與色澤方面，都已經改良到毫不遜色的程度。尤其是藍色

表1｜光源的特徵

	LED光源		日光燈		白熱燈泡
	燈泡色	晝白色	燈泡色	晝白色	
製品的意象圖		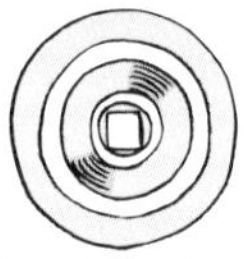			
光的質感、色澤	略帶紅色，柔和、溫暖的光芒。演色性也佳。	藍白色、有如陽光一般爽朗的亮光。演色性也佳。	不容易形成陰影、平坦的進行呈現。稍微帶有紅色、柔和且溫暖的光芒。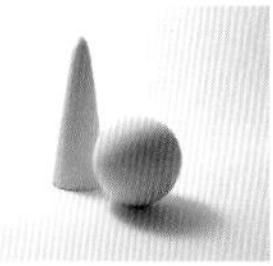	不容易產生影子，平坦的進行呈現。藍白色、有如陽光一般爽朗的光芒。	會形成陰影，以立體的方式呈現。嚴色偏紅，柔和且溫柔的光芒。
平均演色性評估值(Ra)（＊1）	Ra＝70～80（隨著光源種類而不同）		Ra＝84（隨著光源種類而不同）		Ra＝100
演出效果	LED的光線跟日光燈還有白熱燈泡不同，幾乎不含有紫外線跟紅外線，因此美術品跟生物等，懼怕高溫或是會退色的物體也能使用。		雖然日光燈的訴求大多是經濟效益，卻擁有溫暖的色澤，可以創造出沉穩的氣氛跟休閒的感覺。	・形成爽朗活潑的氣氛。很適合學習與閱讀。	創造出沉穩的氣氛，給人放鬆下來的感覺。可以實現有情調的氣氛，或是讓料理看起來更加美味。
特徵	・壽命長、省電 ・對於燈具的小型化有很大的貢獻 ・素子（發光部）為片狀，很難像傳統燈泡那樣向全發位發光。但最近也出現有全方位型的LED照明，另外也有研發燈絲型的LED燈泡而得到普及。		・跟白熱燈泡不同，可以得到平坦的擴散光，不容易形成陰影。 ・就算以裸露的方式使用，也不會讓人感到眩目。	・可以得到平坦的擴散光，不容易形成陰影。 ・就算以裸露的方式使用，也不會讓人感到眩目。	・可以良好的呈現出物體應有的顏色，常常用在餐桌跟盥洗室。 ・屬於亮度較高的點狀光源，適合用來表現光澤跟立體感。 ・創造出具有陰影、輪廓較深的空間。
開燈時	・按下開關馬上就會亮起。 ・適合開跟關較為頻繁的場所、不容易進行維修的場所。 ・大多可以用專用的調光器來進行調光。		・從按下開關到完全亮起為止，有些款式會稍微須要一些時間。 ・頻繁的進行開跟關，會大幅減少光源的壽命，不適合常常開關的場所。 ・無法跟調光器一起使用。 ・環形的日光燈，有些可以階段性或無段式的調光。 ・燈泡型日光燈，有一部分具備調光機能，但一般大多無法調光。		・按下開關馬上就會亮起。 ・適合用在走廊或樓梯等逗留時間較短、會頻繁的進行開關的場所。 ・跟調光器一起使用，可以無段式的調光。
電費（＊2）	7W≒40日圓（大約是白熱燈泡的1/8）		12W≒68日圓（大約是白熱燈泡的1/5）		60W≒342日圓
光源壽命	40,000h（大約是白熱燈泡的40倍）		8,000h（大約是白熱燈泡的8倍）		1,000小時
適用空間	客廳、飯廳、寢室、和室、室外空間、走廊、不容易維修的場所		客廳、飯廳、寢室、和室、室外空間	客廳、飯廳、小孩房	樓梯、衛浴設備、室外空間、飯廳、客廳

引用、照片提供：Koizumi照明

＊1：是否能忠實表現出基準光源之色彩的評估數據，基本上越接近100演色性越好。不同的色溫度擁有不同的基準光，因此色溫不同的光源無法直接用Ra值來進行比較。
＊2：以8小時／天來計算1個月下來的電費（23日圓／kWh）

圖1｜身為光源之LED的分類

照明器具一體成型

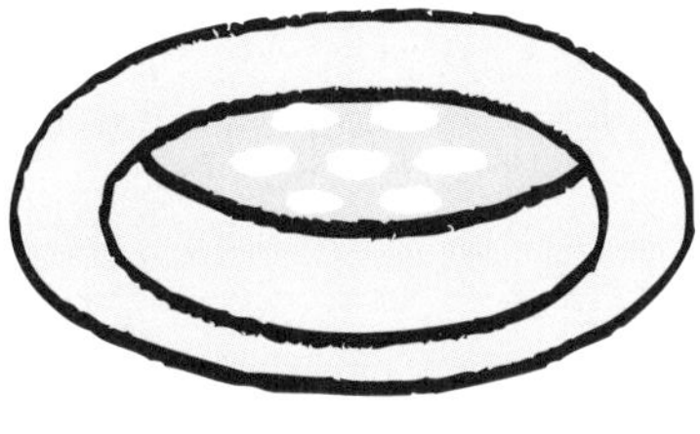

燈座型

	照明器具一體成型	燈座型
優點	・身為光源的LED可以從基板到燈具統一的進行設計，讓燈具本身更進一步的小型化，並實現效率更好的散熱結構。 ・跟LED專用的反射板搭配，讓照明廠商可以實現更為周詳的配光（得到更高品質的光芒）。	・可以將LED光源裝到傳統的照明器具上。 ・就算光源的壽命結束，燈具若是還能使用，只要更換光源即可。
缺點	・雖然也有例外，基本上在LED的壽命結束時，必須連同整個燈具一起更換。	・就算燈座的規格相同，有些燈具還是無法使用LED光源。 ・跟一體成型的照明器具相比，亮度跟演色性方面的性能會比較差。

一體成型跟燈座型，分別擁有各自的優點跟缺點。誰優誰劣，很難一概論之。燈座型雖然可以輕鬆的更換光源，卻不可以忘記燈座本身也有它的壽命存在。包含照明器具在內，電氣用品的耐用年數，在電氣用品安全法的規定之下被定為40,000小時。這是因為使用10年之後，燈座跟電線等部位的絕緣物質就會在時間跟高溫的影響之下退化，容易產生漏電，讓發煙、引火、觸電的危險性變高。條件雖然會隨著使用場所而不同，但是當LED壽命結束的時候，照明器具本身很可能也已經處於危險的狀態。

封裝型（傳統型）

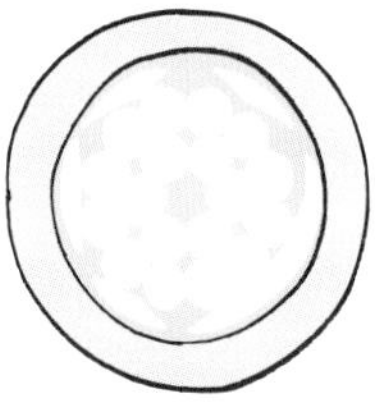

由許多LED晶片集合在一起所形成的封裝，並由複數的封裝來形成1個單元。封裝的數量越多，消耗電力的瓦數也越高。

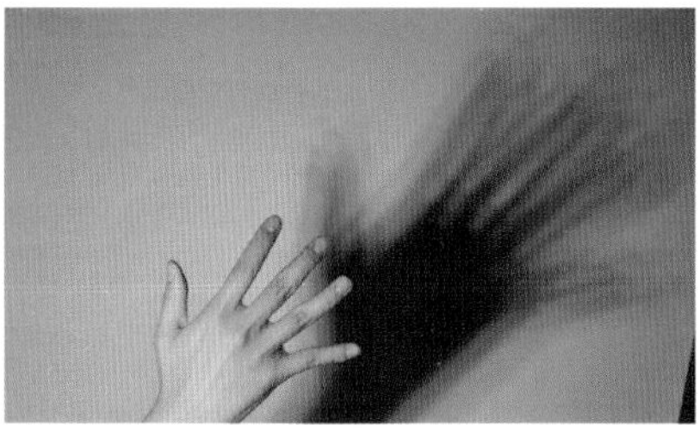

會形成複數的影子。
照片提供：Panasonic

積體型（單核心型）

最近主流

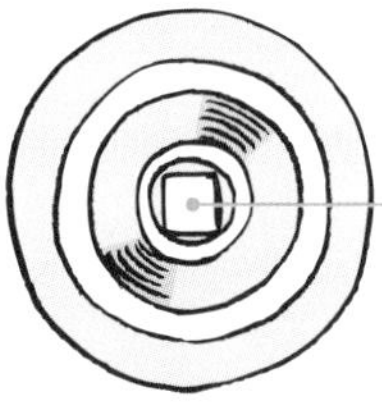

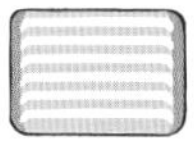

將複數的LED晶片集合到同1個單元上，也被稱為COB型。

光線均勻，影子也非常的明確。當作落地燈來使用，往上看的時候不會給人顆粒狀或奇怪的感覺。

插圖：前田本吉

LED的登場，讓光之三原色的RGB（紅、綠、藍）全數湊齊，讓白色的LED得以被實現，LED照明器具的商品化也一口氣出現了進展。

住宅照明的LED，代表性的顏色有像白熱燈泡那樣帶有溫暖色澤的燈泡色，以及像日光燈那樣色澤爽朗偏白的白色。

除此之外，還有活用LED容易控制的這個優勢的「調光型」。使用調光型的LED，只憑單獨的照明器具跟光源，就能從白色到燈泡色等等，自由的進行調整。

身為光源的LED

將LED當作光源的照明器具，有燈具跟光源一體成型的款式，以及按照燈座規格來分類的獨立光源。另外

表2｜燈泡型LED光源跟白熱燈泡的對照表

規格	主要的白熱燈泡	例
LDA	一般照明用燈泡（燈座：E26）	
	小型一般照明用燈泡（燈座：E17）	
LDC	枝形吊燈燈泡	
LDG	球型燈泡	
LDR	反射型燈泡／光束型燈泡／反射光源／照射用燈泡／附帶反射鏡之鹵素燈泡等等	

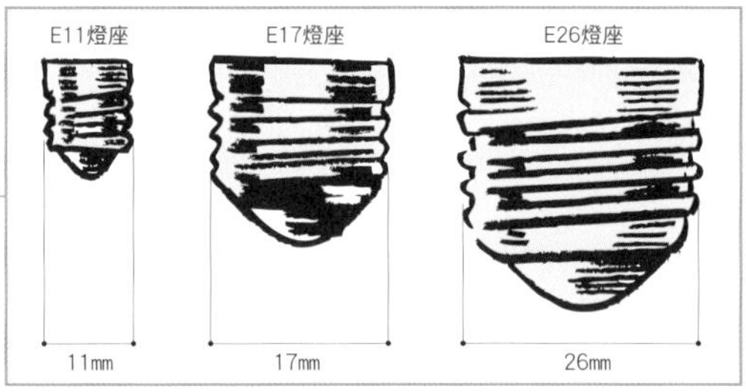

引用：日本電球工業會

圖2｜燈管型LED光源的新規格

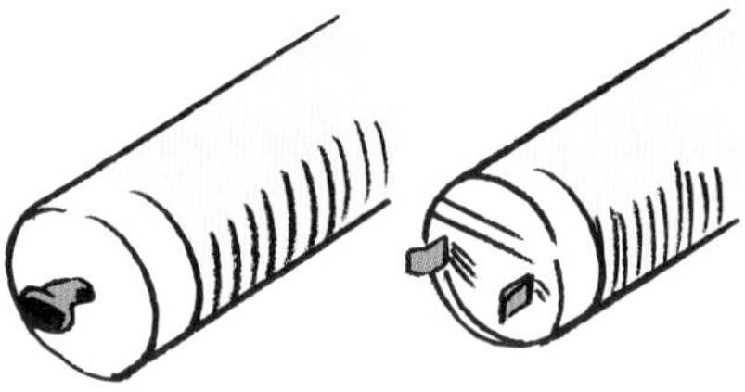

在一體成型的部分，還會按照光源部分的構造，分成封裝型（Package）跟單核心型（One Core）型兩種〔圖1〕。

一般的LED光源，會讓小型的LED晶片聚集在一起，形成光量較大的照明器具。此時，因為單一的照明器具是由許多LED晶片一起發光，所以會讓光芒產生不均勻性跟複數的影子（Multi-Shadow現象）。對住宅等逗留時間較長的空間來說，使用LED容易形成不舒適的照明空間。

另一方面，搭載光源的單核心（One Core）型LED在最近開始普及。物體跟牆上所出現的影子得到相當程度的改善，因此對住宅來說，單核心型的LED照明會比較值得令人推薦。

不光是影子，當作落地燈來使用時，抬頭往上看不會出現顆粒的感覺，也跟過去的傳統性光源比較接近，讓人不會感到在意。

注意！ 日光燈管型LED光源

最近，在辦公大樓跟商業設施內大量被使用的日光燈，也出現有LED的款式。但只要交換光源就能得到省電效果的這個宣傳，卻在各種場面造成誤會〔表2〕。

市場上可以看到的許多燈管型LED，大多跟傳統日光燈（FL、FLR、Hf）擁有同樣的外表跟插孔。但傳統日光燈跟LED光源，兩者的發光原理卻有著根本性的差異。

傳統日光燈，在開燈的時候必須暫時提高電壓來進行放電，因此設有提高電壓並且讓電流穩定下來的「穩定器」（燈管型日光燈的穩定器裝在照明器具的本體上面，光看外表不容易察覺穩定器的存在）。

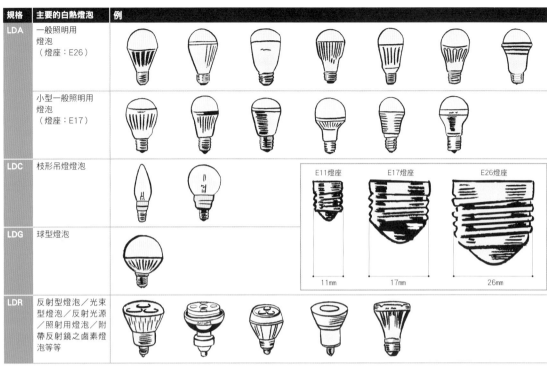

另一方面，許多燈管型LED都將電源的電路裝在管狀的光源部分，傳統燈具必須先將穩定器拆下來才可以使用。

如果將LED光源裝在還留有穩定器的照明器具上，電路會被穩定器所提高的電壓給破壞，造成無法點亮或

圖3　可以自由調整光顏色的LED照明

白色（晝光色）
在夏天或早上調成涼爽氣氛的晝光色。
最亮（晝光色）
充滿活力的自然色澤。
溫暖的顏色（燈泡色）
在冬天或傍晚的時候，調成可以讓人休閒之氣氛的燈泡色。
晝光色
光顏色
燈泡色
明
亮度
暗
100%
約50%
約5%
平時（混色）
色溫6,500K～3,000K，亮度在100～大約5%之間，可以保存使用者喜歡的顏色。

是溫度過高等問題。而穩定器也會消耗電力，因此省電效果也會變差。

將穩定器拆除的作業，屬於電氣工程，必須委託工程業者來進行。但是最終消費者在量販店可以輕易的買到光源，沒有將穩定器拆下來就直接使用，結讓意外事故不斷的發生。

有人指出造成這種狀況的原因之一，是燈管型LED在日本一直到目前為止，都沒有明確的標準規格存在，也不屬於電氣用品安全法的規範對象。對此，日本電球工業會（社團法人）在2010年10月頒布了應有的規格（JEL801：2010），制定了「附帶L型插孔之直管型LED光源系統（一般照明用）」這個分類（圖2）。

操作顏色

住宅照明引進LED所產生的變化，不光只是亮度，就連光的顏色也很容易的就能改變（圖3）。

LED可以用無段式的方式來調整光顏色。就算是同一個空間，也能按照時間跟場面讓照明的顏色產生變化，實現過去所無法達到的演出效果。

（高橋翔）

照片提供：Panasonic

照明計劃的TPO*

多燈分散型是經濟性的照明手法

多燈分散型的照明計劃，最近開始變得比較普遍。它會按照不同的機能，以分散的方式來配置瓦數較小的照明器具。

這種照明方式，讓使用者可以依照必要的場所跟場面來切換照明，跟過去在房間天花板中央裝上天花板燈，以均衡的方式照亮整個房間的1房1燈相比，可以省下無謂的照明。因此多燈分散的照明計劃，可以說是比較經濟性的作法。

首先決定電視跟桌子的位置

客廳跟飯廳不光只是家人團聚在一起的場所，同時也會用來迎接客人、獨自閱讀，有時也會是欣賞電影的空間。就整棟住宅來看，此處的用途最不明確，而且會隨著使用者的生活方式產生很大的變化。

進行客廳的照明計劃時，會將電視跟餐桌的位置拿來當作基準。這是因為兩者的位置一但決定之後，就很少會進行移動。

用餐的場所必須要有可以讓料理看起來更加美味的照明，決定好電視的位置之後，很自然的就可以想像沙發等等人們會集中在一起的位置。因此思考室內整體的空間照明時，可以將此處當作出發點。

決定好餐桌的位置之後，則必須考慮照明的位置跟演色性、組合方式。

1. 照明的位置

給餐桌使用的照明要擺在什麼樣的位置，將大幅影響整個空間的氣氛。

如果餐桌的位置已經決定，則可以使用落地燈或吊燈〔圖1〕。

2. 演色性

為了讓料理看起來更加美味，光源可以選擇白熱燈泡或鹵素燈泡。如果要使用LED光源，必須選擇高演色性（Ra90以上）的燈泡顏色。

但LED照明所擁有的特徵，會隨著款式跟品牌而不同。建議先索取樣品，或是直接到照明廠商的展示間來進行確認。

3. 組合方式

只將餐桌照亮，無法成為舒適的空間。到餐廳用餐之所以會覺得愉快，是因為整個空間的內部以享用餐點為優先來進行調整。因此就算是住宅的內部，比方說跟飯廳連繫在一起的客廳，只要在調整照明的時候考慮到用餐的均衡性，一樣可以讓餐桌的氣氛變得更加美好。

設計客廳的多燈分散照明時，較為簡便的方法，是用以下的要素來進行組合〔圖2〕。

①把牆面照亮的投射燈或落地燈

②把天花板面照亮的間接照明或往上照射的光源

③把較低的位置照亮的桌燈

在組合這些照明的同時，也讓各個場所擁有調光的機能。這樣可以配合各種場面來調整照明的亮度，讓空間演出變得更有氣氛。

跟家具的關係也是重點

圖1 | 飯廳的照明位置

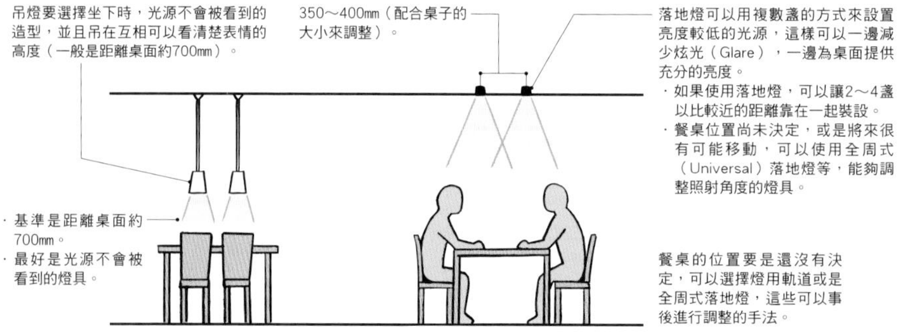
吊燈要選擇坐下時，光源不會被看到的造型，並且吊在互相可以看清楚表情的高度（一般是距離桌面約700㎜）。
350～400㎜（配合桌子的大小來調整）。
落地燈可以用複數盞的方式來設置亮度較低的光源，這樣可以一邊減少炫光（Glare），一邊為桌面提供充分的亮度。
・如果使用落地燈，可以讓2～4盞以比較近的距離靠在一起裝設。
・餐桌位置尚未決定，或是將來很有可能移動，可以使用全周式（Universal）落地燈等，能夠調整照射角度的燈具。
・基準是距離桌面約700㎜。
・最好是光源不會被看到的燈具。
餐桌的位置要是還沒有決定，可以選擇燈用軌道或是全周式落地燈，這些可以事後進行調整的手法。

＊TPO：Time（時間）、Place（地點）、Occasion（場合）。

在客廳，家具跟照明的位置關係，也是很重要的一點。

照明計劃如果只在平面上進行，很有可能在家具或家電實際搬進來的時候失敗。具體來看，可以舉出以下的案例。

・把投射燈裝在牆上，結果卻位在電視的後方，坐下來的時候光源出現在視線內，造成炫目的感覺〔圖3〕

・沒有事先想好家具的高度，就把固定式的燈具裝在牆面上〔圖3〕

・冷氣的位置跟落地燈太過接近，結果將冷氣機照亮。或是壁燈的頂部也會有光芒露出，一樣將冷氣機照亮〔圖3〕

就像這樣，採用現場打造之家具時，也要將照明一併納入考量。

事後再來裝設照明器具，總是會讓燈具的存在感太過明顯。如果採用現場打造的家具，可以將照明融入其中，設計的時候兩者一起進行討論，在主題的規劃上會比較有利。〔圖4〕〔高橋翔〕

圖2｜讓用餐變得更加美味的空間照明

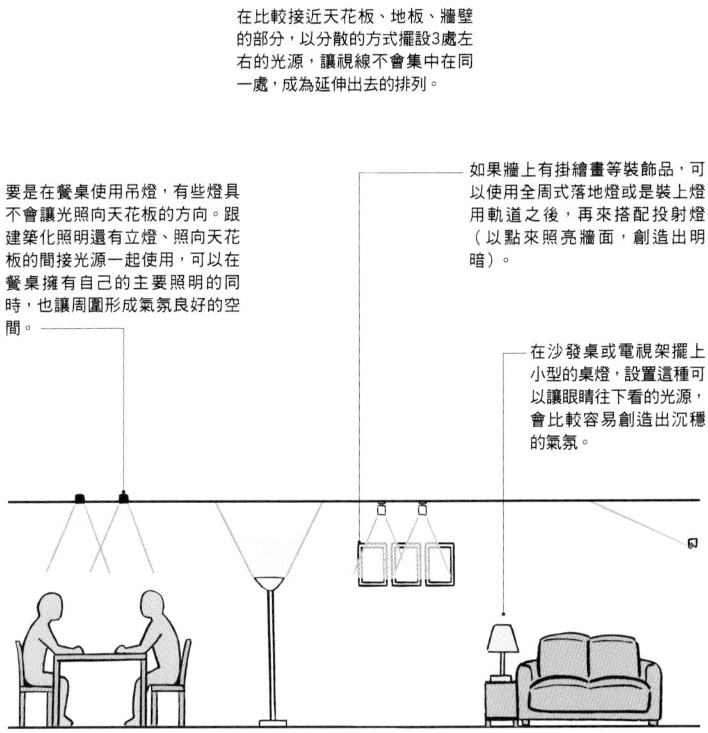

在比較接近天花板、地板、牆壁的部分，以分散的方式擺設3處左右的光源，讓視線不會集中在同一處，成為延伸出去的排列。
要是在餐桌使用吊燈，有些燈具不會讓光照向天花板的方向。跟建築化照明還有立燈、照向天花板的間接光源一起使用，可以在餐桌擁有自己的主要照明的同時，也讓周圍形成氣氛良好的空間。
如果牆上有掛繪畫等裝飾品，可以使用全周式落地燈或是裝上燈用軌道之後，再來搭配投射燈（以點來照亮牆面，創造出明暗）。
在沙發桌或電視架擺上小型的桌燈，設置這種可以讓眼睛往下看的光源，會比較容易創造出沉穩的氣氛。

圖4｜在現場打造的家具裝設照明

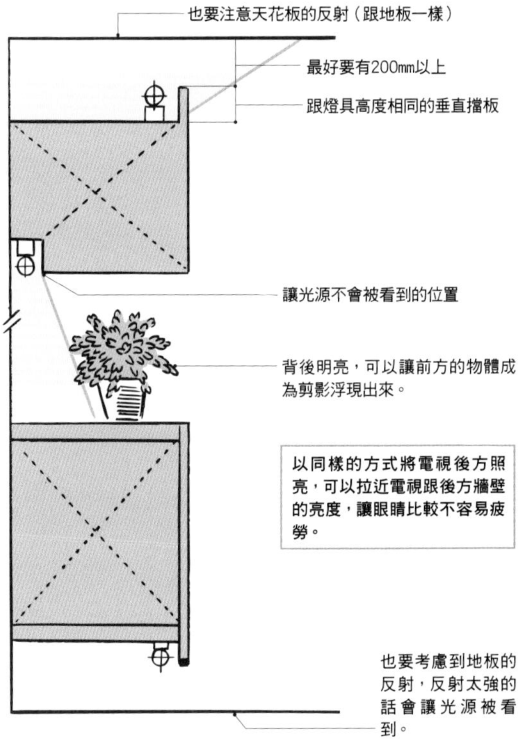

也要注意天花板的反射（跟地板一樣）
最好要有200mm以上
跟燈具高度相同的垂直擋板
讓光源不會被看到的位置
背後明亮，可以讓前方的物體成為剪影浮現出來。
以同樣的方式將電視後方照亮，可以拉近電視跟後方牆壁的亮度，讓眼睛比較不容易疲勞。
也要考慮到地板的反射，反射太強的話會讓光源被看到。

圖3｜令人失望的照明位置

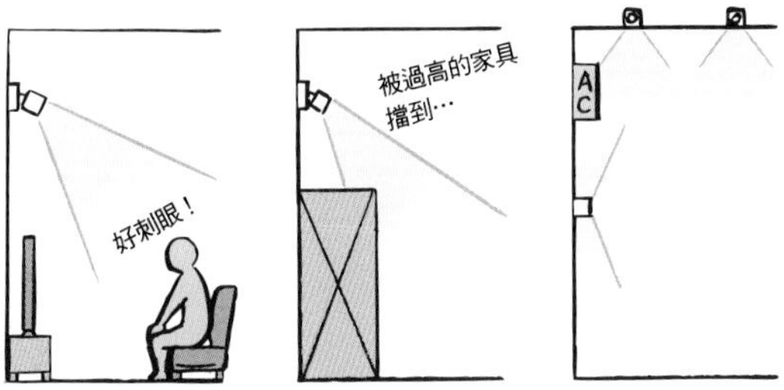

好刺眼！
被過高的家具擋到…
AC

電視跟沙發的位置等等，要考慮到使用者的觀點。

考慮到家具的位置（高度）。

考慮到落地燈跟冷氣的位置關係。

插圖：前田本吉

圖1 將線條湊齊的流程

1. 掌握家具必須收納的物品。

↓

2. 考慮將這些物品放入跟拿出的時候，抽屜跟外開式的門板哪一種比較合適，或者是須要其他方法。

↓

3. 確認裝設家具的場所，是否有建築性的障礙（橫樑、垂壁等等）存在。

↓

4. 考慮1～3的內容，來思考如果分配整體的箱型結構。

↓

5. 一邊將門板垂直跟橫向的線條湊齊，一邊進行分割。

雖然說是「將線條湊齊」，如果一開始就將注意力放在線條上面的話，很有可能會忽略掉家具應有的機能性。首先掌握好應該收納的物品跟必要的機能性，最後把不必要的部分去除，然後將線條湊齊。當然的，作業途中也會去意識到線條的位置，但只要在最後湊齊就可以了。

照片1　以橫的方向將線條連繫在一起，將鋁製的手把當作點綴，讓人意識到橫向的延伸。

照片2　以橫的方向將抽屜的線條湊齊，讓空間得到延伸性。

把線條湊齊

現場打造的家具，會在房間內綻放出與眾不同的存在感，因此不光是機能，在造型方面也要好好的檢討。如何將門板或櫃台桌、箱體的線條湊齊，也顯得格外重要。

設置家具，代表佔去同等份量的室內面積，有時甚至還會造成壓迫感。但是將門或櫃台等線條湊齊，可以讓空間得到節奏感，並且給人寬敞的感覺（圖1、照片1～3）。

另外，關於將線條湊齊的調整方式，也可以選擇跟現有的家具配合。比方說擺在飯廳的家具，可以配合餐桌或廚房櫃台桌的高度（照片4、5）。

要是材質也能湊齊的話，則可以讓

照片3　右上的橫樑成為決定尺寸的關鍵。

圖2｜用餐具櫃來看Line Control

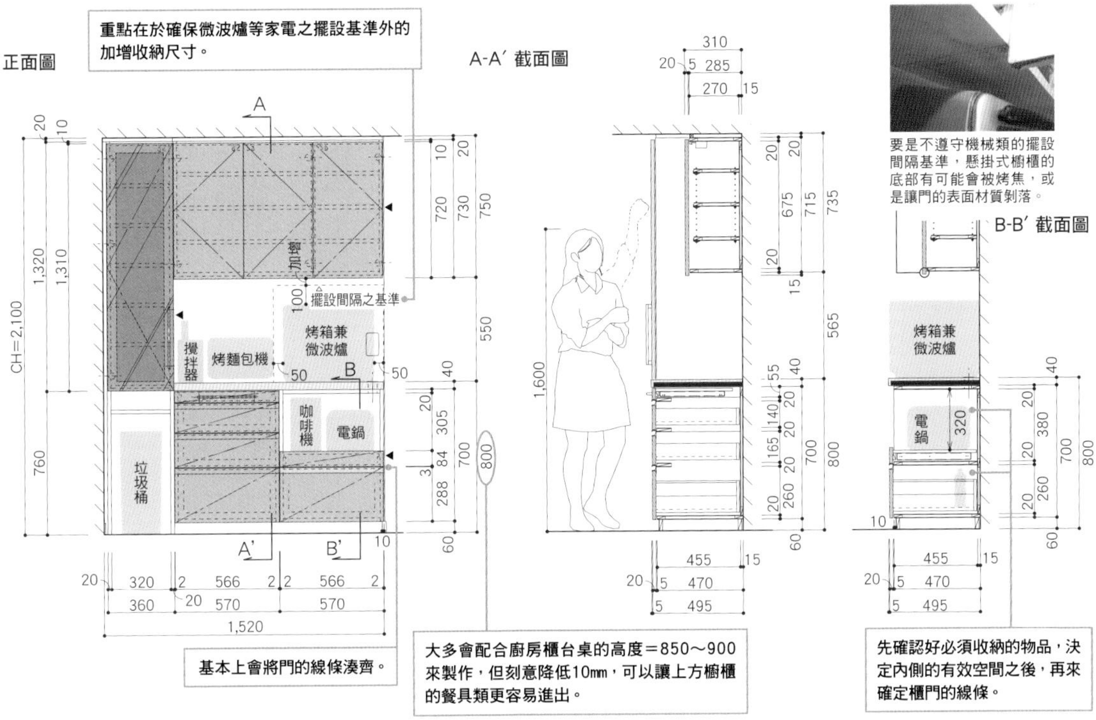
正面圖
重點在於確保微波爐等家電之擺設基準外的加增收納尺寸。
A-A′ 截面圖
要是不遵守機械類的擺設間隔基準，懸掛式櫥櫃的底部有可能會被烤焦，或是讓門的表面材質剝落。
B-B′ 截面圖
加增
擺設間隔之基準
攪拌器
烤麵包機
烤箱兼微波爐
咖啡機
電鍋
垃圾桶
CH=2,100
1,520
基本上會將門的線條湊齊。
大多會配合廚房櫃台桌的高度＝850～900來製作，但刻意降低10mm，可以讓上方櫥櫃的餐具類更容易進出。
先確認好必須收納的物品，決定內側的有效空間之後，再來確定櫃門的線條。

人更進一步感受到延伸出去的感覺。

不將線條湊齊

一直到目前為止，我們都以湊齊線條為基本。但也有一些案例會刻意採用不將線條湊齊的作法。

比方說餐具櫃（在此假定為懸掛式廚櫃＋下方櫃台的分離型）。餐具櫃下方櫃台的高度，一般會跟已經存在的廚房櫃台桌湊齊。餐具櫃下方櫃台會擺上微波爐，此時必須遵守家電機器類的設置間隔基準法（說明書上會明確的記載）。比方說，高45公分的微波爐，上方間隔的基準為15公分的話，則必須要有45＋15＝60公分的高度。假設廚房櫃台桌的高度為85公分，則懸掛式廚櫃之底端的高度就是85＋60＝145公分。在此，刻意不將櫃台桌的高度湊齊，試著讓餐具櫃下方櫃台降低5公分。然後微波爐也選擇高度低5公分的款式，那麼懸掛式廚櫃的底端就會成為135公分，總共降低了10公分。這樣就算是較為嬌小的女性，手也可以伸得到（圖2）。正因為是每天都必須用到的設備，所以才刻意不將高度湊齊，以使用上的方便性為優先來進行設計。〔增田憲一〕

照片4　把餐桌跟櫃台收納的頂端湊齊。特定部位的高度相同，可以讓飯廳的空間得到連繫。

照片5　把牆面收納之櫃台的線條，跟照片左側已經存在之櫃台桌的線條（圓圈內）湊齊。

把照明融入家具之中

融入家具之照明的基本

把照明融入家具之中的目的，可大分為2種。第1是讓收納物品可以被看清楚。空間的基礎照明要是無法顧及家具的內部，則必須考慮將照明裝在櫃板或背板上面的手法。此時的重點，是將照明器具裝在不會被看到的位置。廚房櫃台桌將手邊照亮的燈具，設計上也會採用同樣的思考方式。

第2個目的，則是確保空間的Ambient（周圍）照明（均衡照亮整個房間的照明）。鞋櫃跟衣櫃、櫃台桌跟電視架等現場打造的家具，要是足以容納日光燈的話，這將會是有效的作法。這些家具大多會成為空間的點綴，跟設計主題也很好搭配。另外，這種手法也可以減少牆面跟天花板為了照明所追加的設備，讓空間得到更為清爽的印象。

〔戸恒浩人〕

圖｜以目的來區分 跟家具化為一體的照明手法

目的	手法
想要將家具內側照亮	CASE1 避免在收納內側看不到手
	CASE2 想要讓收納空間美麗的呈現
想利用家具來將空間照亮	CASE3 活用家具來創造周圍照明
	CASE4 想要活用抽油煙機

CASE1｜避免在收納內側看不到手

正上方為開放性樓梯的玄關，牆面排列有懸掛式的廚櫃跟鞋櫃。天花板表面很難設置照明，因此利用鞋櫃，設置兼具玄關照明的鞋櫃燈。

使用的照明器具，是單排的無接縫直線光源。裝設在鞋櫃的上方，透過乳白色壓克力板，讓玄關充滿柔和的光芒。另外也讓光線通往下方，將鞋櫃內部照亮。底部也有設置開口，讓鞋櫃得到漂浮起來的感覺。

（鷲沼之家／主題設計：MDS一級建築士事務所）

收納截面圖〔S＝1：15〕

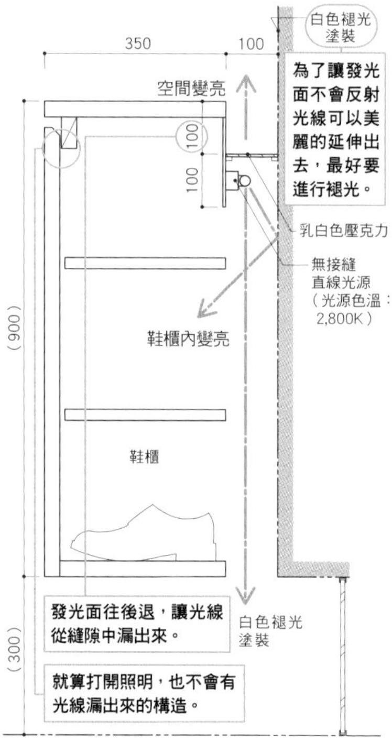

350
100
白色褪光塗裝
為了讓發光面不會反射光線可以美麗的延伸出去，最好要進行褪光。
空間變亮
100
100
乳白色壓克力
無接縫直線光源（光源色溫：2,800K）
(900)
鞋櫃內變亮
鞋櫃
發光面往後退，讓光線從縫隙中漏出來。
白色褪光塗裝
(300)
就算打開照明，也不會有光線漏出來的構造。

CASE2 | 想要讓收納空間美麗的呈現

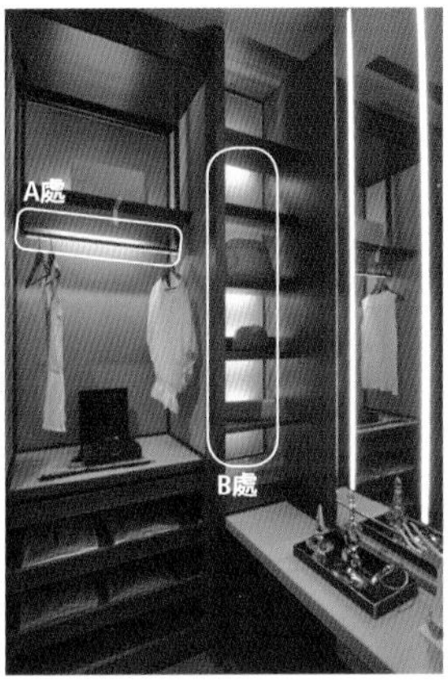
A處
B處

委託人平時就非常注重的大型更衣室，要求是必須像渡假飯店那樣的豪華。注重立面的亮度，用LED將放有皮包類的櫃子後方照亮。吊衣服的空間必須能夠確認衣服的顏色，因此在現場打造的吊衣桿底部裝上LED照明。

在選擇LED的時候，索取複數的樣品來進行確認。採用跟舞台照明的鹵素燈泡最為接近、演色性最佳的款式。住宅若要採用LED光源，必須非常慎重的進行考量。

（香港的住宅／主題設計：AB Concept）

A處詳細圖〔S=1：10〕

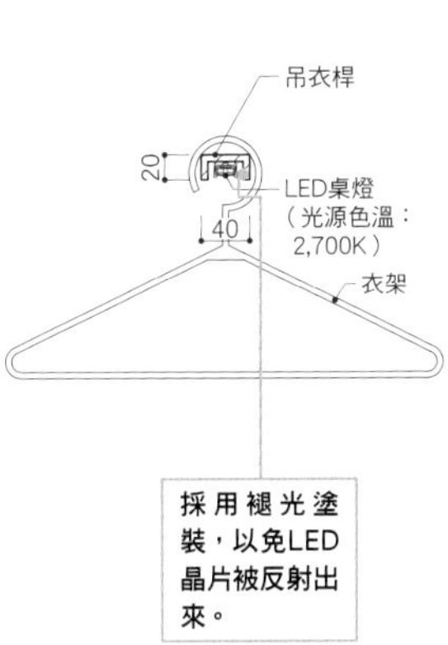
吊衣桿
20
LED桌燈
（光源色溫：2,700K）
40
衣架
採用褪光塗裝，以免LED晶片被反射出來。

B處詳細圖〔S=1：10〕

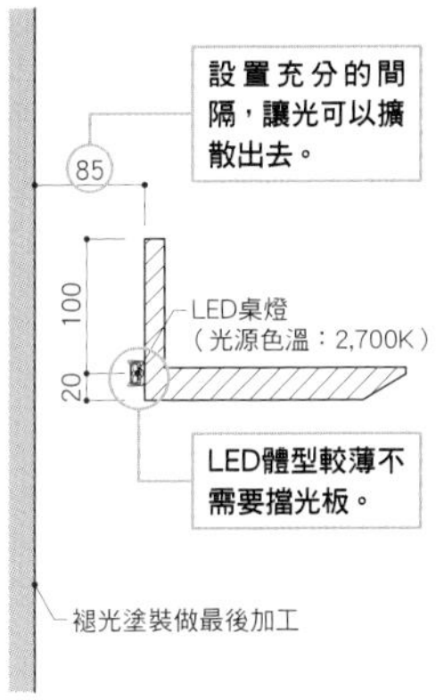
設置充分的間隔，讓光可以擴散出去。
85
100
20
LED桌燈
（光源色溫：2,700K）
LED體型較薄不需要擋光板。
褪光塗裝做最後加工

CASE3 | 活用家具來創造周圍照明

廚房照明詳細圖〔S=1：10〕

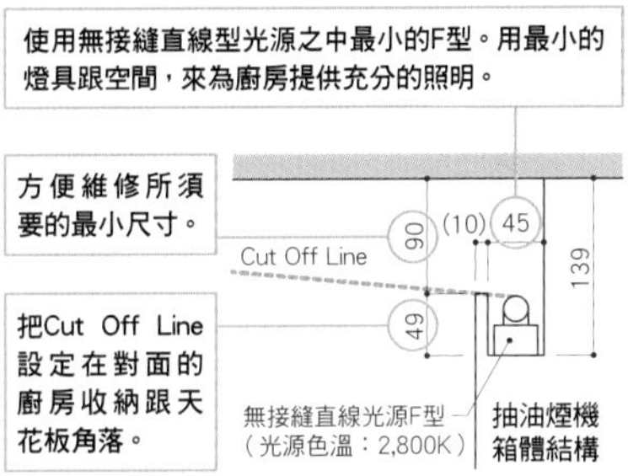
使用無接縫直線型光源之中最小的F型。用最小的燈具跟空間，來為廚房提供充分的照明。
方便維修所須要的最小尺寸。
90
(10)
45
Cut Off Line
139
49
把Cut Off Line設定在對面的廚房收納跟天花板角落。
無接縫直線光源F型
（光源色溫：2,800K）
抽油煙機箱體結構

玄關跟LDK採用One Room構造的空間。島型的廚房櫃台位在中央，設計時預定從此處散發出柔和的光芒。天花板較低，要在現場打造家具也不大容易，因此配合櫃台桌的尺寸來製作將抽油煙機包起來的箱體結構，並將照明裝在此處。結構雖然比較緊湊，但是將天花板照亮，實現了輕快的印象。

（小平之家／主題設計：MDS一級建築士事務所）

CASE4 | 想要活用抽油煙機

抽油煙機照明截面詳細圖〔S=1：15〕

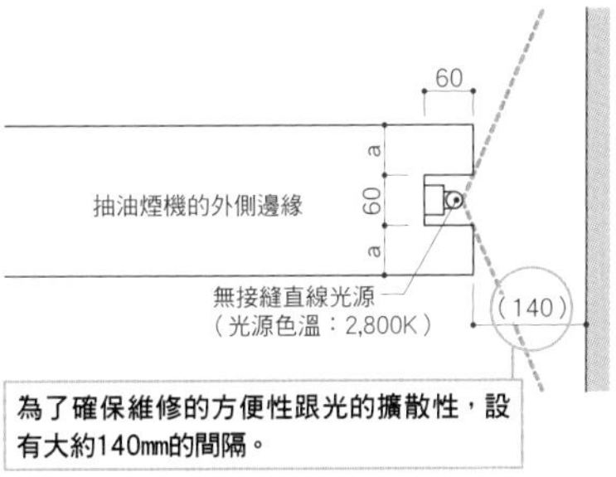
60
a
60
a
抽油煙機的外側邊緣
無接縫直線光源
（光源色溫：2,800K）
(140)
為了確保維修的方便性跟光的擴散性，設有大約140mm的間隔。

埋在牆面上的廚房櫃台。原本預定用天花板面的間接照明，來將牆面上裝飾性的金磚照亮，但是從天花板垂下來的抽油煙機輪廓太過顯眼。對於這個問題，決定將抽油煙機的外側邊緣加長，改變建築的主題，在側面設置可以裝上間接照明的部位，來跟整體進行調和。

（JIN Company總公司大樓／主題設計：MDS一級建築士事務所）

讓整個空間得到光線的手法

有效使用天花板的間接照明

日本的住宅，大多喜好整體擁有充分的光線、不會讓人感到陰暗的照明環境。但普遍性的天花板燈無法創造氣氛，落地燈眩目的感覺太強，容易形成擾人的印象。想要得到有品味的周圍照明（均衡照亮整個房間的照明）時，可以考慮將天花板當作反射面的天花板間接照明。最為合適的光源，是有多種色溫可供選擇、長度夠長可以發出充分光量的日光燈管。最新型的LED光源，光的品質跟亮度雖然已經有所改善，但是就初期投資所須要的成本來看，還是日光燈比較有利。

在日光燈之中，如果採用色澤較為溫暖的「燈泡色」，則建議不要使用一般的日光燈，選擇無接縫的款式。跟一般日光燈80mm的厚度相比，無接縫燈具的厚度只有40mm比較容易融於室內裝設，再加上適合住宅的色溫（2800K），可以讓居住者享受較為溫暖的照明環境（**表**）。緊密型燈泡色日光燈所擁有的3000K色溫，雖然適合辦公室等場所，但是用在住宅內部會給人偏白的感覺，造成冰冷的印象。

另外，空間跟預算如果允許的話，也可以分別設置1排2800K跟3500K的日光燈。想要比較亮的時候，兩排一起點亮可以帶來豪爽的氣氛，夜晚則是只點亮2800K來得到沉穩的印象，讓照明計劃更加的周詳。

〔戸恒浩人〕

表｜主流光源之色溫

主流光源	色溫（K）
一般白熱燈泡、氪燈泡	2,600～2,900
鹵素燈泡	2,800～3,100
燈泡型日光燈	2,800～6,700
緊密型日光燈	3,000～6,700
無接縫直線型日光燈	2,500～6,700
陶瓷金屬鹵化物燈	2,800～4,300
LED	燈泡色～白色

註：色溫的範圍會隨著廠商而不同，在此舉出代表性的種類。

CASE 1｜想用一體來呈現兩個空間

照明詳細圖〔S＝1：10〕

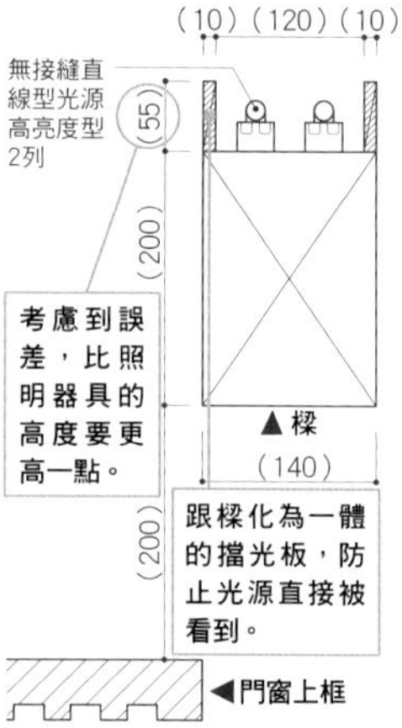

(10) (120) (10)
無接縫直線型光源高亮度型2列
(55)
(200)
考慮到誤差，比照明器具的高度要更高一點。
▲樑
(140)
跟樑化為一體的擋光板，防止光源直接被看到。
(200)
◀門窗上框

由兩個面所構成的傾斜天花板，將和室跟走廊覆蓋。讓和室的作業用照明依賴落地燈，以大型天花板的一體性為優先，在門窗上框裝設無接縫直線型光源。這道光源將成為和室跟走廊的周圍照明。

不論是分成和室跟走廊兩個區塊來使用，還是當作一體性的用途，都可以讓人感受到自然的光芒。

（森林的Tree House／主題設計：若松均建築設計事務所）

CASE 2 ｜想要讓整個空間變亮

天花板高度約4.5公尺，具有開放性結構的客廳。身為書房的箱體結構，感覺就像是浮在空中一般。

考慮到天花板複雜交錯的結構，以整體空間都能被照亮為目標。當作照明之依據的，是順著牆面所打造的收納櫃。讓頂部發出線型的光芒，一邊照亮牆壁一邊讓整體都能得到光線。為了避免發光面的光芒直接進入視線之中，把發光面設定在頂板後方的結構內。

（鷺沼之家／主題設計：MDS一級建築士事務所）

櫃子裡側照明詳細圖〔S=1：10〕

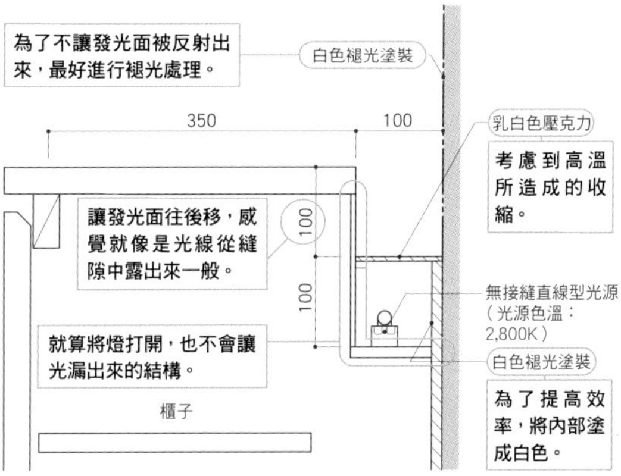
為了不讓發光面被反射出來，最好進行褪光處理。
白色褪光塗裝
350
100
乳白色壓克力
考慮到高溫所造成的收縮。
讓發光面往後移，感覺就像是光線從縫隙中露出來一般。
100
100
無接縫直線型光源（光源色溫：2,800K）
就算將燈打開，也不會讓光漏出來的結構。
白色褪光塗裝
為了提高效率，將內部塗成白色。
櫃子

CASE 3 ｜希望形成充滿柔和的光線

透天
廚房櫃台
A處

較低的天花板跟較高的透天結構輪流穿插的住宅。天花板較低的空間用落地燈來當作直接性照明，透天則是利用間接照明，讓光可以充滿整個空間。

反射面設定成樓梯平台跟透天側面的牆壁，另外也會利用廚房櫃台。身為出發點的照明箱，裝在不容易直接被看到的位置。充滿柔和光線的透天結構，跟天花板較低之處的明暗所形成的節奏，為空間提供舒適的感覺。

（富士見野之家／主題設計：MDS一級建築士事務所）

樓梯平台部分截面圖〔S=1：100〕

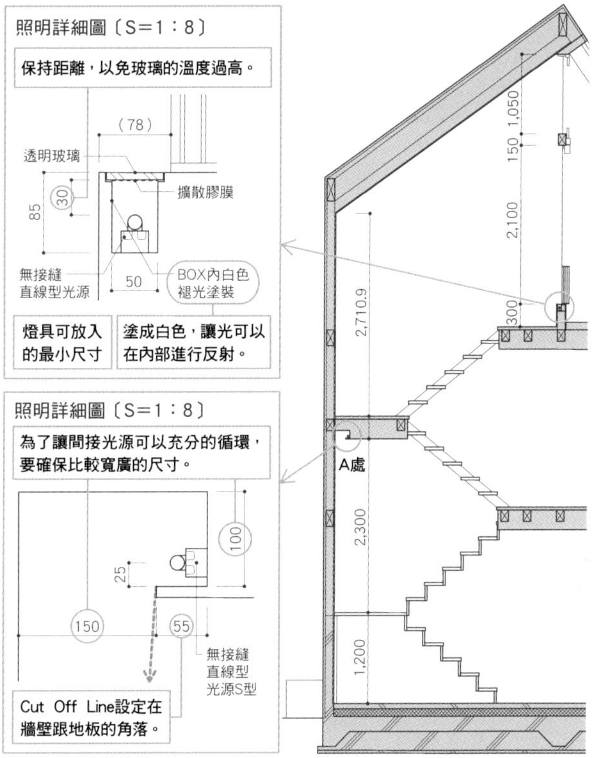
照明詳細圖〔S=1：8〕
保持距離，以免玻璃的溫度過高。
(78)
透明玻璃
擴散膠膜
30
85
無接縫直線型光源
50
BOX內白色褪光塗裝
燈具可放入的最小尺寸
塗成白色，讓光可以在內部進行反射。
照明詳細圖〔S=1：8〕
為了讓間接光源可以充分的循環，要確保比較寬廣的尺寸。
100
25
150
55
無接縫直線型光源S型
Cut Off Line設定在牆壁跟地板的角落。
1,050
150
2,100
300
2,710.9
A處
2,300
1,200

廚房櫃台照明截面詳細圖〔S=1：10〕

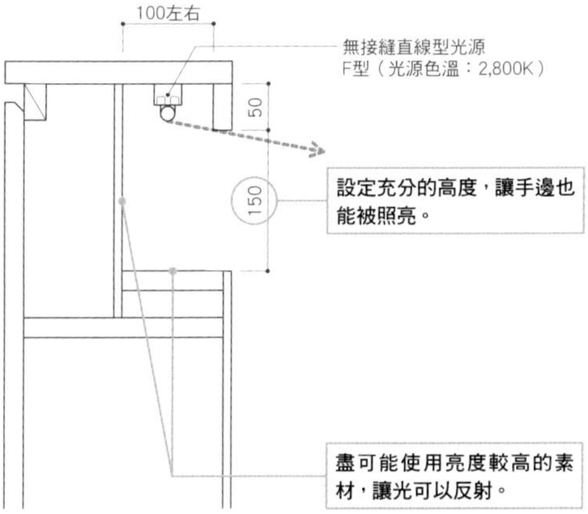
100左右
無接縫直線型光源F型（光源色溫：2,800K）
50
150
設定充分的高度，讓手邊也能被照亮。
盡可能使用亮度較高的素材，讓光可以反射。

活用空間造型之特徵的技巧

首先找出空間的特徵

活用空間的造型，可以說是照明計劃的基本。要實現這點，最好先將意識集中在天花板，讓天花板的高度或凹凸產生明暗來創造出立體感。另外，將主要光源打在素材等空間之主角，或是其他想要展現的要素上面將視線誘導至這些部分，也是相當重要。

不想給人太過奢華的印象時，這種活用空間特徵的照明，可以在演出的同時滿足機能上的需求。隨時注意是否可以一石二鳥，是其中的秘訣。

意識到呈現方式的同時，也要注意是否有多餘的燈具存在。

好不容易將表面照亮，如果有落地燈或投射燈存在，不但失去原本的意義，還會有損於美麗的外觀。使用吊燈的話，則要多加留意吊繩根部的細節。

日光燈的直線型照明，除了可以讓空間得到充分的周圍照明，還可以創造出明確的象徵性。使用過度會給人囉嗦的感覺，只要在延伸性的空間簡單的讓光流動出去，可以讓空間得到一體感。

想要讓玻璃區隔的空間在視覺上得到連繫，或是利用鏡子跟玻璃的時候，這將是有效的作法。

〔戶恒浩人〕

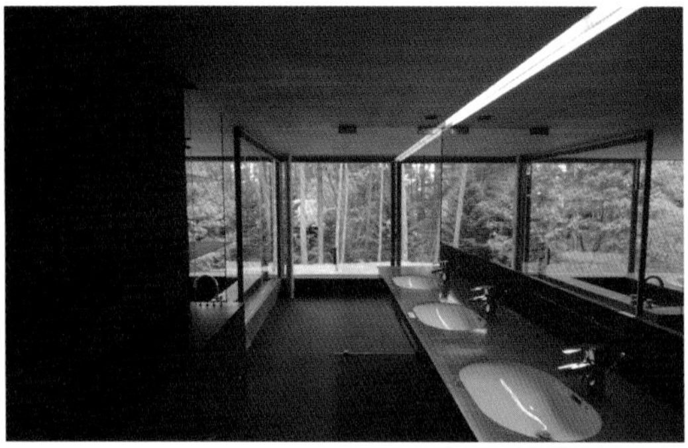

利用鏡子倒影所設置的直線型照明。

CASE 1 ｜想活用地板的高低落差

深度較深又具有高低落差，結構有如One Room一般的LDK，飯廳一方的地板比較高。是小孩玩耍的場所，也是招待親友來舉辦派對的多機能性空間。

為了讓整個空間得到周圍照明，且創造出印象深刻的場景，在一定的高度讓連繫客廳與飯廳的白色大型牆壁往內凹陷，裝上可調光的無接縫直線型光源，讓天花板可以被照亮。這份光線同時也讓人感受到空間的深度與高低落差。

（參宮橋之家／主題設計：芦原太郎建築設計事務所）

照明部分詳細圖〔S＝1：8〕

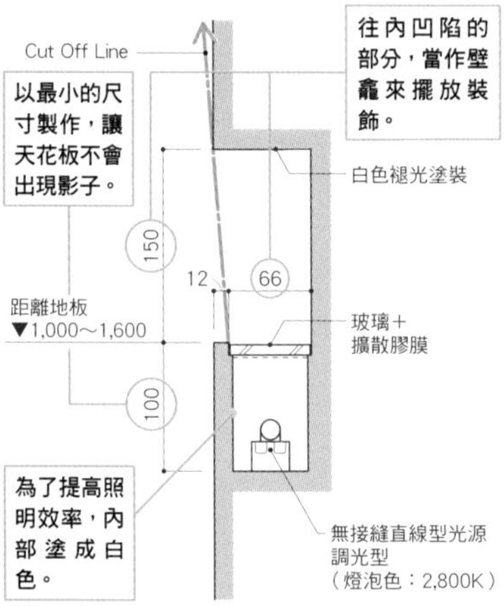
Cut Off Line
往內凹陷的部分，當作壁龕來擺放裝飾。
以最小的尺寸製作，讓天花板不會出現影子。
白色褪光塗裝
150
12
66
距離地板
▼1,000～1,600
玻璃＋
擴散膠膜
100
為了提高照明效率，內部塗成白色。
無接縫直線型光源
調光型
（燈泡色：2,800K）

CASE2 ｜想用立體的方式呈現天花板的結構性特徵

照明部分詳細圖〔S＝1：10〕

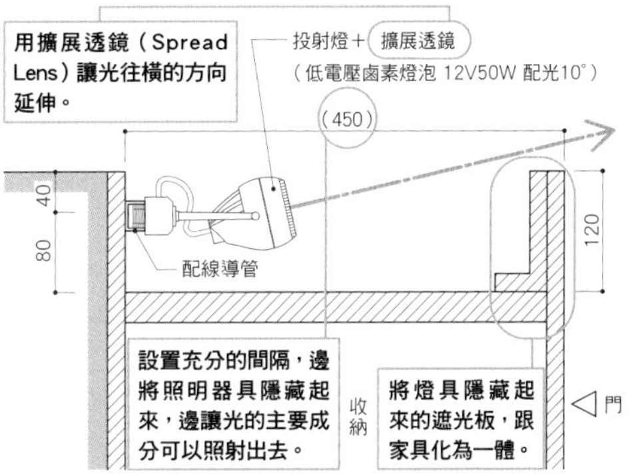

用擴展透鏡（Spread Lens）讓光往橫的方向延伸。
投射燈＋擴展透鏡
（低電壓鹵素燈泡 12V50W 配光10°）
(450)
40
80
120
配線導管
設置充分的間隔，邊將照明器具隱藏起來，邊讓光的主要成分可以照射出去。
收納
將燈具隱藏起來的遮光板，跟家具化為一體。
門

LDK的天花板，設有凹凸排列的枕木一般的結構，同時也用些許角度傾斜。木材裸露的天花板，是這棟住宅最大的特徵，因此設定了不在天花板裝設照明這個先決條件。在廚房櫃子頂部排列鹵素燈泡的投射燈，從側面照亮天花板的廣大面積，讓天花板的木材可以浮現美麗的凹凸。

（淺見野之家／主題設計：MDS一級建築士事務所）

CASE3 ｜想要明亮的呈現桌面跟傾斜天花板

家庭中心的空間，是天花板有如山形屋頂一般的客廳。採用特製的直線型吊燈，一邊讓6人坐的桌子得到充分的亮度，一邊用浮動的美感將緩緩傾斜的天花板照亮，突顯出木材的質感。

吊燈的外殼是用建築工程來製作，搭配桌上型的無接縫直線型光源，天花板則是用色澤溫暖的氙燈來照亮。吊掛用基座的細節盡可能減到最低，來得到緊張跟浮動的感覺。氙燈跟日光燈使用不同的電路，可以當作自動熄滅的照明來使用。

（森林的Tree House／主題設計：若松均建築設計事務所）

照明部分詳細圖〔S＝1：3〕

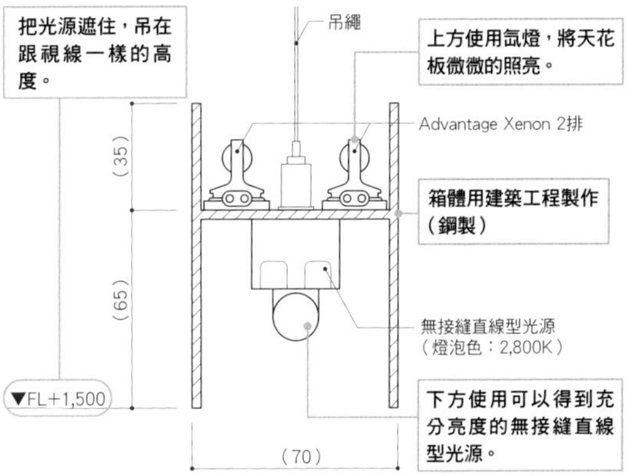

把光源遮住，吊在跟視線一樣的高度。
吊繩
上方使用氙燈，將天花板微微的照亮。
Advantage Xenon 2排
(35)
箱體用建築工程製作（鋼製）
(65)
無接縫直線型光源
（燈泡色：2,800K）
▼FL＋1,500
下方使用可以得到充分亮度的無接縫直線型光源。
(70)

CASE4 ｜想要活用陡峭的天花板

擁有將近45度的陡峭天花板的和室，形狀為正四角錐。傾斜太過陡峭無法設置照明器具，就算勉強裝上投射燈，不但會讓天花板的美觀受損，也容易產生陰影。因此反過來利用陡峭的斜面，讓棒狀的結構從天花板凸出，在天花板的中心設置白熱燈泡。設定成容易維修且日常生活不會去撞到的高度，將房間美麗的呈現出來。

（森林的Tree House／主題設計：若松均建築設計事務所）

照明部分詳細圖〔S＝1：10〕

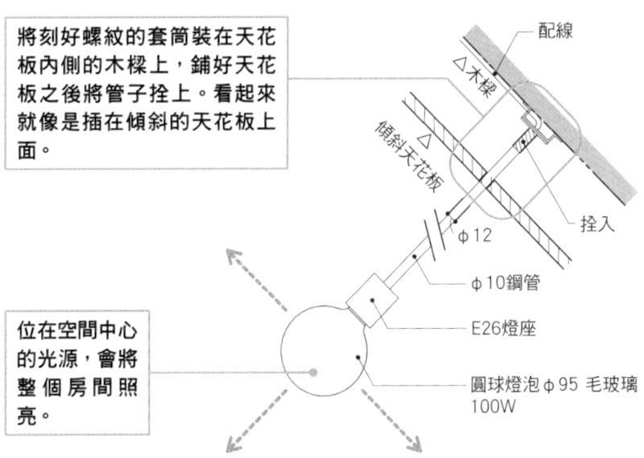

將刻好螺紋的套筒裝在天花板內側的木樑上，鋪好天花板之後將管子拴上。看起來就像是插在傾斜的天花板上面。
配線
△木樑
△傾斜天花板
拴入
φ12
φ10鋼管
E26燈座
位在空間中心的光源，會將整個房間照亮。
圓球燈泡φ95 毛玻璃 100W

COLUMN

到了現在已經不好意思問人的家具設計上的基本用色技巧

如果設計成太過精簡的空間，使用的色彩會只剩下「木頭色跟白色」，成為無趣又寡欲的室內裝潢。這是因為必須要有2種顏色以上，才稱得上是「有經過配色」。無色彩的白色不算在內，所以「木頭色跟白色」的空間，無法算是經過配色的設計。

以專門的角度來看，顏色的數量超過550種。掌握用色的方法來進行美麗的配色，可以創造出色彩豐富的空間。沒有必要將室內裝潢想得太過複雜，抱持愉快的心情來找出美麗的呈現方式。我們可以用色調這種思考，來當作其中的第一步。

色調（Tone）

識別顏色的時候，正確來說會使用色相、亮度、色度這3種屬性來進行。在一般的狀況下，則是會將顏色的亮度高低、色度強弱整合成單一的數據，也就是用色調（Tone）的方式來掌握顏色（圖1、2）。各種色相都有著「亮、暗」「花俏、樸素」等共通的感覺，我們把這稱為色調。色調會由亮度跟色度來決定。

顏色給人的感覺

所有顏色，都會按照自己的色相來展現出各種不同的形象。比方說「鮮明（Vivid）」或「明亮（Bright）」，色度越高就越是尖銳，越低的話則差異會變得越來越不明顯。

除了色相之外，顏色還有「開朗」「樂天」等，由色調所帶給人的感覺。色調的色度越低，顏色整體的形象就越容易受到色調的支配。

「色調鮮明（Vivid Tone）」的紅色，給人活潑、熱情、喜樂的感覺。「嬰兒粉紅（Baby Pink）」身為「淡色調（Pale Tone）」的紅色，給

表1｜色相所帶來的形象

色名	形象
紅	好動、熱情、歡喜、興奮、革命、緊張
橙	喜悅、活潑、有精神、嘻鬧、溫暖
黃	開朗、快樂、好心情、樂天、明朗、朝氣
綠	年輕活力、新鮮、將來性、平靜、安寧
藍	沉穩、清涼、寂寞、誠實、深遠
紫	神秘、高貴、女性、非日常
白	純粹、公平、天真無邪、聖潔、正式
灰	樸素、沉著、憂鬱、哀傷、灰暗、曖昧
黑	正式、不安、死、陰暗

表2｜色調所造成的形象

Pale（淡）	Light（淺）	Bright（明亮）	Soft（柔軟）	Strong（強壯）	Vivid（清晰）	Deep（濃）	Dull（鈍）	Light Grayish（明亮的灰）	Grayish（灰）	Dark（暗）
開朗	清爽	年輕活力	祥和	明快	充滿活力	沉穩	沉穩	乖巧	樸素	樸素
冷淡	簡潔	樂天	開朗	顯眼	顯眼	熟透	弱小	弱小	沉穩	沉重
清白	可愛	明亮			豪華	有深度	模糊	消極	品質良好	堅固
爽朗	祥和	近代風格			樂天	充實	安靜	乾脆	弱小	大膽
清澈	乖巧	晴朗			自由	濃厚	樸素	優雅	消極	暗
羅曼蒂克	開朗	健康			鮮豔	傳統		有品味	乖巧	充實
甜美	爽朗	快樂			好動			熟練	沉澱	男性
幸福	快樂				積極				深奧	年邁

圖1｜色調與色相的分佈

最為明亮	W	白 white
明亮	Gy-8.5	灰白 light gray
明亮	Gy-7.5	灰白 light gray
稍微明亮	Gy-6.5	灰色 medium gray
中間	Gy-5.5	灰色 medium gray
稍微偏暗	Gy-4.5	灰色 medium gray
暗	Gy-3.5	深灰 dark gray
暗	Gy-2.5	深灰 dark gray
最暗	BK	黑 black

色相／色調	2·R 紅	4·rO 偏紅的橘色	6·yO 偏黃的橘色	8·Y 黃	10·YG 黃綠	12·G 綠	14·BG 藍綠	16·gB 偏綠的藍	18·B 藍	20·V 青紫	22·P 紫	24·RP 紅紫
(p) Pale	淡粉紅 / Baby Pink	淡黃粉紅 / Shell Pink	淡米色 / 砥粉色	淡黃 / 鮮奶油色	淡黃綠 / White Lily	淡綠 / 白綠色	偏淡藍的綠色 / 淡水藍	淡綠的天藍 / 淡水藍	淡天藍色 / Baby Blue	淡薰衣草色 / 淡藤色	淡丁香色 / 淡紅藤	淡紫的粉紅 / 一斥染
(lt) Light	粉紅 / 紫粉紅	偏黃的粉紅 / 桃紅色	偏淺黃的橘色 / 玉米色	淺黃 / 黃水仙	淺黃綠 / 青苗色	淡淺綠 / 淺綠	淺藍綠 / 淡淺蔥	偏綠的天藍 / 水藍色	天藍色 / 天空藍	淡藍紫 / 藤色	淺紫 / 紅藤色	偏紫的粉紅 / 淡紅色
(b) Bright	亮紅色 / 天竺葵色	明亮偏紅的橘色 / 珊瑚色	偏亮黃的橘色 / 蛋黃色	亮黃 / 金絲雀色	亮黃綠 / Chartreuse Green	亮綠色 / Cobalt Green	亮藍綠 / 水藍淺蔥	亮綠的藍色 / 新橋色	亮藍色 / 露草色	亮藍紫 / 紫藤色	亮紫色 / 若紫色	亮紅紫 / 杜鵑色
(v) Vivid	鮮紅色 / 紅	偏鮮紅的橘色 / 朱紅	偏鮮黃的橘色 / 柑仔色	鮮黃 / 蒲公英色	鮮黃綠 / 青草色	鮮綠色 / Emerald Green	鮮藍綠 / 孔雀綠	偏鮮綠的藍色 / Cyan Blue	鮮藍色 / Cobalt Blue	鮮藍紫 / 桔梗色	鮮紫色 / Mauve	鮮紅紫 / 洋紅色
(dp) Deep	深紅色 / 茜草色	偏深紅的橘色 / 紅橘色	偏棕的金色 / 金茶色	深黃 / 芥仔色	深黃綠 / 草色	濃綠色 / 深綠	濃藍綠 / Teal Green	偏深綠的藍色 / Marine Blue	深藍 / 濃藍色	深藍紫 / 堇色	濃紫色 / Royal Purple	深紅紫 / 覆盆子紅
(dk) Dark	暗紅 / 葡萄色	偏暗紅的棕色 / 代赭（黃褐）	偏暗黃的棕色 / 栗皮色	橄欖色 / 灰綠褐色	橄欖綠 / 松藻色	暗綠色 / 千歲綠	暗藍綠 / 松藻藍	偏暗綠的藍色 / 鉄紺色	暗藍色 / 海軍藍	暗藍紫 / 葡萄色	暗紫色 / 桑果色	暗紅紫 / 葡萄酒色
(g) Grayish	灰紅 / Rose Brown	棕灰色 / 鳶（深棕）色	偏灰的棕色 / 朽葉	偏灰的橄欖色 / Olive Drab	偏灰的橄欖綠 / 老綠色	灰綠色 / Slate Green	灰綠色 / 納戶鼠灰	偏灰的藍色 / 藍鼠色	灰藍色 / 紺鼠灰	偏灰的藍紫 / 葡萄鼠灰	灰紫色 / 罌粟紫	偏灰的紅紫 / 牡丹灰
(d) Dull	鈍紅 / 紅豆色	偏淺紅的棕色 / 肉桂色	偏淺黃的棕色 / 小麥色	鈍黃色 / 油菜仔色	鈍黃綠 / 苔色	鈍綠色 / 綠鏽色	鈍藍綠 / 鏽淺蔥	偏鈍綠的藍色 / 納戶色	鈍藍色 / 縹色	鈍藍紫 / 藤納戶	鈍紫色 / 古代紫	鈍紅紫 / 梅紫色
(ltg) Light Grayish	灰粉紅 / Rose Dust	偏粉紅的紅色 / 丁香色	米色 / Sand Beige	偏灰的黃色 / 枯草色	灰黃綠 / 柳茶色	亮灰綠色 / 裡葉色	明亮的灰綠 / 鏽青瓷	偏亮灰的藍色 / 千草鼠	偏灰的天藍 / Smoke Blue	偏亮灰的紫色 / 鴿鼠灰	偏亮灰的紫色 / Lilachazy	偏灰的粉紅 / 梅鼠灰

人柔軟、溫和等淡色調共通的特徵。

關於用色，設計時最重要的，是像「為了創造優雅且高品味的空間，以明亮之灰色（Light Grayish）的色調為中心來進行配色」這樣，秉持理論性的依據來搭配顏色。

圖2｜色調的分佈跟名稱

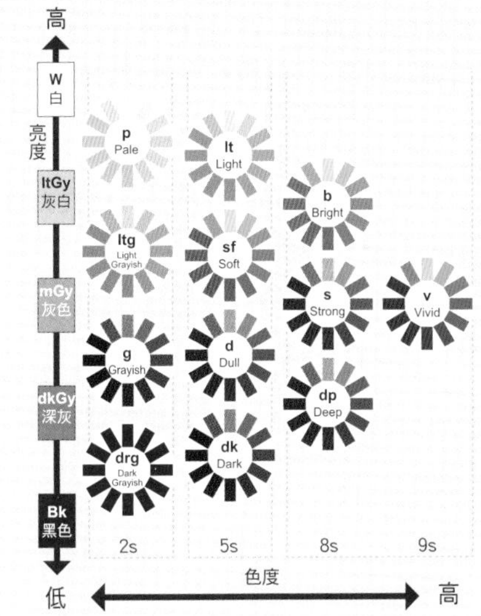
高
W 白
亮度
ltGy 灰白
mGy 灰色
dkGy 深灰
Bk 黑色
低
p Pale
lt Light
b Bright
ltg Light Grayish
sf Soft
s Strong
v Vivid
g Grayish
d Dull
dp Deep
drg Dark Grayish
dk Dark
2s
5s
8s
9s
色度
高

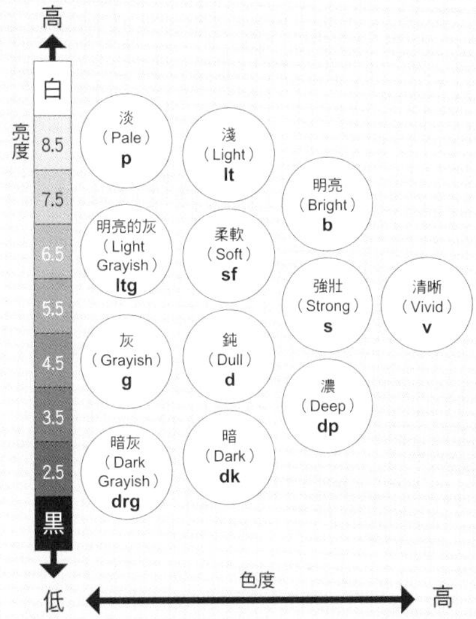
高
白
亮度
8.5
7.5
6.5
5.5
4.5
3.5
2.5
黑
低
淡（Pale）p
淺（Light）lt
明亮（Bright）b
明亮的灰（Light Grayish）ltg
柔軟（Soft）sf
強壯（Strong）s
清晰（Vivid）v
灰（Grayish）g
鈍（Dull）d
濃（Deep）dp
暗灰（Dark Grayish）drg
暗（Dark）dk
色度
高

引用：日本色研究事業

3種配色手法

代表性的配色手法，可以舉出以下3種。

1. Complimentary

在色相環內，以位置相反的色相為中心來進行配色的方法。藍色跟橘色、黃色跟紫藍色、紅色跟綠色等等，這種顯眼的配色容易創造出具有年輕活力的形象。

2. Harmonious

在色相環內，以位置相鄰的色相為中心來進行配色的方法。也可以同時配置2～4色。能夠用溫柔的觸感將空間包覆起來

3. Monochromatic

以一個有彩色＊的色相為中心，來進行配色的方法。重點在於用明度的高低、彩度的強弱來產生變化，以免給人平坦或單調的感覺，也可以突顯出質感的不同。可以將「反射光芒」「讓光透過」「吸收光線」等3種質感混合使用。所選擇之色相以外的背景，可以使用白色或灰色、銀色等無彩色。或是用無個性色（Sand Beige、Dark Brown等棕黑色）來進行配色。

圖3｜色彩計劃

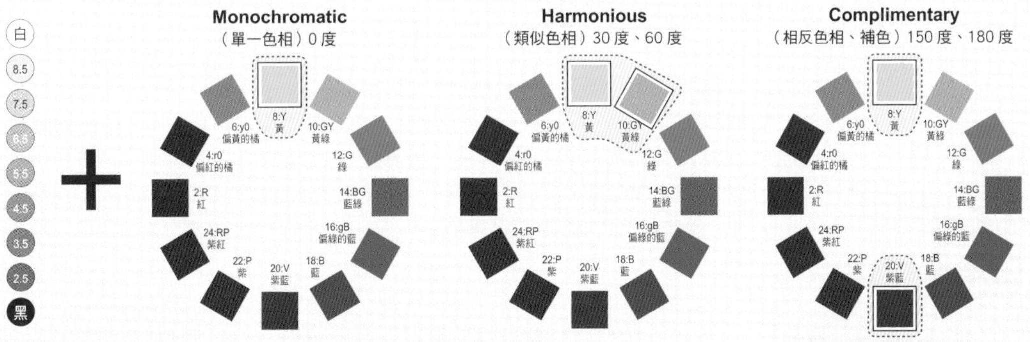
白
8.5
7.5
6.5
5.5
4.5
3.5
2.5
黑
Monochromatic
（單一色相）0度
Harmonious
（類似色相）30度、60度
Complimentary
（相反色相、補色）150度、180度
8:Y 黃
10:GY 黃綠
12:G 綠
14:BG 藍綠
16:gB 偏綠的藍
18:B 藍
20:V 紫藍
22:P 紫
24:RP 紫紅
2:R 紅
4:r0 偏紅的橘
6:y0 偏黃的橘

照片3 是具有將光反射、吸收之質感的軟墊。此處以第1號的濃淡、清濁等來擴展出去，成為Monochromatic的風格。

照片2 Harmonious

照片1 Complimentary，選擇橘色跟藍色的色相。

照片1、2：Ryu Itsuki

＊有彩色（Chromatic Color）：兼具色相、亮度、色度的顏色，無彩色（灰、黑、白）以外的顏色。

用顏色將素材分類

1. 木材

隨著樹木品種的不同，色相也會跟著變化。認清楚這些鈍色系的顏色來進行配色，可以實現美麗的外觀。

2. 玻璃

玻璃有光透過的時候，會出現名為Bottole Green的藍綠色相，屬於透明&沉穩的形象。

3. 金屬

鍍鉻等銀色屬於沉著、冰冷的形象，黃銅等金色，則可以用在溫暖、高貴的形象上面。

照片4　櫟木材，主要是由黃色轉變而成的茶色。
照片5　櫻桃木，主要是由橘色轉變而成的茶色。
照片6　桃花心木，主要是由紅色轉變而成的茶色。
照片7　玻璃。
照片8　Silver Gold。

用木材的形象來進行搭配

木材雖然也有色相的差異，但同時也有樹種本身的形象存在。

·櫟木

廣為普及的風格之美，甚至得到「櫟木的時代」這個名稱。特別是塗成深濃色的櫟木，很容易就能整合出美式傳統的風格。

就色調來看，則是以暗色調、灰色調、深色調為中心，顏色有橄欖綠、肉桂色等等。以Harmonious的手法來計劃色彩，很少會失敗。

相反的，以透明塗料來處理表面，會適合用在現代和風或北歐的形象上面。

·黑胡桃木

就風格之美來看，櫟木之後是胡桃木的時代。黑胡桃木的木紋原本就屬於灰棕色，上色之後可以成為兼具品味跟厚重感的暗棕色，最近常常被用在Dandy風格的室內裝潢。

·海棠木

海棠木的表情會以黃褐色、紅褐色、紅紫色來進行變化，大膽而且優雅。容易成為具有成熟之高級感的現代和風。

·黑檀

黑褐色的顏色與纖細的木紋，黑檀很適合用在現代且高級的形象上面。常常被用在具有高級感的Chic Modern。但同時也具有無個性的一面，可活用的範圍非常廣泛。

·黑櫻桃木

從北歐的Vintage到日本的現代和風，對於喜愛Woody的人來說，是充滿魅力的素材。

〔深澤組個〕

照片9　美式傳統。
照片10　現代和風。
照片11　Dandy。
照片12　黑櫻桃木地板、北歐。
照片13　黑櫻桃木地板、現代和風。

照片9：Santa通商
照片10、11：Seeds Create
照片12：Ryu Itsuki

COLUMN

意外性的不為人知花色與線條的基本規則

此處將木材之紋路與線條的特徵也包含在內，用「室內裝潢之形象的7個要點檢查表」來分析4種基本造型所擁有的形象。

主流是Eclectic的形象

最近流行的趨勢，似乎有偏好Eclectic風格的傾向。Eclectic一詞，原本是指「將不同時代的物品搭配在一起」，現在則是當作把形象混合在一起的意思來使用。

把2~3種形象混合在一起的時候，重點在於把顏色的調配擺在第一順位。先將顏色搭配好之後，再來決定形狀跟裝設方式，以此當作基本的順序。

在此提出以同樣角度讓形象重疊、混合的案例當作示範。〔深澤組個〕

〔Natural、Elegant〕地板為歐洲楓木，自然且品味高尚。配色是帶有玫瑰紅的米色，線條也有混合曲線。金屬配件為金色。

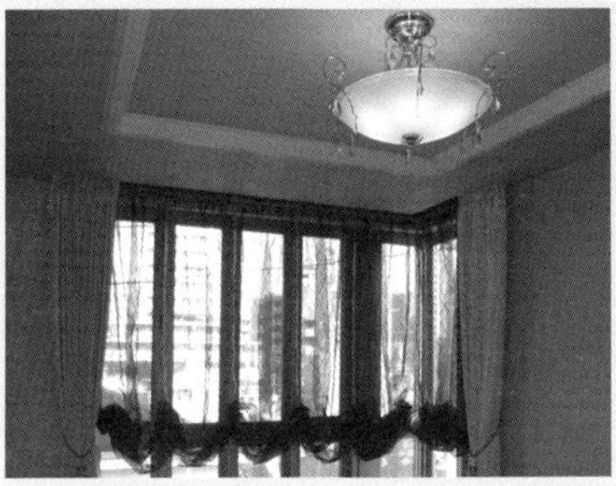

〔Modern、Elegant〕地板是讓人印象深刻的深色柚木，雖然使用粉紅紫的壁紙跟形象較為強烈的黑色，但曲線的窗簾帶來幾分優雅。金屬配件為銀色。

表｜室內裝潢之形象的7個要點

比方說，使用黃色、沒有花樣的自然素材，加上質感較為粗糙的塗裝來成為明亮的空間，那就屬於〔Natural〕的形象。

	顏色	造型	圖樣	素材	質感	表面處理	形象
Natural	偏黃的橘色	直線	沒有圖樣	自然素材	粗糙	塗裝等	健康
	黃色	（帶有圓弧）	草木的花紋	木、棉花、麻	刻痕較深	素面處理	溫暖
	黃綠		方格	紫藤、紙			開朗
	象牙色						爽朗
	鮮奶油色						年輕活力
	白木色						

	顏色	造型	圖樣	素材	質感	表面處理	形象
Elegant	紫	曲線	花的花紋	絲	濕潤	薔薇木	溫柔
	紫紅						
	藍紫	（纖細）	沒有圖樣	天鵝絨	光滑	經過表面處理	優雅
	Off-White		Drape	蕾絲			女性
	Grayish						溫暖
	Grayish Pink						高貴
	Grayish Rose						

	顏色	造型	圖樣	素材	質感	表面處理	形象
Clear & Cool	藍綠	直線	沒有圖樣	玻璃	冰冷	白色塗料	理智
	藍	（尖銳）	相間條紋	鋼		家具	清潔
	白		較細	鏡子		鍍鉻	冰冷
	灰			塑膠		金屬	銳利
	Blue			磁磚			輕薄
	Silver						透明

	顏色	造型	圖樣	素材	質感	表面處理	形象
Dandy	（較為樸素的）棕色	直線	沒有圖樣	皮革、木	厚重	桃花心木	真品搜藏
	（較為樸素的）米色	（較粗）	幾何學圖樣	磚瓦	沉重	經過表面處理	厚重
	（較為樸素的）綠色			（高品質）			溫暖
	黑色						

4頁就能理解，木材的超基本講座

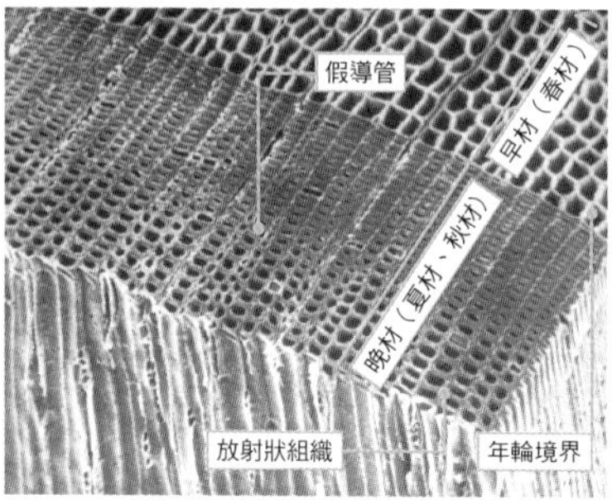

照片1　針葉樹（杉木）的電子顯微鏡照片
組織結構單純，木紋垂直的延伸感觸柔滑的樹種較多。

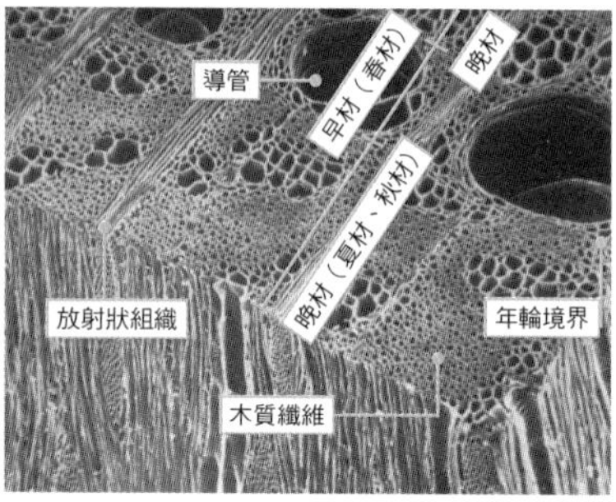

照片2　闊葉樹（櫸木）的電子顯微鏡照片
跟針葉樹相比組織較為複雜。依照導管的排列方式，更進一步分成環孔材、散孔材、放射孔材（照片內的櫸木為環孔材）。木紋大多會呈現複雜又美麗的圖樣。

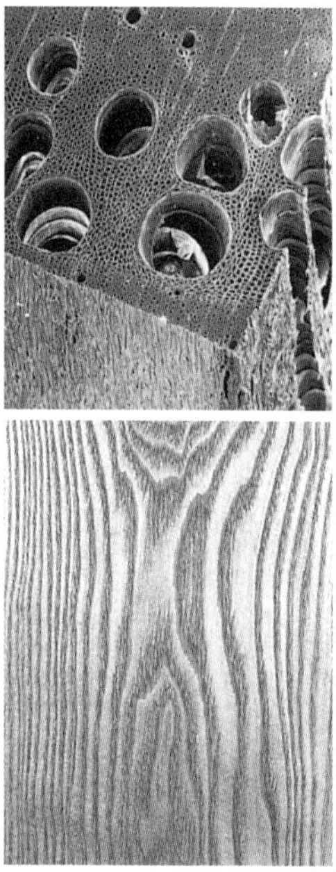

照片3　環孔材（柳木）的電子顯微鏡照片（上）跟板紋面*（下）
導管的直徑較大，順著年輪以環狀來排列。年輪非常的明顯。環孔材另外還有櫸木、橡木、桐木、刺楸等等。

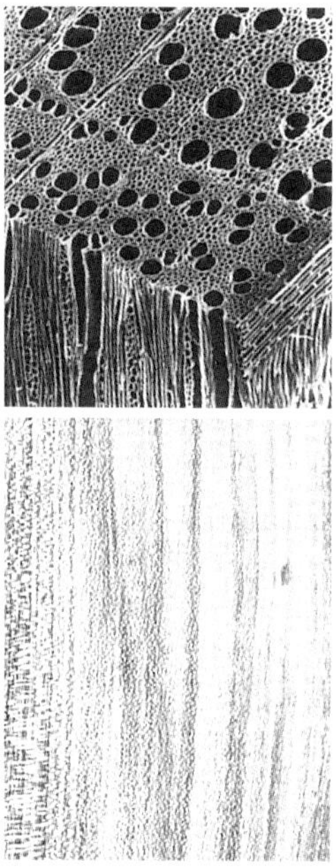

照片4　散孔材（山櫻）的電子顯微鏡照片（上）跟板紋面（下）
跟環孔材相比導管較小，以分散的方式排列。年輪比較不清楚，木紋綿密且纖細。散孔材有樺木、櫻木、椴木等等。

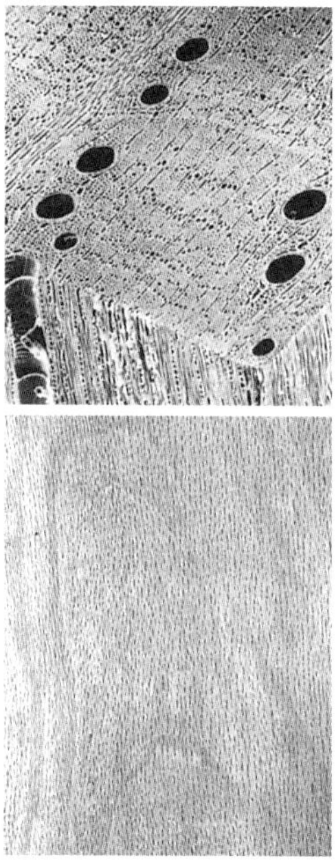

照片5　放射孔材（黑櫟）的電子顯微鏡照片（上）跟板紋面（下）
導管以放射狀排列，放射狀組織非常的明顯，細膩的紋路形成獨特的質感。

闊葉樹跟針葉樹的差異

樹木分成闊葉樹跟針葉樹。一般來說針葉樹比較軟、闊葉樹給人的感覺比較硬，但其中也有例外存在。常常被用來製作日式櫥櫃跟抽屜、日本國內樹種最輕最軟的桐木，就是屬於闊葉樹。另一方面，針葉樹也有日本落葉松、赤松等比較硬的樹種。

針葉樹跟闊葉樹，兩者決定性的不同在於細胞。針葉樹整體有9成，是名為「假導管」的有如中空管一般的細胞。假導管除了會讓水分通過之外，也具有支撐樹木的機能。相較之下，闊葉樹用來讓水分通過的，是「管狀要素」細胞集合而成的「導管」，支撐樹木的工作則交給「木質纖維」這種細胞負責。也就是說，導管的有無，才是針葉樹與闊葉樹的分類條件（照片1、2）。另外，闊葉樹還會依照導管的位置，分成「環孔

*板紋面：從圓木的中心錯開，年輪沒有呈平形，出現隆起圖樣的部分。

材」「散孔材」「放射孔材」等3種類型，它們分別會展現出不同的質感（照片3～5）。

不論是針葉樹還是闊葉樹，它們的組織都是由春天時期，木材生長較為活潑的早材（春材），跟秋天成長較為緩慢的晚材（夏材、秋材）反覆組成，年輪就是由這種現象所形成。

一般認為年輪較為緊密的木材，擁有較高的強度，但是對櫸木跟水楢這種環孔材來說，過度緊密的年輪同時也代表導管的成分較多，反而是比較鬆軟的木材。這種木材同時也被稱為「糠目（空殼紋）」，具有尺寸的穩定性較高、加工容易等特徵。

紋的尺寸穩定

加工處理之後所製造出來的木材，性質會受到木材的方向跟年輪與木質纖維的走向影響。這點被稱為「非均向性」。使用木材的時候是否有掌握到這點，將會非常的重要。

比方說，木材乾燥時收縮的比率，會以跟樹幹成平行的方向（纖維方向）、跟年輪垂直交叉的方向（半徑方向）、順著年輪的方向（接線方向）來增加，其比率大約是「1：10：20」，會有相當程度的落差存在（圖1）。也就是說，以半徑方向切出來的柾紋板，跟以接線方向切出來的「板紋板」相比，柾紋板因為乾燥所造成的收縮較小，尺寸會比較穩定。因此須要高精準度的門窗，通常都會使用柾紋木材。

關於強度方面，則是以半徑方向、接線方向、纖維方向的順序往上提升。以半徑方向切出來的柾紋板，直線的木紋以縱向排列，要是用跟木紋平行的方向施加力道，很容易就會折斷，使用的時候必須小心。

圖1｜樹木的結構

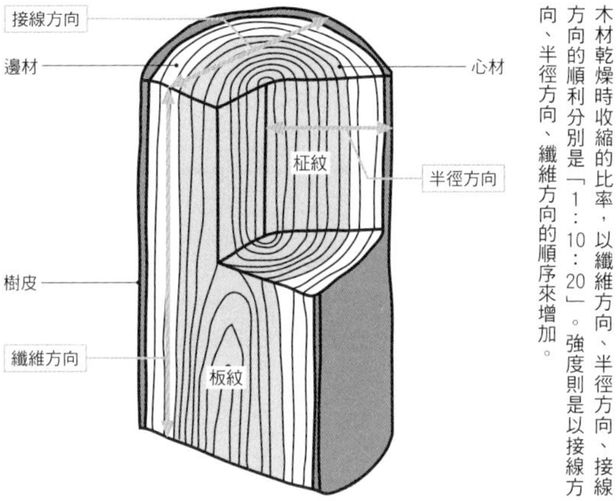
接線方向
邊材
心材
柾紋
半徑方向
樹皮
纖維方向
板紋

木材乾燥時收縮的比率，以纖維方向、半徑方向、接線方向的順利分別是「1：10：20」。強度則是以接線方向、半徑方向、纖維方向的順序來增加。

白線帶
心材
邊材

照片6 杉木的年輪。顏色較深的內側（偏紅的部分）是「心材」，外側顏色較薄的部分是「邊材」。心材跟邊材之間偏白色的部分為「白線帶」，是邊材正在轉換成心材的部位。白線帶會產生昆蟲跟微生物所排斥的物質。

心材所有的細胞都處於死亡狀態

把樹木砍斷來觀察年輪，會發現越往中心顏色越深，外側的顏色則比較淺（有些樹種為比較不容易區分）。這個顏色比較濃的部分，會用「心材」或「紅木」來稱呼，顏色較淡的部分則被稱為「邊材」或「白木」（照片6）。

其實木頭幾乎都在細胞分裂之後，馬上進入死亡的狀態。但只有邊材的部分，儲存養分（澱粉）的細胞還活著。因此邊材也擁有比較容易受微生物或昆蟲損害的特徵。

另一方面，心材所有的細胞都已經處於死亡狀態，從邊材轉變為心材的過程之中，會產生昆蟲跟微生物所排斥的物質。因此心材比較不容易受到微生物的影響，耐久性會比較高。就算是柏木、羅漢柏等耐久性較高的樹種，如果是用在濕氣較高的場所，最好也是選擇心材。

不受非均向性限制的木材

充滿天然素材的森林，每一顆樹都擁有不同的性質，必須考慮到前一個項目所提到的非均向性。另外，可以取得大口徑木材的大型樹木非常稀少，價格也相當昂貴。合板跟人造板等混合各種木質材料的建材，最近有使用案例越來越高的傾向。合板跟人造板尺寸上的穩定性高，可以用均等的性質來將材料湊齊，同時也能輕易取得寬度較高、截面較大的材料。

其中又以合板最為普遍、使用範圍最廣。薄板（單板）（※1）的纖維以垂直交叉來重疊、接著在一起，藉此消除非均向性的問題，在提高尺寸之穩定性的同時，也得到更好的強度（照片7、8）。還可以輕易取得尺寸較寬的大型材料。

積層材（LVL）跟合板用同樣的方法製造，積層材在排列、接著的時候讓纖維排列成平行，因此容易得到長度比較長的大型材料（照片9、10）。

人造板，是以橫的方向將小型的板

※1 薄板（合板）：把木材削成0.2～6mm左右之厚度的薄板。

照片7　用Rotary Lathe〔※2〕從圓木之中削出單板，來當作合板或LVL的材料。

照片8　合板會讓單板以木紋垂直交叉的方向一片一片疊上去，實現高強度的結構。

照片9、10　把單板疊起來，讓LVL的木紋可以成為平行。重疊的時候將積層面錯開，可以得到長度較長的大型材料。

照片11　一般家具跟現場打造的家具等等，用在各種用途的Free Board也是人造板的一種。

照片12　竹子人造板的使用案例，活用那獨特切口來當作造型設計的一部分。

照片13　MDF（中質纖維板）

照片14　把削成薄片的板材重疊在一起的OSB，會展現出獨特的觸感。

材或木條（Lamination）貼在一起的建材。除了改善強度跟尺寸的穩定性之外，在各種木質材料之中質感與實木最為接近，被廣泛的用在各種家具上〔照片11、12〕。

合板以外的板狀木質材料，則是有纖維板，塑合板（PB）、定向纖維板（OSB）等等。纖維板是把木材分解成纖維狀之後用熱凝固，依照成型之後的纖維密度，分成硬質纖維板（Hard Board、密度＝0．80g／cm³以上）、中質纖維板（MDF、密度＝0．35g／cm³以上、照片13）、軟質纖維板（Insulation Board、密度＝未達0．35g／cm³）等3種。

PB是將木片絞碎來當作原料，灑上接著劑之後壓縮成型。OSB則是讓削下來的薄板以不同的纖維方向疊上，進行黏著來形成積層結構。活用那獨特的質感，有些案例會直接拿來當作表面的材質〔照片14〕。

用薄片來裝飾表面

這些木質材料，在某些罕見的案例之中，會刻意將接著面當作設計的一部分來呈現，但絕大部分都會施加裝飾讓外表更加美觀，不會直接當作表面。如果是用在家具或門窗上，主流的處理方式，是將木材削下、剝下薄薄一層的「薄片」來貼在表面，或是搭配印有木頭花紋的貼片。

擁有美麗木紋之木種所生產的薄

※2 Rotary Lathe：以圓木的中心為軸來進行轉動，有如削皮一般的製造薄板的裝置。
插圖：中野智佳子

圖2｜薄片的製造方法

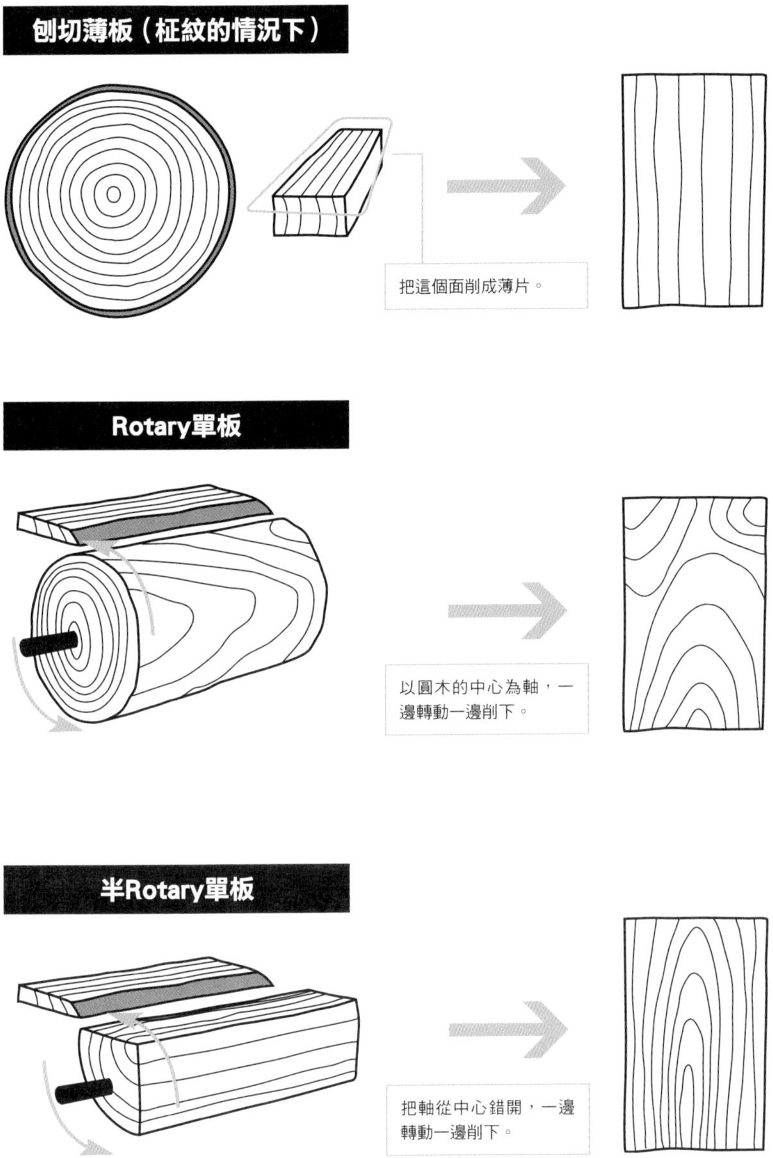
刨切薄板（柾紋的情況下）
把這個面削成薄片。
Rotary單板
以圓木的中心為軸，一邊轉動一邊削下。
半Rotary單板
把軸從中心錯開，一邊轉動一邊削下。

片，以此來貼在表面的產品，特別被稱為天然木化妝合板，常常用來當作家具的表面材質。

　薄片的厚度從0.2㎜到3㎜左右，依照生產方式分成3種類型〔圖2〕。其中數量最多的削切法，是用Slicer機械將木材削成薄板。特徵是按照原木切割的方式，可以得到柾紋或板紋等任意的木紋。價格較為昂貴之高級木材的實木，若是改成使用薄片的話，則可以用較低的成本來得到同樣的造型，也能實現實木所辦不到的曲面鋪設。

比重越高越是堅固

　一般來說，木材的傾向是密度越高，強度越是往上提升（越硬）。

　密度是該物體1個體積單位所擁有的重量，而「比重」也是意思相同的數據。比重指的是一個物體密度與水的密度之間的比值（假設水溫為4度）。比方說1公升的水，重量是1千公克。如果同樣體積的木材（1千立方公分）重量是500公克的話，那木材的比重就是0.5。

　木材的重量，會受到乾燥狀況的影響。木材的比重，一般來說會以配合環境溫度來進行乾燥的「氣乾狀態」的重量為基準，來算出所謂的「氣乾比重」。氣乾比重越小，木材就越輕越軟，氣乾比重越高，則木材是又硬又重。

　比重的差異，會由木材內部的空隙有多少來決定。空隙越多比重越小，但也因此含有較多的空氣，讓隔熱性能變得比較好。在觸摸杉木或桐木等柔軟的木材時，之所以會出現溫暖的觸感，也是因為這些材料的比重較小，含有許多的空氣。

　雖然可以像這樣透過比重來掌握大略的性質，但邊材與心材卻又擁不同的特徵，年輪環繞的狀況不同，密度＝比重也會跟著產生變化。就根本來看，每顆樹都擁有自己不同的個性，用在家具或現場打造之設備等須要高精準度的用途時，重點仍舊是以每一份材料來辨認其中的性質。

〔編輯部〕

參考文獻：圖解入門 淺顯易懂的最新木材基本用途：赤堀楠雄（秀和System、2009年）／從基礎來學習森林、木材與人的生活：鈴木京子、赤堀楠雄、濱田九美子（農山漁村文化協會、2010年）／木材的基礎知識（修訂版）：日本木材總合情報中心（2007年）／木材的結構、性質與木造住宅：日本木材走行情報中心（2009年）／木材的基礎化學：日本木材加工技術協會關西支部篇（海青社、1992年）／木材總合小事典：木質科學研究所木悠會篇（講談社、2001年）

圖1｜板狀結構的種類

Flush板

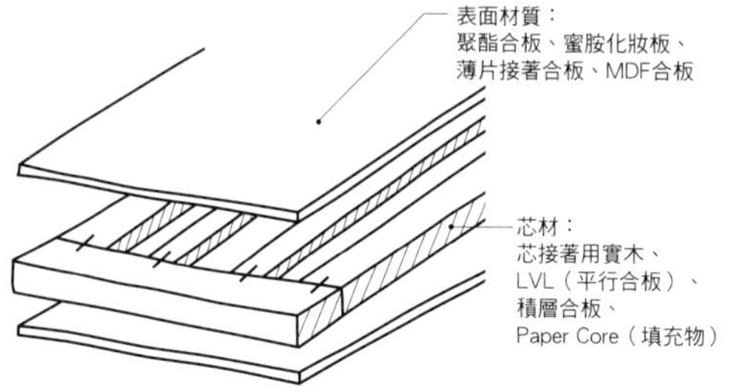
表面材質：
聚酯合板、蜜胺化妝板、
薄片接著合板、MDF合板
芯材：
芯接著用實木、
LVL（平行合板）、
積層合板、
Paper Core（填充物）

Flush產品的特徵，第一是重量輕，再來是可以節省材料。只把芯材裝在必要的位置，其他不是中空就是填充材，重量非常的輕。這不光是考慮到成本的問題，懸掛式廚櫃的門板等等，想要減輕板材本身的重量時，這種作法非常有效，也不會讓建築物承受多餘的負荷。

實心平板

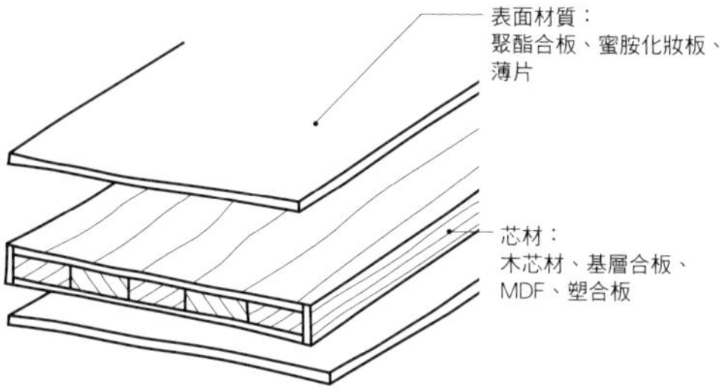
表面材質：
聚酯合板、蜜胺化妝板、
薄片
芯材：
木芯材、基層合板、
MDF、塑合板

Flush結構是在必要的部分裝上芯材，相較之下實心平板的內部會使用跟表面材質同樣面積的厚板。這種作法可以省去組裝芯材的工程，或是直接將MDF等當作塗裝用的底層，具有良好的作業性。另外一個特徵，Flush結構如果壓製品質不良，會讓芯材凸出在表面形成凹凸，實心平板則不會有這類的問題，比Flush板更適合用在櫃台頂部或抽屜正面擋板等部位。但同時的，實心平板會將內部沒有必要的部分也填滿，就成本方面來看，最好是跟Flush板組合使用會比較理想。

框組（Frame結構）

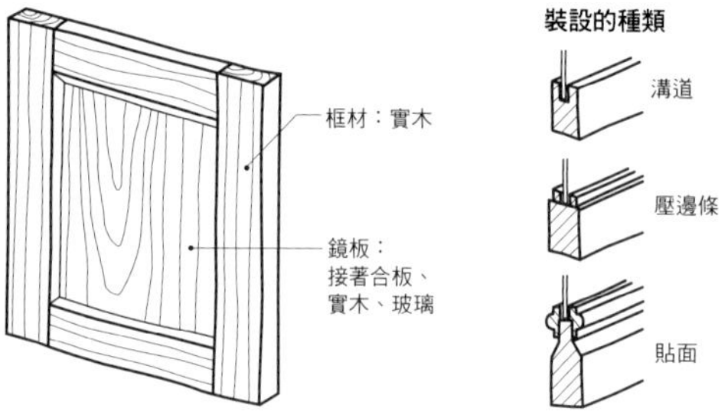
框材：實木
鏡板：
接著合板、
實木、玻璃
裝設的種類
溝道
壓邊條
貼面

框組是用當作外框的框材，加上框內鏡板所構成的板狀結構。用在門板、側板、背板等部位時，會使用橫框、直框、中央直條所構成，有時也會像畫框一樣，4邊都使用同樣的零件。就本來的規格來看，鏡板的部分應該要使用實木，但也常常會鑲上化妝合板或玻璃等其他材質。就結構來看，用木條組成框架在中間鑲上板材，跟實木相接所形成的板狀結構相比，可以降低尺寸上的誤差，是極為合理的結構。另外，在框材（鏡面）加上貼面（裝飾條），也能當作具有裝飾性的面板來使用。

人造板

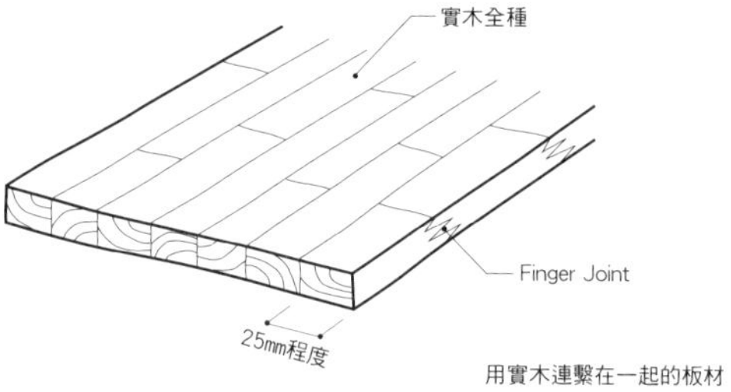
實木全種
Finger Joint
25mm程度
用實木連繫在一起的板材

用實木的小片聚集而成的面板，大多會當作櫃台桌的頂板來使用。以鑲嵌的方式將細小的木材往直的、橫的方向連接下去，因此可以比較容易的製作出大面積的板材。跟單片木板相比，彎曲、扭曲、誤差的程度較少，也不會出現太過極端的個性，有穩定的貨源流通。就這點來看，很適合須要大量使用的空間。

實木

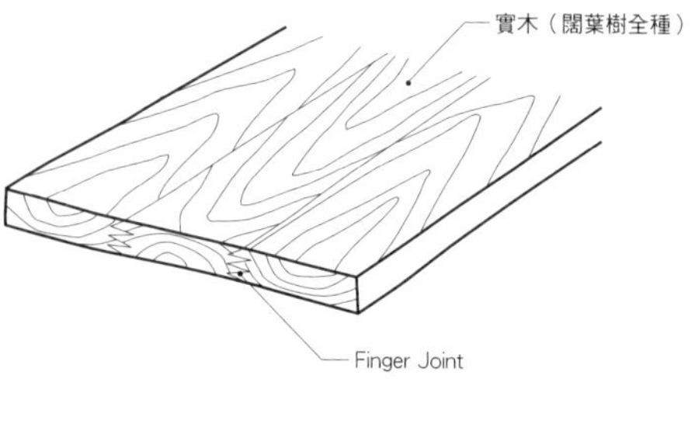
實木（闊葉樹全種）
Finger Joint

單片的實木，或是用條板相接而成的面板，用在木製家具上，可以一口氣的提高等級。餐桌、櫃台頂部、抽屜正面擋板等等，可以的話都要盡量使用實木。充分活用木紋，讓每一片的表情都可以被發揮出來的造型設計也很重要。最好是以實木為優先，設計的時候為它們分配充分的面積。
但同時也必須考慮收縮、扭曲、彎曲等，木材隨著季節跟環境變化所產生的反應，設置充分的縫隙跟緩衝用的空間，不然很有可能會造成問題。

圖2｜如何決定板材的尺寸

最為基本的尺寸是3×6尺、4×8尺。其他還有3×8尺、3×10尺、4×9尺、4×10尺、5×10尺等等。

例：用椴木積層板（厚18㎜）來製造箱體

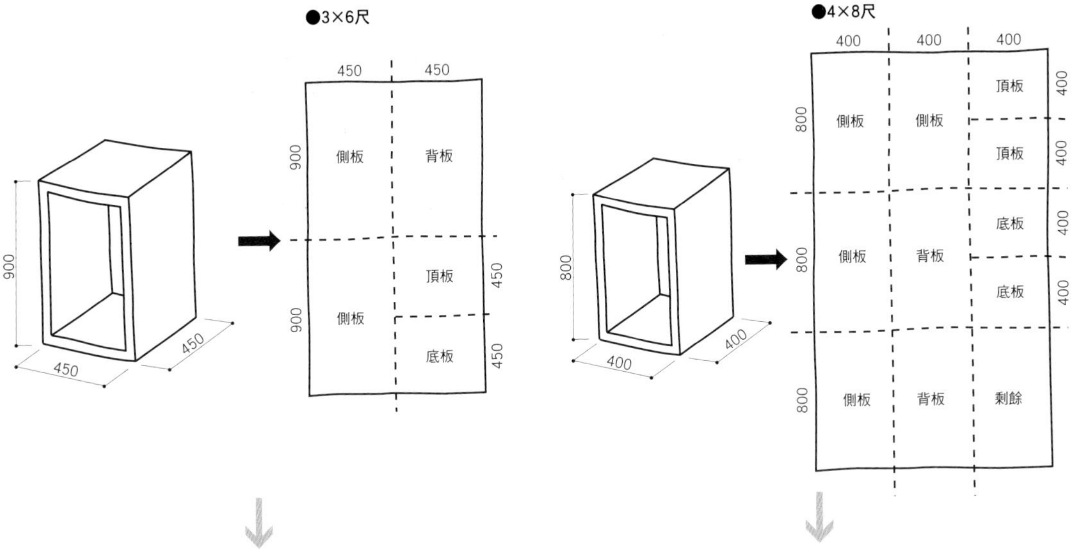

3×6的1片可以製作1個箱體。
材料費（參考）3,490日圓／箱

把高度降低100㎜，寬跟深度縮短50㎜，
則可以成為4×8的1片可以製作兩個箱子
的尺寸，讓每一只箱子的成本降低。

表｜厚度的基本

種類	厚度（mm）														
龍腦香木積層合板	—	2.5	3	4	5.5	6	9	12	15	18	21	24	30	—	—
木心板（龍腦香木、椴木）	—	—	—	—	—	—	—	12	15	18	21	24	30	—	—
MDF	—	—	3	4	5.5	6	9	12	15	18	21	24	30	—	—
椴木積層板	2	2.5	3	4	5.5	—	9	12	—	—	—	—	—	—	—
曲面合板（直紋：煙囪彎曲用、橫紋：圓桶彎曲用）	2（椴木）	—	3	4	5.5	—	9	12	—	—	—	—	—	—	—
塑合板	—	—	—	—	—	—	—	—	—	18	21	—	—	—	—
人造板（一般為櫸木、柳木、松木等）	—	—	—	—	—	—	—	—	—	—	—	25	30	35	40［*］

*：特別訂購可到180

現場打造的家具，是面板的集合體。為了掌握家具的結構，首先要理解板材的種類〔圖1〕。

如何決定尺寸

決定板材的尺寸時，首先必須決定製作家具的尺寸。此時可以用3種角度來思考。第1是到現場實際測量。第2是用必須收納之物品來算出模組大小。第3是從使用者的體型身高來計算應有的尺寸。可以的話再加上市面上所流通之材料的尺寸跟直通率，會是比較理想的計算方式。

另外，住宅的結構，也就是設置家具之場所的牆壁、地板、天花板的底板採用什麼樣的組裝方式，也會造成影響。底層的板材、LGS等，大多會用303㎜的間隔、455㎜的間隔來設置，考慮到這點，家具的分割尺寸，最好也是用3×6尺為基準會比較好搭配〔圖2〕。

再來是關於各個部位的厚度，如果是大型的箱體，外圍（側板、底板、頂板）必須要厚，書架的櫃板等必須承受負荷的部位也盡可能的要厚一點。另外也必須看表面材質的厚度，來考慮芯材的厚度。

〔野崎義嗣〕

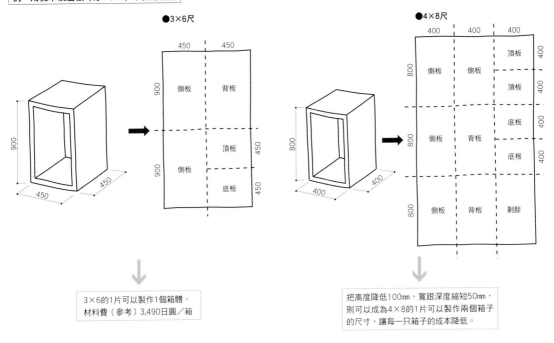

圖1 | 箱體的基本構造

門板、抽屜、頂板、櫃板、裝飾用的邊條、頂部遮蓋的橫木、裝設時的填補材或填充材等等，家具是在這些滿足箱體機能的零件交叉組合之下所形成。

百葉窗板（Louver）

實木、框組

鞋櫃、冷氣機收納、衣櫥等，須要不透明性跟透氣性的場所，會設置百葉窗板。不光是機能，也能帶來裝飾性的點綴。

側板

薄板、實木框組、蜜胺化妝板、聚酯合板、彩色聚氨酯、Flush板

門板、櫃板、櫃子開口、抽屜等構成箱體的大型零件，有許多都會用金屬零件來裝在側板上。側板較薄可以得到纖細與高貴的感覺，較厚的話則是給人沉重又粗獷的印象。另外在設計的時候，也要考慮到跟合頁等零件的位置關係。

門板

薄板、實木框組、玻璃、蜜胺化妝板、聚酯合板、MDF、彩色聚氨酯

門板跟頂板、抽屜正面擋板一樣，會對家具給人的印象帶來很大的影響。跟大多會在事後擺放物品的頂板不同，開合式收納的門板會常時性的出現在視線內，設計的時候是否考慮到這點也非常的重要。衣櫥門板等高度比較高的家具，要使用不容易彎曲或扭曲的素材（LVL）等。

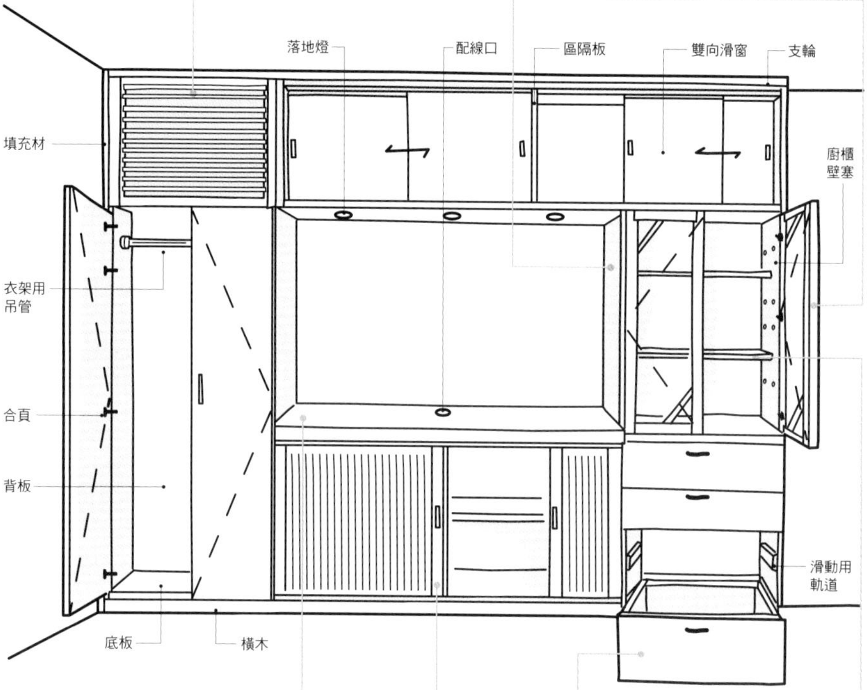

落地燈
配線口
區隔板
雙向滑窗
支輪
填充材
廚櫃
壁塞
衣架用
吊管
合頁
背板
滑動用
軌道
底板
橫木

頂板

實木、薄板、MDF、彩色聚氨酯、蜜胺化妝板、人造大理石、不鏽鋼

頂板會大幅影響家具的用途與個性。我們甚至可以說一樣家具的等級，某種程度取決於頂板。跟客廳不同的，廚房跟洗臉台的頂板必須考慮到機能面的問題，使用人造大理石或不鏽鋼等不怕水的材質。

捲門

實木、薄板、帆布

捲門不光只是可以讓造型設計更加豐富，就機能方面來看，它不會像雙向滑窗那樣一次只能開一半，也不會像抽屜或外開的門板那樣必須佔用外側的空間，具有很高的方便性。

櫃板

玻璃、聚酯合板、蜜胺化妝板、薄板

櫃板的大小、厚度、數量，會大幅影響家具的收納能力。最好事先想好收納物品的尺寸跟數量。為了不讓櫃板本身變得太重，採用Flush結構會比較理想。

抽屜

正面擋板：薄片、蜜胺化妝板、聚酯合板、MDF、彩色聚氨酯

內箱：實木（貝殼杉、椴木等）、椴木木心板、聚酯合板

抽屜是由正面擋板跟內箱這兩個部分構成。正面擋板跟門板一樣，是必須重視造型的零件。內箱會大幅影響收納的能力，必須考慮收納物品的尺寸與份量。櫃子開口、側板、底板、軌道等等，可以用來收納的空間會比家具內部的尺寸還要更小，這點也不可以忘記。

插圖：中川展代

圖2｜克服「難纏的造型」！用形狀來選擇材料

如何製作曲面

製作曲面的方法，主要有以下3種

①削出

在材料上標出想要削出的曲面。

用手鋸、線鋸、拉鋸削出比標示更大一些的尺寸。

用容易加工的材料來製作出曲面的模板。用環帶砂布機等，削到跟模板相符的尺寸。或著是將模板當作治具，用修邊機來進行加工（為了安全起見，模板要有某種程度的厚度）。

合適的材料
實木

②積層

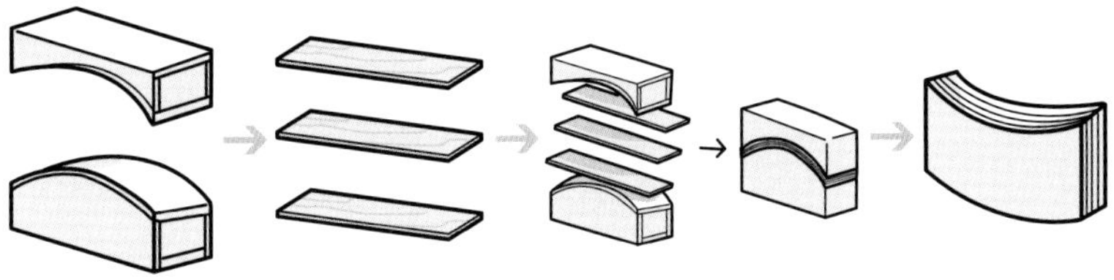

製造出曲面的模子（公、母）。

切出複數的塑合板，來疊出希望可以得到的厚度。

將塑合板塗上接著劑，放到模具內用壓機來進行壓著。

把長跟寬切齊之後即可完成。

積層的特徵
・可以形成比較薄的厚度
・適合用在門板或正面擋板

合適的材料
・彎曲的膠合板（厚度為2～12mm、3×6板、4×8板〔＊〕。如果是較為緩和的曲面，普通的塑合板也可以）
・實木挽板※

＊：往比較長的一方彎曲稱為圓桶捲、往短的一邊彎曲稱為煙囪捲。
※挽板：有別於一般薄薄削下的化妝用木片，用電鋸從木材切下來的薄板。

③組合柱

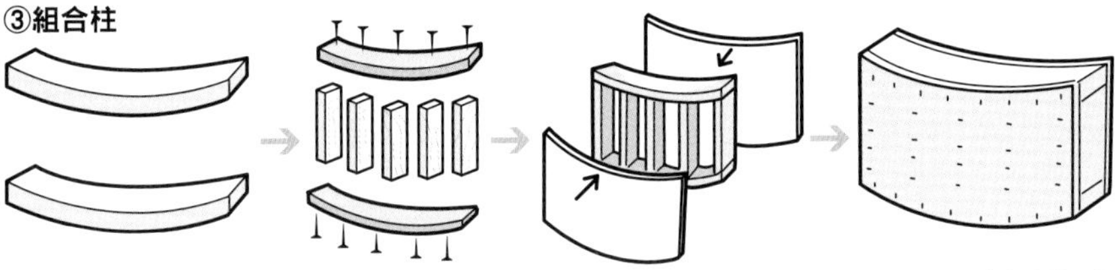

用積層合板、MDF等材料，製作2片彎曲面的零件。

製作柱子的部分，以一定的間隔用釘子固定在曲面的零件上。

把塑合板貼合的部分切齊。

把長跟寬切齊之後即可完成。

組合柱的特徵
・可以實現比較深的結構
・適合用來製作箱子的本體

合適的材料
・積層合板、MDF、彎曲的膠合板等等

多面體的製作方法

把各個面的零件按照大小切出來，讓切口維持傾斜，好在組合的時候形成往外凸出的角度。

用釘子將零件固定

除了這個方法之外，也可以從大型的實木削出來製作。

收納家具是箱體的組合。結構複雜、佔用整面牆壁的大型家具，也是大大小小之箱型結構的集合。各個箱體的尺寸會用收納物品當作基準，家具整體的尺寸則是配合整棟建築的容量來進行調整〔圖1〕。

在施工現場，常常會提到「R3倍」這個術語。意思是帶有曲線跟角度的物體，跟一般直線相比須要3倍的材料跟工程。現場雖然不喜愛這種作業，但使用這種「難纏的造型」，卻可以創造出直線無法實現的空間設計。

製作曲線型物體的重點，是中心線不可以動搖。也就是說，從製作木材到加工、裝上金屬零件，都必須統一的用中心來算出角度跟尺寸。

門板或正面擋板等厚度較薄的板狀結構，可以採用鑄造或削出的方式。這樣就算數量較多、較薄也沒關係。

箱體則是先用頂板跟底板製作出曲線，然後裝上柱子讓箱體可以成立。另外在多面體的部分，重點在於怎樣表達面與面貼合的角度，以及因為傾斜無法在圖表內表現出來的實際尺寸〔圖2〕。

〔野崎義嗣〕

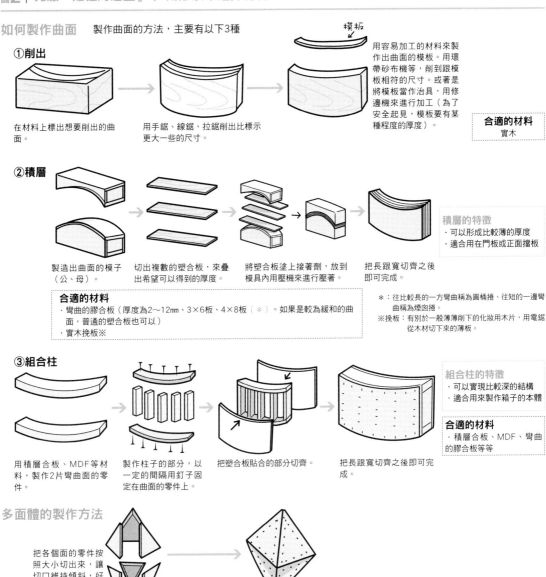

家具之金屬零件的分類

家具的金屬零件，可以按照部位跟用途，來分成以下9種。

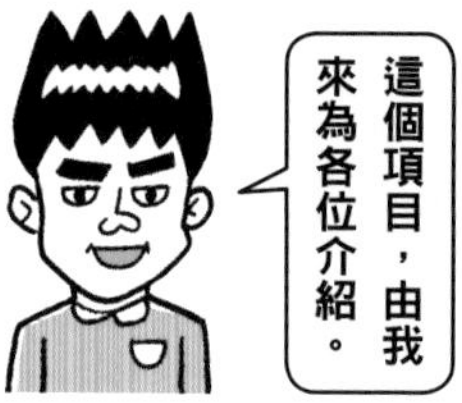

金屬門太郎

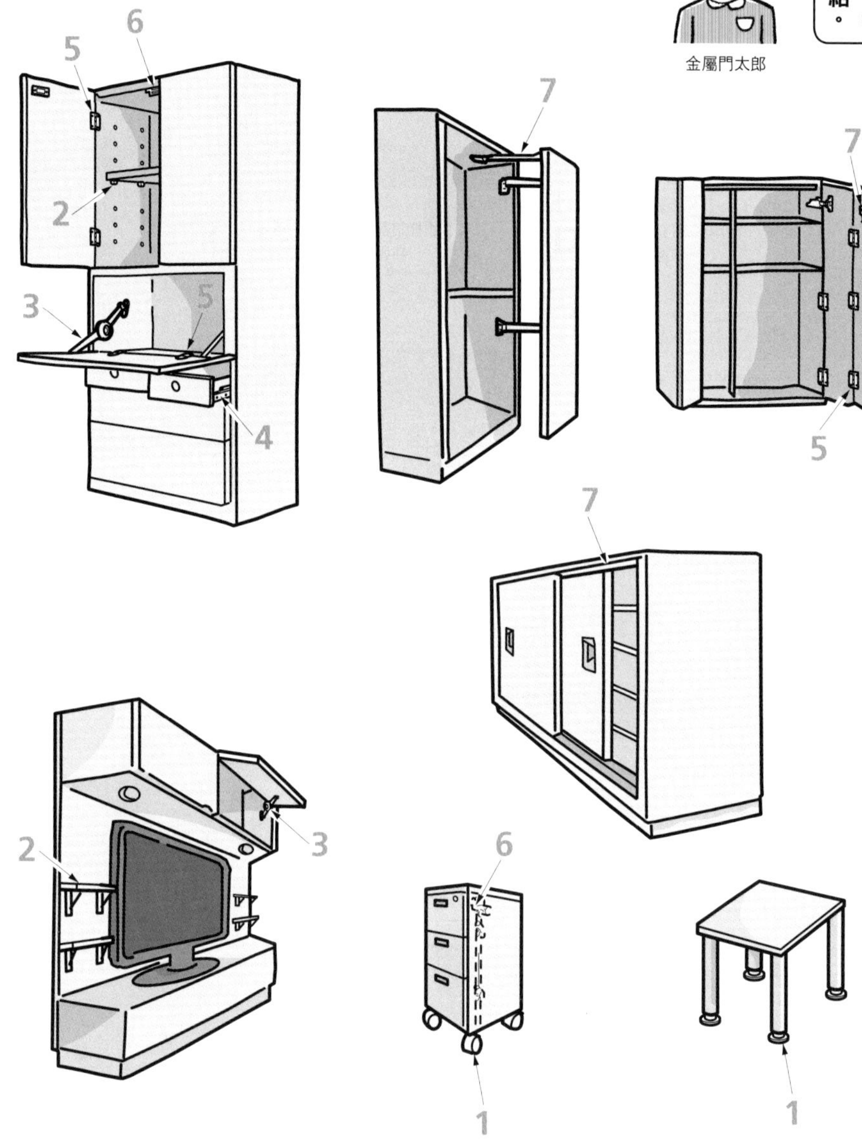

1. 調節器、腳輪
2. 壁塞、托座
3. 支柱
4. 滑軌
5. 合頁（滑軌式合頁／開閉式合頁）
6. 門扣、門閂、門鎖
7a. 拉門用金屬零件
7b. 摺疊門金屬零件
7c. 甩門（Swing Door）

本項執筆：新井洋之
插圖：中川展代

❶ 調節器（Adjuster）

調節器可以用來往水平的方向延伸，或是將搖晃的感覺去除、配合地板來調整高度。挑選的時候要注意地板材質跟可以承受的負荷。

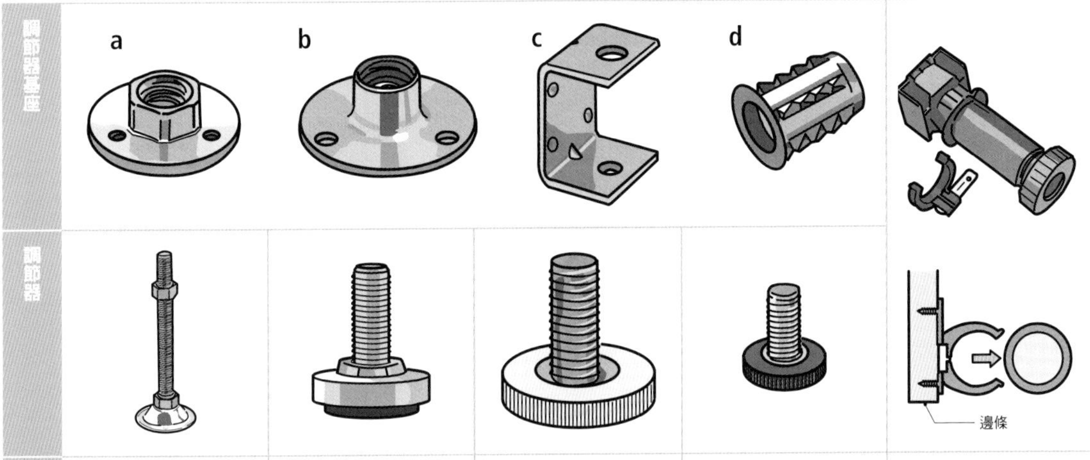

	a	b	c	d	
說明	把基座固定在底端橫木的調節器（基座為C）。有比較長的尺寸可供選擇。	金屬製的調節器。裝設的部分會墊上橡膠（氯丁橡膠等），以免滑動或傷到地板。	用樹脂製作的款式，一般廣為使用的類型。	給側板等寬度較小的位置使用的小型款式。用插入式螺母（d）來取代基座。	用在廚房等地點，屬於歐洲款式的「Euro Leg」。可以用夾子固定在邊條上。

❷ 櫃板支架

如同名稱一般，用來支撐櫃板的零件。插入式的壁塞、釘入式的壁塞、托座等等。以放在櫃子內的物品重量（負荷設定）來選擇。壁塞的設置間隔，則是有歐洲產品所推廣的規格存在。

❸ 開閉式合頁（Slap Stay）

門板往上或往下打開的時候，用來進行支撐的合頁。跟滑軌式合頁（Slide Hinge）或平台用合頁（Drop Hinge）搭配使用。也有可以同時對應上開跟下開的合頁存在。

［方便的規格 System 32］

System 32是由德國家具製造商所推廣的家具規格。以基本單位的32㎜跟它的倍數所構成的尺寸體系。

〈優點〉

· 以System 32所製作的家具，都採用在現場組裝的方式。
· 可以運到狹窄的空間內組裝。
· 只要有一根螺絲起子，就能將所有的零件裝好。
· 裝設金屬零件只要數第幾個孔就好，不需要任何特殊技能。

→System 32經過合理化的設計，可以降低成本、縮短工時。

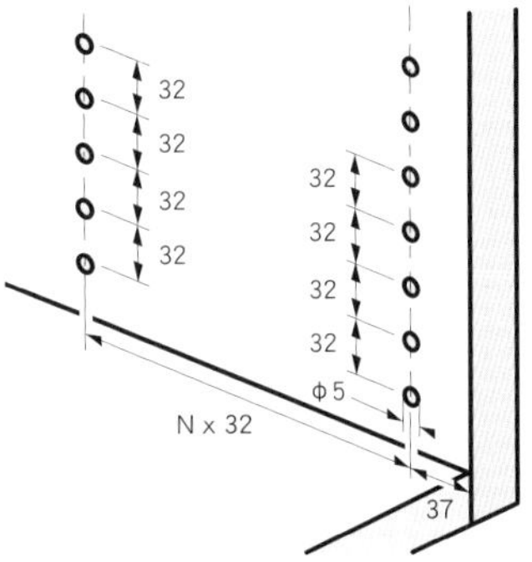

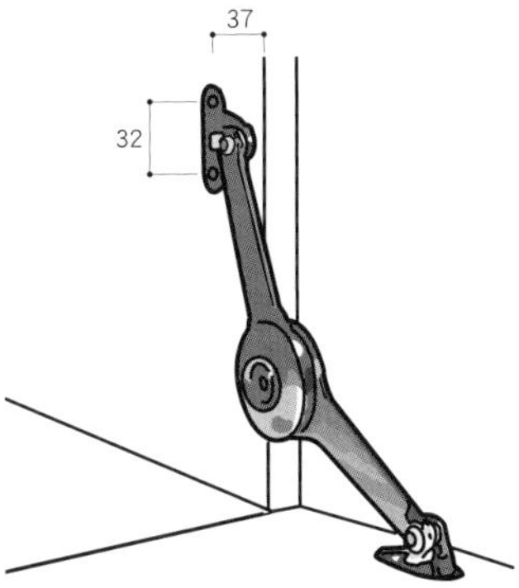

❹ 滑軌（Slide Rail）

滑軌讓人可以毫不費力的，就將抽屜或櫃子拉出來。按照使用的機構，分成滾輪跟軸承兩種類型。可以按照用途來選擇容許的負荷，跟是否擁有拆卸機能。比方說滾珠軸承可以承受的負荷較大，適合用在收納重物的結構上。

[滾輪式跟軸承式]

a.滾輪式（滾輪軸承式）

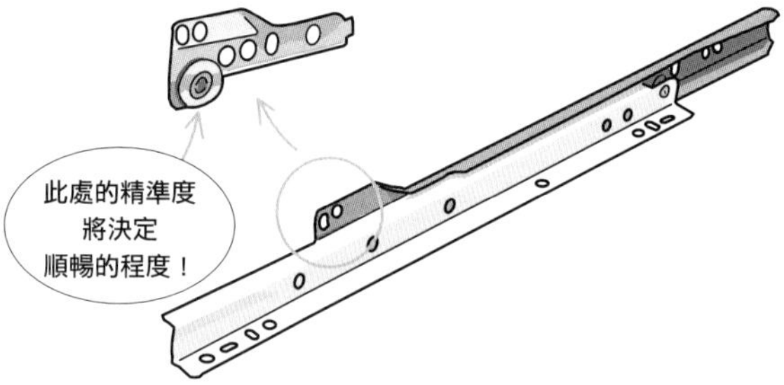

- 櫃子可以輕易的拆下
- 經過塗裝，不容易生鏽
- 無須潤滑油，不會弄髒衣服
- 低負荷用　· 可以吸收開口尺寸的誤差

軸承式
可大分為3種

b.軸承式

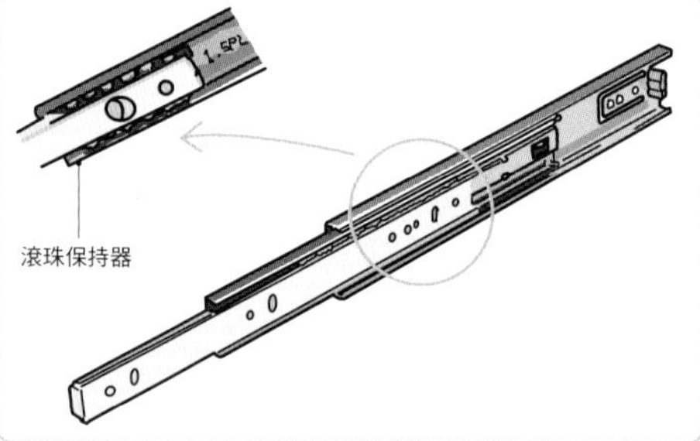

- 讓負荷分散，就算負荷較大動作也很輕快
- 種類豐富，可以按照用途來選擇
- 可以將抽屜完全拉開

〈裝在兩側的外拉式（滾珠軸承式）〉

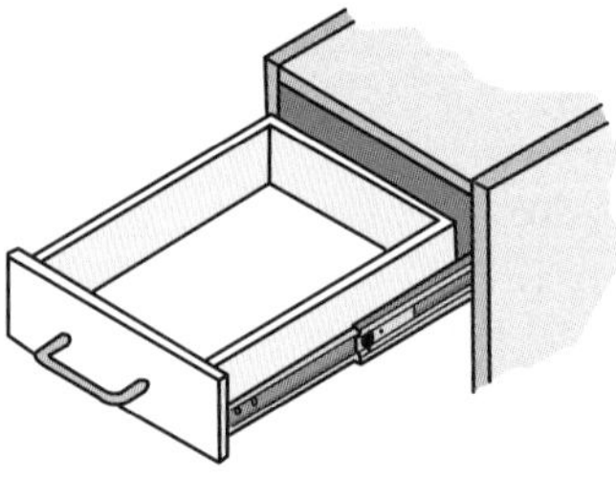

- 插進軌道內的時候，要注意不可以去傷到滾珠保持器
- 廉價的款式豐富
- 寬度上的緩衝較少，必須注意尺寸上的誤差

〈裝在兩側的托座式〉

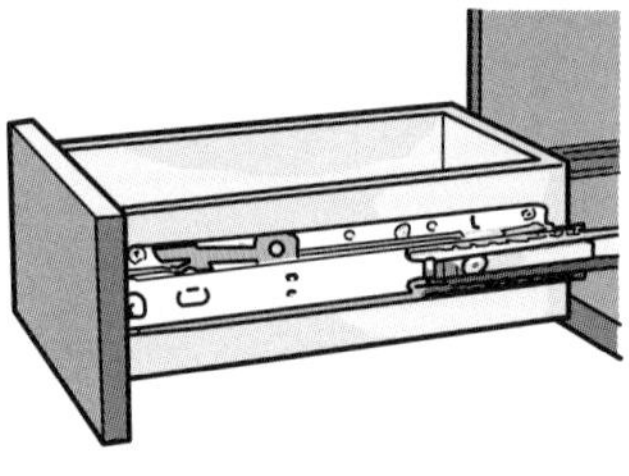

- 容易拆卸
- 可以吸收正面尺寸的誤差

〈下置式〉

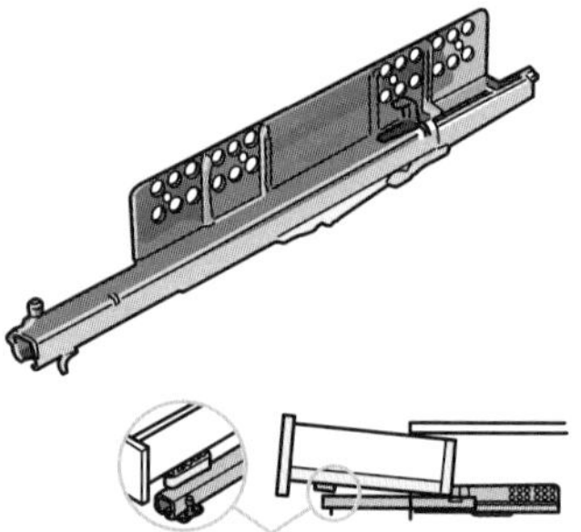

- 容易拆卸
- 可以吸收正面尺寸的誤差
- 抽屜擺在軌道上方，將抽屜拉出來的時候軌道不會看到

下置式的軌道，大多由歐洲廠商使用，專為家具而設計，動作柔順且容易拆卸。另外還可以吸收尺寸上的誤差，對木造家具來說是非常好搭配的選擇。

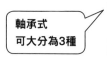

[擁有附加機能的滑軌]

滑軌之中也有附帶擠壓式開關，推進去就會自動往外滑出的款式，跟附帶緩衝器，打開時迅速滑出、關起來的時候慢慢靠回去的類型。
除此之外，也有電動式的自動滑軌哦。

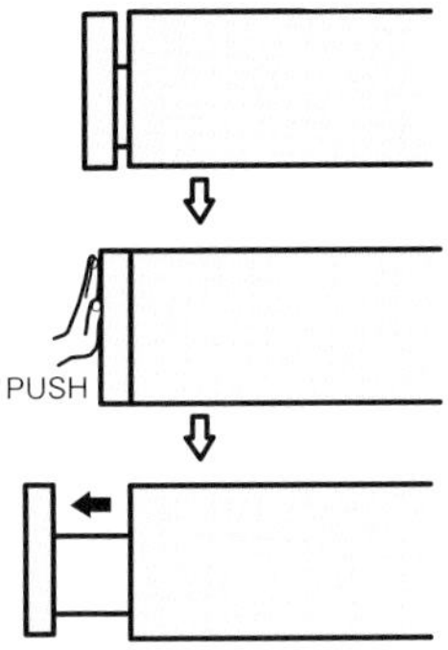
PUSH

擠壓式開關
輕輕往內推進去，就會自動往外滑出的開關機能。不需要手把或拉柄。

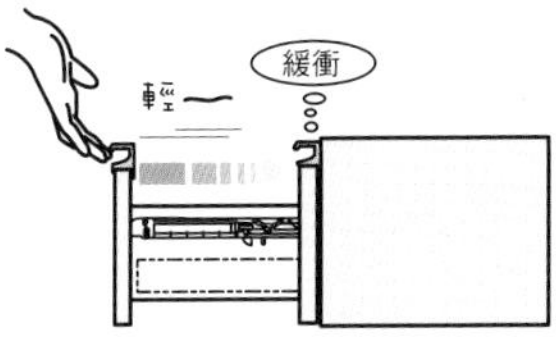
緩衝

關閉時的緩衝機能
在抽屜完全關起來之前會有避震器運作，緩慢且輕輕的合上。

軸承式的精密滑軌所使用的材料，硬度是在HV130～150，跟一般JIS材料的硬度（HV110以下）比較起來，算是相當堅硬。材料硬度較低的話，面對比較高的負荷時有可能會讓軌道變形，使抽屜掉落，必須要小心才行。
最近廉價的進口產品越來越多，它們的材料硬度一般都比較低，其中甚至有性能不夠充分的款式存在。光看外表很難分辨，要實際觸摸看看，選擇動作柔順、比較不會晃動的類型。

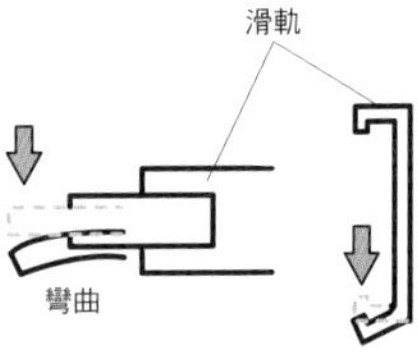
滑軌
彎曲

[時代尖端！ 實用的滑軌]

如果抽屜的開口寬度比較大，則建議使用這款左右同步運作的滑軌。就算開口較大也不容易產生晃動，運作起來非常的順暢。

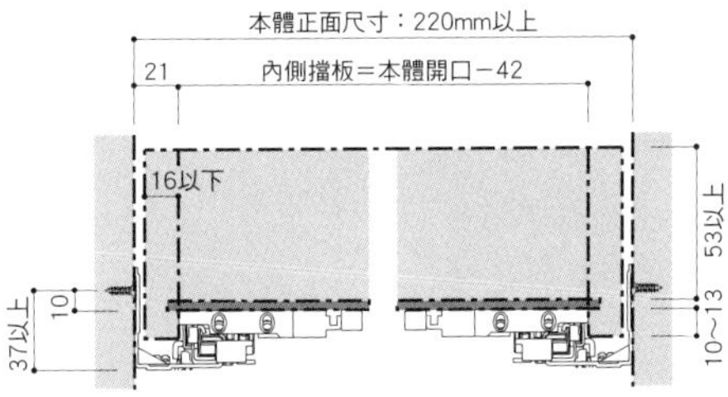
本體正面尺寸：220mm以上
21
內側擋板＝本體開口－42
16以下
53以上
10
37以上
10～13

可以完全容納在抽屜內的垃圾桶，分類起來也很方便。

5 合頁（Hinge）

挑選合頁的時候，要考慮到門板遮蓋的方式、覆蓋料、基座葉片的長度、開合角度、是否有壓扣、門板的厚度等等。

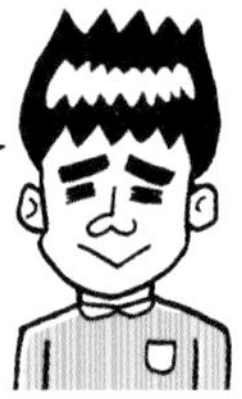

a.門板遮蓋的方式、覆蓋料

將門板固定到側板的方式，可以分成3種。

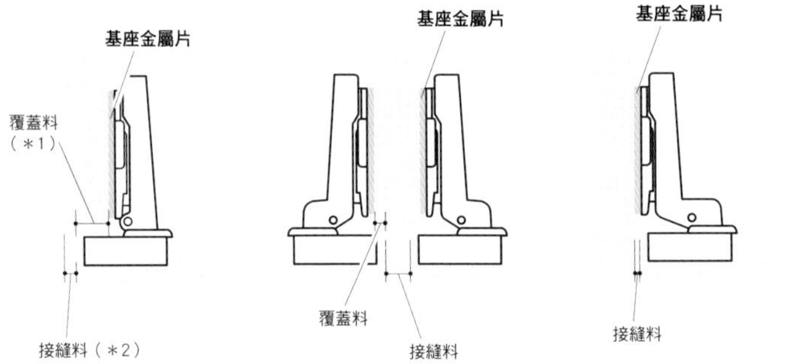

基座金屬片
覆蓋料（＊1）
接縫料（＊2）
基座金屬片
覆蓋料
接縫料
基座金屬片
接縫料

＊1　覆蓋料（かぶせ代）：把門關上時，將側板切口覆蓋起來的部分。
＊2　接縫料（目地代）：門板在打開時，不會干涉到牆壁或旁邊門板所須要的最小縫隙。接縫料會以直角的狀態測量。

b.基座葉片的尺寸

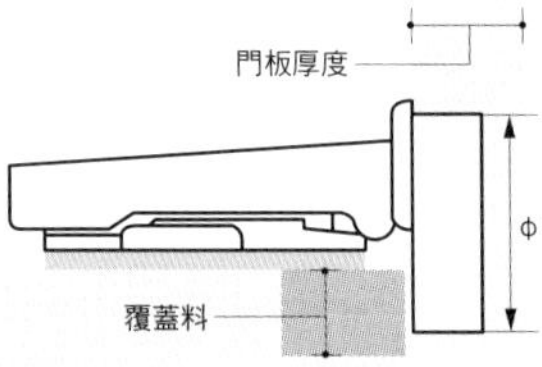

門板厚度
φ35
覆蓋料

合頁之基座葉片的尺寸有φ26、φ35、φ40等等。一般會使用φ35的基座葉片，框組架構的玻璃門則會選擇φ26的基座葉片。想要增加覆蓋料的尺寸、門板厚度較高、想要減少接縫料的時候，可以選擇φ40的基座葉片。

c.開合角度

一般使用的合頁大多是105°～110°，如果門會觸碰到牆壁等其他的結構，則會使用85°的合頁或角度制動器。上下若是用螺絲固定，最好使用往外伸展距離較長、開合角度較大的合頁。

d.附帶擠壓式門扣

合頁內有固定用的彈簧，把門關上的時候會把門板固定在關起來的狀態。這種類型會用「附帶Catch（擠壓式門扣）」來稱呼。最近在內部加裝緩衝器的款式越來越多，關起來的時候不會發出「碰」的聲響。

e.合頁的裝設方式

用螺絲固定

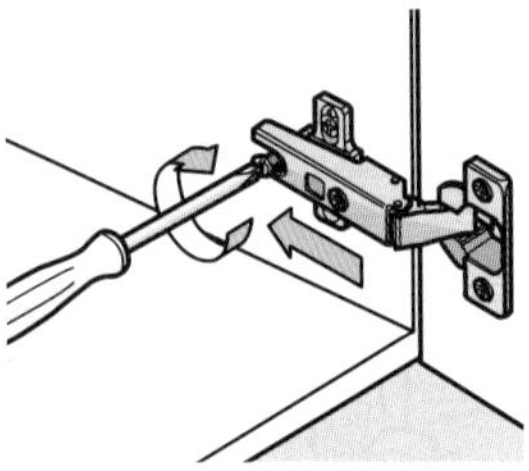

過去的主流，是像這樣用螺絲將合頁鎖在基座的金屬片上面。必須定期的維修，以免螺絲鬆掉。

螺絲固定型：將木頭用的螺絲鎖在2處

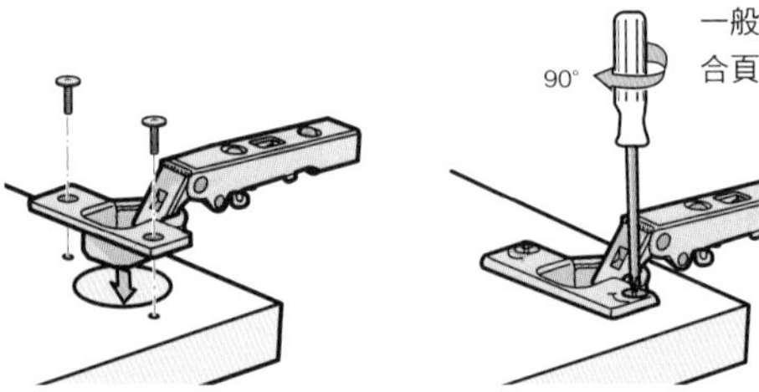

90°

一般大多是這種款式、合頁的種類非常豐富。

壓扣式

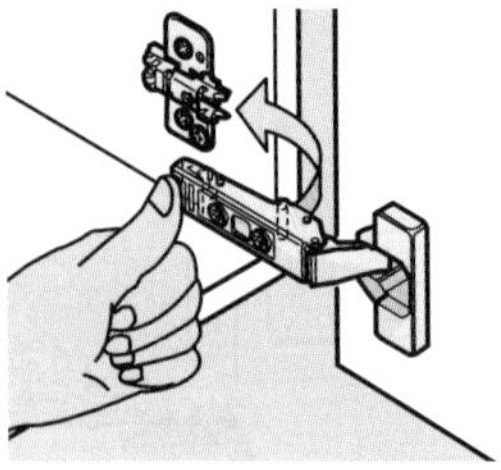

最近的主流，是只要壓到基座上面，一次就可以扣好的類型。沒有使用螺絲，不必擔心螺絲鬆掉的問題。

Inserter型：裝設時不須使用工具

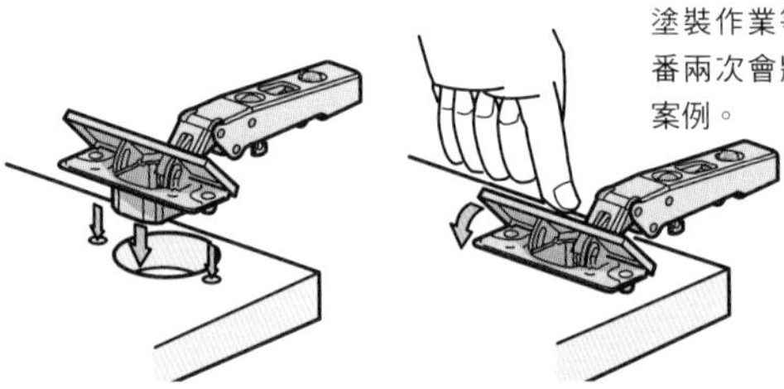

塗裝作業等，不適合三番兩次會將門板拆下的案例。

［時代尖端！ 實用的合頁］

內部設有緩衝器，可以配合門板的大小來選擇緩衝器是否運作。另外，緩衝器被裝在基座葉片的一方，可以直接套用在過去使用的基座金屬片上。門板的厚度可以對應到26mm，覆蓋料則可以對應到20mm為止。

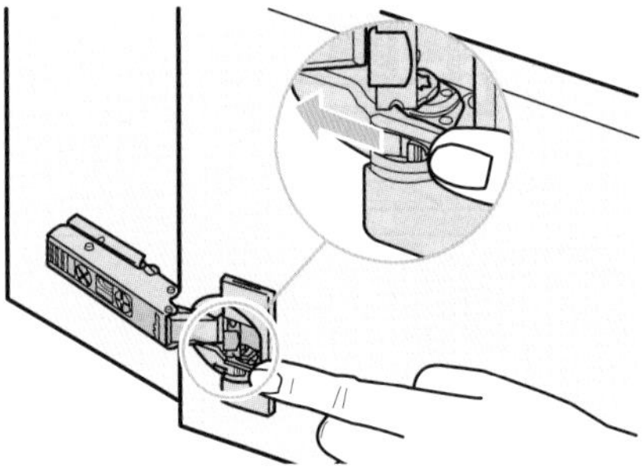

[合頁主要的種類跟特徵]

一般往外打開的門板，最常使用的是滑軌式合頁，不過最重要還是按照用途來進行選擇。比方說讓門的開合部位可以形成平面的平台用合頁，給玻璃門使用的玻璃合頁、給厚重的大型門板使用的長條型合頁等等。

a.滑軌式合頁（Slide Hinge）

將門板打開的時候，滑軌式合頁會讓旋轉軸滑動。從外側無法看到合頁的存在，裝設起來的感覺相當清爽。

- 把門關上的時候，合頁不會被看到。
- 把基座金屬片裝到側板之後，另外將合頁本體裝到門上，因此長條型的合頁或厚重的門板也能對應。
- 對應的門板厚度為15～40㎜。
- 款式分別可以對應裝在箱體內側跟裝在箱體外側的門板。

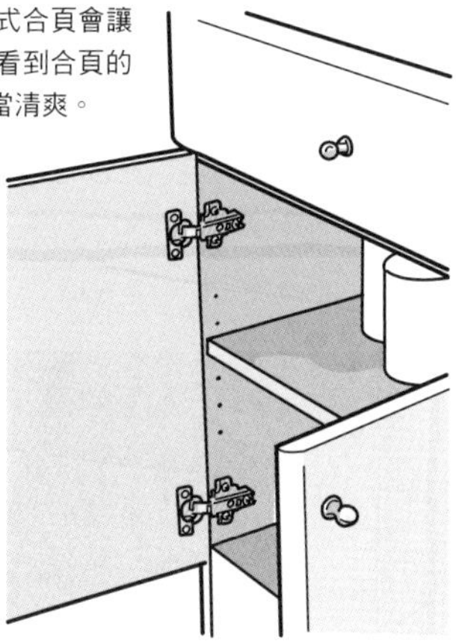

b.平台用合頁（Flap／Drop Hinge）

- 將門打開的時候，門板內側跟櫃子內部會形成平面。
- 門板厚度14～21㎜。
- 門板無法裝在箱體內側。
- 有覆蓋料尺寸較大的款式存在。

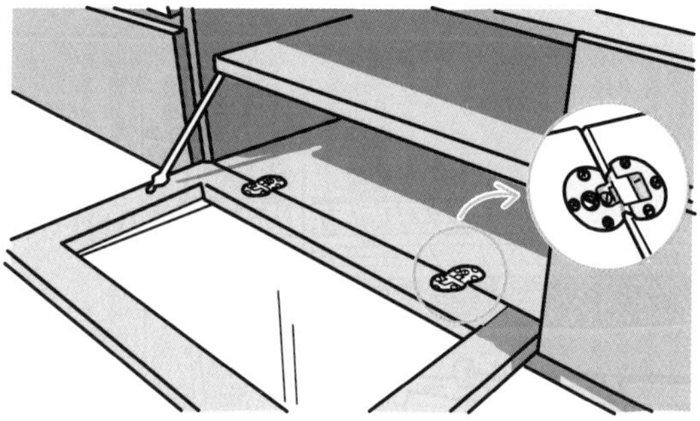

c.玻璃用合頁

給玻璃門、壓克力門使用的滑軌式合頁。

- 門板厚度4～7㎜。

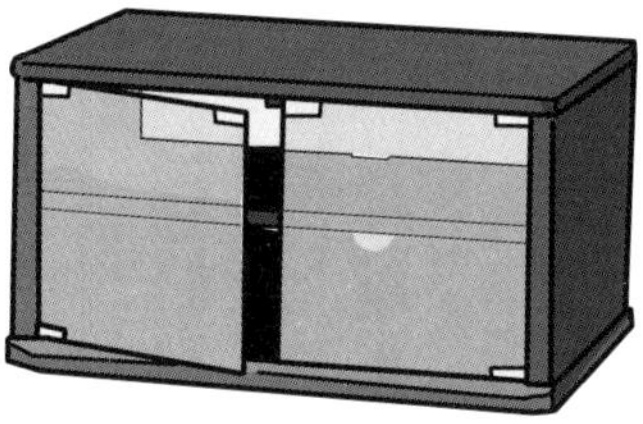

d.長條型合頁

- 也被稱為鋼琴合頁，可對應面積較大的門板。
- 門板無法裝在箱體外側、無法將側板切口蓋住。
- 開合的角度為180°。
- 門板的厚度要看葉片的尺寸。

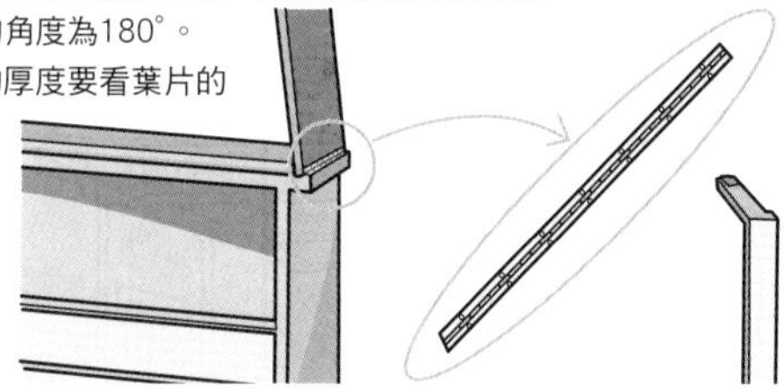

除了厚度跟大小之外，使用的時候也必須注意門板的重量。如果要給比較重的門板使用，建議選擇歐洲製造的產品。歐洲家具的門板幾乎都是實心平板，因此對應高重量之門板的合頁，也有豐富的款式存在。晃動較少，就算長久下來使用，門板也很少會下沉。另外必須注意，基座的葉片較大，不代表可以對應高重量的門板。比方說φ40的基座葉片可以對應比較厚的門，但這是用來增加覆蓋料的尺寸，並非給高重量之門板使用的款式。

[跟合頁組合使用的緩衝器]

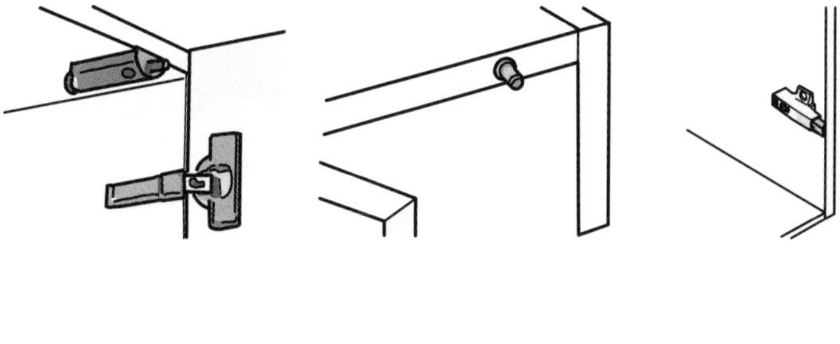

如果想要實現Soft Close（門板慢慢關起來）的機能，可以用附帶Catch的滑軌式合頁來跟緩衝器組合。也可以在事後另外裝上緩衝器。

❻門扣、門閂、門鎖

a.磁鐵式門扣（Magnet Catch）

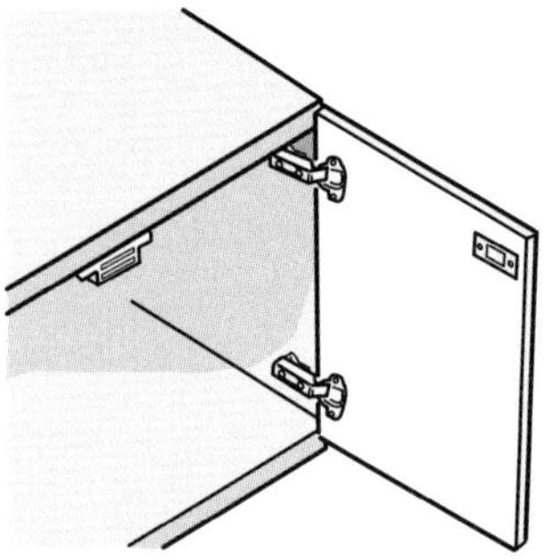

・把設有磁鐵的本體裝在櫥櫃內，在門板內側裝設對應的金屬零件讓門板可以固定。
・形狀、尺寸、吸附的強度等等，種類非常豐富。
・也有全部都用樹脂包覆起來的類型，跟可以調整磁鐵強弱的類型。

方型

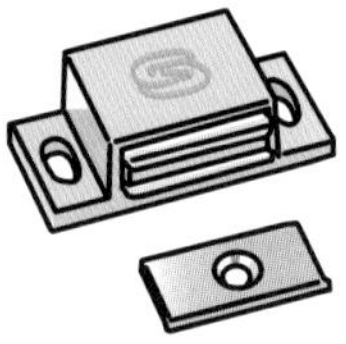

圓型

埋入型

板狀

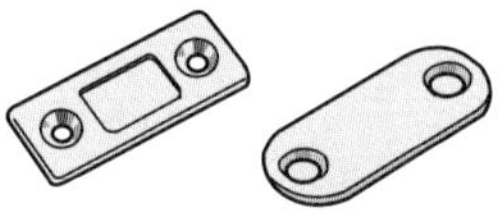

b.球型門扣、滾輪門扣（Ball Catch、Roller Catch）

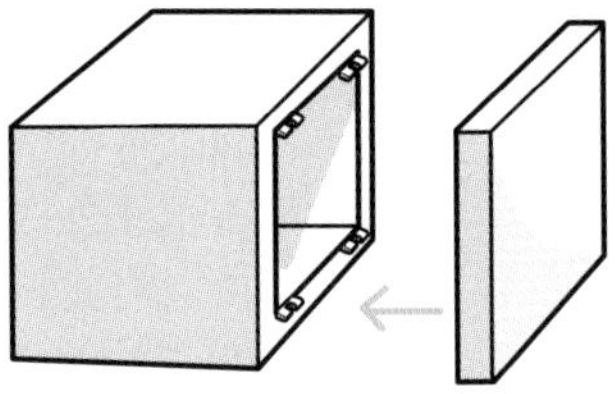

球型門扣

球型門扣
・用基座將球型的金屬夾住來進行固定。
・裝設金屬球跟基座的時候，要注意兩者的位置是否合得起來。
・跟磁鐵式門扣相比，吸附力道較強，不適合須要常常開關的門。

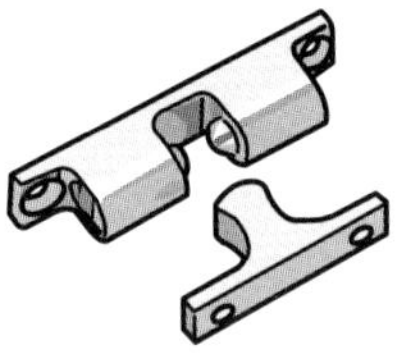

滾輪門扣

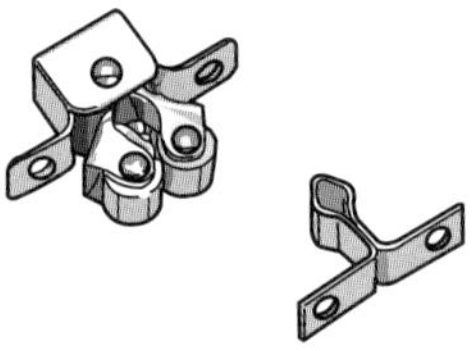

滾輪門扣
・把裝有滾輪的本體裝在櫥櫃內，在門板內側裝設對應的金屬零件讓門板可以固定。
・裝設滾輪基座跟門扣的時候，要注意兩者的位置是否合得起來。
・必須往外拉才能將門打開，給基本上關著的門使用。

[時代尖端！實用的耐震型內鎖系統]

這份自動內鎖系統，可以防止地震時所有抽屜往外掉落，讓家具也跟著倒下的現象。鋼鐵製造的家具大多都已經開始使用，但是給木造家具使用的款式還不多。

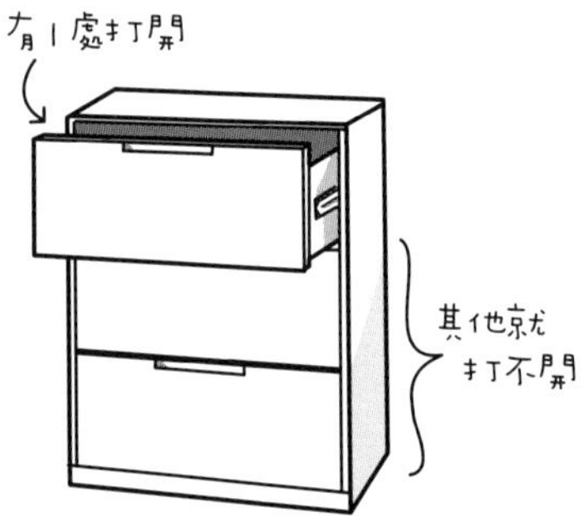

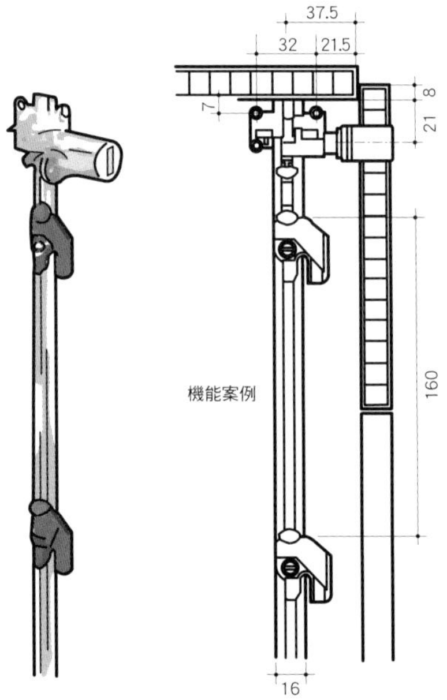

機能案例

如果想一推就讓門自己打開，可使用磁鐵的擠壓式門閂。

c. 磁鐵擠壓式門閂
（Magnet Latch／給沒有門扣的合頁使用）

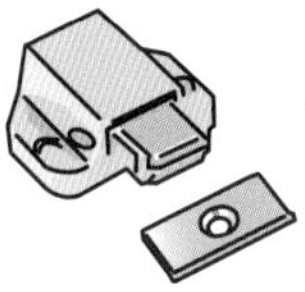

- 用指尖將門推入，就會透過彈簧將門往外推出。
- 把門關上的時候，用指尖輕輕壓下，內部的磁鐵就會將門吸住。
- 不須要門把跟拉柄。

d. 擠壓式門閂
（Push Latch／沒有磁鐵）
（給附帶門扣的合頁使用）

e. 擠壓式門閂
（給反向彈簧合頁使用）

- 自然狀態是往外推出的門閂，壓下去就會將制止的機構解除。

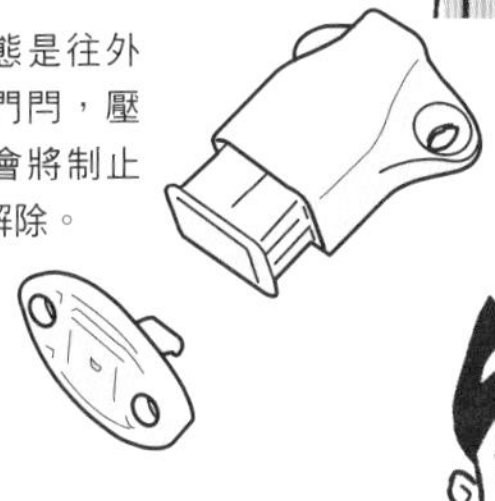

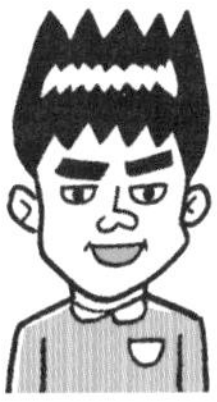

f. 耐震型門閂

通常狀態（門打開時）　通常狀態（門鎖起來時）　振動時

- 在發生地震、感測到搖晃的時候將門鎖起來。晃動停止之後會自動將門鎖打開，讓門可以自由的開關。
- 不須要門把跟拉柄。

東日本大震災的時候，出現耐震門閂沒有順利運作的案例，但絕大多數都有可能是金屬零件的位置調整不足。耐震門閂，必須等現場家具擺設好之後再來裝上，台座跟門閂的調整非常的重要。

也可以用合頁搭配磁鐵的擠壓式門閂，實現Push & Open的廚櫃門。
實際組合的方式有「擠壓式合頁（反向彈簧型）＋擠壓式門扣等」。

7 拉門／摺疊門金屬零件、甩門

家具的開口如果太大，合頁所須要的尺寸也會跟著增加。
對於這個問題，可以採用拉門、摺疊門、甩門的結構來節省空間。

［時代尖端！ 實用的拉門／摺疊門金屬零件、甩門］

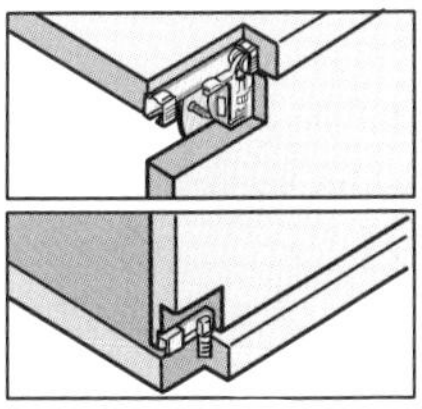

吊掛式拉門，建議使用這種不須要下方軌道、裝設非常簡單的類型。也可在門的上下進行微調。

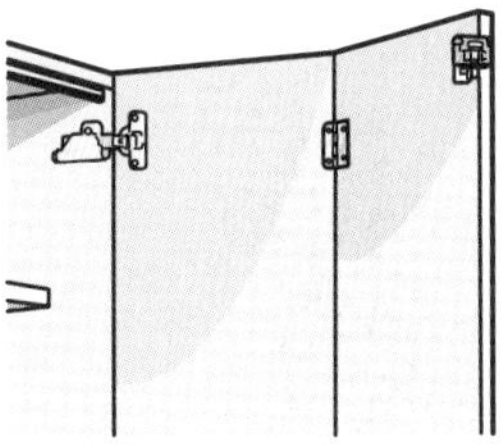

如果是比較小的覆蓋式摺疊門，這種固定在旋轉軸一方、無須下方軌道的類型只用旋轉軸的合頁，就可以讓門板安靜的開關。

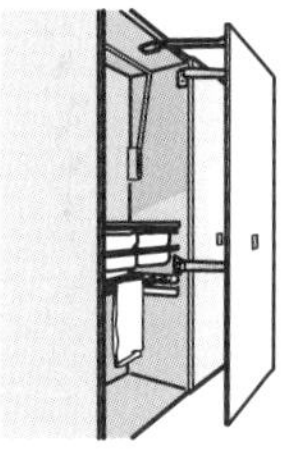

甩門（Swing Door）用的金屬零件，也有可以讓寬度780～1,180mm的大型門板開關的類型。

為了讓關起來的門不會自己打開，用磁鐵式門扣跟球型門扣來進行固定。

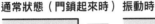

不能不知！結合部位的超級簡介

將建材的寬度加寬、以任意的角度相連、防止建材彎曲等等，都是希望可以透過結合來達到的目的。結合的方法，有透過構造來結合、透過接著劑來結合、透過金屬零件來結合等等。必須考慮到強度、成本、施工性來搭配使用。

1.讓長板的短邊相接

讓長板的短邊相接，是家具或建材互相結合的方法之中，最為重要的手法。主要由板子跟板子、板子跟方木材、方木材跟方木材之間使用。

1-1 板材跟板材的結合

切口相貼

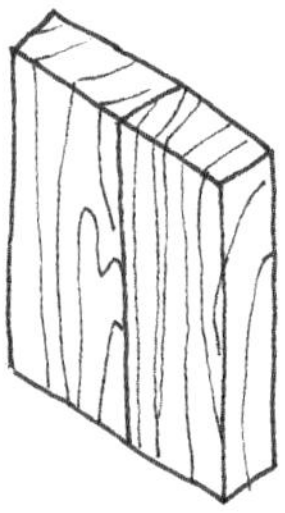

實接

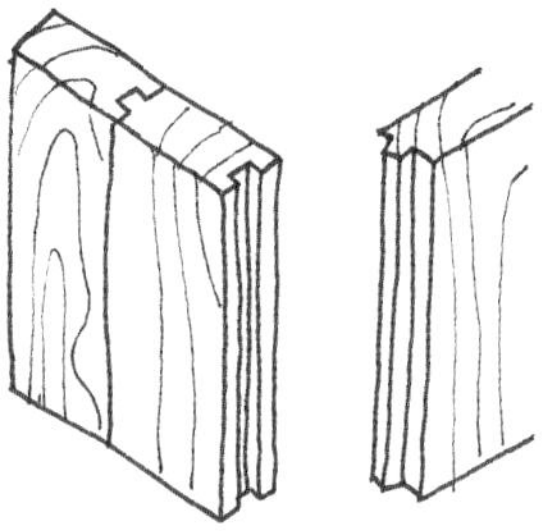

抵住釘接

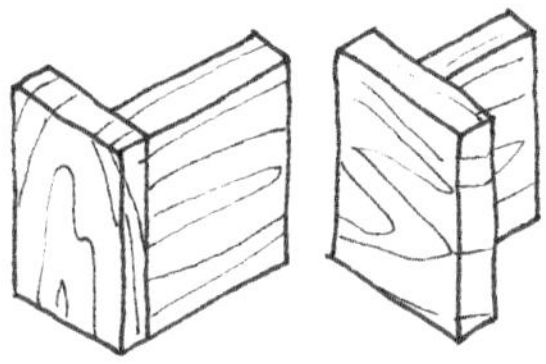

插入相接

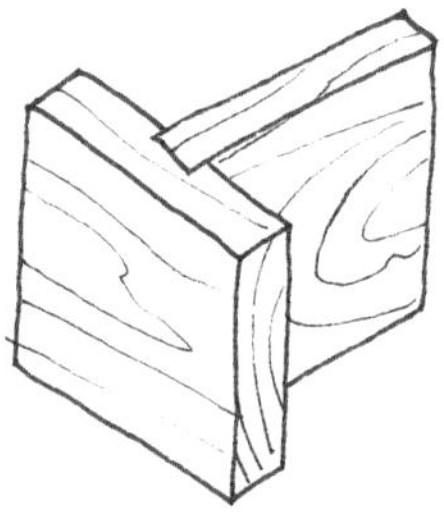

5片指接法（凹3凸2）

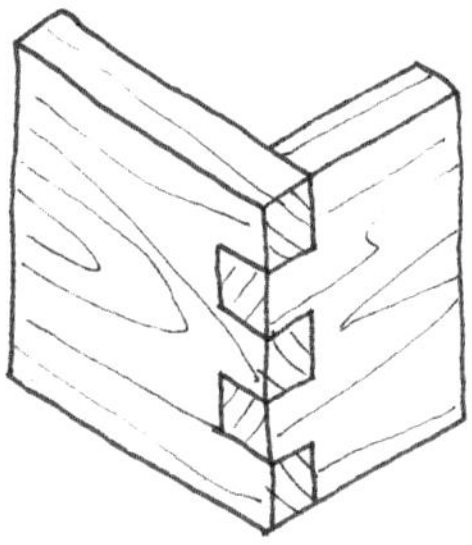

包覆式鳩尾指接法

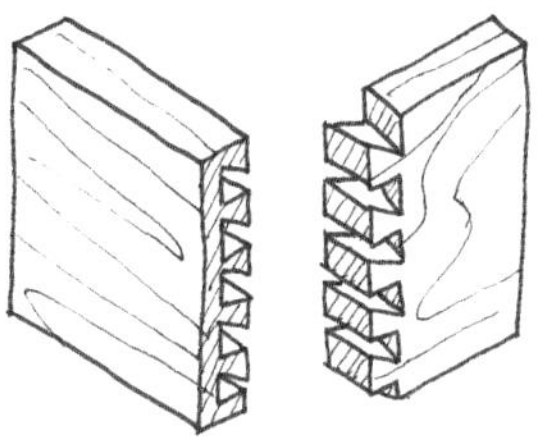

平留相接

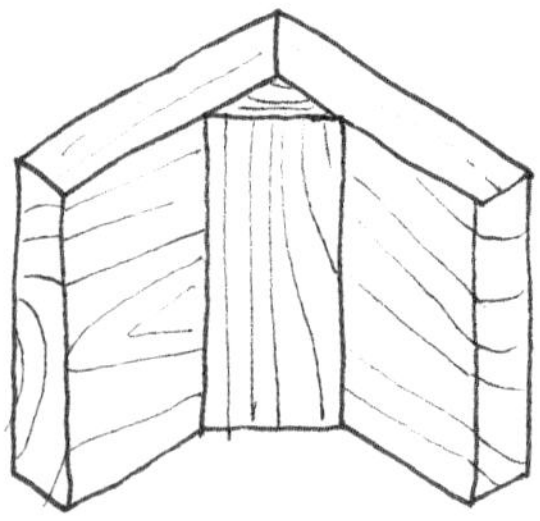

塞填相接

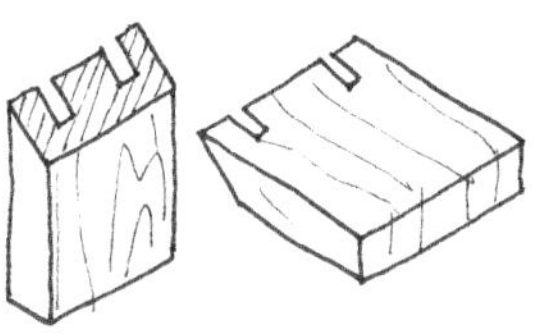

木端矧（邊緣相接）

讓板狀結構的切口跟切口相接時，與接著劑併用來進行結合，讓板子的寬度增加的手法。有切口相貼、實接、凹縫相插等方式。

平釘相接

讓板子互相抵住，以釘子、木頭用螺絲跟接著劑併用，來進行結合的手法。有抵住釘接、插入相接、包覆式釘接等等。

指接

製作箱體時此連接方式，結合的強度比平釘相接更高，感覺也更為高級。有5片指接法、包覆式鳩尾指接法、隱藏式鳩尾指接法（凹凸刻在內側）等等。

斜面切口相接

不讓木材切口被外側看到的連接方式。有平留相接（斜面普通的相貼、內側用三角木補強）、塞填相接（從外往內切出縫隙，塞入其他材料來補強）。

本稿執筆：赤松明
插圖：Nakada Err

1-2 板材跟方木材的結合

邊緣插入接法

為了防止板材扭曲或彎曲，讓板材的切口跟其他材料（方木材）結合的手法。有實接式邊緣插入接法、鳩尾式邊緣插入接法等等。

實接式邊緣插入接法

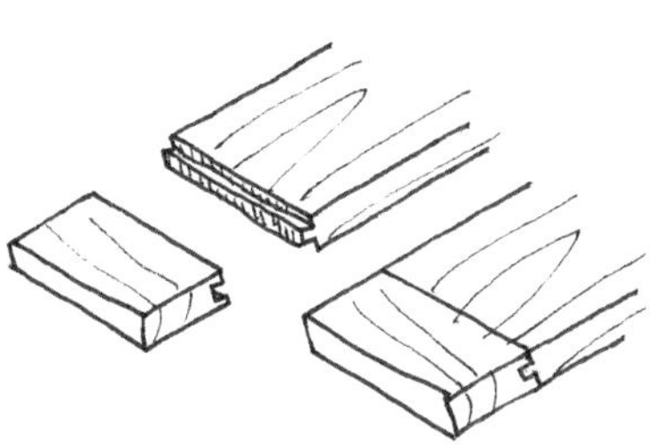

鳩尾式邊緣插入接法

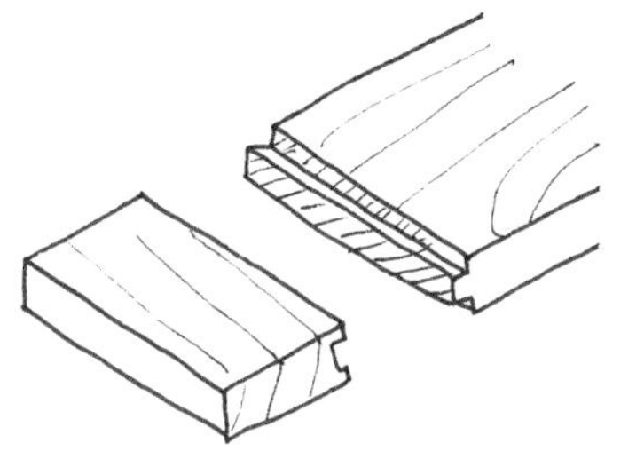

木條吸附接法

為了防止板材扭曲或彎曲，在板子內側裝上木條的連接方式，為了不妨礙到板材的伸縮，結合部位不使用接著劑。

榫頭榫孔實接式邊緣插入接法

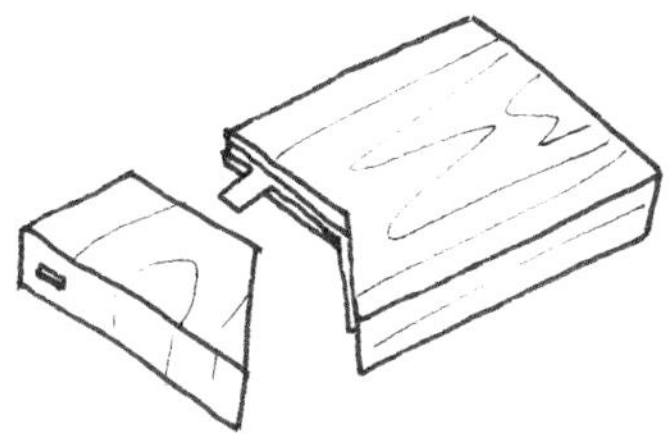

鳩尾式木條吸附接法

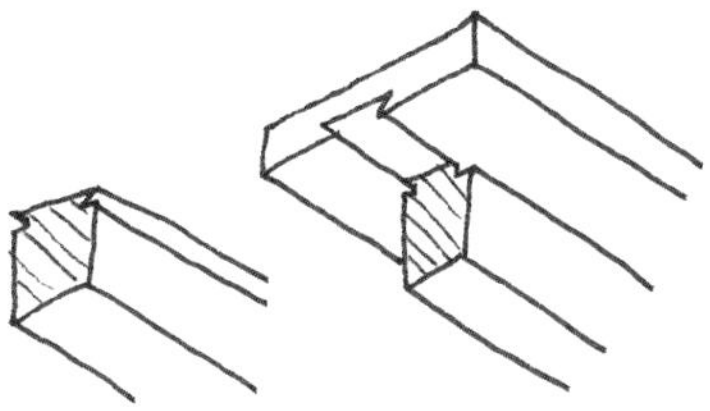

1-3 方木材之間的結合

凹縫相插接法

讓材料各挖深一半的厚度，互相插入來進行結合的手法。格子門窗的框格等等，使用範圍非常的廣泛。有十字凹縫相插接法、包覆式鳩尾凹縫相插接法等等。

十字凹縫相插接法

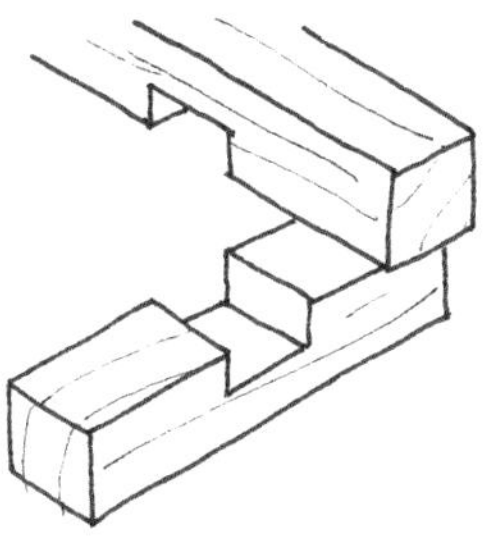

包覆式鳩尾凹縫相插接法

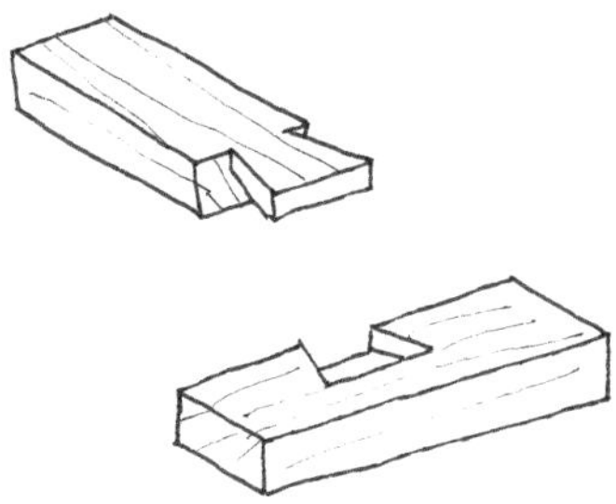

三片相接法

把材料的厚度分成三等份，分別製作成榫頭跟榫孔來進行結合，常常用在框架上面。有直線切口三片相接法、斜面切口三片相接法、斜面切口隱藏式三片相接法等等。

直線切口三片相接法

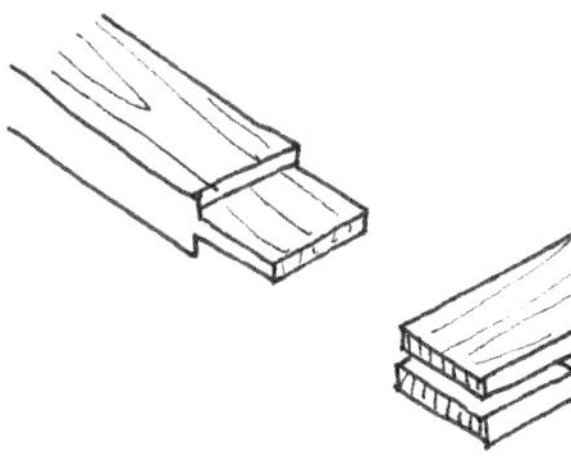

斜面切口三片相接法

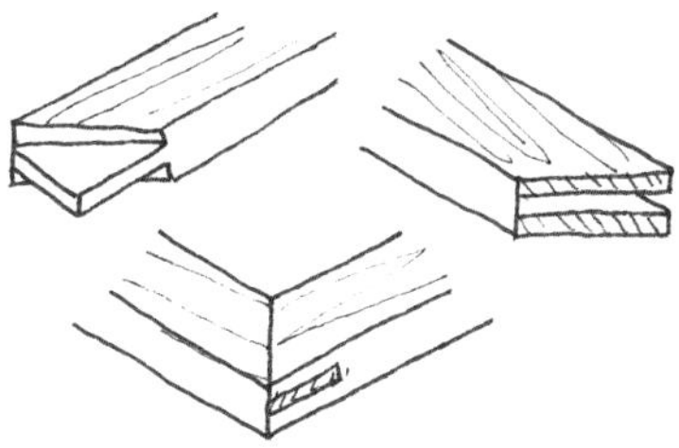

榫頭榫孔相接法

用榫頭（陽木）跟榫孔（陰木）來進行結合的方式，使用範圍非常的廣泛。有二方帶體平榫頭榫孔相接法、帶小根榫頭榫孔相接法、面腰榫頭榫孔相接等等。

二方帶體平榫頭榫孔相接法

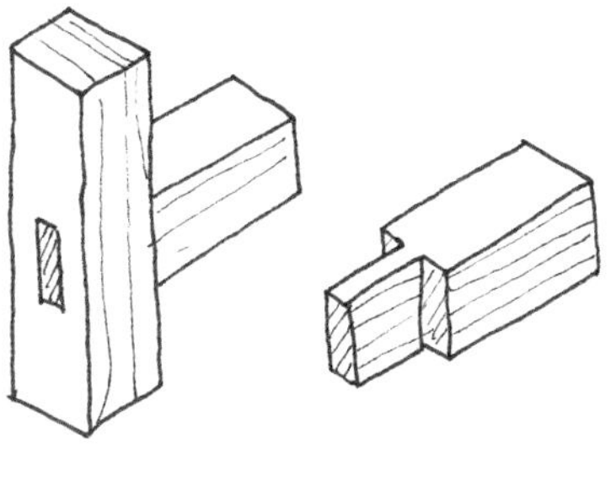

帶小根榫頭榫孔相接法

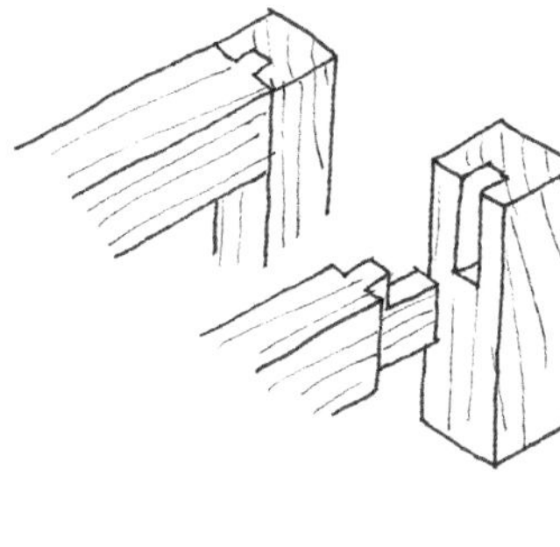

2.用接著劑進行結合

用接著劑來進行結合，分成把接著劑塗在材料上直接貼合的方式，
跟將接著劑塗在壁塞、圓片（Biscuit）上面，藉此將兩者結合的方式。
主要的接著劑有醋酸乙烯樹脂乳膠接著劑、
水性聚合物－異氰酸鹽類木材接著劑、2液型接著劑、熱熔膠等等。

壁塞結合

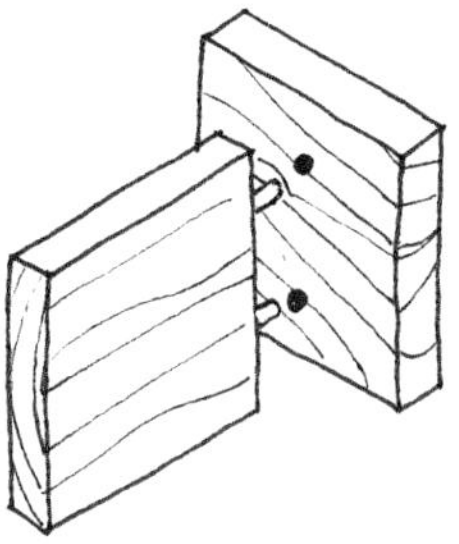

壁塞

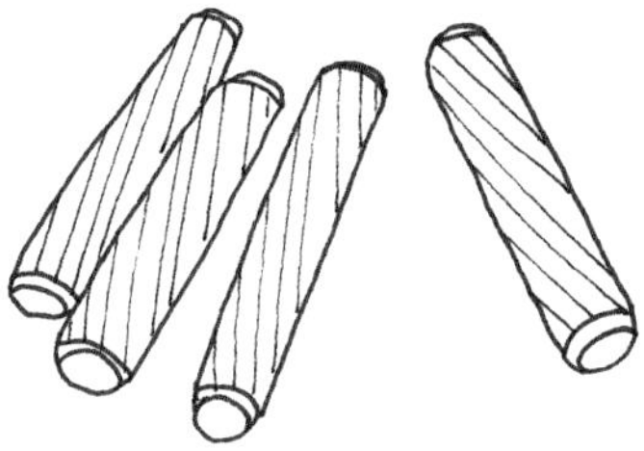

壁塞孔加工尺寸、T型結合

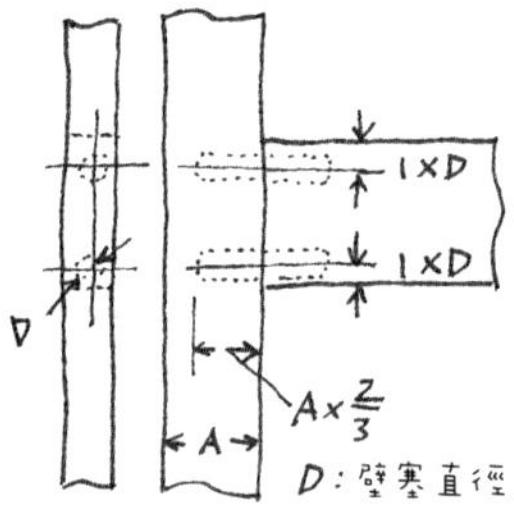

壁塞孔加工尺寸、L型結合

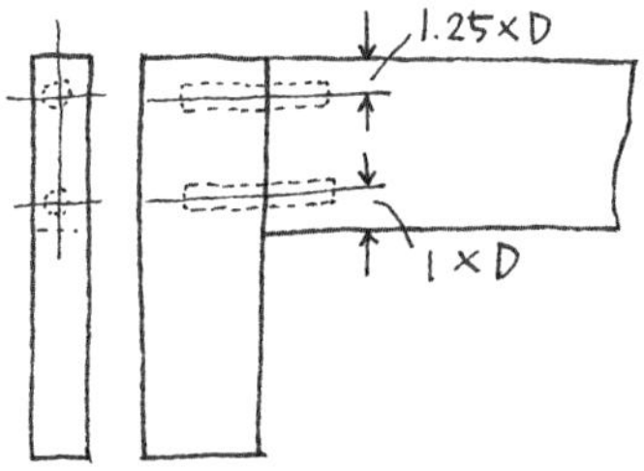

圓片結合

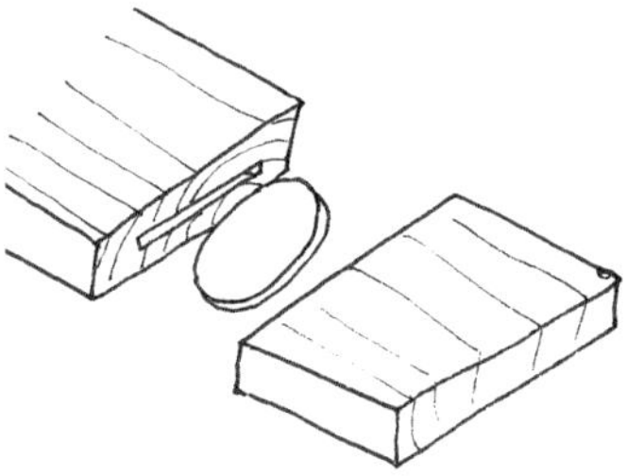

圓片結合

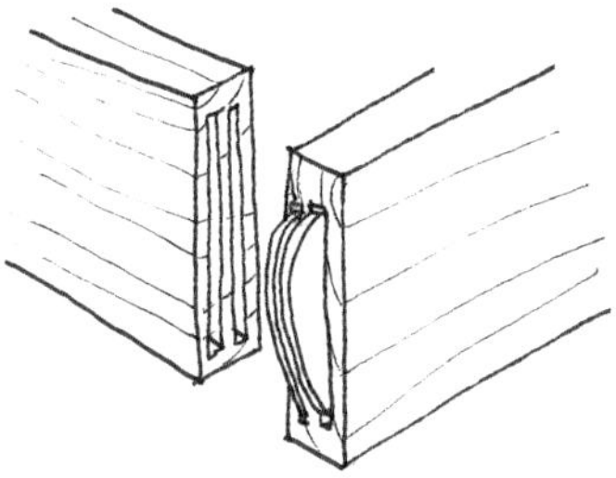

圓片

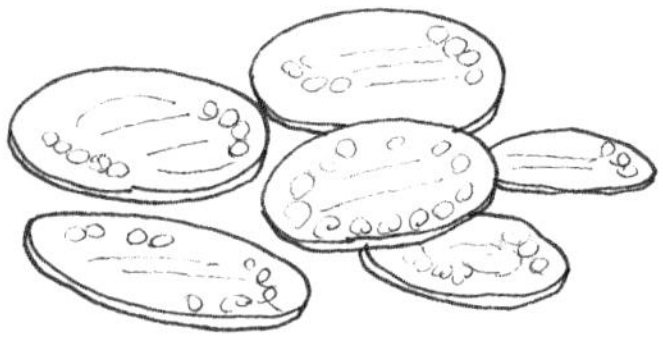

接刀（Joint Cutter）

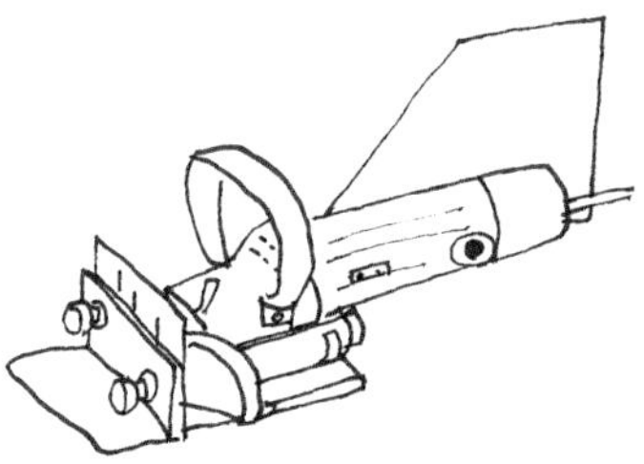

2-1 壁塞結合

在材料上面開孔（壁塞孔）來塗上接著劑，插入壁塞來將兩者結合的手法。壁塞會用乾燥到含水率7~9%的櫸木或色木槭等高密度的散孔材來製造。

表面用輥紋加工來刻上壓縮溝，期待將可以吸水膨脹來對接著面的加壓，同時也防止接著劑外漏。

一般所公佈的直徑有6、8、10、12㎜，長度為25~50㎜。開孔的時候，孔的直徑必須比壁塞小0.2㎜。將壁塞埋入的位置，必須看壁塞的直徑來決定。接著劑主要會選擇醋酸乙烯樹脂乳膠接著劑。

2-2 圓片結合

用接刀（Joint Cutter）在材料上刻出溝槽，塗上接著劑之後把圓片造型的零件插入，以此將兩者結合。

圓片會透過接著劑的水分來膨脹，讓結合部位變得非常牢固。被用在箱體之頂板跟側板的結合，以及木板邊緣的結合上。另外也可以讓接刀的刀刃產生角度，輕易的加工成斜面狀的結合。圓片會用櫸木的壓縮材來製造，有No.0、10、20等3種類型。接著劑主要會使用醋酸乙烯樹脂乳膠接著劑。塗佈在溝槽內的時候，可以順便塗在貼合的面上。

3.用金屬零件來結合

用金屬零件來進行結合的手法，分成像釘子這樣直接釘在材料上的方式，
跟像木頭用的螺絲或埋入式螺母等，
要先進行前置處理（釘入或鎖進去之前要先開孔）再來結合的方式。
鎖進去的類型，會用在現場組裝的家具上。

3-1 釘子結合

根據要求的強度，可以很輕易的選出釘子的尺寸（粗細、長度）。木材種類、木材纖維的方向、釘入的方向、釘子長度、釘入的位置跟間隔等，都會影響到強度的性能。

板子厚度與釘子的長度

釘在紋面、板紋面上

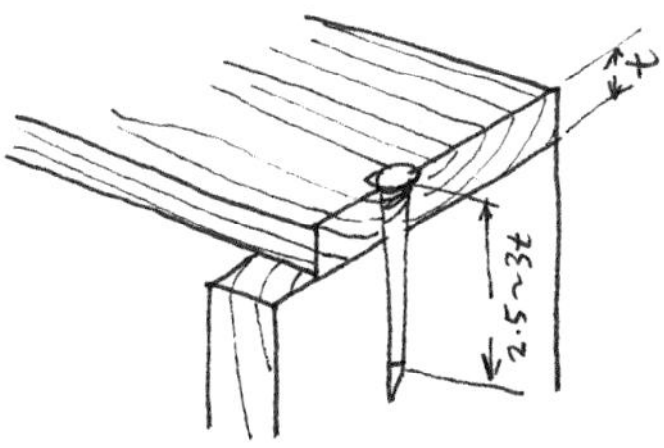

t
2.5~3t

釘在切口上

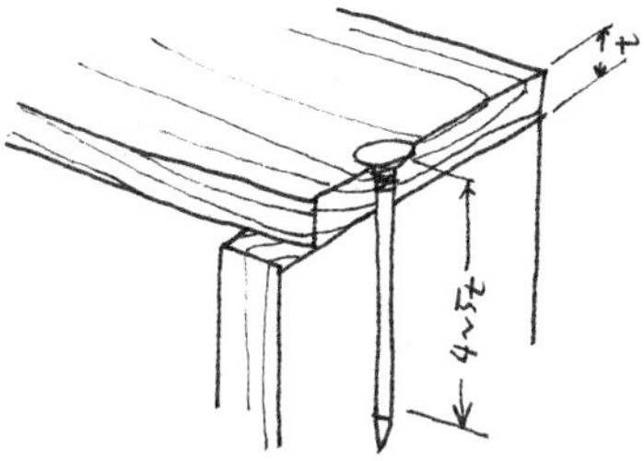

t
4~5t

不會讓板子裂開的釘子間隔

板子裂開

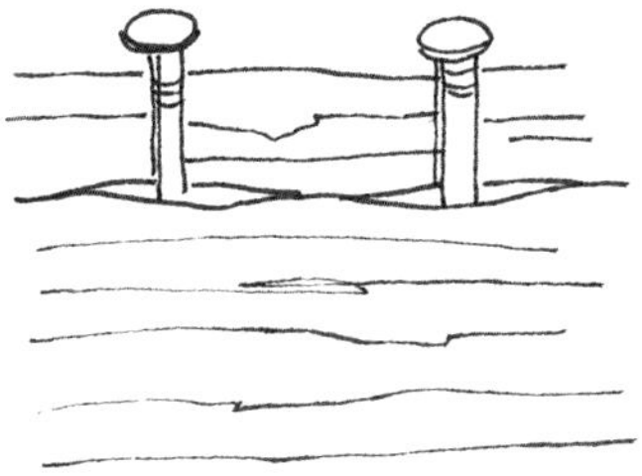

釘入的方向與間隔

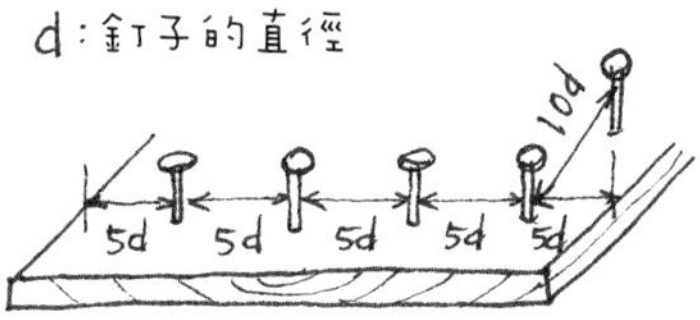

d:釘子的直徑
10d
5d
5d
5d
5d
5d

3-2 木頭用的螺絲

用在必須比釘子更為牢固，且事後有可能拆下的部位。木頭用的螺絲所擁有的固定能力是釘子的2倍以上，但如果用鎚子敲進去的話，固定能力反而會變得比釘子還要低，必須先準備好適當的開孔才行。

針葉樹木材適當的孔徑，是螺絲直徑的60%，闊葉樹則是80%。

鎖進螺絲一方（主要材料）的螺絲長度，是側面材料之厚度的2.5～3倍左右。

另外，鎖進切口表面所能得到的固定能力，只有板紋面的大約60%，因此必須將板紋面當作主要材料。

在木材內所形成的螺紋

螺紋的變形

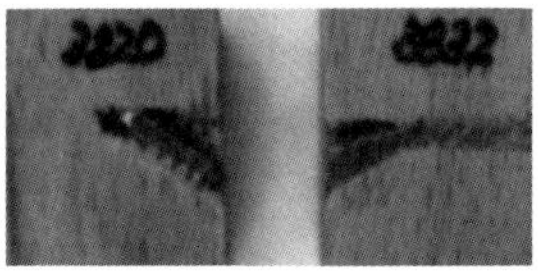

木頭用螺絲對MDF所造成的裂痕

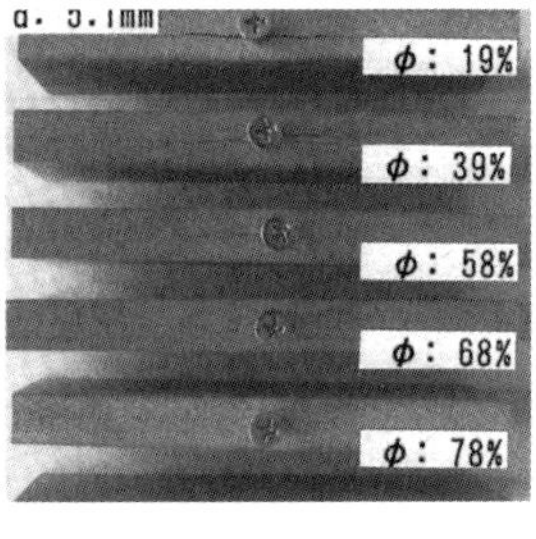

φ: 19%
φ: 39%
φ: 58%
φ: 68%
φ: 78%

3-3 埋入式螺母

由埋進主要材料一方的埋入式螺母，跟穿過側面材料來鎖進螺母之中的螺栓所構成。

分成敲入式跟鎖入式，兩者都必須先開孔，對鎖入式來說，孔的管理尤其重要。

釘入式螺母

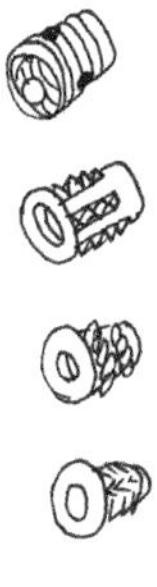

鎖入式螺母

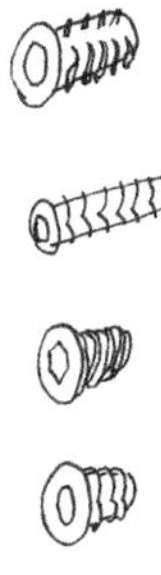

如何正確的為家具保留縫隙

距離天花板、牆壁的縫隙

現場打造的家具若想要裝得整齊漂亮，就一定要保留空隙才行。裝設家具的天花板、地板、牆壁大多不會是完全的水平或垂直。因此跟天花板相接的部分會用支輪（頂部遮蓋用橫木）、跟牆壁相接的部分會用Filler（填充材）、跟地板相接的部分會用台輪（底端遮蓋用橫木）來對此進行調整，削出足以貼合的尺寸。

如果家具要裝到天花板的高度，那麼家具跟天花板之間如果沒有最少10mm的縫隙，則有可能會去傷到天花板。

常常有人會覺得那就留個10mm的縫隙，但實際上最少須要20mm左右。這是因為將橫木削成足以貼合的形狀時，高度如果只有10mm，會很難進行加工。另外，假設天花板的高度在左右兩端出現5mm的落差，則橫木正面的兩端也會從5mm增加到10mm，讓傾斜變得相當明顯。「最少20mm」的橫木，也是為了解決這種問題〔圖1〕。

關於牆壁，會在橫向的部分裝上填充材，藉此調整跟牆壁貼合的狀況。基本上的思考方式跟支輪相同，標準的寬度為20mm。如果填充材太大的話，會讓造型失去應有的感覺，要多加注意才行〔圖2〕。

填充材的製作方法有2種，底層跟化妝板分開製作，將化妝板削成必要的造型來貼上，以及兩者一體成型的

圖1｜支輪的截面

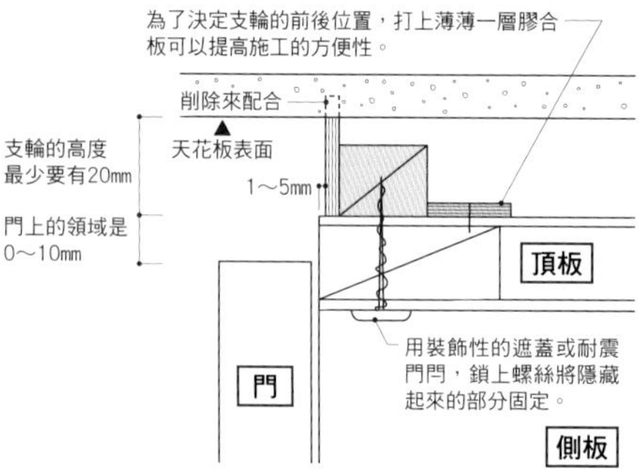

為了決定支輪的前後位置，打上薄薄一層膠合板可以提高施工的方便性。
削除來配合
天花板表面
支輪的高度最少要有20mm
門上的領域是0～10mm
1～5mm
頂板
用裝飾性的遮蓋或耐震門閂，鎖上螺絲將隱藏起來的部分固定。
門
側板

照片1　在工廠已經先挖好溝槽，讓削減作業容易進行的填充材。

圖2｜填充材平面圖

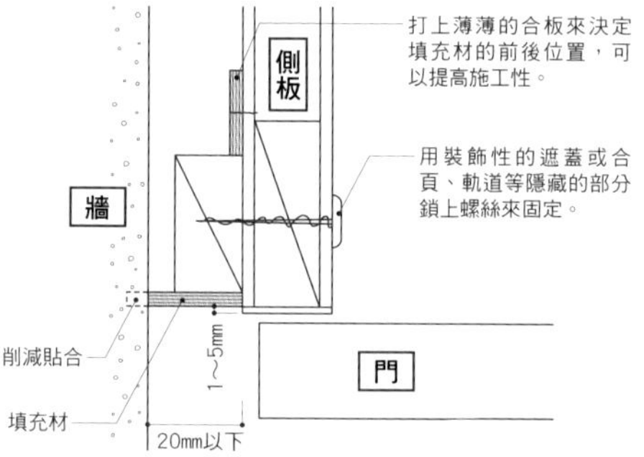

打上薄薄的合板來決定填充材的前後位置，可以提高施工性。
側板
用裝飾性的遮蓋或合頁、軌道等隱藏的部分鎖上螺絲來固定。
牆
削減貼合
填充材
1～5mm
門
20mm以下

圖3｜台輪與牆壁收邊條的裝設

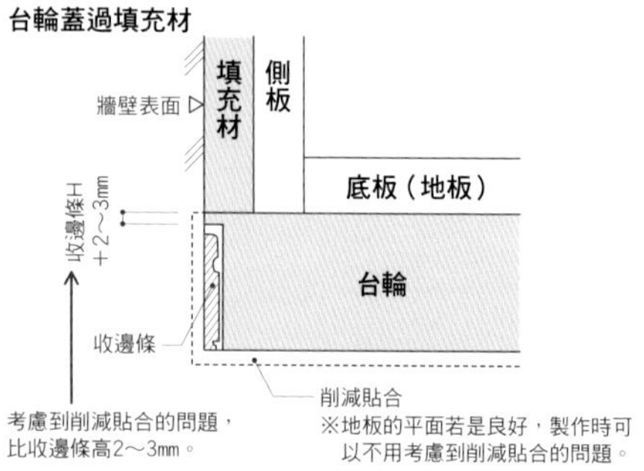

台輪蓋過填充材
牆壁表面
填充材
側板
底板（地板）
收邊條H+2～3mm
台輪
收邊條
削減貼合
考慮到削減貼合的問題，比收邊條高2～3mm。
※地板的平面若是良好，製作時可以不用考慮到削減貼合的問題。

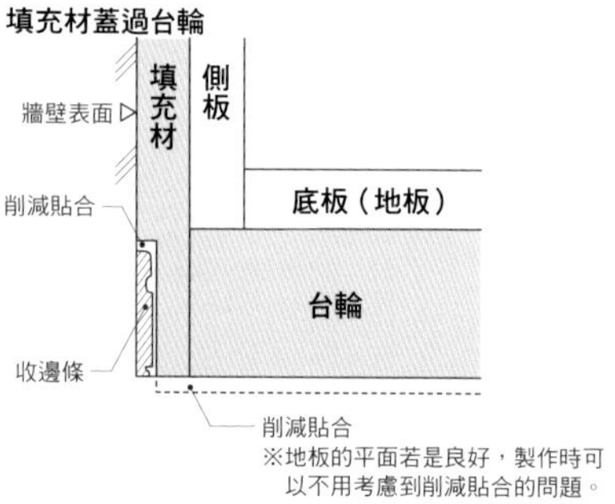

填充材蓋過台輪
牆壁表面
填充材
側板
削減貼合
底板（地板）
台輪
收邊條
削減貼合
※地板的平面若是良好，製作時可以不用考慮到削減貼合的問題。

製作方式。後者在工廠加工的時候雖然比較麻煩，但可以縮短現場的施工時間（照片1）。

距離天花板、牆壁的縫隙

跟地板之間的貼合，會用台輪（底端遮蓋用橫木）來進行調整。首先，台輪的高度可以用牆壁收邊條來當作基準。台輪如果比收邊條要低的話，在打掃的時候，有可能會出現吸塵器去撞到門的問題。另外考慮到以削減來調整高度的必要性，最好將台輪設定成比收邊條要高一點（圖3）。

如果地板平面不均的話，必須將台輪削減來進行貼合。但是有別於支輪（頂部遮蓋用橫木）跟Filler（填充材），台輪是承受家具重量的部分，裝設的方式也必須更加小心。

首先非常重要的，是在測量家具尺寸的時候用雷射標示器等設備，確實測量地板高度。只要精準掌握地板的高度，就能事先計劃好台輪的形狀。

地板平面若是沒有不平的部分，則製作台輪的時候不用考慮削減的問題。但如果不是完全的平面，則正面裝飾用的化妝板跟台輪本體要分開製作。一邊觀察台輪本體的高度一邊設置，最後將削好的化妝板貼上，可以得到美麗又整齊的外觀（圖4）。

此處最為重要的一點，是進行正確的現場調查（測量尺寸）。掌握牆壁跟地板垂直、水平的狀況，以及是否有障礙物存在（橫樑等凸出）等等，這樣才能讓家具緊密的貼合。

家具的高度如果達到天花板的話，有時會將家具分成上下兩邊來進行裝設。

此時，箱體側面露出來的連結部位如果無法用牆壁等結構來隱藏，則可以貼上牆板（照片2、3）。跟門採用同樣的素材來製作，也能得到高級的感覺。但理所當然的，跟沒有鋪設的時候相比成本會變得比較高（450×3010mm約2萬日圓），必須多加留意才行。

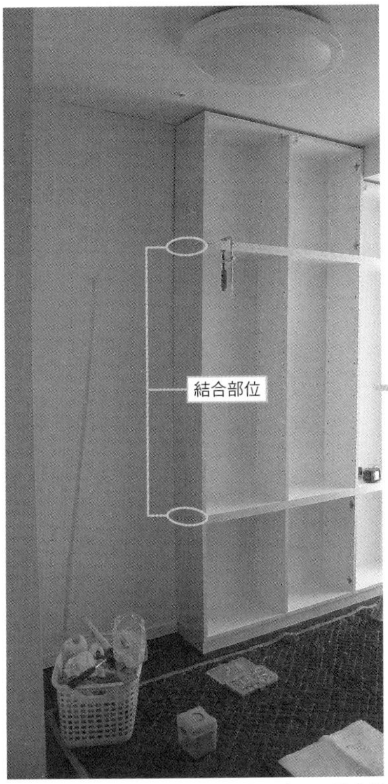

結合部位

照片2　箱體側面刻意沒有進行表面處理，結合部位有2處。

結合部位

照片3　貼上牆板將結合部位隱藏起來，就會成為清爽的印象。

圖4｜另外製作化妝板，在事後貼上的裝設方式

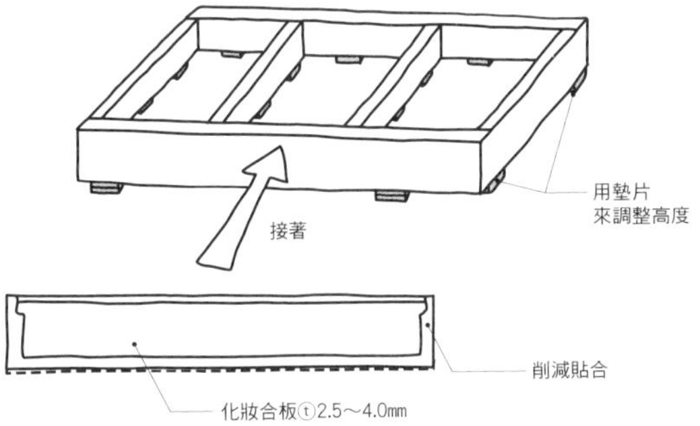

用墊片
來調整高度
接著
削減貼合
化妝合板ⓣ2.5～4.0mm

圖5｜把天花板裝在牆上

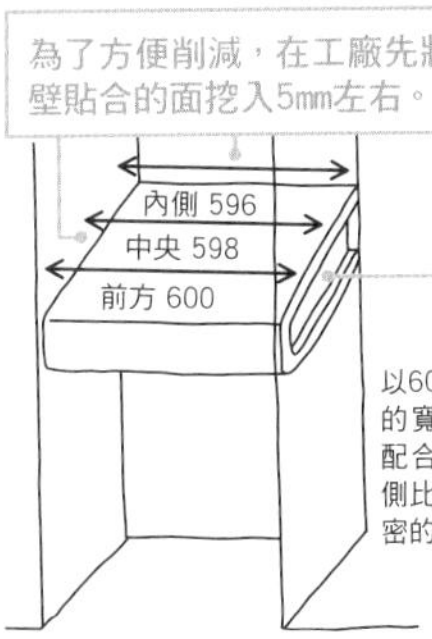

為了方便削減，在工廠先將與牆壁貼合的面挖入5mm左右。
內側 596
中央 598
前方 600

以600mm來製作櫃台桌的寬度（W）。為了配合牆壁的寬度，內側比前方減少4mm，緊密的進行貼合。

櫃台桌（頂板）的縫隙

櫃台桌（頂板）保留的縫隙方法，可大分為兩種。

第1是跟填充材還有支輪採用同樣的手法，以削減來進行貼合。如果使用木材的話，可以事先將貼合面加工，讓現場削減與貼合的作業更加迅速（167頁圖5）。此時必須注意的，是反覆進行削減跟試貼的作業時，不可以去傷到表面材質（壁紙或塗裝）。

第2則是事先跟牆壁保留數mm的空隙，然後用矽膠等密封材來填起來。這種手法會跟天然石材、蜜胺二次成型的櫃台桌、人造大理石等削減起來會有困難的材質搭配。在測量牆壁尺寸的時候，要確認牆壁的前後寬度跟角落的矩手（直角），事先留下2～3mm的縫隙（圖6）。

擺好櫃台桌之後，用矽膠或Joint Caulk（接口填縫劑）來填平。重點在於正確測量裝設部位的尺寸，以及讓密封材可以得到平滑表面的技術。

圖6｜櫃台桌（頂板）的縫隙（平面）

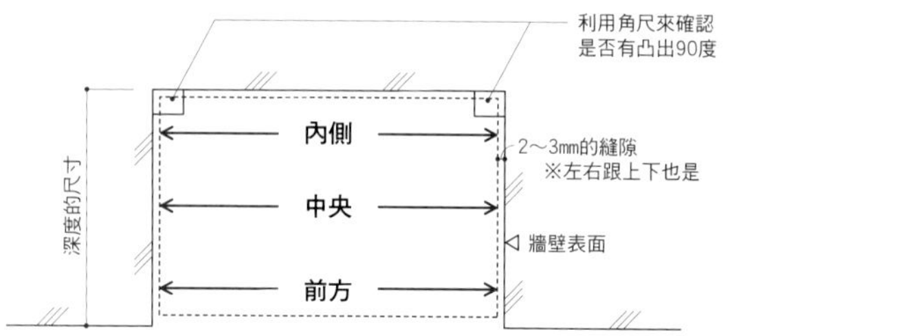
利用角尺來確認
是否有凸出90度
內側
中央
前方
2～3mm的縫隙
※左右跟上下也是
牆壁表面
深度的尺寸

在裝設櫃台的高度測量寬（從內側到前方的3處左右）跟深（左右也是）來決定製作的尺寸。

距離自動火災警報器的縫隙

日本自從消防法修正之後，從2006年6月開始，所有的住宅都必須義務性的設置住宅用自動火災警報器（在日本簡稱為自火報）。

警報器的尺寸大多為直徑約100mm、厚度約50mm，如果位在家具前方的話，有可能會干涉到門板的開闔，讓門無法開到90度。

設置縫隙的方式，可以增加支輪（頂部遮蓋用橫木）的高度來避開警報器。警報器的厚度如果是50mm，則可以將支輪設定成50～60mm左右來進行製作（圖7）。但整面牆壁的收納有時會刻意拉長來配合裝飾的主題，最好連同家具的顏色跟橫向的尺寸一起考慮。門跟警報器如果沒有互相干涉的話，則或許沒有必要將支輪加高，可以製作正確的位置關係平面圖來進行確認（圖8）。

另外，如果門不開到90度，收納物品也可以進出沒有問題的話，則可以加裝限制開合角度的合頁或金屬零件（SUGATSUNE工業S型Stay等產品），讓門在警報器前方停下來（照片4）。

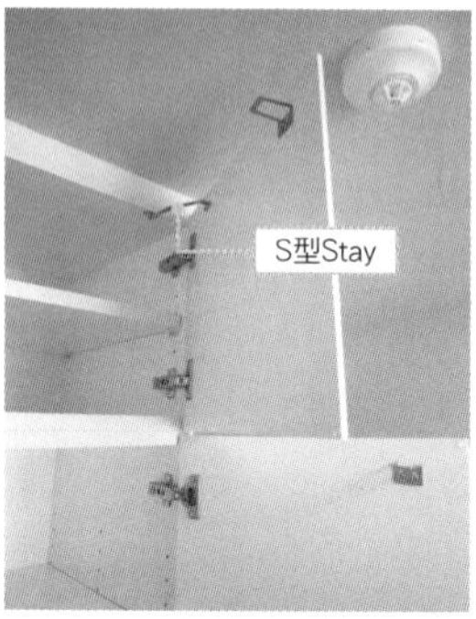
S型Stay

照片4　設置S型Stay，讓門打開的時候可以在警報器前方停下來。

圖7｜跟自動火災警報器之間的間隔（截面）

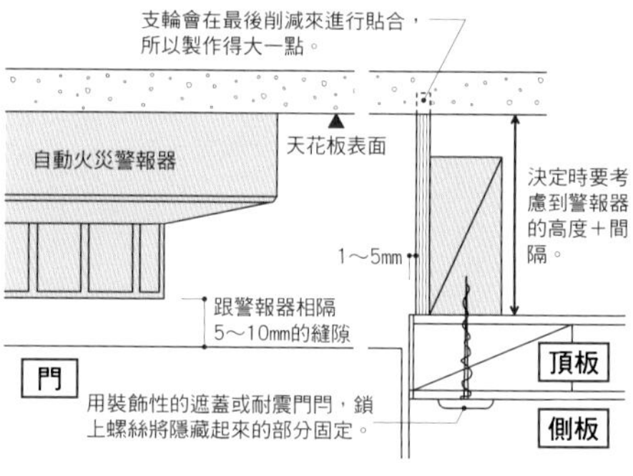
支輪會在最後削減來進行貼合，所以製作得大一點。
天花板表面
自動火災警報器
決定時要考慮到警報器的高度＋間隔。
1～5mm
跟警報器相隔5～10mm的縫隙
門
頂板
側板
用裝飾性的遮蓋或耐震門閂，鎖上螺絲將隱藏起來的部分固定。

距離維修孔、換氣孔的縫隙

在長期優良住宅制度的推廣之下，牆上設置維修孔的案例越來越多。當維修孔跟家具擺設的位置重疊時，理所當然的必須留下縫隙才行。

把維修孔設在家具內側的案例也不在少數。此時可以分成直接將側板或背板鑿穿的方式（照片5、6），或是讓側板直接可以拆下來的方法（照

照片5　在箱體內讓維修孔露出來，但沒有妨礙到該部位（圓圈內）的櫃板應有的機能。

照片6　把家具的側板打穿，讓維修孔直接在箱體內露出。

片7〜9）。

維修孔的位置跟家具的造型，會隨著住宅而不同，必須依照狀況來隨機應變。

距離插座的縫隙

對於牆上的插座也必須注意。如果只是插座孔蓋的厚度，光靠填充材（寬20㎜左右）也能得到充分的間隔，但如果插上插頭的話，則會跟抽屜互相干涉，讓抽屜沒半法完全拉出來。計劃家具的時候，有沒有確認插座的使用頻率來決定造型，是非常重要的一點。利用FIX材料來增加間隔，也是方法之一（照片11）。

距離窗簾軌道盒跟冷氣機的縫隙

如果在整面牆壁設置收納，窗簾的軌道盒跟冷氣機，有可能成為障礙。此時可以在門板的形狀下點功夫，得到豐富之收納空間的同時，也實現不會損壞造型的裝設方式。

就具體的方法來看，比方說讓門板在窗簾軌道盒的部分缺一角，就可以把收納空間延伸到牆邊（照片10）。但家具如果跟窗簾軌道盒產生關聯，則一定要跟委託人討論窗簾在開合、使用上的方便性。

將門板進行分割，也是有效的手法。跟冷氣機等障礙物的距離、橫樑或窗簾軌道盒的尺寸等等，綜合這些條件來進行判斷，決定該如何將門板分割（照片10、左）。

〔增田憲一〕

圖8 距離自動火災警報器的距離（平面）

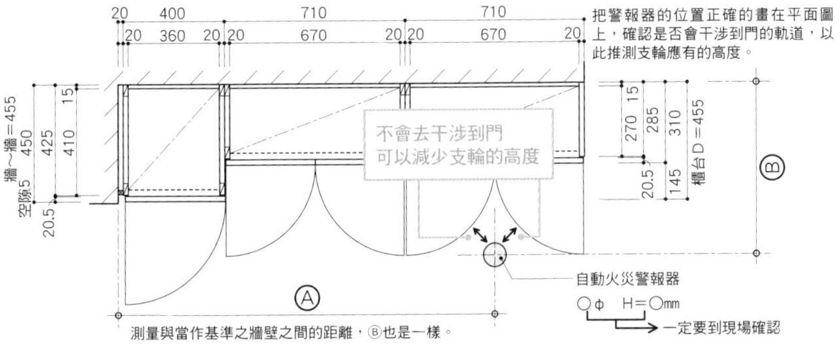
20 400 710 710
20 360 20 20 670 20 20 670 20
把警報器的位置正確的畫在平面圖上，確認是否會干涉到門的軌道，以此推測支輪應有的高度。
不會去干涉到門
可以減少支輪的高度
牆〜牆＝455
空隙5
450
425
410
15
20.5
270 15
285
310
櫃台D＝455
20.5
145
Ⓐ
Ⓑ
自動火災警報器
○φ H＝○㎜
一定要到現場確認
測量與當作基準之牆壁之間的距離，Ⓑ也是一樣。

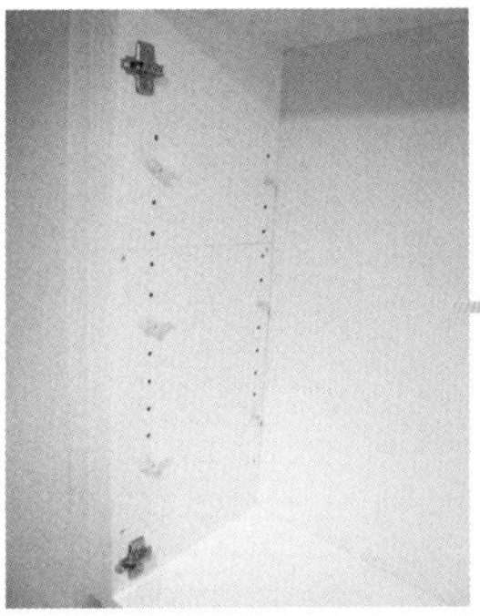

照片7　外表雖然是普通的箱體結構，但在牆上設有維修孔。

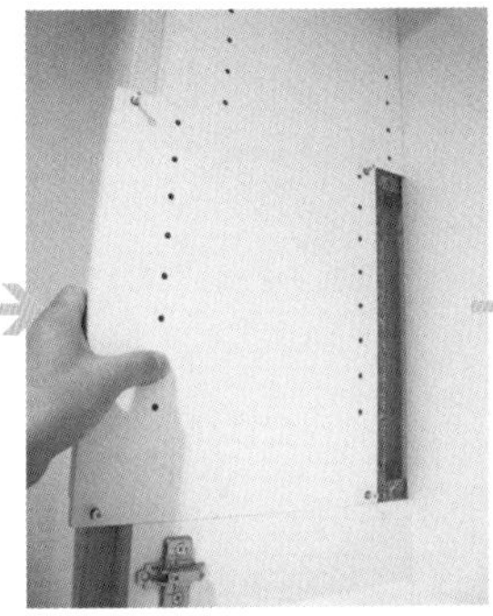

照片8　讓側板的一部分滑動。

照片9　設在牆壁上的維修孔就會出現。

照片10　左／將門板分割來跟冷氣保持距離。　中／門關起來的狀態。　右／改變門板的形狀，讓窗簾軌道盒的下方也能成為收納空間。

照片11　正面有插座，因此用FIX材來拉開距離。

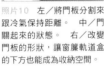

不會被看到的配線裝設法

收納配線的方法有5種

在設計影音設備、薄型電視、電腦等電氣用品的收納家具時，必須同時確保配線的通路。電源線跟電視的天線、網路線等等，都必須從家具的內部通過。其鋪設方法，可以按照插座的位置跟家具門板的組合，來分成5大類〔圖1〕。

A（插座位在背面、門板外開）的狀況下，可以將家具的背板打穿，讓插座外露。然後讓家具的側板或櫃板

圖1｜裝設配線的5種方法

A. 插座的位置在箱體的背面，家具採用外開門板時。

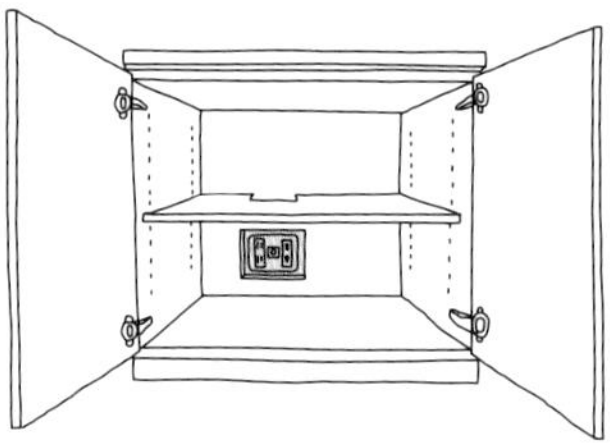

B. 插座的位置在箱體的背面，家具為抽屜時。

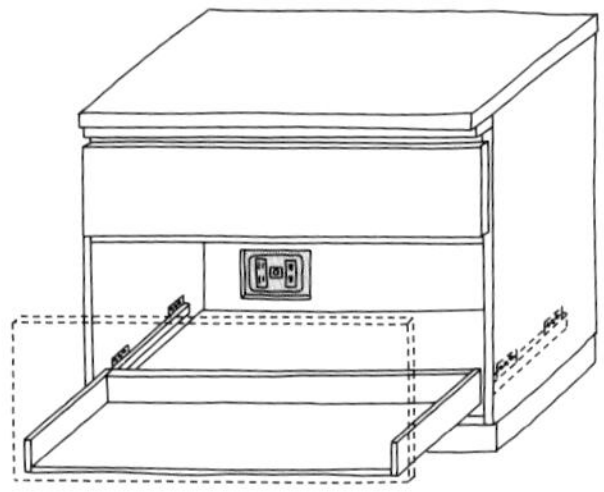

C. 插座的位置在箱體的側面，家具採用外開門板時。

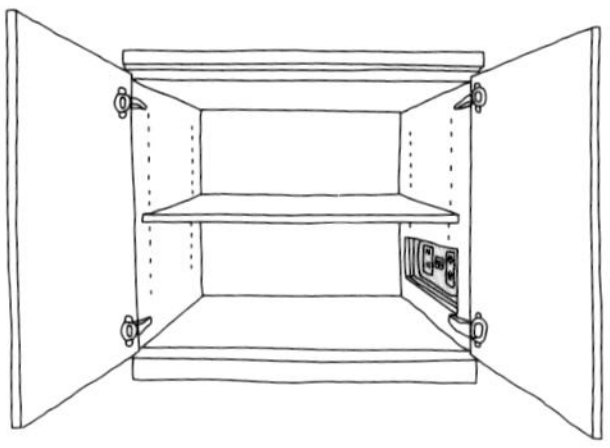

D. 插座的位置在箱體的側面，家具為抽屜時。

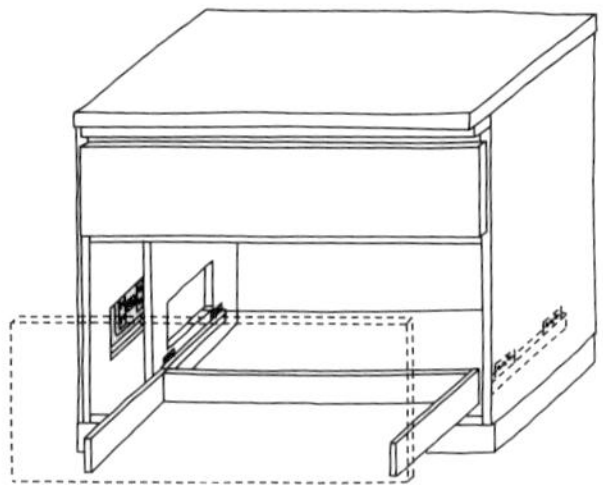

E. 插座位在沒有被家具遮住的位置

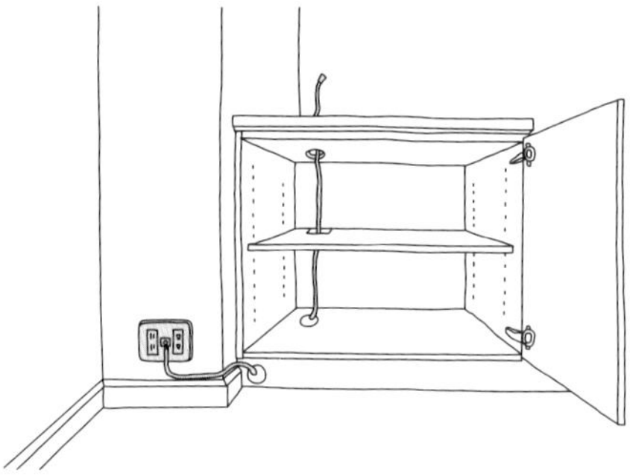

圖2｜模式A的配線方式

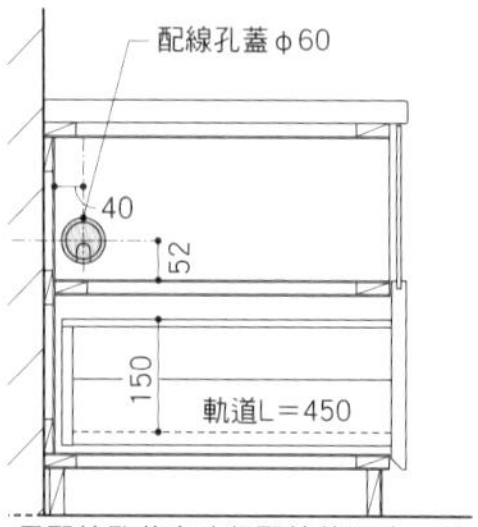
配線孔蓋 φ60
40
52
150
軌道L＝450

用配線孔蓋來確保配線的通路，用在配線量比較少的狀況。

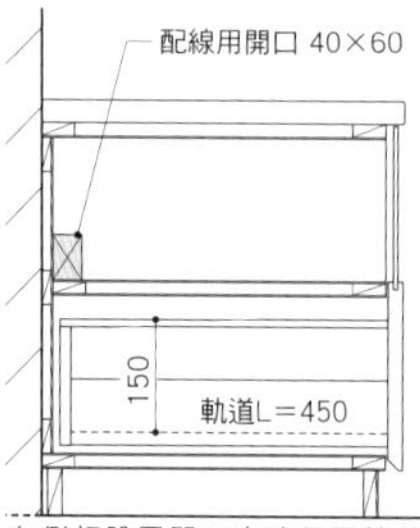
配線用開口 40×60
150
軌道L＝450

在側板設置開口來確保配線的通路，配合電線的數量來改變孔的大小。

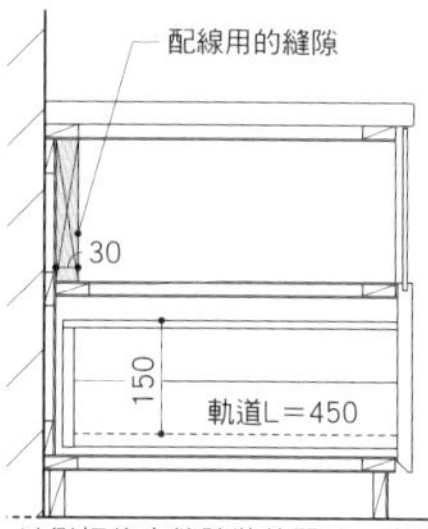
配線用的縫隙
30
150
軌道L＝450

以側板後方縫隙狀的開口，來確保配線用的通路。配線跟設備較多的時候有用。

缺上一角，以此來確保配線的通路（照片1）。

缺角的大小，可以用配線的數量或設備插頭的大小來決定（圖2）。

B（插座在背面、開口為抽屜）的狀況下，可以將抽屜的深度（軌道長度）縮短來對應（圖3）。抽屜後方空白部分的尺寸，可以考慮插頭等設備的大小來決定。

圖3｜模式B的配線方式

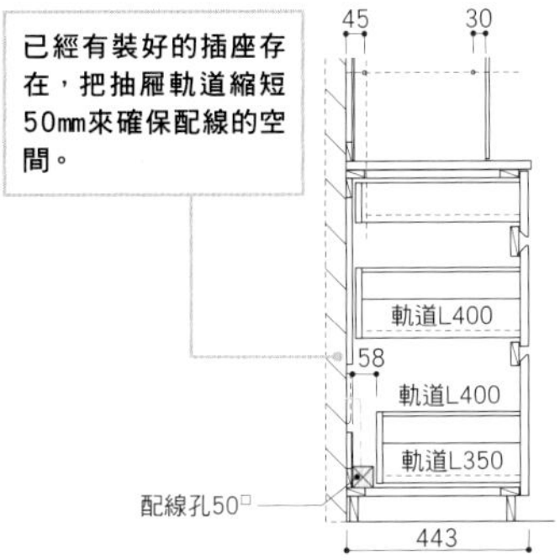
已經有裝好的插座存在，把抽屜軌道縮短50mm來確保配線的空間。
45
30
軌道L400
58
軌道L400
軌道L350
配線孔50□
443

鑿穿
照片1　把家具的背板鑿穿，讓插座露出來。櫃板跟側板都有讓電線通過的缺角。

C（插座在側面，門板外開）的狀況下，基本上跟A採取一樣的對策，但插座位在側面，必須將側板打穿來讓插座露出。

在此必須注意的，是側板外側一般都設有家具用來當作緩衝的Filler（填充材），讓插座露出來的部分會因為填充材的厚度（約20mm）而出現縫隙。必須用跟櫃子同樣材質的填充材或聚氨酯泡綿來補起來（照片2）。

把縫隙填滿
照片2　牆壁跟側板之間會出現填充材所造成的縫隙，一定要填起來。

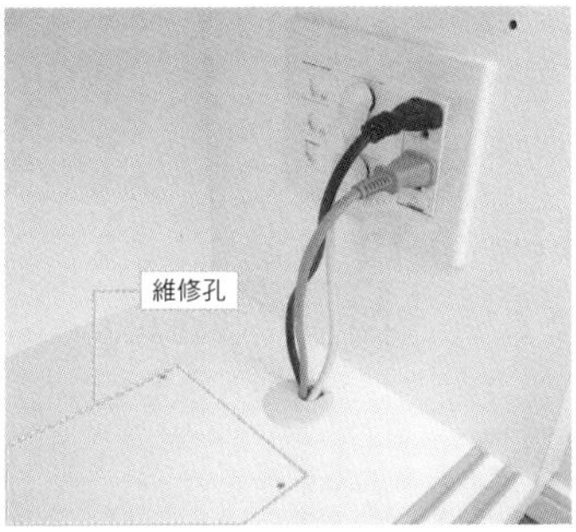
維修孔
照片3　讓配線從底板下方通過。各個箱體的底板都設有維修孔，讓配線作業更容易進行。

另外，如果來到牆內插座的電線長度還有剩餘，有時也不會打穿側板，直接將插座移到側板上面。以此來確保通往設備的配線通道。插座位在側面時，其位置也可能是在整體深度的中央或前方，此時也可以先讓電線穿過底板下方（照片3）。這種作法雖然可以得到清爽的外表，但配線的作業卻比較麻煩，另外還得在底板設置維修孔。

無法隱藏的時候該怎麼辦？

D（插座在側面，開口為抽屜）的狀況下，插座會來到抽屜軌道的部分，這將是最難處理的狀況。軌道沒有辦法裝在插座存在的面上，必須在側板前方另外裝上一片軌道用的窗板（圖4）。這片窗板會讓抽屜可以使用的寬度減少，但確保配線通路的同時不會損害到外觀的設計主題。

配線孔蓋
照片4　插座的位置跟家具有一段距離，在台輪裝上配線孔蓋，將電線引到家具內側。

E（插座沒有被遮住）的狀況下，重點將是如何用清爽的感覺把配線帶到家具內側。插座如果位在櫃台頂部的上方，則要在櫃台表面設置配線孔，將配線引到家具內部。如果插座的位置低於櫃台表面，則必須盡可能的用位在視線下方的台輪（遮蓋用橫木）等，來將電線引到家具內側（照片4）。將配線引入的孔會裝設遮蓋，決定直徑的時候務必先確認插頭的尺寸。

（增田憲一）

圖4｜模式D的配線方式

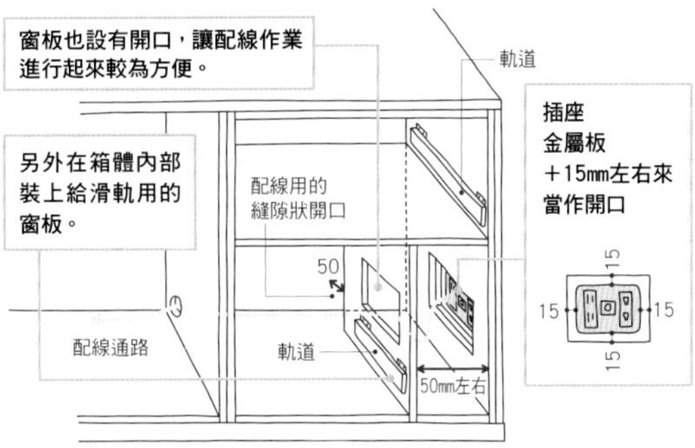
窗板也設有開口，讓配線作業進行起來較為方便。
軌道
另外在箱體內部裝上給滑軌用的窗板。
配線用的縫隙狀開口
插座金屬板＋15mm左右來當作開口
50
配線通路
軌道
50mm左右
15
15
15
15

插畫專區

融合室內裝潢與家具的建築

——以結構實現前所未有的裝潢——

遠藤政樹、上島直樹／EDH遠藤設計室、千葉工業大學

1.站在用地內，找出現況的問題點

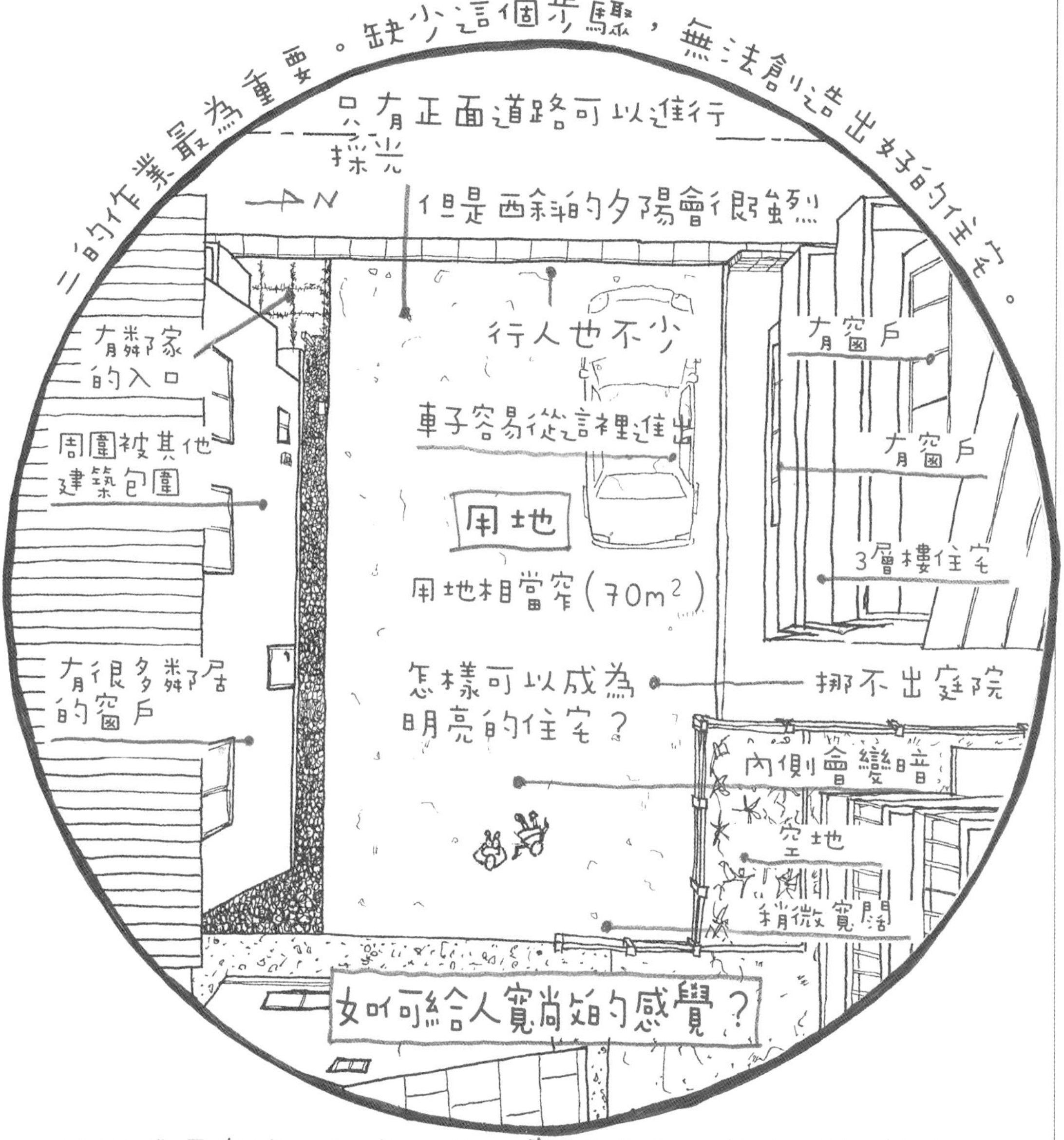
三的作業最為重要。缺少這個步驟，無法創造出好的住宅。
只有正面道路可以進行採光
N
但是西斜的夕陽會很強烈
有鄰家的入口
行人也不少
有窗戶
車子容易從這裡進出
有窗戶
周圍被其他建築包圍
用地
3層樓住宅
用地相當窄（70m²）
有很多鄰居的窗戶
怎樣可以成為明亮的住宅？
挪不出庭院
內側會變暗
空地
稍微寬闊
如何給人寬敞的感覺？

跟結構還有施工組合，可以實現過去不曾出現的裝潢。
在各個階段都會對準備嘗試的內容進行檢驗。

參考文獻：建築知識1988年5月號「用Pattern Language來製作家具

2. 創造出有如皮膚一般的裝潢

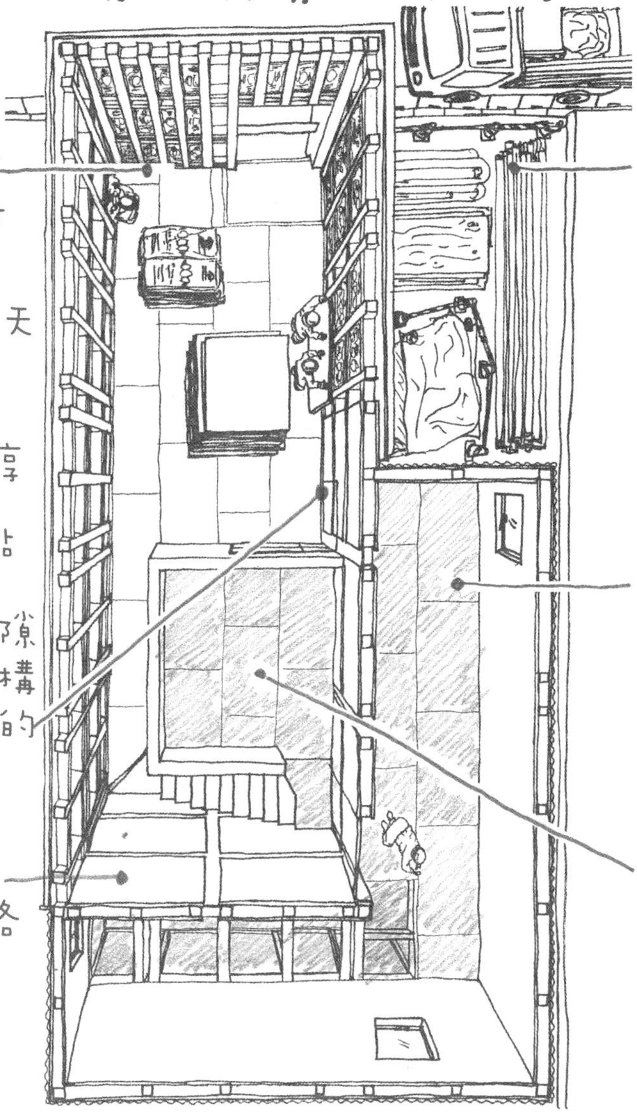

跟結構配合
的裝潢設計
預定成為透天
的2層樓份
創造出清爽
的BOX來共享
盡量大一點
從格子的縫隙
採光。就結構
來檢討柱子的
間隔與大小
門也配合格
子來設計
停車場就算不大，
卻也是最容易進
出的位置。施工
時用來放建材
小房間擺在周圍。
1樓是廚房跟主
臥室。2樓是2人
份的小孩房
中央是瞭望台
1樓是浴室
2樓是讀書的
區塊

3. 製作實物模型

進行照度的測量

1

決定柱子的大小跟間隔。討論細節

2

討論每1片面板的尺寸。1,500×1,500 mm

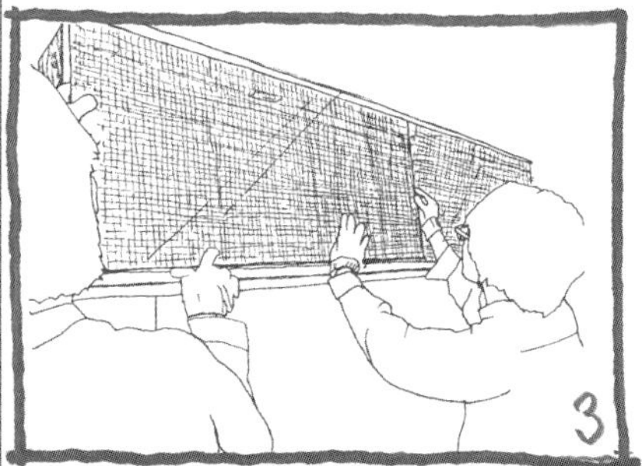

3

外牆沒有窗框。決定全都是玻璃

(財) Tostem建材產業振興財團2009年度協助研究

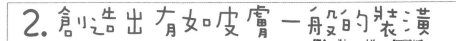

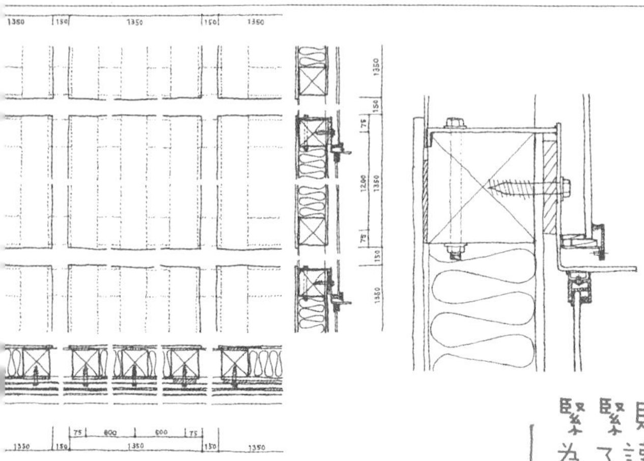

4. 完成

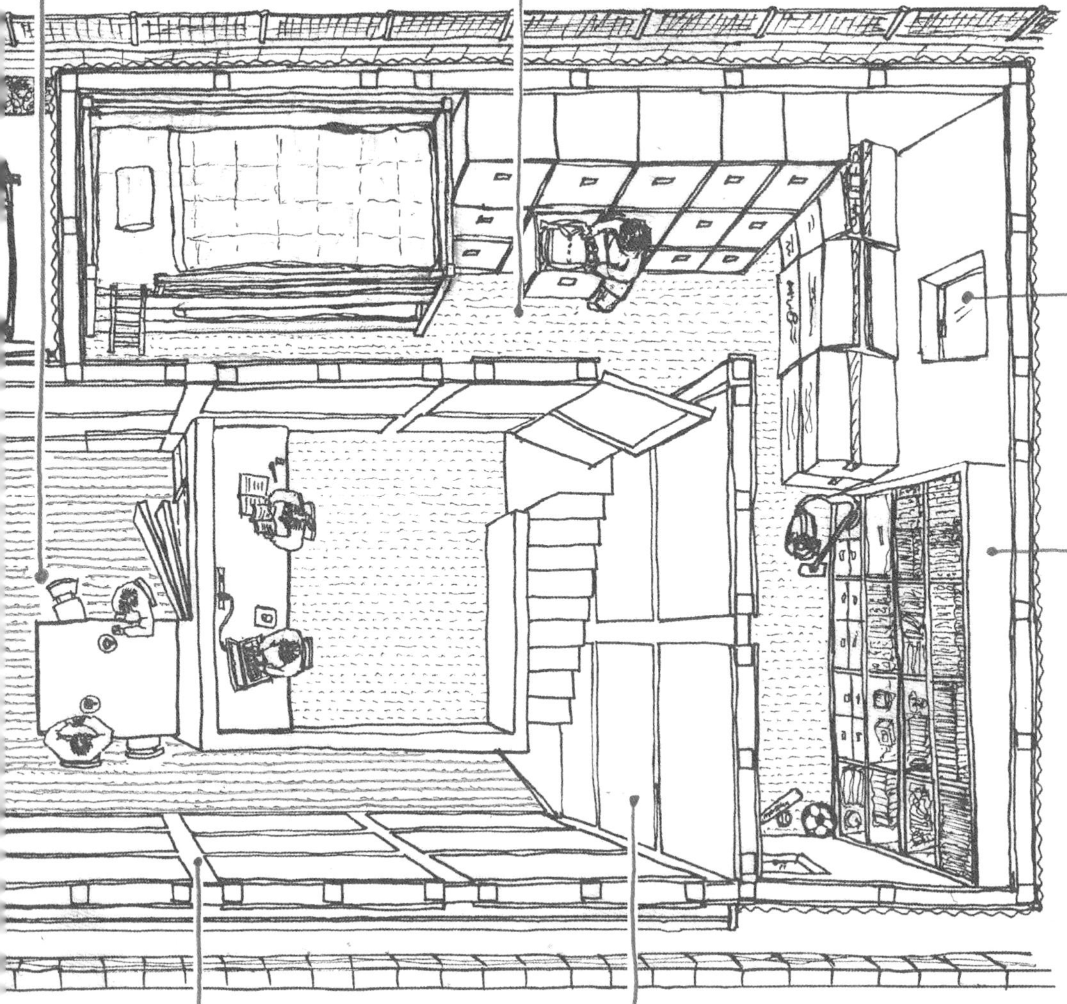
緊緊貼住的小房間
為了讓客廳得到寬敞的感覺
把收納跟床擺在內側的房間
白色、質感均一的客廳
通風的窗戶
市售的櫃子
方格的縫隙
從此處進行採光。室內像美術館
一樣明亮且質感均一
Grid OSB Board
用還留有白色的質感統一釘子跟
螺絲不可以被看到

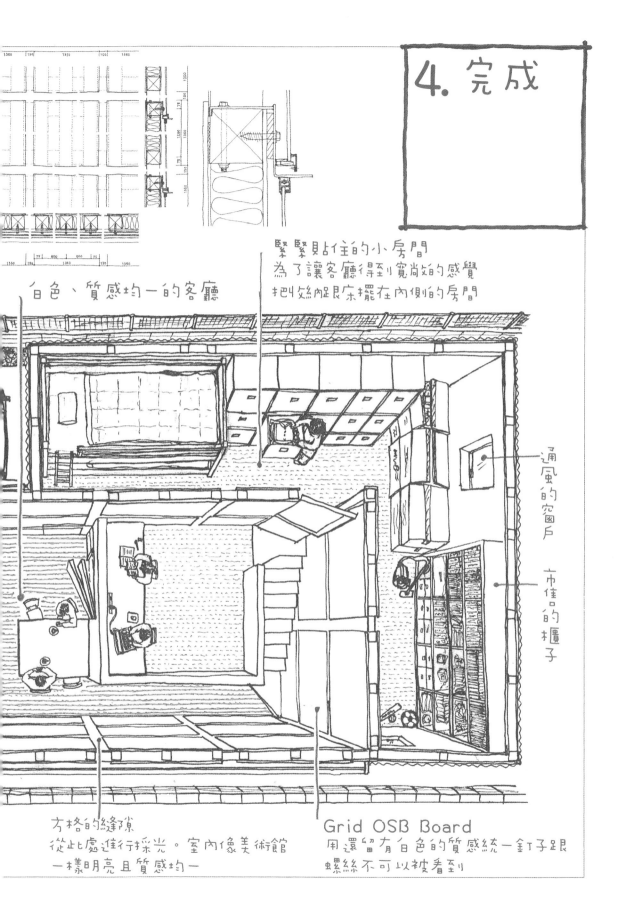

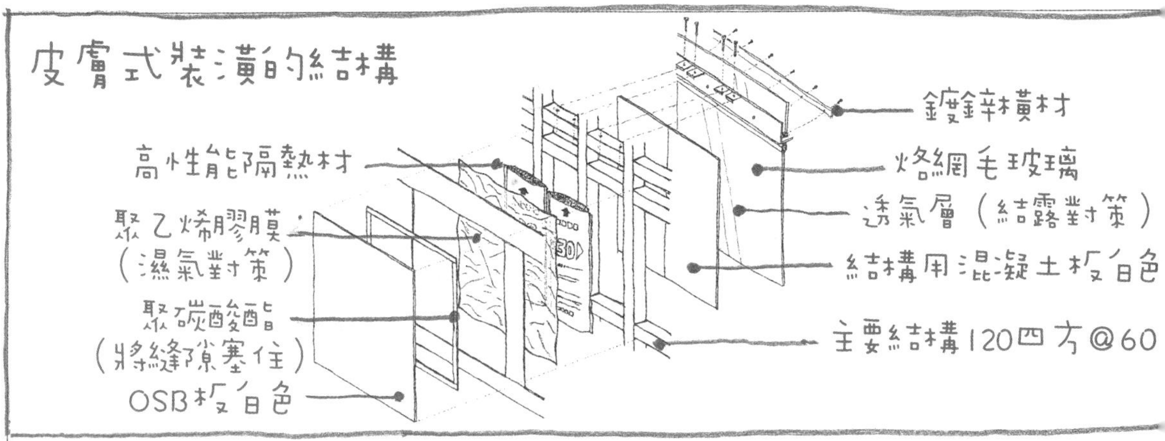
皮膚式裝潢的結構
鍍鋅橫材
烙網毛玻璃
透氣層（結露對策）
結構用混凝土板白色
主要結構120四方@60
高性能隔熱材
聚乙烯膠膜（濕氣對策）
聚碳酸酯（將縫隙塞住）
OSB板白色

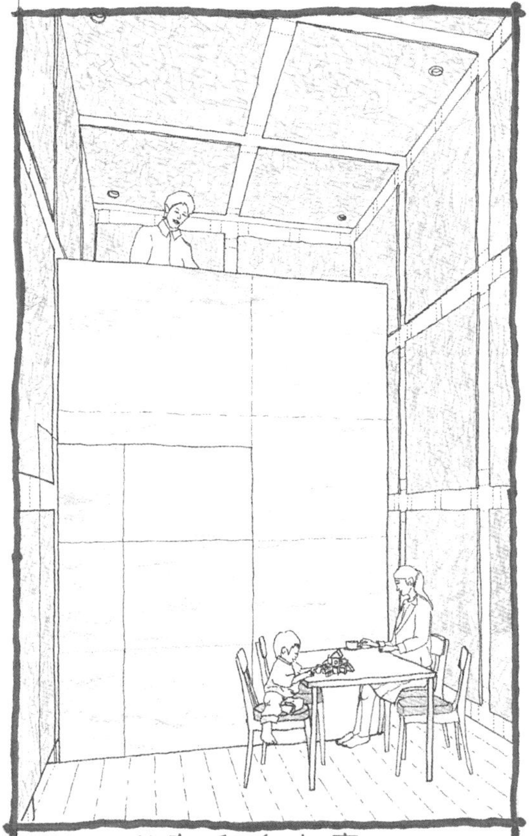

從書房看客廳

黑色的電視。從設計位置變更
·沒有窗框的外牆
·全部都是玻璃，讓均等的光線照進室內

COLUMN

對於裝潢設計的全新嘗試

裝潢設計與人們的生活有著密切的關係。但是就現狀來看，它卻只被認為是建築設計的一部分。為何會是如此呢？

忠實的空間設計

在文藝復興與巴洛克的時代，建築是神的產物，沒有作品創意等建築師的個人意志所能參與的空間。

但是到了19世紀後半，「空間」這個概念出現之後，建築開始被定義成設計性的行為，空間也被認為是建築師所能操作的對象。

在這之後，可以得到所有人共同之認識的空間，成為建築師所追求的目標。

為了得到所有人的認同，對於「空間」的詮釋不能有任何的誤差。結構性、表現性、歷史性都必須忠實的呈現（因此「Truth＝忠實」成為當時重要的關鍵字）。

此處所指的「空間」是由以下的要素所構成。

・用立地等各種條件來思考必要的結構與形體。
・將過多的裝飾去除。
・基於建築家的意志。
・以階段性的發展，並非在突然之間完成。

欠缺其中任何一項，都不再是「空間」。

到了現在依然根深柢固的「建築師負責跟建築有關之一切」的這個形象的根源，就是在這樣的背景之下形成。更進一步的以這個形象為前提，室內裝飾被解釋成無法單獨成立的設計項目。

試著加上委託人的觀點

但是這種概念，缺少了委託人（建築之使用者）的觀點。對於這點所產生的疑慮，創造出「Sequence」這個新的概念。

把建築當作各種不同之空間的集合體來思考。使用建築的人在內部移動，讓情景緩緩的，甚至是劇烈的產生連續性的種種變化，這就是所謂的Sequence。然後將這份體驗的總體，稱之為建築。

阿道夫．路斯的Müller宅第，就是可以體驗到Sequence的建築之一，以現代性的觀點來看仍舊得到很高的評價。在Müller宅第的內部，各種不同高度的地板由複數的樓梯連繫在一起。

各個房間與外觀上的窗戶形成基本的對稱平面，卻又一點一點的改變形狀，施以特殊處理的房間雖然獨立，卻又在視覺上連續下去。

但是像這種，從已經成立的建築框架之中跳脫出來的「自由性建築」，就現實來看不論是對創造者還是使用者來說，都很難以實現。思考裝潢設計的時候，一樣得將這點當作前提。

融入室內裝潢的建築

筆者在裝潢設計方面，會用「思考如何以裝潢設計來獲得整體性的方法」來進行新的嘗試。

其實踐的過程，記載於本書的172~175頁。

這份案例，位在密集的住宅地內，周圍被其他建築所包圍，沒辦法從室外取景。基於這個前提，以筆者自己的方式，忠於結構性、表現性、社會性的來思考建築應有的形態。

得到的結論是將客廳關起來，成為「與建築融合」的室內裝潢。

把各種家具移到緊靠在客廳內側的個人空間。

與結構融合的室內裝潢，裝在木造的立體格子上。均等的光線從格子縫隙之中照射入，讓空間的深度與上下樓層消失（照片），為小小的空間帶來寬敞的感覺。

就算沒有將室外融入室內的窗戶，就算是跟正面道路相距甚遠的建築內側，都可以透過這份裝潢來得到明亮的光線。

這種新的嘗試並不標準。實際上一直到完成之前，許多細微的項目都必須一再的檢查。

但也正因為這種過程，如此的裝潢才有辦法實現。

（遠藤政樹）

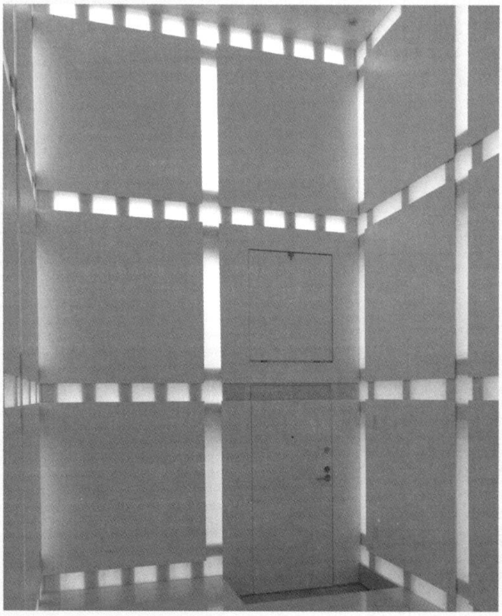

照片 用15公尺方格、12公分方木材的立體格子來當作結構，對於橫向的力道，在格子內外貼上15公尺四方的白色木質混凝土板＋矽酸鈣板。隔熱材位在柱子之間。建築整體都用玻璃包覆。玻璃採用沒有窗框的造型，讓上下層的感覺消失。

網羅主要的材料
木質建材的相關資料

Contents

濃

黑

黑檀

→ P. 196

灰

柳木

→ P. 183

樟木

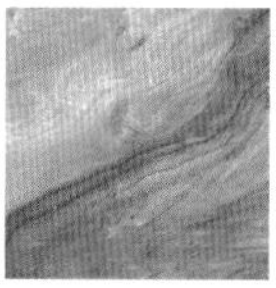

→ P. 186

非洲黑桃木

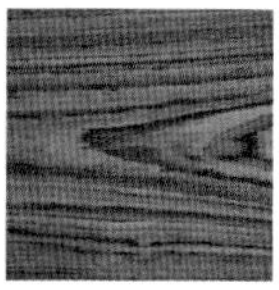

→ P. 198

紅

桃花心木

→ P. 191

黑櫻桃木

→ P. 191

海棠木

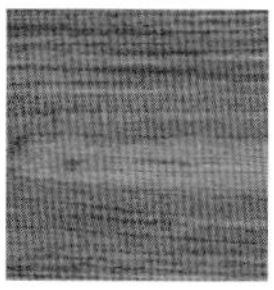

→ P. 195

姆岷加木

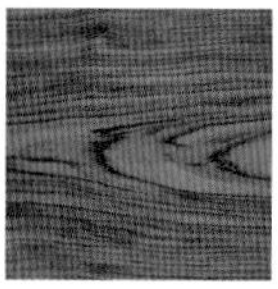

→ P. 198

沙比利木

→ P. 197

紫心木

→ P. 192

薔薇木

→ P. 196

黃

花旗松

→ P. 193

櫸木

→ P. 185

柚木

→ P. 196

白

櫸木

→ P. 182

用顏色來選擇的木製建材一覽表

淡

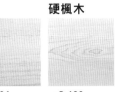

黑						黑胡桃木  →P. 188	
灰			日本栗木 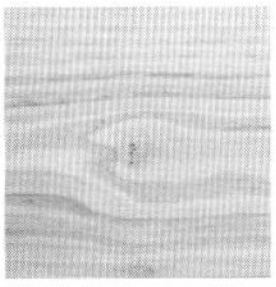 →P. 184	白櫟木  →P. 189	橡木  →P. 181	胡桃木  →P. 182	
紅		赤松  →P. 187	杉木  →P. 186	美國紅杉  →P. 192	樺木  →P. 185	紅櫟木  →P. 189	春茶木  →P. 194
黃	柏木  →P. 187		紅柳木  →P. 199	白胡桃木  →P. 197	羅漢柏  →P. 188	白松木  →P. 194	雲杉木  →P. 193
白	桐木  →P. 184	硬楓木  →P. 190	白梣木  →P. 190	椴木  →P. 181	白樺木  →P. 199		刺楸  →P. 183

用產地&樹種來分類的木材一覽表

用質感跟使用案例的照片來介紹，
可以用在現場打造之家具及室內裝潢的36種木材。
價位與施工性、耐久性等設計所須要的情報，
也用雷達圖來進行標示，讓您可以一目瞭然。

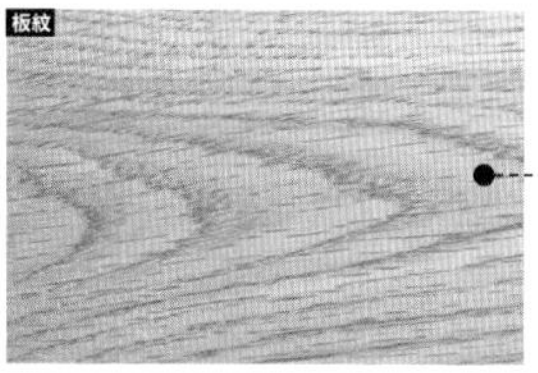

橡木 山毛櫸科 別名：櫟樹、柞樹

分佈 日本全土
氣乾比重 0.67
性質 邊材為灰白色、心材為灰褐色。在柾紋面（樹幹的縱斷面）會出現名為「虎斑」的特殊模樣。自古就被用來製作家具。
用途 家具用的材料、各種室內裝潢的材料。也適合椅子等須要彎曲的物體。洋酒的酒桶、器具材料等等，用途非常的廣泛。

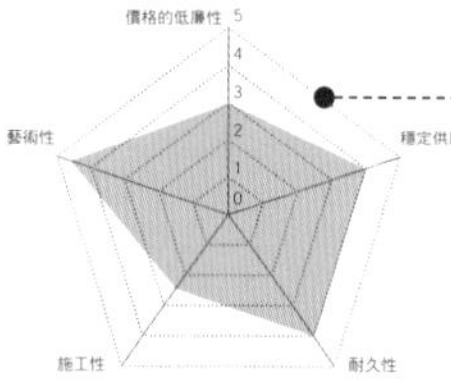

橡木的餐桌（韃陈之家／津野建築設計室） 拍攝：西川公朗

板材的質感

照片的左上會顯示木紋的種類

雷達圖

說明

●價位的低廉性
用5個階段來評估1立方公尺的單價（立方米單價）便宜到什麼程度。評分越高，性能價格比就越好。節眼較多、大尺寸的木材較少，會讓直通率變低。特別是針葉樹，節眼的有無跟等級，會讓價格產生很大的落差。在此會用各個樹種的上級材料來當作判斷價格的基準，沒有考慮品牌（秋田衫、屋久杉、吉野檜等等）。

●供給的穩定性
用5個階段來評估供給的穩定性。可以從原產地穩定供應的→5；就算產地改變，也能得到同等的木材→4；現在雖然有供應，但在不久的將來可能無法穩定的供應→3；日本國內雖然有庫存，但要找到不大容易→2；不論是國內還是國外，都不容易找到→1。木材供應的狀況時時刻刻都在變化，一直以來穩定供應的木材，也有可能在一夜之間變得難以取得，必須多加注意才行。

●耐久性
用5個階段來評估木材的耐久性。一般絕大多數的闊葉樹，就家具（特別是頂板）來看都擁有良好的耐久性。而針葉樹不論是哪一品種，都不適合用來當作家具的頂板。在此進行評價時，會同時考慮到耐腐朽性。

●施工性
用5個階段來評估木材的加工、施工上的容易性。木材的加工包含有「切」「貼」「彎」「削」等工程，此處以「切」「貼」的容易性來當作基準，從木工師傅的立場來判斷木材是否容易處理。

●藝術性
用5個階段來評估木材的藝術性。美觀與否，會受個人主觀跟喜好的影響，在此把用在家具上的普遍性評價拿來當作基準。杉木等自古就被人們所熟悉的木材，也會給予較高評價。

木材的使用案例

介紹把這種木材活用在家具、地板、牆壁之中的案例。

執筆：間中治行
協助：平住製材工業

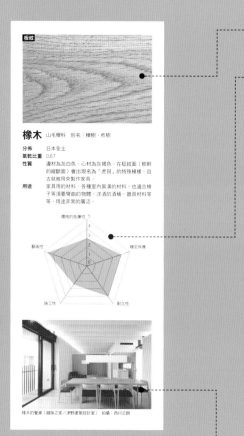

日本產．闊葉樹

椴木 錦葵科　別名：華東椴、紅椴

分佈　日本全土

氣乾比重　0.37～0.50

性質　加工性良好，性質均等的輕軟木材。綿密的質感適合用在表面。合板則大多用來當作家具內部的材料。

用途　除了家具（特別是內部）跟器具的材料之外，也被用在鉛筆跟火柴木棒的部分、雕刻的材料等等。

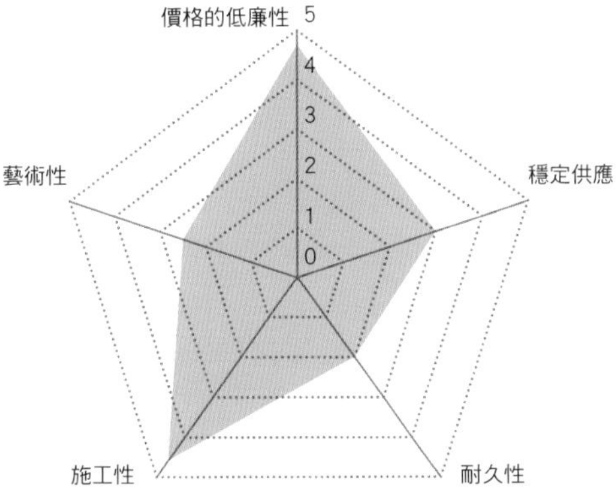

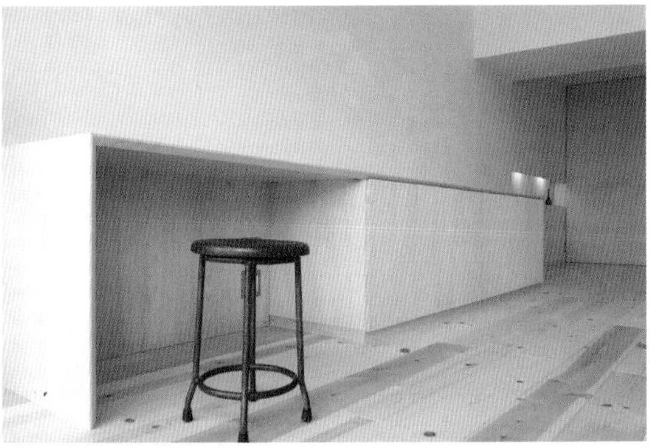

椴木的桌子兼櫃台收納（光之丘Pine House／村上建築設計室）

橡木 山毛櫸科　別名：櫟樹、柞樹

分佈　日本全土

氣乾比重　0.67

性質　邊材為灰白色、心材為灰褐色。在柾紋面（樹幹的縱斷面）會出現名為「虎斑」的特殊模樣。自古就被用來製作家具。

用途　家具用的材料、各種室內裝潢的材料。也適合椅子等須要彎曲的物體。洋酒的酒桶、器具材料等等，用途非常的廣泛。

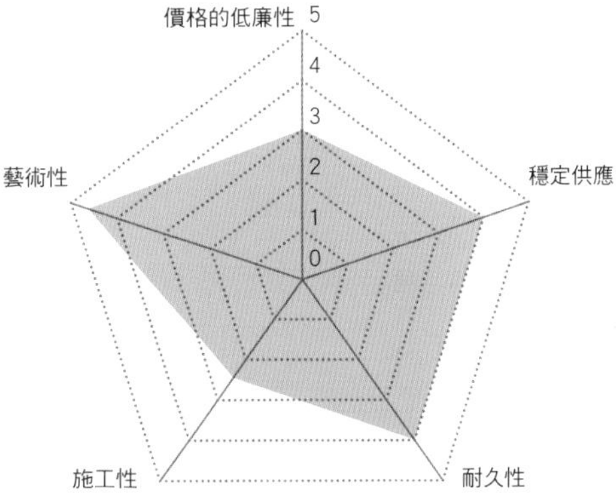

橡木的餐桌（縫隙之家／津野建築設計室）　拍攝：西川公朗

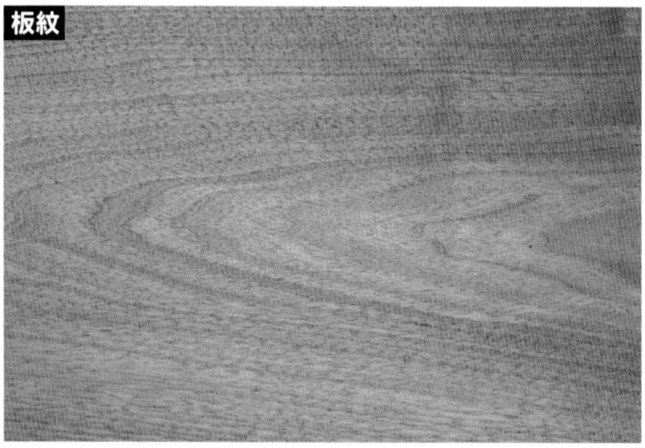

胡桃木 胡桃科

分佈 東北、北海道、樺太島

氣乾比重 0.53

性質 削切等加工性良好，尺寸誤差較小的材料。帶有黏性。質感雖然較粗，但表面處理之後的感覺良好。

用途 家具材料、雕刻材料、建築材料、器具材料。也被用來製作槍托。

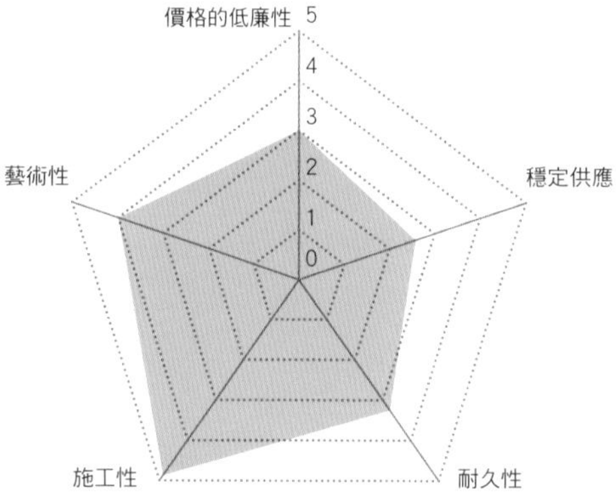

胡桃木的地板（時之家／Kokolo木造建築研究所）

山毛櫸 山毛櫸科 別名：石灰木、白半樹

分佈 北海道南部、本州、四國、九州

氣乾比重 0.63

性質 木質均等且又重又硬。誤差跟腐朽相當劇烈，必須充分的乾燥之後再來使用。適合用來彎曲，常常用在椅子等家具的框架上。

用途 家具材料（主要為帶腳的家具、彎曲）、樂器的鍵盤或玩具的小物品、雕刻材料。

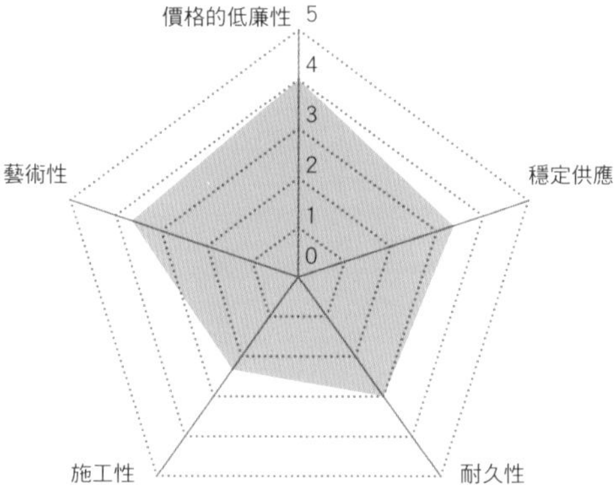

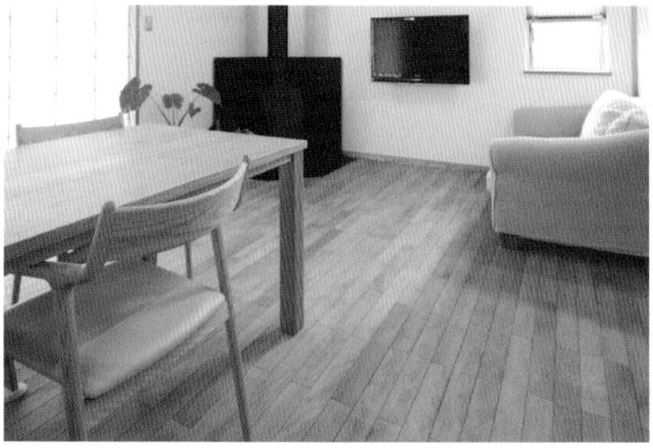
櫸木的地板（春之家／Kokolo木造建築研究所）

刺楸 五加科　別名：鼓釘刺

分佈　北海道、本州、四國、九州

氣乾比重　0.50

性質　較為輕軟的材料，加工性跟處理過的表面都很良好，但木材的保存性較差。質感有點粗糙。板紋上可以看到清楚又美麗的年輪，有時也會上色之後當作櫸木的代用品。

用途　家具材料、木工裝潢材料、木屐、器具材料。

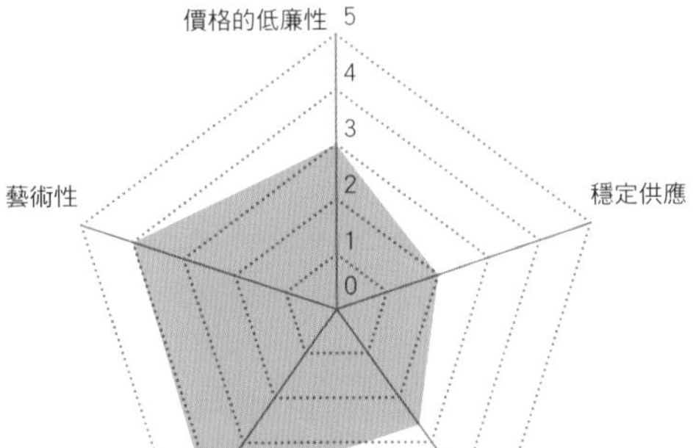

楸木的日用品收納（LUPICIA京都寺町三条店／古屋誠章＋NASCA、津野建築設計室）拍攝：淺川敏

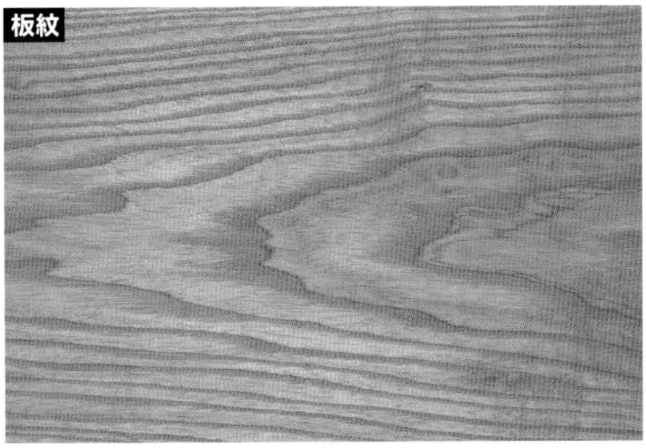

柳木 木犀科　別名：水曲柳、大葉梣

分佈　北海道、中國

氣乾比重　0.65

性質　木質稍微偏重、偏硬，同時也具有黏性，加工性中等。生長速度良好，可以買到尺寸較大的木材。具有豐富的彈性，除了家具之外也被用在各種領域上。

用途　家具材料、木工裝潢材料、器具材料、滑雪板等運動器材。

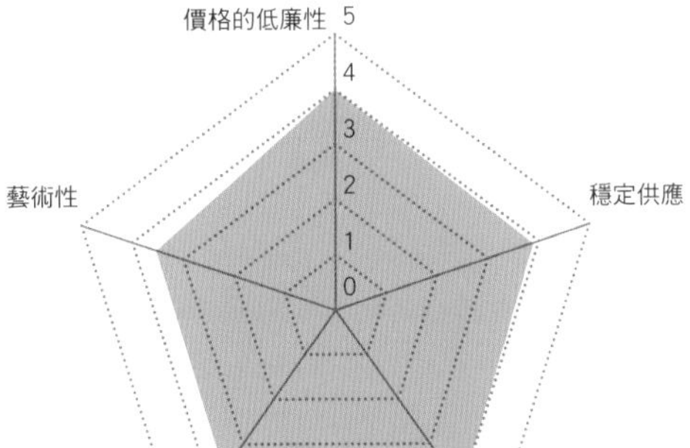

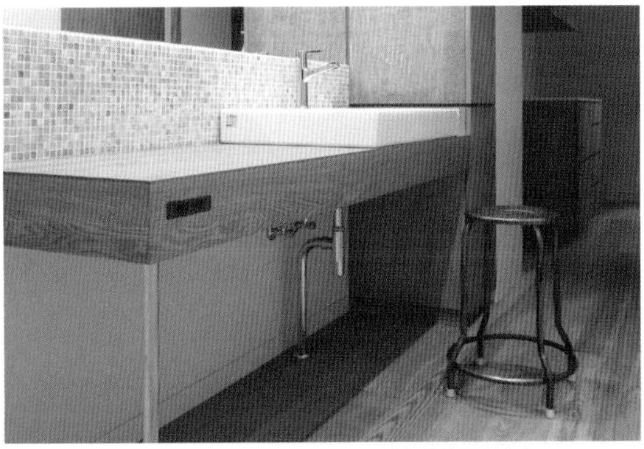
柳木的洗臉台＆地板（大倉山Ash House／村上建築設計室）

日本產・闊葉樹

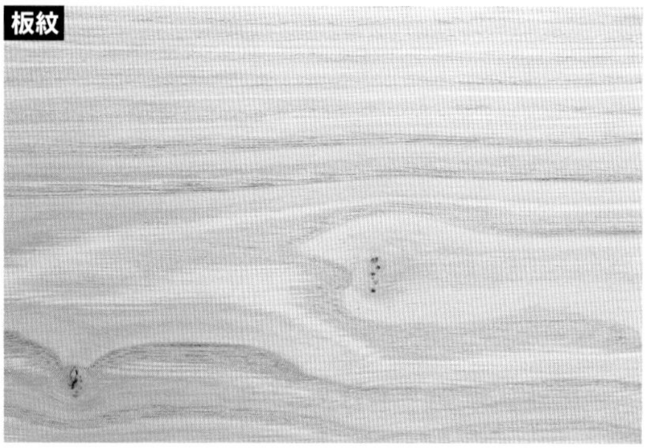

日本栗 殼斗科：山栗、芝栗

分佈 北海道西南部、本州、四國、九洲
氣乾比重 0.55
性質 又硬又重，具有彈性。耐濕性跟強度較高，加工相當困難。很難取得尺寸較大的方木材。
用途 家具材料、建築材料、枕木、土木材料。

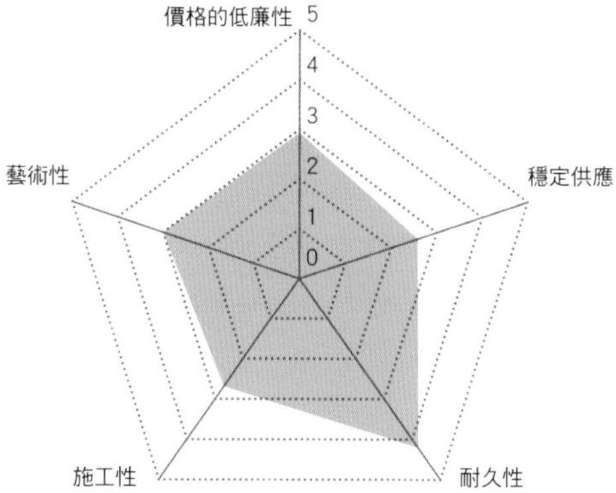

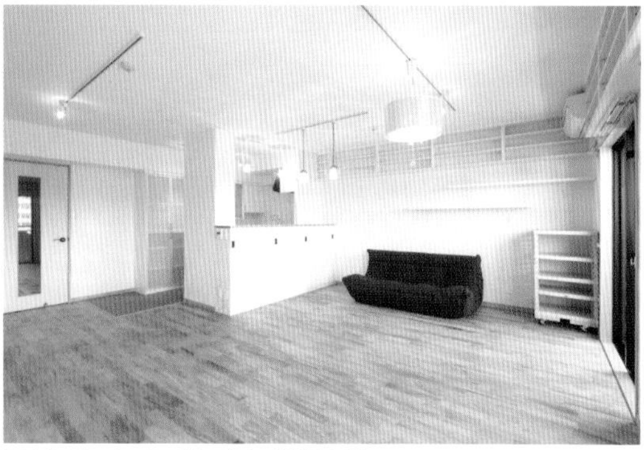
栗木的地板（W邸／橫田滿康建築研究所）

毛泡桐 玄參科

分佈 日本全土、中國
氣乾比重 0.19～0.30
性質 流通的木材之中重量最輕，削切等加工性非常的良好，誤差跟裂縫很少。研磨之後會產生光澤。具有獨特的氣味，必須經過處理。強度較差。
用途 廚櫃、木屐材料、樂器材料、箱體材料。

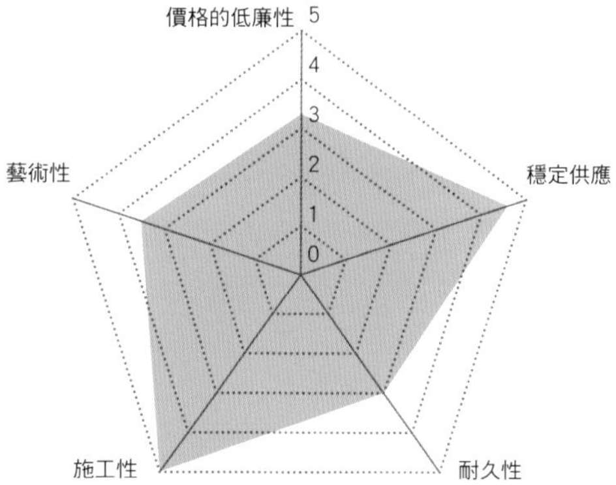

桐木的地板（橫田之家／橫田滿康建築研究所）

板紋

櫸木 榆科　別名：光葉櫸、雞油樹

分佈　本州、四國、九州

氣乾比重　0.48～0.65

性質　自古以來就被用在大黑柱（中柱）等建築結構上。稍微比較重、比較硬，耐水性佳，但乾燥到穩定下來須要較長的時間，容易產生誤差。

用途　建築材料、家具材料、木工裝潢材料、神社建築用。

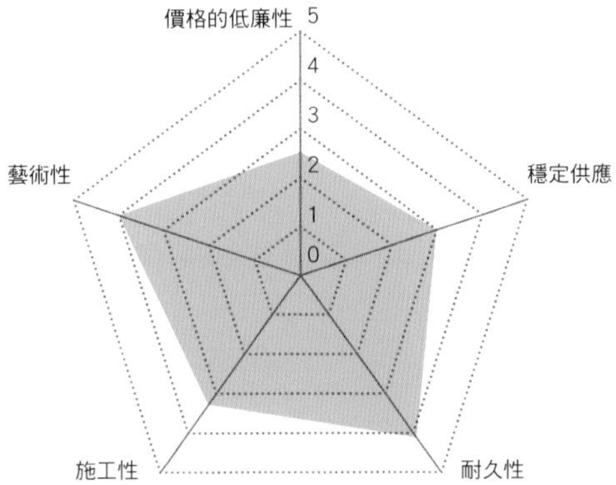
價格的低廉性
5
4
3
2
1
0
穩定供應
耐久性
施工性
藝術性

櫸木的餐桌（橫田之家／橫田滿康建築研究所）

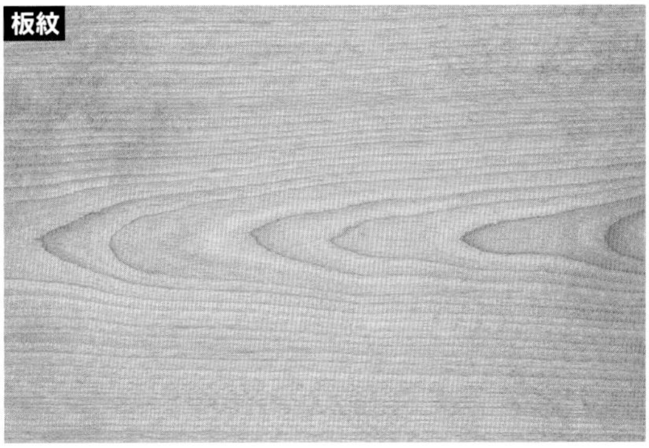
板紋

樺木 樺木科　別名：白樺

分佈　北海道西南部、本州中部

氣乾比重　0.65

性質　又重又硬的均質木材，加工性跟處理之後的表面都很良好。在日本的木材業者之間有「櫻木（Sakura）」這個俗稱。帶有較多紅色的真樺在近幾年成為稀少的木材。

用途　家具材料、地板材料、木工裝潢材料。

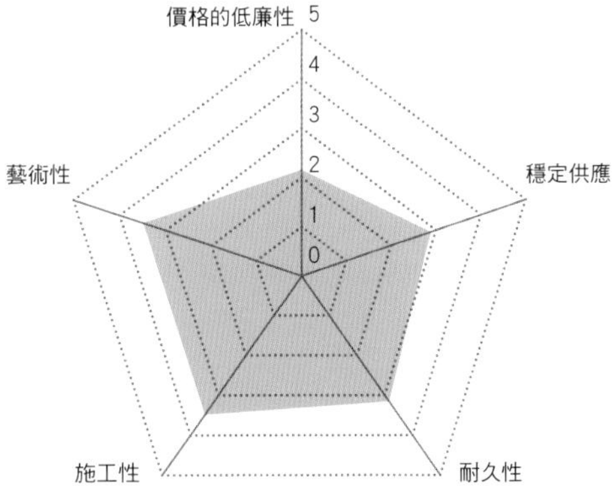
價格的低廉性
5
4
3
2
1
0
穩定供應
耐久性
施工性
藝術性

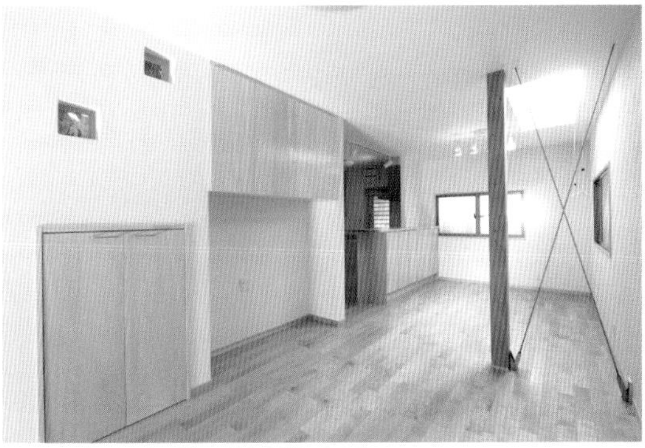

樺木的地板（O邸／橫田滿康建築研究所）

日本產・針葉樹

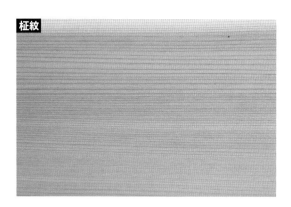

柾紋

日本柳杉 柏科

分佈 本州、四國、九州
氣乾比重 0.38
性質 材質稍微輕軟，誤差也比較少。加工性好，耐久性跟保存性為中等。容易順著木紋裂開。有獨特的芳香，自古以來就被當作門窗的材料使用。
用途 建築材料、門窗材料、捆包用材料、木屐、衛生筷等等，用途非常的多元。

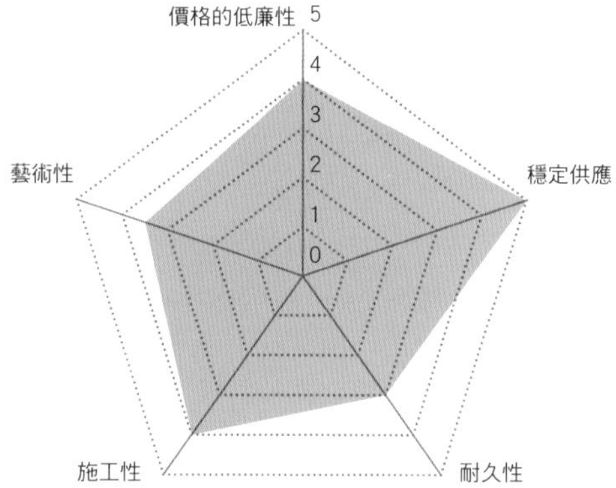

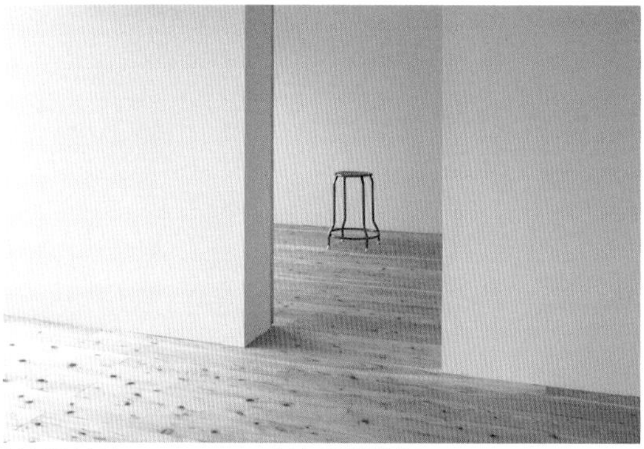

杉木的地板（Wakaba-House／村上建築設計室）

日本產・闊葉樹

板紋

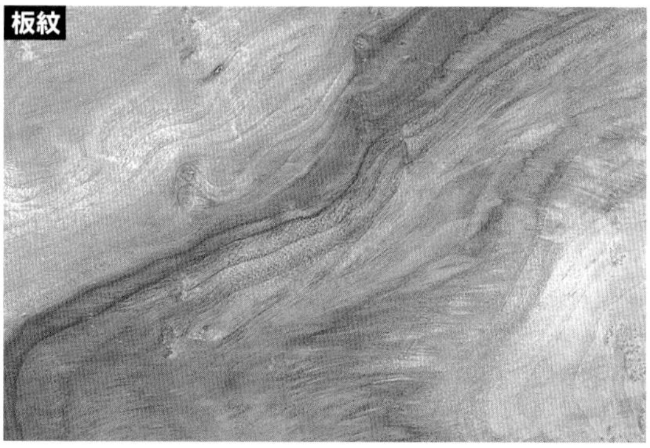

樟木 樟木科 別名：香樟、本樟、烏樟

分佈 關東以南、中國、台灣
氣乾比重 0.52
性質 木紋綿密，擁有很好的耐腐朽性。加工性雖然良好，但容易產生誤差。芳香較強，可以防止蟲害。
用途 雕刻材料、木工裝潢材料、家具材料、櫥櫃的抽屜。

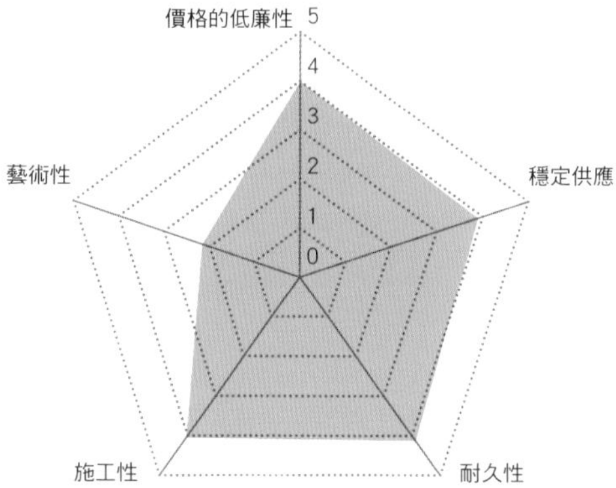

樟木的桌椅組（IWAI家具）

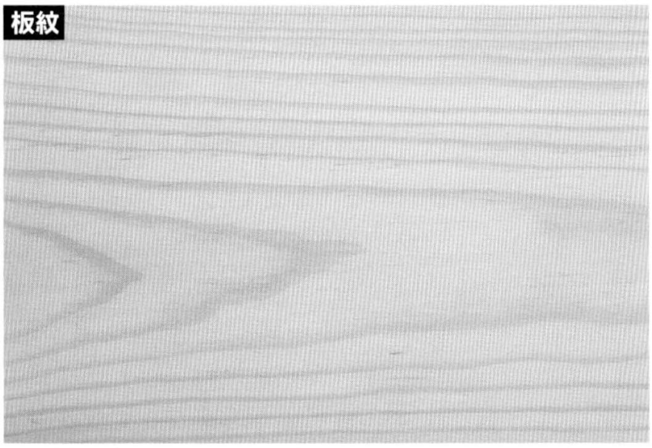
板紋

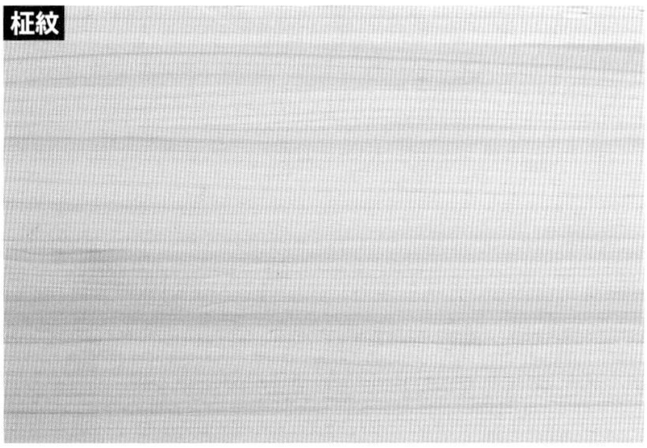
柾紋

赤松 松科　別名：雌松、女松

分佈　本州北部到四國、九州
氣乾比重　0.53
性質　加工性良好。不怕水且耐久性高，但有可能會出現誤差。被用在建築材料等廣泛的用途上。
用途　建築材料、木工裝潢材料、土木材料、茶具、薄木片。

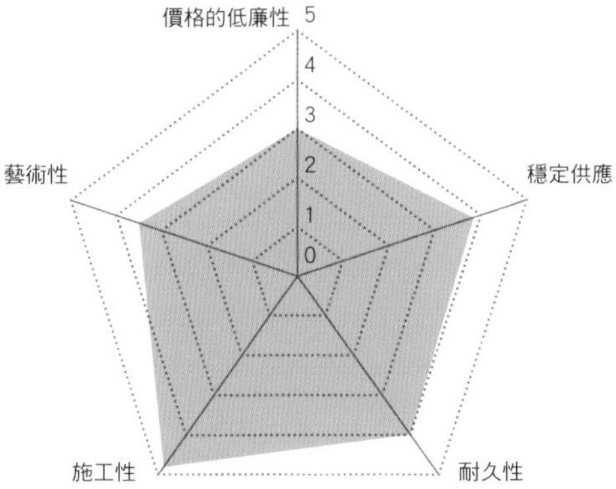
價格的低廉性
5
4
3
2
1
0
穩定供應
耐久性
施工性
藝術性

鋪在土間上的赤松木板（川越之家／City環境建築設計）

日本扁柏 柏科

分佈　本州、四國、九州
氣乾比重　0.41～0.45
性質　加工性良好，具有耐濕性、耐水性、保存性、耐腐朽性。木紋是均等的直線。具有獨特的芳香。依照表面處理的方式，可以呈現美麗的光澤。
用途　神社寺廟的高級建材、家具材料、門窗材料、彎曲木材、雕刻材料、木桶等等，用途非常的廣泛。

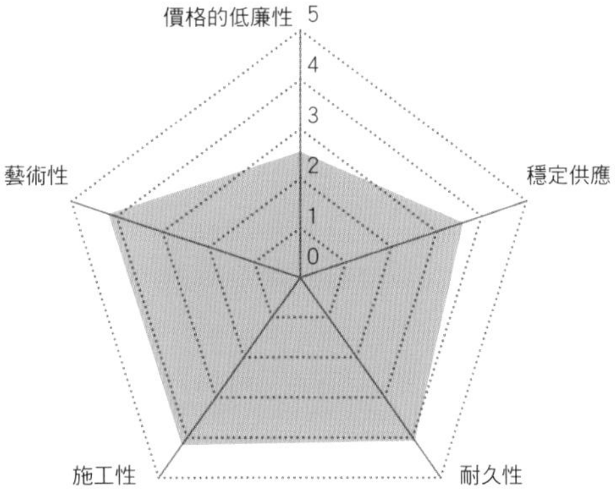
價格的低廉性
5
4
3
2
1
0
穩定供應
耐久性
施工性
藝術性

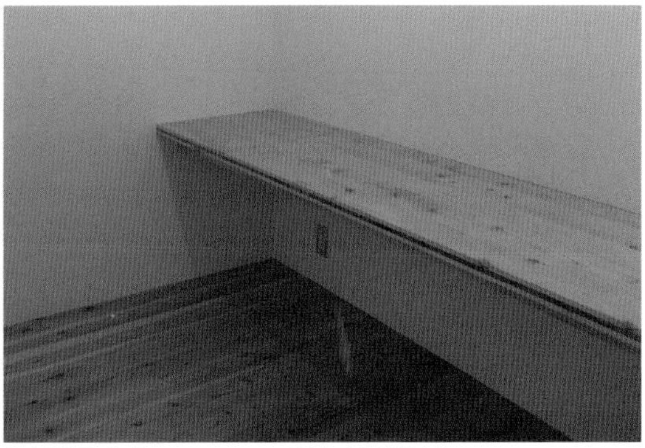
柏木的櫃台桌（Wakaba-House／村上建築設計室）
＊使用3層Cross Panel（J Panel＊）

＊J Panel：把乾燥的木板以纖維方向貼在一起的3層板。

美國產・闊葉樹

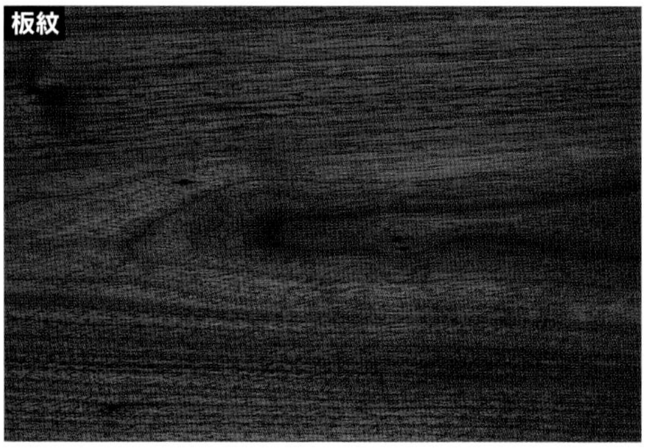

黑胡桃木 胡桃科　別名：Black Walnut

分佈　美國東部、加拿大
氣乾比重　0.63
性質　高級木材的一種，自古就被用來製作家具。厚重堅硬且誤差很少，可以透過塗裝來得到美麗的外表。加工性良好，也能確保接著的強度。
用途　高級家具材料、門板材料、地板材料、各種木工裝潢材料、樂器材料。

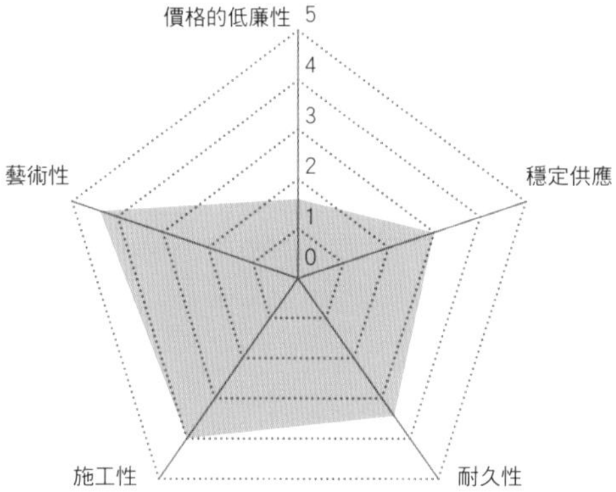

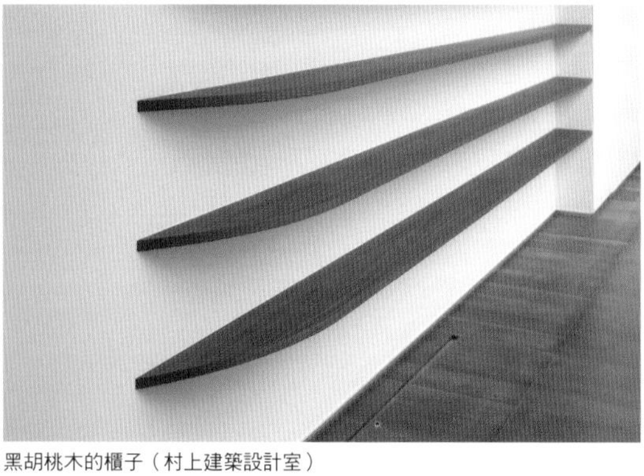

黑胡桃木的櫃子（村上建築設計室）

日本產・針葉樹

羅漢柏 柏科

分佈　北海道南部、本州、四國、九州
氣乾比重　0.41
性質　稍微比較軟，表面處理跟加工性良好。含有具抗菌作用的檜木醇。可以耐水跟濕氣。具有獨特的氣味，缺點是容易出現陽疾〔※1〕。
用途　土木、建築材料、船舶材料、枕木。

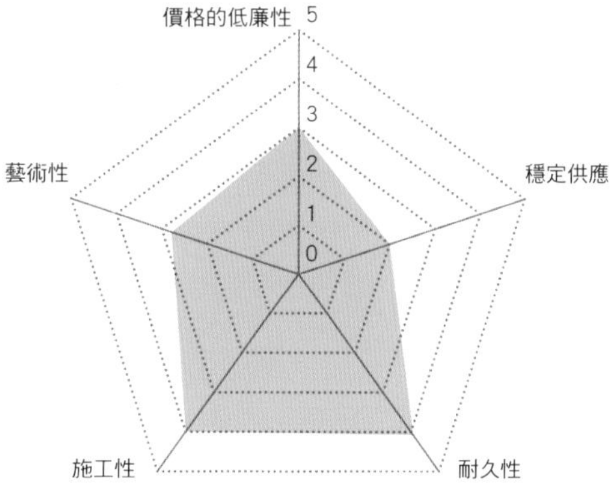

羅漢柏的餐桌、椅子、餐具櫃（練馬之家／City環境建築設計）

※1：長在山坡傾斜面上的樹木，為了垂直往上成長，讓根部扭曲形成肥胖的組織。陽疾的部分容易發生彎曲或翹起，結構強度也比較弱，就木材來看是一種缺點。

紅櫟木 殼斗科

分佈　北美
氣乾比重　0.70
性質　擁有適當的硬度，也適合用蒸汽來進行彎曲。加工性良好。跟白櫟木相比耐久性較差。
用途　家具材料、門板材料、地板材料、各種木工裝潢材料。

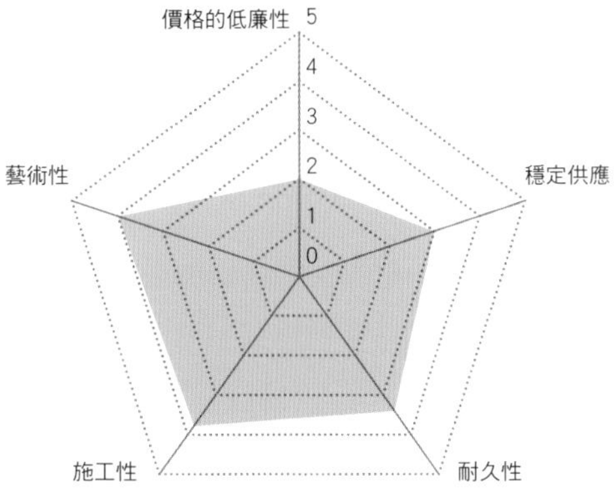

紅櫟木的電視架（土間之家／濱田建築事務所）

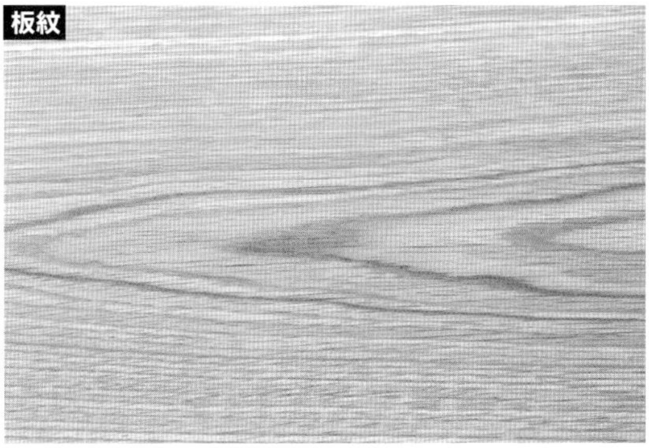

白櫟木 殼斗科

分佈　北美
氣乾比重　0.68～0.75
性質　木紋筆直，木質厚重堅硬且非常的堅韌。雖然具有耐久性，但在乾燥的時候容易產生誤差或裂縫。加工性較差，處理之後的表面良好。柾紋會出現獨特的虎斑。
用途　家具材料、建築材料、結構材料、地板材料、各種木工裝潢材料、船舶材料、酒桶、枕木。

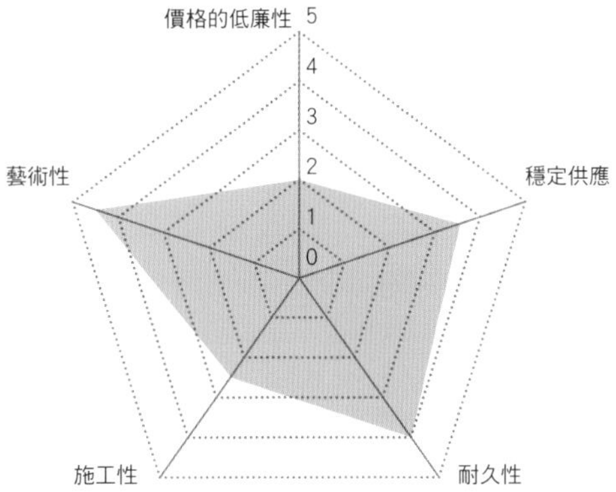

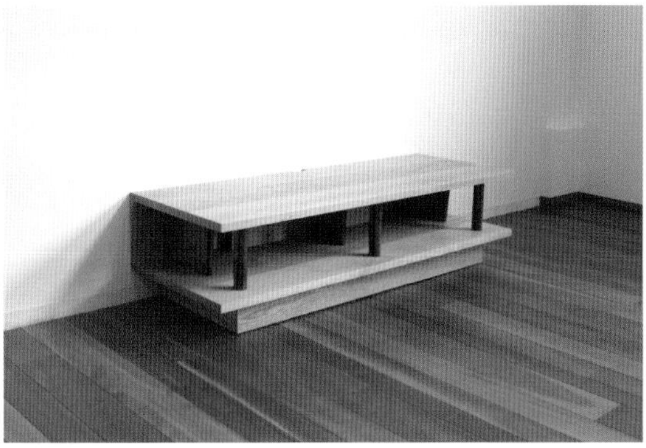
白櫟木的電視架（REAL-WOOD）

美國產・闊葉樹

硬楓木 無患子科　別名：糖楓

分佈　加拿大、美國東部

氣乾比重　0.70

性質　高級木材之一。心材的顏色為淡淡的紅褐色，邊材為淡淡的灰白色。又重又硬，綿密的木紋讓質感有如絲綢一般。加工難度高，但跟帶有光澤的塗料搭配可以得到美麗的外表。帶有顆粒狀的鳥眼杢紋的類型，被稱為「Birds Eye Maple」。

用途　高級家具材料、樂器、地板、建築材料。

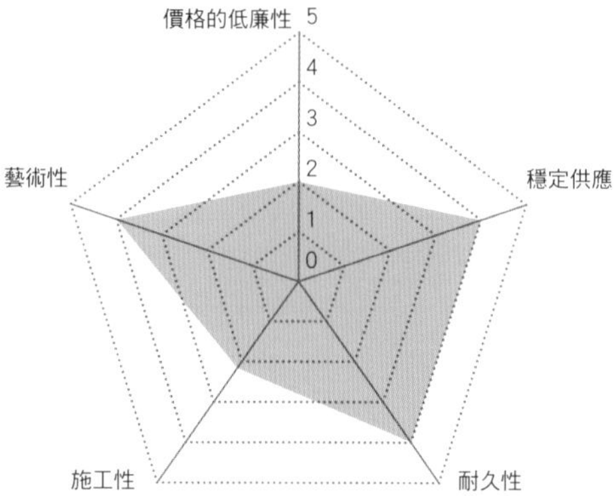

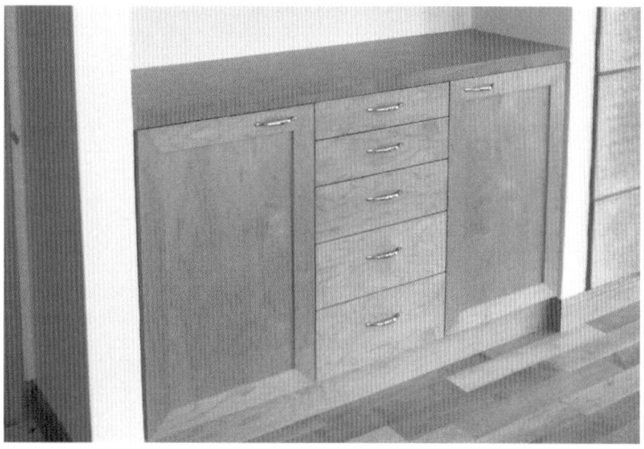

硬楓木的收納家具（設計：Liber Design 氏家香澄、製作：間中木工所）

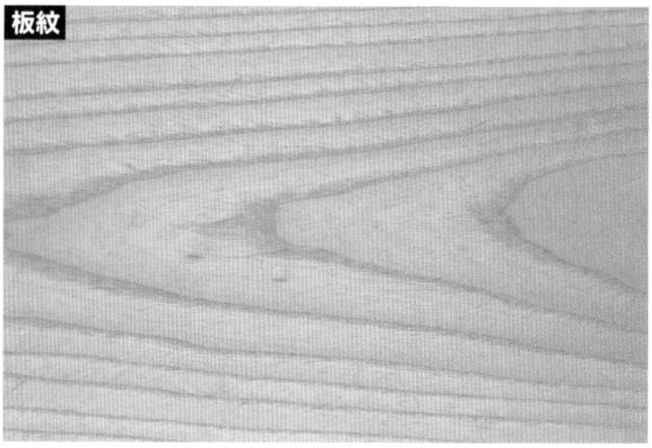

白梣木 木樨科

分佈　北美

氣乾比重　0.69

性質　擁有適當的硬度跟豐富的彈性，加工性也佳。釘子跟螺絲的維持能力強，具有良好的接著能力。心材的顏色為淡褐色，邊材幾乎是白色。

用途　家具材料、建築材料、門板材料、球棒等運動器材。

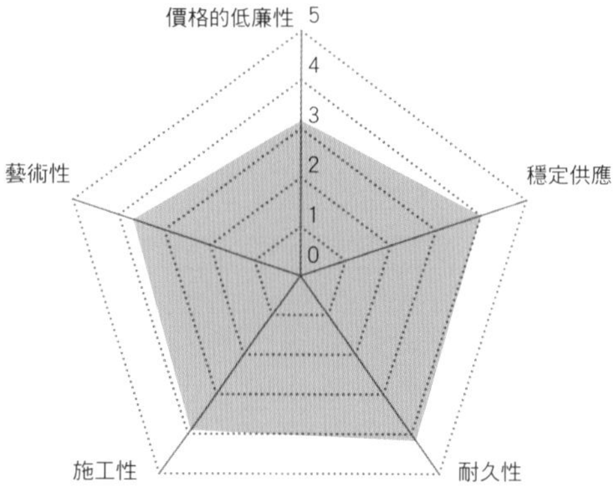

白梣木的桌子（東海之家／鈴木隆之建築設計事務所）

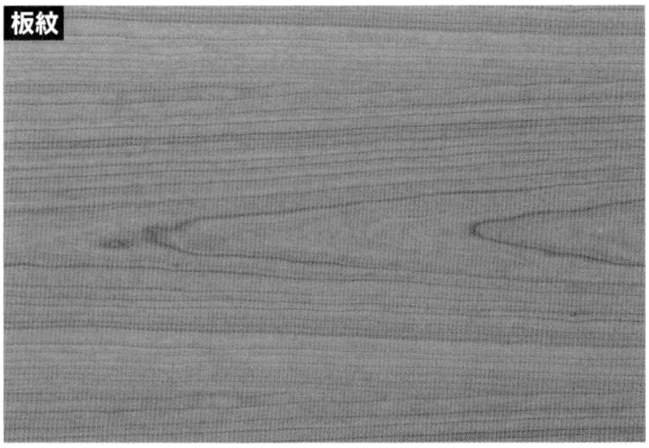

黑櫻桃木 薔薇科　別名：American Cherry

分佈　北美東部

氣乾比重　0.55

性質　木質較為輕軟，加工也比較容易。表面處理之後可以呈現美麗又綿密的質感。深度會隨著時間增加。邊材比較懼怕害蟲。

用途　家具材料、門、樂器材料。

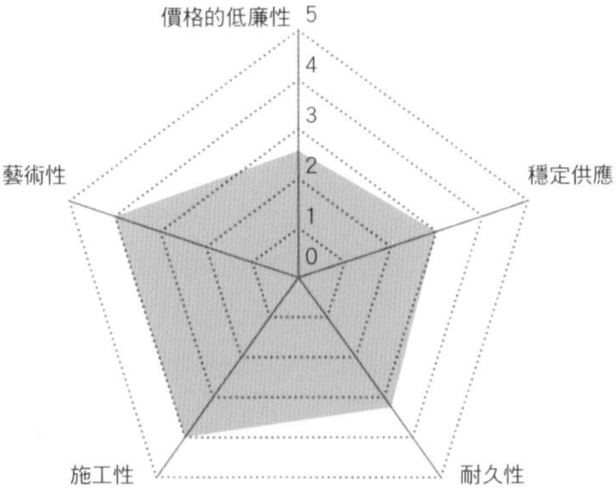

黑櫻桃木的餐桌（間中木工所）

桃花心木 楝科

分佈　中美、南美

氣乾比重　0.65

性質　自然乾燥的速度快，且擁有良好的加工性跟尺寸穩定性、耐久性等等。誤差跟裂開的現象較少，顏色會因為紫外線而變濃。柾紋有時會出現獨特的「緞帶杢紋」。

用途　家具材料、樂器、雕刻材料、各種裝潢材料、模型材料、高級汽車的儀表。

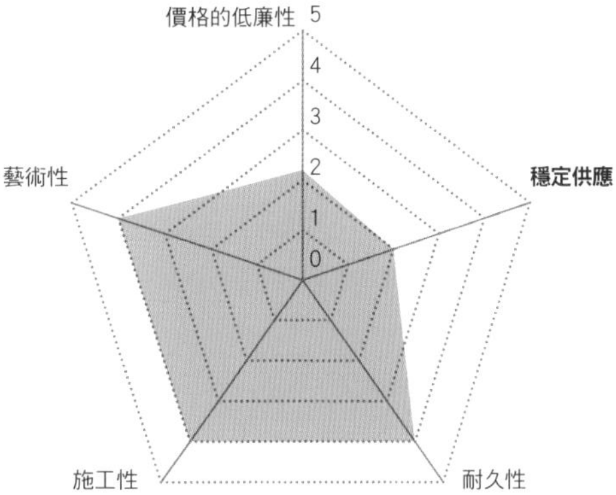

桃花心木的洗手台（白金的Mahogany House／村上建築設計室）

北美產・針葉樹

美國紅杉 柏科　別名：美西側柏

分佈　洛磯山脈北部、太平洋沿岸西北部

氣乾比重　0.35

性質　木質輕軟，加工性良好。年輪較為平均且耐久性高。常用於天花板。雖然耐久性高，但是因為木質軟而不適合做結構用材料。

用途　建築材料、門窗材料、羽目板、屋頂板或天花板。

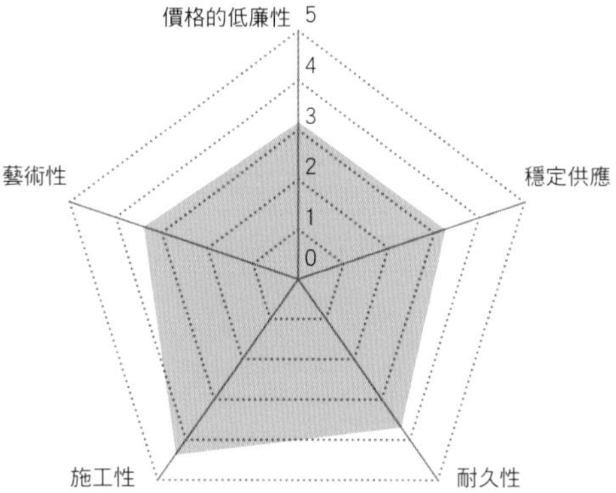

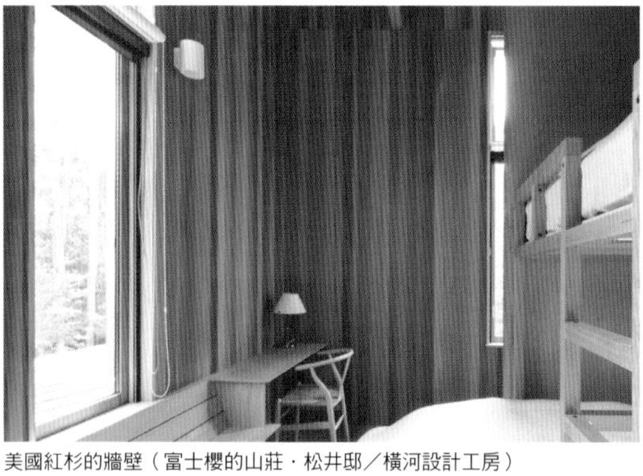

美國紅杉的牆壁（富士櫻的山莊・松井邸／橫河設計工房）
照片刊載於P.102　攝影：新建築社寫真部

美國產・闊葉樹

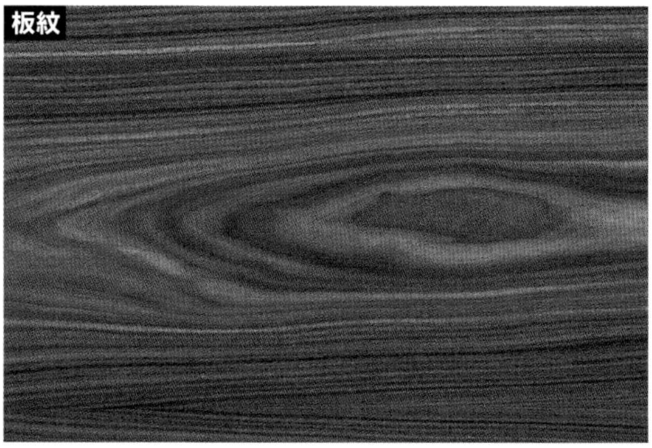

紫心木 豆科

分佈　南美

氣乾比重　0.88

性質　木質比較重、比較硬，加工起來並不容易。帶有光澤，表面處理之後非常美麗。具有耐久性、防蟲性、尺寸的穩定性，被當作木製平台的材料，但近幾年來越來越是稀少。

用途　家具材料、內外裝潢用建築材料、地板材料、木製平台材料。

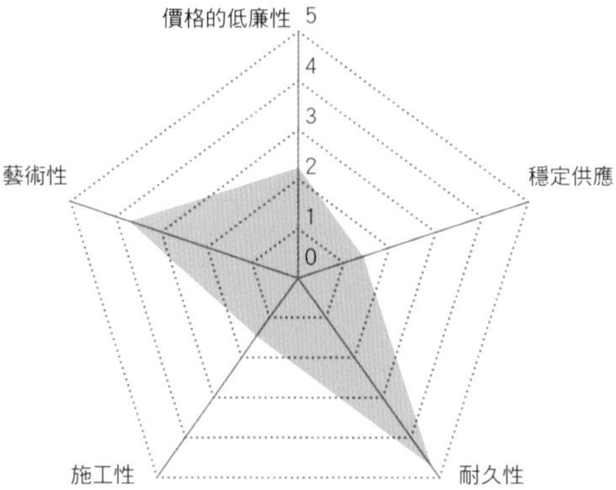

紫心木的餐具櫃（小淵澤的住宅／design office neno 1365）

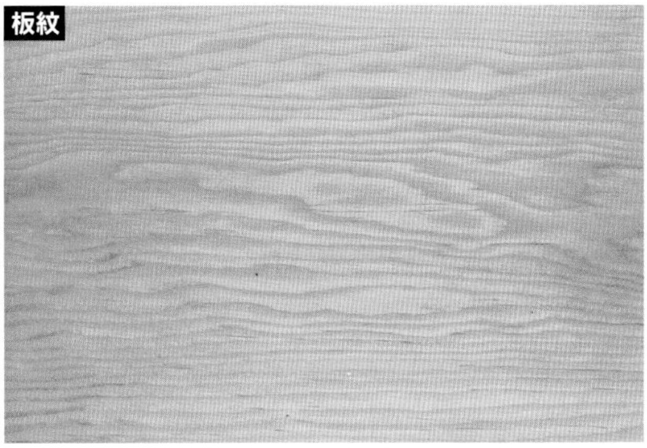

雲杉木 松科　別名：北美蝦夷松

分佈　北美（北部、中部）

氣乾比重　0.35～0.40

性質　材質輕軟。纖維強韌且具有彈性。樹脂成分較少，質感細密。被用在抽屜的側板。

用途　室內木工裝潢材料、家具材料、器具材料、箱體材料、樂器材料。

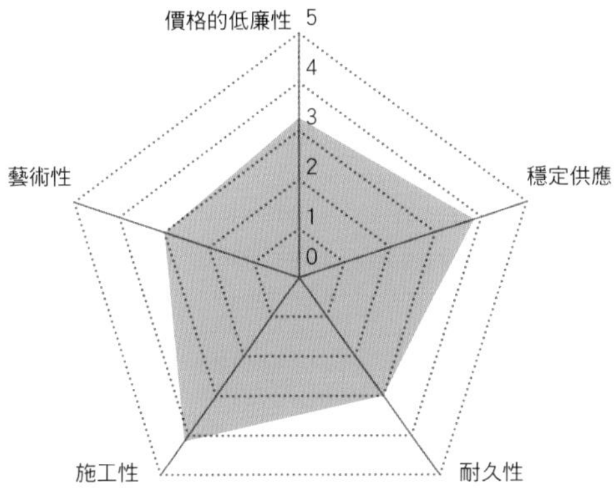

雲杉木3層地板（L型包圍之家／加藤一成建築設計事務所）

花旗松 松科　別名：北美黃杉

分佈　北美（西北部、太平洋沿岸）

氣乾比重　0.51

性質　年輪清晰，帶有紅褐色跟赤橙色的色澤。按照產地分成輕軟跟堅硬、厚重的類型。擁有直線性的木紋跟均等的年輪寬度。有樹脂溝存在，必須注意是否有樹脂滲出。

用途　樑柱等建築材料、結構用材料、家具材料、門窗材料。

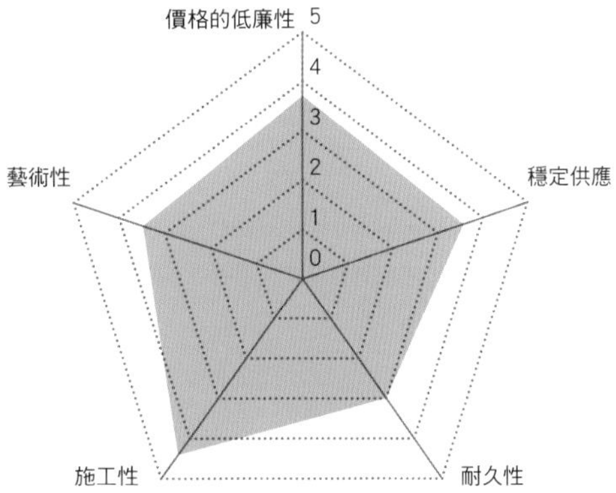

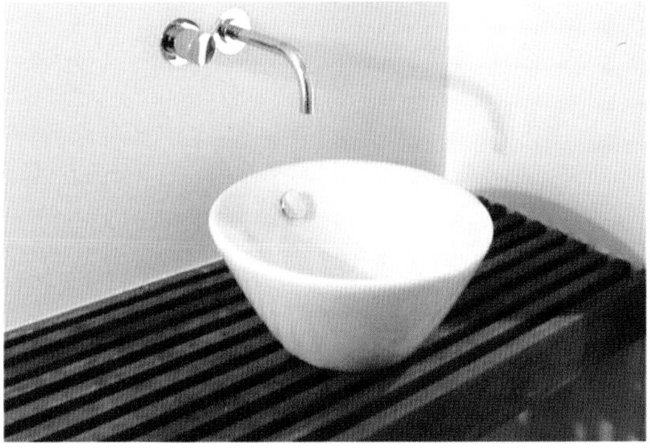
花旗松（OSMO塗料）的洗手台（casa della casa／村上建築設計室）

南洋產・闊葉樹

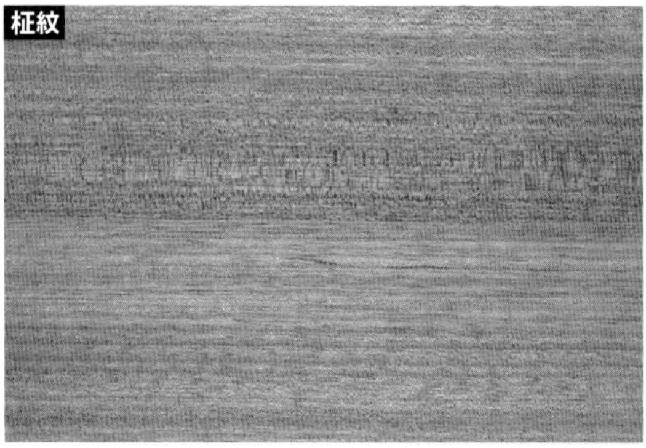

柾紋

春茶木 山欖科

分佈 印度、泰國、菲律賓
氣乾比重 0.47～0.89
性質 材質與日本的櫻木相似，常常被拿來代用。從柔軟到堅硬、厚重都有。容易加工，但也比較常出現翹起跟裂縫。耐久性會隨著部位而不同。
用途 家具材料、門窗材料、建築材料、各種室內木工裝潢材料、樂器材料。

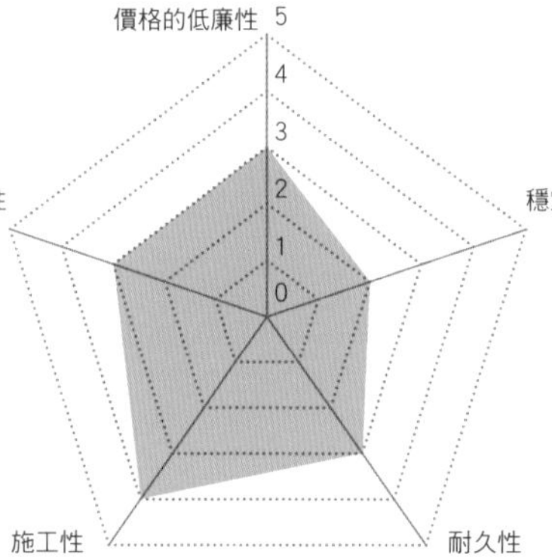

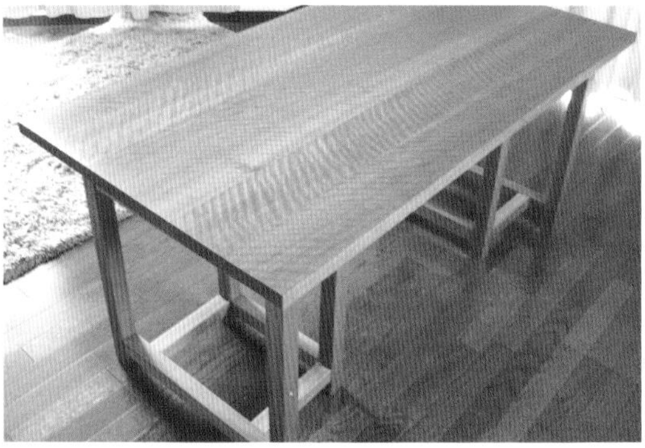

春茶木的餐桌（REAL-WOOD）

北美產・針葉樹

板紋

白松木 松科 別名：西部白松

分佈 加拿大
氣乾比重 0.45
性質 白色、誤差少、加工性良好。帶有樹脂的濕潤性，質感也比較粗糙。
用途 木工裝潢材料、箱體材料、樂器材料等等。

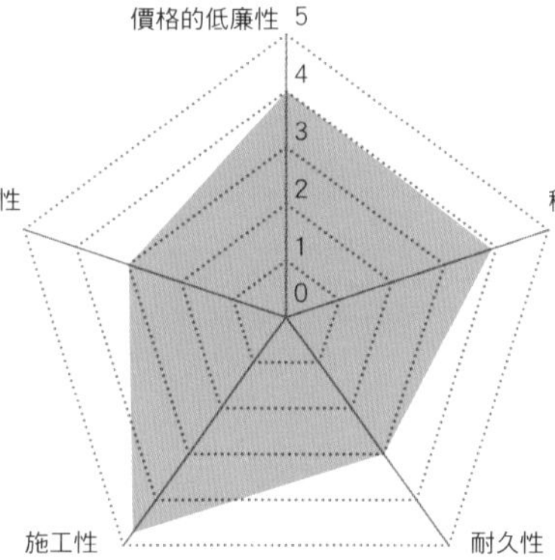

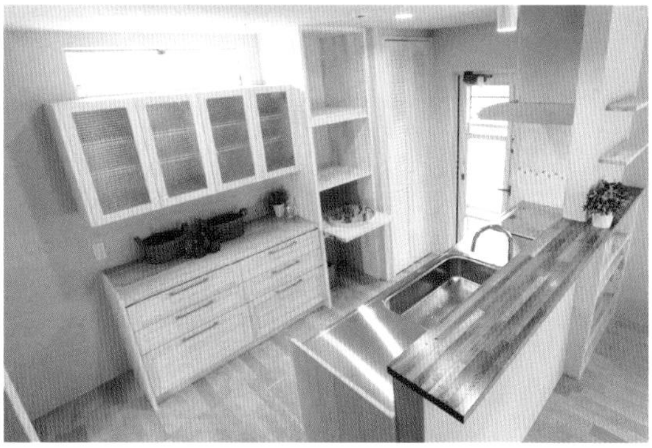

白松木的餐具櫃（鐮倉自然之家／Miwa Land）

海棠木 豆科

分佈 泰國、緬甸、菲律賓
氣乾比重 0.81～0.90
性質 又重又硬，是相當強韌的木材，但加工起來較為容易。心材帶有紅褐色，研磨之後會出現美麗的光澤。
用途 地板材料、邊條類、樂器、器材。

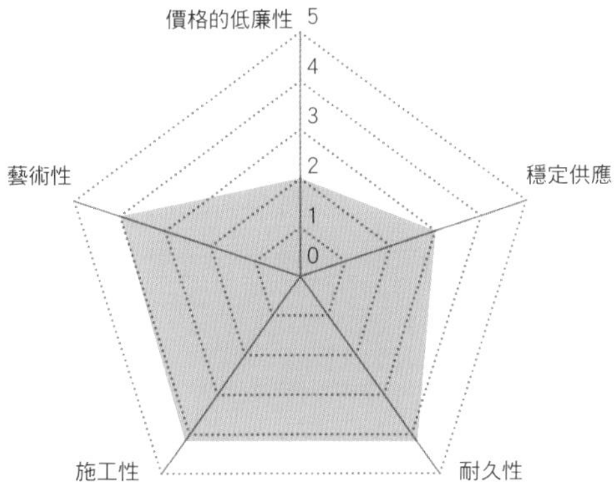

海棠木的地板（光之丘花梨House／村上建築設計室）

柚木 馬鞭草科

分佈 孟加拉、緬甸
氣乾比重 0.57～0.69
性質 對於白蟻等害蟲以及水跟濕氣有很好的抵抗性，自古以來就被當作船舶的材料。表面有像蠟一般的感觸，用接著劑結合稍微有點困難。著名的樹種之一。
用途 家具材料、雕刻材料、船舶材料、地板材料、各種室內裝潢材料。

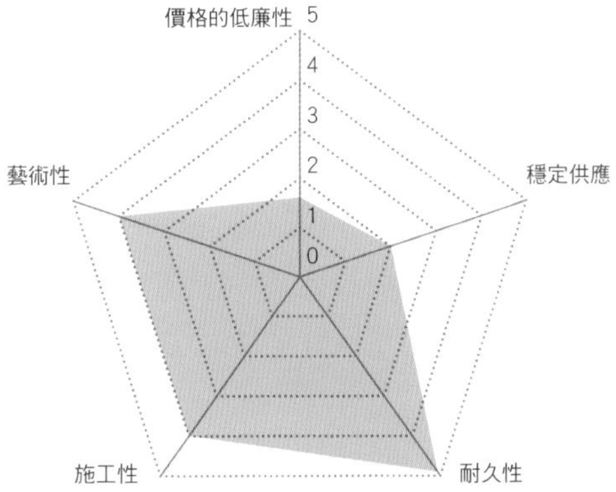

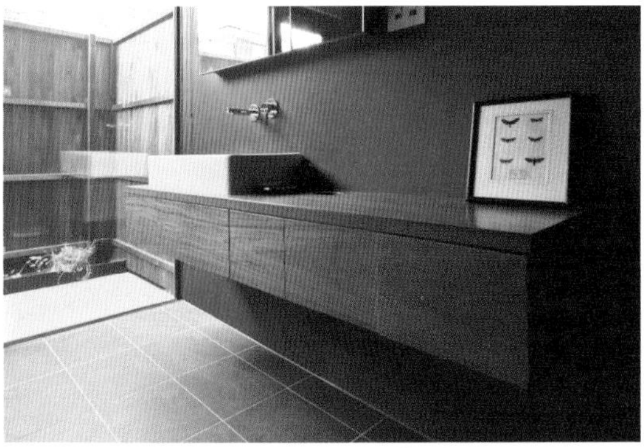
柚木的洗臉台兼收納（太子堂之家／S.O.Y.建築環境研究所）

非洲產・闊葉樹

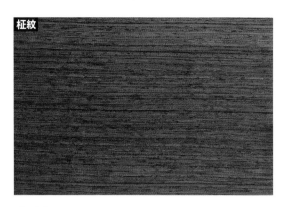

黑檀 豆科

分佈 薩伊、喀麥隆、剛果

氣乾比重 0.79～0.88

性質 又重又硬且質感較粗，具有強韌的結構。尺寸的穩定性佳，擁有優良的耐久性。色澤會隨著產地變化。特徵是規則性的直線條紋，用在須要高裝飾性的用途上。

用途 高級家具、匾額、凹間的床柱。

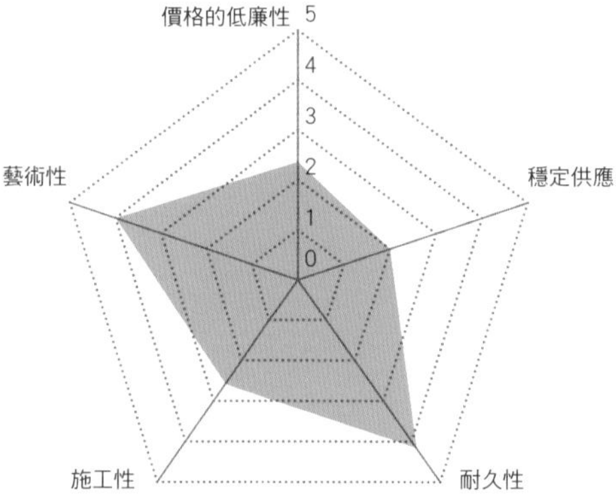

黑檀的餐桌（REAL-WOOD）

南洋產・闊葉樹

薔薇木 豆科 別名：East Indian Rose Wood

分佈 印度、東南亞

氣乾比重 1.04

性質 具有獨特的木紋跟偏紫的紅褐色光澤。自古以來就被用在各種用途的知名樹種。又重又硬，加工起來並不容易，但耐久性良好。

用途 高級家具的材料、沒有釘子的木製家具、唐木工藝、汽車材料、器具類。

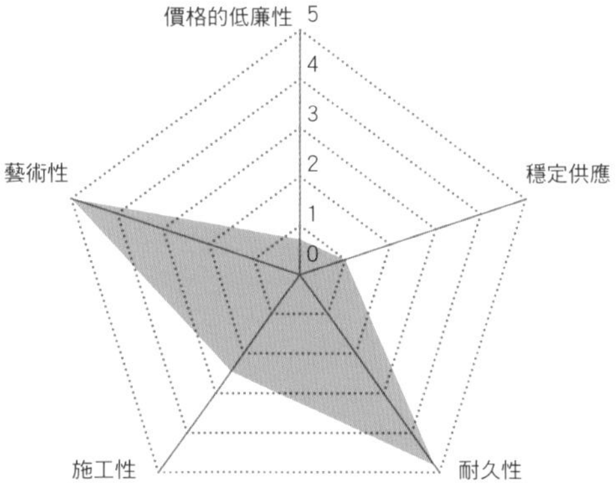

薔薇木的桌子（造型、設計：a ＋ s Design & Architektur 岩橋亞希菜、製作：間中木工所）

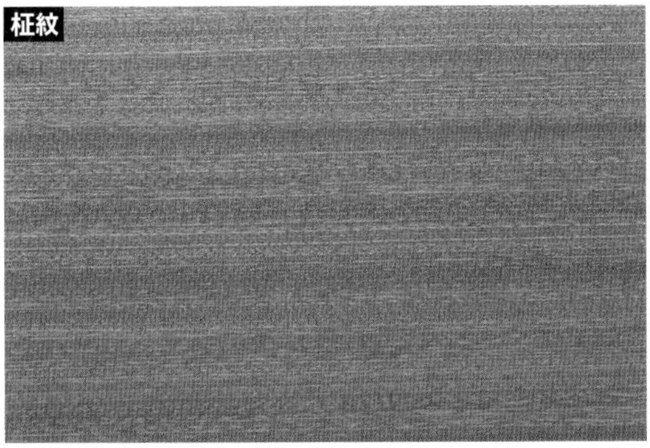

沙比利木 楝科　別名：沙比利桃花心木

分佈　科特迪瓦、奈及利亞、喀麥隆、烏干達

氣乾比重　0.65

性質　條狀的模樣以規則性的排列，形成美麗的「緞帶杢紋」。木質比較偏向厚重跟堅硬，用刀刃處理比較困難。

用途　家具材料、地板材料、各種室內裝潢材料、樂器材料。

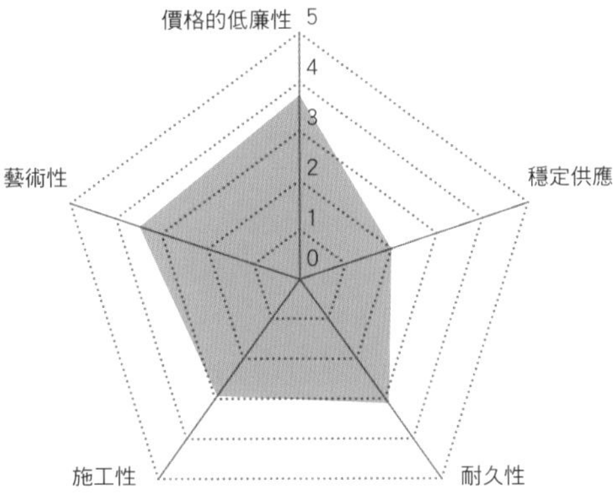

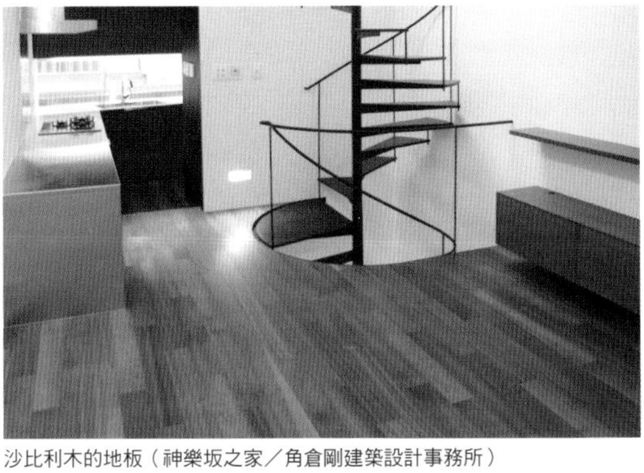

沙比利木的地板（神樂坂之家／角倉剛建築設計事務所）

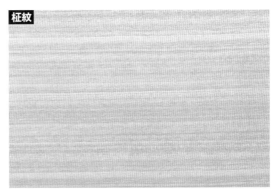

銀心木 山欖科

分佈　科特迪瓦、奈及利亞、安哥拉、肯亞

氣乾比重　0.57

性質　木紋筆直，邊材與心材的區分並不明確。有時會出現美麗相間的杢紋。在歐美被當作「義大利胡桃木」的替代品。是近年很不容易取得的材料之一。

用途　家具材料、門窗材料、各種室內裝潢材料、建築材料。

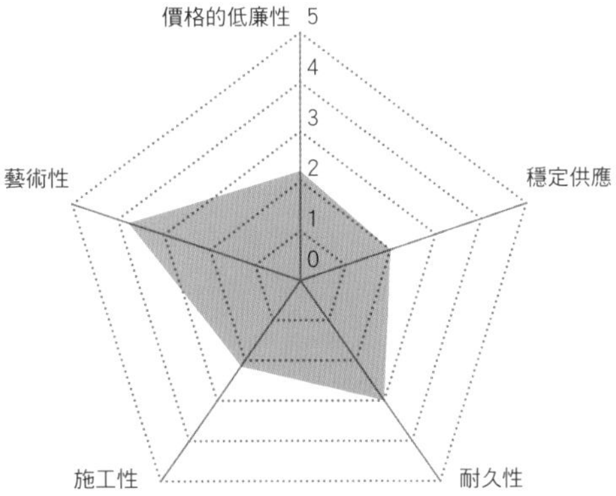

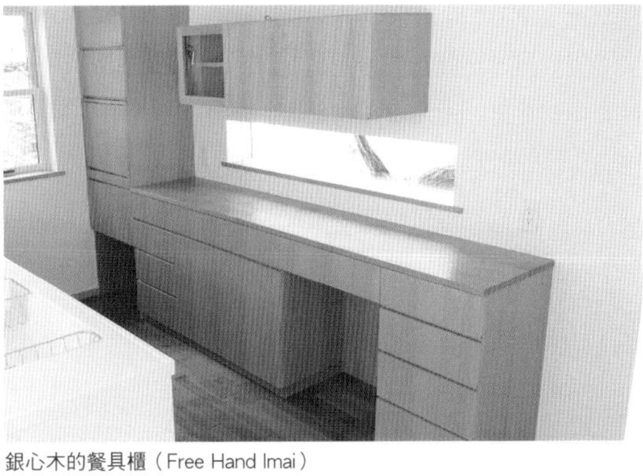

銀心木的餐具櫃（Free Hand Imai）
＊櫃台桌的頂板使用赤楊木

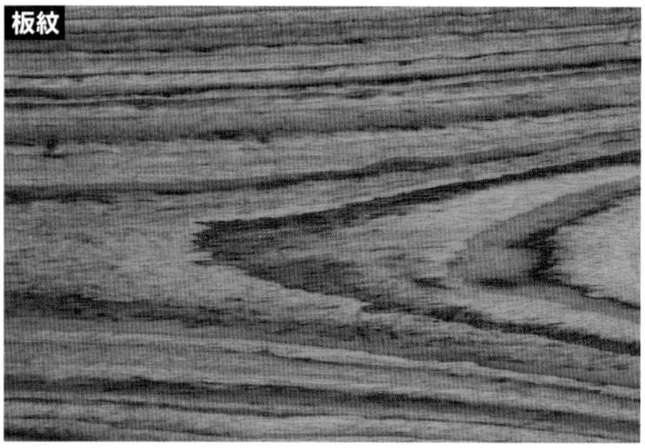
板紋

非洲黑桃木 豆科

別名：Amazique、Guibourtia Ehie

分佈 加納、奈及利亞、加彭

氣乾比重 0.73～0.85

性質 心材為巧克力色，帶有深灰色的相間模樣。邊材為黃白色。雖然是又重又硬的材料，黏性卻比較低。

用途 高級家具材料、地板材料、門窗材料。

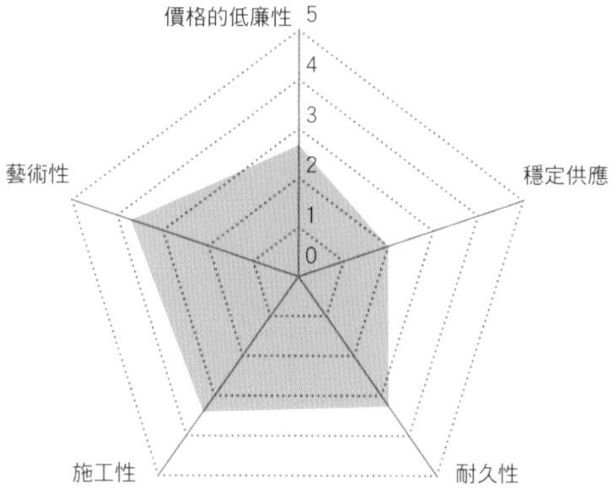
價格的低廉性
5
4
3
2
1
0
穩定供應
耐久性
施工性
藝術性

非洲黑桃木的櫃台（Partire／A.C. Factory）

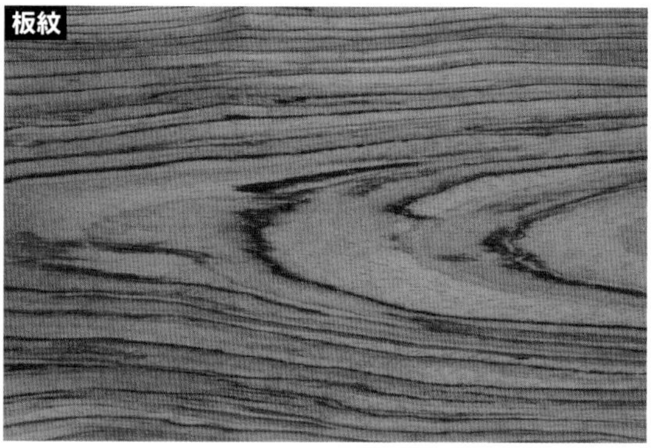
板紋

姆岷加木 豆科

分佈 喀麥隆

氣乾比重 0.86～0.94

性質 邊材與心材的差異相當明確。心材為紅褐色，表面有不規則的相間條紋。邊材顏色較淡，厚重且堅硬，加工起來比較困難。但具有韌性跟強度，耐久性優良。

用途 家具材料、地板材料、各種室內裝潢材料、雕刻材料、樂器材料、工藝品。

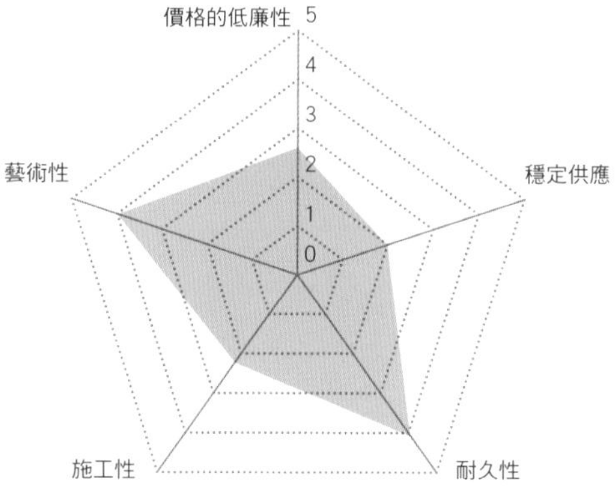
價格的低廉性
5
4
3
2
1
0
穩定供應
耐久性
施工性
藝術性

姆岷加木的地板（廣尾H宅 改建／Kagami建築計劃）

其他地區出產·闊葉樹

紅柳木 榆科 別名：榆樹、春榆、槲榆

分佈 北海道、樺太島、千島、朝鮮、中國、西伯利亞

氣乾比重 0.42～0.71

性質 木紋筆質，質感較為粗糙。又重又硬，加工起來較為困難。具有黏性，適合用來彎曲。埋在地下好幾世紀的「神代榆」，具有獨特的色澤與風味。

用途 器具材料、家具材料、車輛、家具用材料、枕木等等。

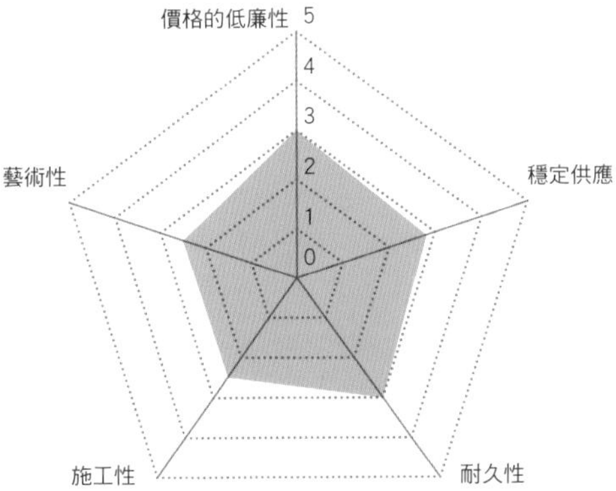

紅柳木的櫃台桌（木箱之家／Kokolo木造建築研究所）

白樺木 樺木科

分佈 東歐、俄羅斯、德國、瑞典、芬蘭、波羅的海沿岸、中國北部

氣乾比重 0.70

性質 擁有均等的木紋跟美麗的板紋。跟塗裝也很好搭配，處理之後的表面相當良好。濃淡較少，木紋給人的感覺比較乖巧。帶有黏性，適合用來彎曲，但容易產生誤差。

用途 家具材料、地板材料、門窗材料、玩具。

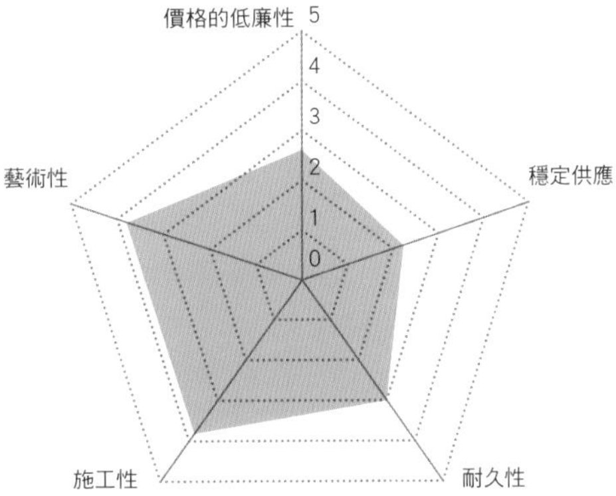

白樺木的電視架（Free Hand Imai）

如何挑選家具的塗裝來得到心目中的質感

圖1 | 「素材的保護」跟「美感的提升」

1 素材的保護
- 保護素材不受污垢、污點、霉菌所影響
- 防止表層因為乾燥產生裂縫等劣化的現象

2 美感的提升
- 活用木材所擁有的表情
- 賦予顏色或光澤的變化 提高素材的表現能力

表1 | 家具所使用的主要塗料

塗料的種類	俗稱	正式名稱	用途
塗膜系（在木材表面創造塗膜）	亮光漆	硝化纖維塗料	傳統性家具（古董風格、民俗藝術風格）建築之室內裝潢的木材部位
	聚氨酯	聚氨酯樹脂塗料	所有家具、建材、所有木製品
	聚酯	不飽和聚酯樹脂塗料	所有家具、樂器、佛壇
	UV	UV（紫外線）硬化塗料	所有家具、建材
滲透系（塗料會滲透到木材內部）	上油	Oil Finish塗料	實木的家具、工藝品

塗裝家具的目的

對家具進行塗裝的目的，可大分為2種。「保護」跟「美觀」（圖1）。透過塗裝在木材表面形成保護用的塗膜、用上色或光澤來得到更加豐富的表情。設計者在決定塗裝的規格時，應該要將這兩點擺在腦中。

要實現心目中的景象，重點在於如何將自己所擁有的影像，具體的表達給塗裝業者。以「想要如何」這個具體的希望為出發點，讓設計師跟塗裝業者站在同一個舞台上交流。要是因為「跟我所想的不同」而重新進行塗裝的作業，結果只會浪費雙方的勞力。

在此把焦點放在現場打造之家具的塗裝上，對不同的塗料、完成之後的質感、對質感造成重大影響的表面處理方式、對塗裝作業下單時的重點等進行介紹。

家具主要會使用的塗料

塗料分成塗膜型跟滲透型。前者會在木材表面包上一層塗膜，在須要光澤或平滑的質感時使用。後者則是用來享受木材本身的質感，跟隨著時間變化的觸感（表1）。

光亮漆（Lacquer）

主要成分為硝化纖維（Nitrocellulose）、樹脂、可塑劑、溶劑。不須要化學反應，只靠溶劑的揮發就能乾燥與硬化。歷史相當古老，日本在1926年初期就一直使用到現在。

可以說是木材塗料之中最為普遍的一種。把纖維素這個包含木材在內的所有植物都擁有的主要成分拿來當作塗料，因此對木材來說非常容易搭配，在塗膜系的塗料之中，屬於可以直接表現木材質感的類型。

另一方面，亮光漆在耐氣候性、防水性、耐磨損性等方面都算不上良

圖2｜塗裝表面處理的種類

分類	表面處理的種類
①塗膜形成的狀態（表面塗膜如何形成）	滲透處理（Micro Finish） Open Pore處理（留孔） Semi- Open Pore處理（半留孔） Close Pore處理（鏡面）
②素面清晰的程度（透過塗膜所能看到的木材表面的清晰程度）	透明處理（素材的表面可以被清楚的看到） 半透明處理（素材表面看起來有點模糊） 不透明處理（以不透明的材質完全蓋過、無法看到素材表面）
③上色的有無（是木材本身的顏色還是會進行上色）	木紋色處理（無上色） 上色處理——素面上色處理／填紋上色處理／塗膜上色處理／上漆處理
④表面塗料光澤的差異（是較高的光澤、還是把光澤壓低）	褪光——全褪／7分褪／5分褪／3分褪 帶有光澤——0分褪／磨成鏡面
⑤表面塗料種類上的差異（表面塗料的種類為何）	亮光漆 聚氨酯 聚酯 UV 油

好，因此無法用在室內，也不適合地板或桌子的頂板，以及任何會沾到水的部位

聚氨酯（Polyurethane）

在木工家具之中被廣為使用的，是2液型的聚氨酯樹脂塗料。

主要塗料的二元醇跟硬化劑的異氰酸酯結合，可以得到硬化與乾燥的效果。這種塗料的優點，是具有良好的光澤跟肉感〔※1〕。塗膜強韌，且具有良好的附著性。

另外在抗化學性、防水、耐氣候性、耐磨損性方面都很優秀，是性能非常均衡的塗料。但同時也會創造出比較堅固的塗膜，容易給人經過人工處理的質感。

木材方面會用在家具類、地板、建築內一般性的裝潢、玄關大門等等。就算在室外，只要不會被雨淋到的部分都可以使用，但基本上不適合比較嚴苛的環境。

聚酯（Polyester）

鋼琴、樂器、佛壇、使用高級木材等厚實木板的桌子等等，美麗的質感跟閃爍的光澤，有如鏡子一般形成倒影，想要得到這些效果的時候，大多會使用不飽和聚酯樹脂塗料。塗上去之後揮發的成分較少，可以直接形成塗膜，因此肉感較佳、可以塗得比較厚實。帶有光澤跟透明感，日後隨著時間變瘦〔※2〕的感覺也會比較少。

但塗料的調合相當複雜，再加上很難用手工研磨，依賴機器的部分較多，能夠處理的工廠自然也跟著減少。

UV

UV（紫外線）硬化塗料，會以秒單位來進行硬化，具有超級快乾與高硬度之塗膜等優點。

以家具跟建材為中心，目前正在迅速的普及。質感有如上釉一般，表面像是鏡子的廚房門、經過褪光處理的樓梯與地板、各種裝潢材料等等都會採用。但這種塗裝會將塗料、塗裝設備、硬化裝置等生產過程系統化，要有達到某種程度的數量才會進行生產。算是比較適合給大量生產使用的塗料。

油（Oil）

油性（滲透性）塗料，會讓油滲透到內部，表面完全不會出現塗膜，或是只留下薄薄一層。最適合用來表現木材本身所擁有的美，以及濕潤的感觸。

主要會使用柚木油（Teak Oil）或WATCO所生產的木材用油性塗料。木材本身的顏色如果比較深，成為濕潤的色澤之後可以讓木紋明顯的被呈現出來，因此適合闊葉樹使用。但貼上薄片的合板，表層大多只有0.2mm，就算上油也無法產生效果，必須多加注意。

如何選擇塗裝的表面處理

掌握先前所介紹的塗料種類之後，另一個必須瞭解的重點，是塗裝的表面處理。

除了質地、色澤、質感等造型上的處理，還有防污、防水、防潮等機能性的選擇。如同圖2所顯示的，塗裝的表面處理種類相當繁雜，況且還可

※1　肉感（肉持ち）：噴灑結束跟乾燥之後，塗膜厚度沒有什麼變化的塗料，會用「肉感較好」來形容。
※2　變瘦（目やせ）：塗成平滑表面的塗膜，隨著時間經過，順著木紋來產生凹凸的狀態。

圖3｜塗膜形成的狀態

滲透處理
（Micro Finish）
表面不會形成塗膜，讓塗料滲透到木材內部的處理方式。適合Oil Finish等滲透系的塗料，可以重現木紋本身的質感。

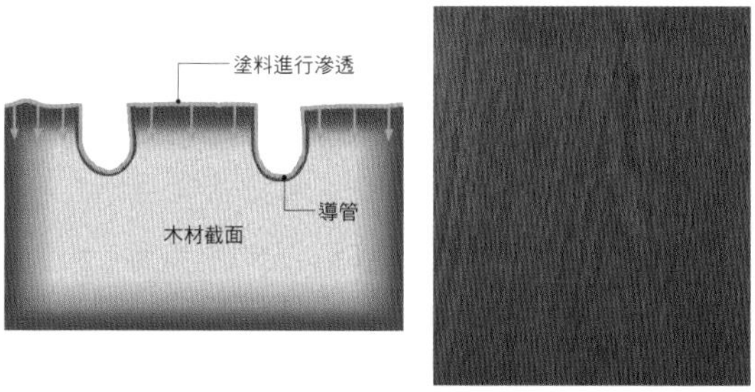

塗料進行滲透
導管
木材截面

Open Pore處理
（留孔）
不會將導管完全塞住，讓木紋上的孔維持在開啟的狀態。雖然可以展現出木材所擁有的風味，卻不適合用在容易骯髒的場所。適合跟亮漆、聚氨酯等塗料搭配。

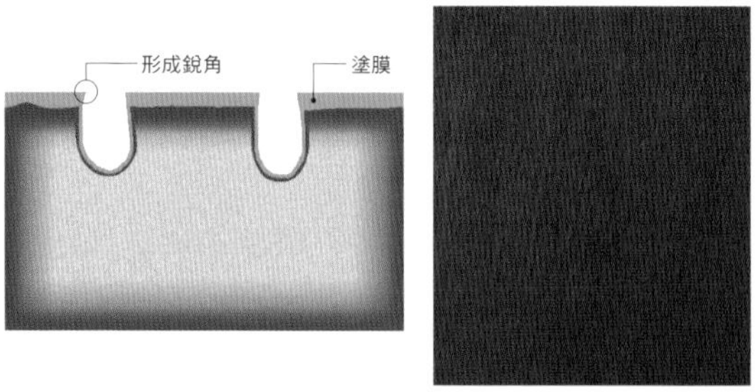

形成銳角
塗膜

Semi- Open Pore處理
（半留孔）
將導管以外的部分塗成平滑的質感，導管的孔也有一半左右塗平。一邊改善容易骯髒、防潮效果較差等Open Pore處理的缺點，一邊保留木材本身所擁有的質感。會使用亮光漆、聚氨酯等塗膜系統的塗料。

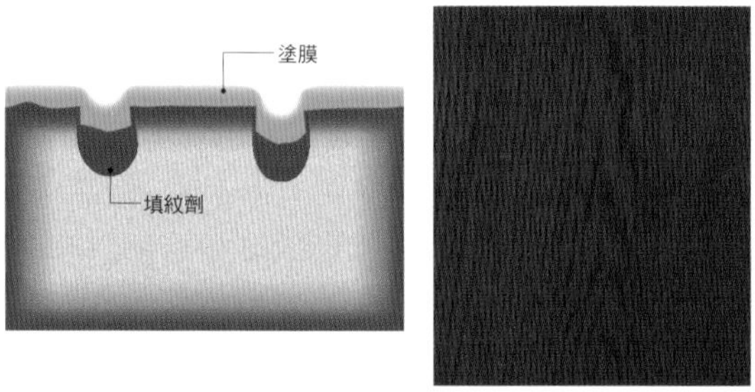

塗膜
填紋劑

Close Pore處理
（鏡面）
從木材表面的導管開始，用填紋劑把所有的開孔都塞住，形成平滑且厚實的塗膜。可以得到充滿光澤的鏡面質感。會使用亮光漆、聚氨酯等塗膜系統的塗料。

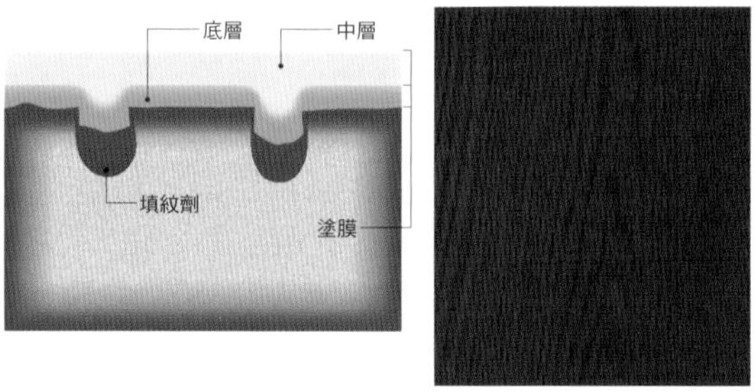

底層
中層
填紋劑
塗膜

以透過組合來產生變化。

用這分成5大類別的項目進行組合，來安排好塗裝工程。並在下單的時候詳細確認這些項目，都有助於實現自己心目中的質感。

①塗膜形成的狀態

木材的木紋（表面凹凸等）要活用到什麼程度，以此當作基準，來選擇塗膜形成之後的狀態（圖3）。這個項目跟木材的品種及塗料的差異無關。

②素面清晰的程度

選擇木材表面經過塗裝之後，可以看到什麼樣的程度，分成透明、半透明、不透明等等。家具的塗裝大多會活用木材本身的質感跟風味，因此常常會選擇透明。另外，Oil Stain＊系統的顏料跟塗膜上色，都屬於半透明的類型。

③上色的有無

可大分為木紋色（無上色）跟上色處理這兩種。木紋色會使用透明塗料來進行塗裝，以木材本身的顏色來進行呈現。只靠塗料滲透來產生顏色的濕潤性色澤，隨著木材跟塗料種類的不同，會讓風味產生很大的變化，必須多加注意。

上色處理隨著手法的不同，可以強調木材之特徵的木紋與圖樣，或是統一成均一的質感。素面的上色處理，主要是透過上色來抑制木材表面顏色的不均，形成均衡的色澤。填紋上色處理，會同時對木材表面跟木材的導管進行上色，強調木紋來得到鮮明的感覺。

塗膜上色是對色調進行修正，或是強調對比。上漆處理會用在想要得到金屬或珍珠等特殊質感時使用。

④表面塗料光澤上的差異

褪光與不褪光，分別有各自的項目存在，此處必須注意的，是下單的方式。塗裝的規格書如果寫著「三分豔（三分光澤）」，在家具塗裝的領

照片1｜塗料罐的標示案例

83-433
ETユニガードII フラット
3分消
A液
混合比 A:B= 4:1
16kg

塗料罐有「消（褪光）」這個標示。

＊Oil Stain：不會形成塗膜的染色用塗料。

圖4｜聚氨酯塗料的塗裝工程

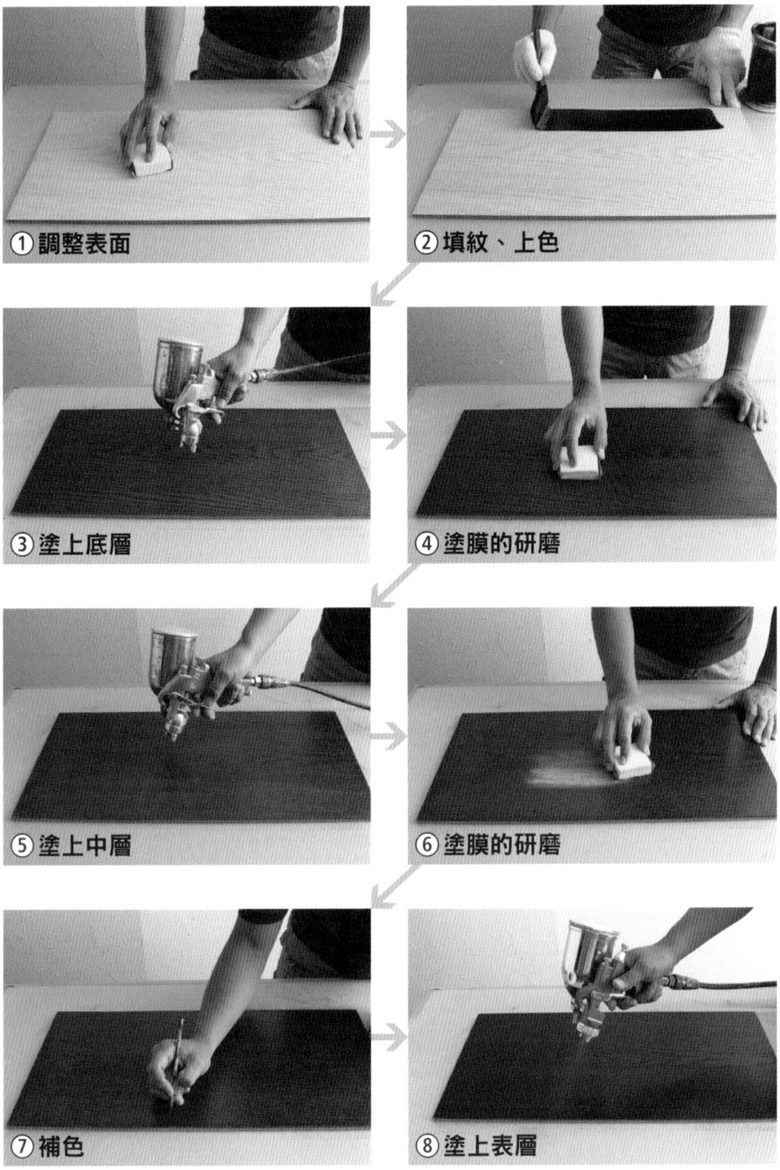

①調整表面
用＃240的砂紙進行研磨。同時檢查木材表面的傷痕與汙垢，讓表面平整。最後用吹氣槍把塵埃掃掉。

②填紋、上色
把填紋劑跟上色用的顏料混合（也可能分開），用毛刷進行塗佈。以清潔用的廢布料來抹上跟擦拭，一直到填紋劑進入木材的導管為止。

③塗上底層
用噴槍把Wood Sealer（除了填紋之外，還可以讓木材跟塗料更為緊密、防止樹脂滲出的底層用途料）塗上。讓導管充滿塗料，來成為塗膜的基座。

④塗膜的研磨
上好塗料之後，木材表面會出現細毛。把這些去除讓表面平整化。

⑤塗上中層
用噴槍把Siding Sealer（塗出平整的面，提高表層的附著與質感的中間層塗料）塗上。創造出帶有一些厚度的肉感。按照想要實現的質感，可能進行2～3次。

⑥塗膜的研磨
塗上Siding Sealer來進行研磨，可以得到更為平整的面。

⑦補色
用筆在切口邊緣等顏色比較不容易附著、容易不均的部分進行補色。另外也用噴槍把塗糢著色劑給塗上。

⑧塗上表層
依照想要表現的光澤，用噴槍把透明塗料給塗上。

域，一般會當作「褪光3分」來解釋。

比方說，廠商的標示會按照光澤的程度分成「全消（全褪）」「7分褪」「5分褪」「3分褪」「全豔（0分褪）」（照片1），是用褪光的程度來表現。但相對之下，建築的塗裝則是會以「～分豔（光）」＝「～分光澤」，用光澤發光到什麼程度來表現，因此很容易就造成誤會。

另外，3分、5分、7分等褪光塗料，其褪光到什麼程度，也會隨著製造廠商的不同而產生微妙的變化。指定為褪光7分，塗好之後實際給人的感覺也可能是「褪光5分」。這是由主觀所造成的問題，一定要請對方製作顏色的樣本來進行確認。

⑤表面塗料種類上的差異

底層→中層→表面，有時會全部使用同一種的塗料，但也可以像底層（聚氨酯）→中層（聚氨酯）→表面（亮光漆）這樣，以不同種類的塗料來進行組合。選擇時雖然會以外觀上的效果為優先，但也要注意塗料之間的化學性質，看搭配起來是否沒有問題。

掌握塗裝的基本工程

塗裝的工程主要是重複「研磨」「塗佈」「乾燥」等3個步驟，但隨著表面處理方式的不同，次數跟組合方式會變得極為多元。

現場打造之家具最常使用的，是聚氨酯塗料（2液型聚氨酯樹脂塗料）。這種塗料的優點有①光澤與肉感良好、②塗膜強韌且附著性高、③乾燥性良好，可以說是性質最為均衡的塗料。

據說木工家具的塗裝，有80％以上都是採用這種聚氨酯塗料。在203頁的圖4，介紹有聚氨酯塗料的塗佈作業流程。

塗裝作業下單時的重點

接著來說明對塗裝業者下單時，必須注意的重點。塗裝作業下訂單的時候，必須將形狀、尺寸、重量、厚度等等，這些無法用數字明確表現的要素表達給對方理解。

設計者腦中的期望是感覺性的影像，很難用言語來正確的形容。為了得到與心目中相符的質感，製作塗裝樣品板會是非常有效的手法。

塗裝樣品板最好請實際要下訂單之工廠的塗裝師傅製作。使用的塗料跟作業流程、完成後的質感等等，會隨著工廠而不同。

另外在製作的時候，如果塗裝對象的表面材質為橡木，那樣品板也要使用橡木來製作。木材的塗裝會活用素材的木紋與個性，作為基礎的材料如果不同，呈現方式也會產生變化，無法成為正確的樣品。

製作基礎架構的時候把剩餘材料用來製作樣本，將是有效的作法。

塗裝樣品板的重要性

塗裝樣品板所包含的情報，有木紋浮現出來的感覺、色澤、顏色的濃度、塗膜的厚度、表面光澤的亮度等等。

把這些無法數值化的要素化為有形，讓設計者跟塗裝師傅用實際樣品來進行交談。但製作起來須要工程（勞力）與閒暇（時間），充分進行溝通，表明願意負擔相關費用的態度非常重要。

尺寸最少要A4以上，可以的話300×600㎜左右。同一片板子要是能用塗裝工程的各個階段來進行區分，則可以讓人一目瞭然（照片2）。

同樣的樣品製作2份（設計者跟塗裝業者各1份）來各自保管。另外，同樣的色澤以基本色為中心來分成較濃跟較淡的顏色尺度樣品，也非常的好用。這對塗裝業者來說不會造成太大的負擔，可以請他們同時製作（照片3）。一起附上塗裝規格表（表2），可以確認使用的塗料跟塗裝次數，當作資料來保存，也可以成為日後的參考。

（西崎克治）

照片2｜各個工程之塗裝樣品的範例

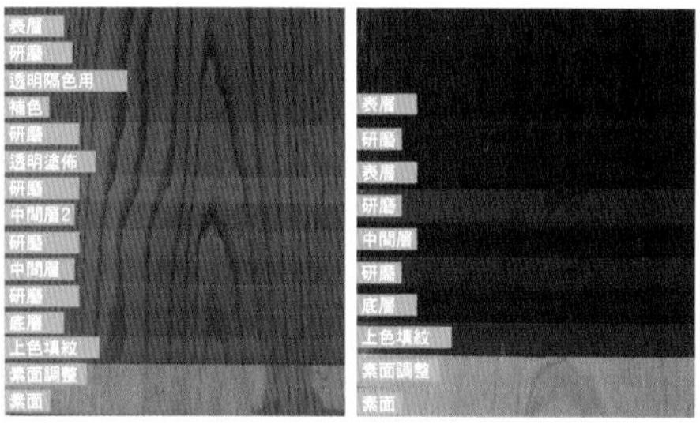

塗佈跟研磨的次數等等，工程的組合方式幾乎無限，製作可以讓人觀察每一道作業所造成之變化的樣品，會非常的好用。

照片3｜顏色的尺度樣品

討論的時候，可以使用同一種顏色之濃淡變化的樣品板，來決定最後要採用的表面處理。

表2｜塗裝規格書的範例

補色	○○建築設計事務所	年月日	2011年10月10日
建築名稱	KT宅	完成日期	2011年11月30日
塗裝項目	影音設備收納櫃　W2,000×D550×H500		
使用材料	黑胡桃木　薄片、實木（圈選）		
塗裝的種類	表面為透明上色		
使用塗料	2液型聚氨酯樹脂塗料		
表面狀態	Open（圈選）、Semi-open、Close		
光澤	褪光100%、70%、50%（圈選）、30%、帶有光澤、鏡面		
素面調整	＃240 Paper		
上色填紋	填紋　○○塗料　○○Filler Ⅱ著色劑 ○○Stain 64		
底層	聚氨酯Sealer○○-F		
研磨	＃320 Paper		
中間層	ES　○○Guard Ⅱ		
研磨	＃320 Paper		
中間層第2次	ES　○○Guard Ⅱ		
研磨	＃320 Paper		
補色	○○Stain		
表層	ET　○○Guard　Ⅱ Flat　50%褪光		
塗裝等級	AAAA、AAA（圈選）、AA、A、B、C		
m²單價	¥○○○○-		

參考文獻：「木材＋塗裝」Know-how圖鑑：川村二郎、戶山顯司、鎌田賢一、大隈豐康、其他著
建築知識1993年11月號／塗裝超實用技巧讀本：足立匡廣、其他著
建築知識（超實用）系列（2）

COLUMN
家具塗裝的最前線

稀有價值高漲的天然木材

在市場流通的家具跟木紋質感的建築用素材之中，除了天然木材之外，還有印刷化妝板、聚酯化妝板、蜜胺化妝板、由Dinoc跟Velvia所代表的塑膠類印刷化妝膠膜等等。

近幾年來在技術的革新之下，從導管的質感到木紋細膩的程度，都已經進步到連專家都有可能誤以為是天然木材的等級。

比方說白橡木，從白橡木的薄片之中選出最美麗的部分來製作成影像，必要的話進行修正，以此當作原版圖樣。跟天然薄片相比毫不遜色，表情變化極為豐富的「白橡木木材」將以這種方式大量生產。

另一方面，天然薄片的材料越來越少，而且被認為是良品的木紋也越來越是罕見。

足以表現木材「質感與觸感」的塗料

到了這種時代，木材塗裝所要求的，不再只是天然木紋的視覺性呈現，還要有導管等凹凸的感觸。

為了將木紋美麗的表現出來，小心上色對表面進行充分的處理，這種作法雖然美觀，卻也出現無法感受到木材質感的意見。

因此而受到矚目的，是不論視覺還是質感，都可以實現「宛如沒有塗裝的表面一般」的塗料。

塗料的機能之一，是對木材提供「保護」。有如上油一般的自然，卻又可以提供聚氨酯一般的強度，在此介紹幾種因為可以兼顧兩者而受到矚目的塗料。

Capital Paint「Glasseal」

組合不同性質的混合塗料。各種物理特性都很優良的「無機玻璃質」跟具有良好硬化性能的「有機合成樹脂」，混合這兩者來成為兼具雙方特徵的塗料。

對於高溫、藥品、污垢、磨損都有很好的耐性，硬度也非常的高，發揮玻璃所擁有之特性的同時，還可以進行木紋上色跟塗膜上色。

Nittobo「MOKUTO」

特殊的液體玻璃塗料。酒精溶劑在短時間內蒸發，玻璃成分跟空氣中的水分產生反應來形成玻璃層。讓無機玻璃滲透到木材的表層，得到兼具耐污垢、耐溶劑、高耐久的神奇性能。

另外還用Open的方式來處理木紋（導管），讓木材本來的顏色可以被突顯出來。

玄々化學工業「Crystal Interior」

玻璃浸漬耐污染塗料。以沒有塗裝的表面來進行呈現，卻又得到比聚氨酯更加良好的耐污染性。擁有很高的滲透性，跟實木搭配時不會形成塗膜，給人自然塗料一般的質感。

除此之外，各大廠商都有推出獨自的商品，幾乎都是毛刷刷完之後用布擦拭，或是用毛比較短的塗料用拖把薄薄塗上即可，也不須要上蠟。

塗裝簡單，不用太大的工程就能完成，也是它們所擁有的魅力之一（圖）。

這些都屬於滲透性塗料，必須跟實木搭配使用。

給薄片化妝板使用的產品之中，也有著可以得到聚氨酯塗料的保護性能，卻又實現「自然性表面處理」的塗料。用203頁所說明的聚氨酯塗佈工程，直接保留素材的緊密感跟肉感，來實現觸摸時的自然觸感。

Capital Paint的「NA2 Urethane Flat」跟玄々化學的「Pure Flat」等等，還可以抑制塗佈時的濕潤感，創造出表情的同時，也避免給人冰冷的觸感。

除此之外還有木材用水性抗燃塗料、高防水性塗料、讓針葉樹得到堅硬外表的包覆塗料、專為耐磨損性而研發的塗料等等，各大廠商都提出有為了追求高性能而研發的產品。可以到官方網站來參考詳細資料。

（西崎克治）

圖｜「Glasseal」的塗佈工程

①基層處理：素面研磨（＃180～＃240）

↓

②底層塗佈：Glasseal塗佈後乾燥6小時

↓

③研磨（＃400～＃600）

↓

④表層塗佈：Glasseal塗佈後乾燥1晚

↓

⑤表面處理：（用＃800以上的砂紙將表面輕輕的磨平）

以塗佈用的拖把來塗上。

Capital Paint（股）http://www.capitalpaint.jp/　Union Paint（股）http://www.unionpaint.co.jp/
和信化學工業（股）http://www.washin-chemical.co.jp/　玄々化學工業（股）http://www.gen2.co.jp/
Sanyu Paint http://www.sanyu-paint.co.jp/

Profile

執筆者簡介

第1章　美麗又舒適的設計／高度尺寸篇

安藤和浩〔Andou・Kazuhiro〕Ando Atelier
1962年出生於東京，'85年自武藏野美術大學建築科畢業，'88年成立Ando Atelier。'90年與Tom Heneghan（英國）一同成立Architecture Factory，同一年參加熊本縣Art Police都市計畫。'98年再次以Ando Atelier展開活動。

飯塚豐〔Iitsuka・Yutaka〕i＋i設計事務所
1966年出生於東京，'90年畢業於早稻田大學理工學部建築學科。'90年都市設計研究所、'92年成立大高建築設計事務所、2004年成立i＋i設計事務所。'11年開始在法政大學擔任臨時講師。

石井秀樹〔Ishii・Hideki〕石井秀樹建築設計事務所
1971年出生於千葉縣。'95年畢業於東京理科大學。'97年修完東京理科大學碩士課程。同一年成立architect team archum，2001年成立石井秀樹建築設計事務所。'12年擔任建築家住宅之會理事。

井上玄〔Inoue・Gen〕GEN INOUE
1979年出生於神奈川縣。自東海大學工學部建築學科畢業之後，於2001年就職於吉田研介建築設計室。'10年成立GEN INOUE。

今永和利〔Imanaga・Kazutoshi〕今永環境計劃
1962年出生於東京，'85年畢業於早稻田大學理工學部建築學科，'85年～'96年磯崎新Atelier。'97年修完倫敦大學Bartlett分校碩士班Peter Cook建築藝術研究室。'98～2000年F.O. Architect ltd. London。'00年成立今永環境計劃一級建築士事務所。'11年開始擔任工學院大學建築學部臨時講師。

伊禮智〔Irei・Satoshi〕伊禮智設計室
1959年出生於沖繩縣。'82年畢業於琉球大學理工學部建設工學科計劃研究室，修完東京藝術大學美術學部建築科碩士班。參與丸谷博男＋A&A之後，'96年成立伊禮智設計室。2004年改組為（有）伊禮智設計室。'05年開始在日本大學生產工學部建築工學科居住設計課程擔任臨時講師。主要的著作有『伊禮智的住宅設計』（X-knowledge）等等。

岡村裕次〔Okamura・Yuuji〕TKO-M. architects
1973年出生於三重縣。畢業於橫濱國立大學工學部建設學科。修完該大學工學研究科碩士課程計劃建設學。多摩美術大學造型表現學部設計學科助手（2000～'04年）。'03年成立一級建築士事務所TKO-M.architects。

小野喜規〔Ono・Yoshinori〕ONO DESIGN建築設計事務所
1974年出生於京都府。'90年畢業於武藏工業大學（現東京都市大學）。'99年～2002年山下設計。'02年～'05年在村田靖夫建築研究室向村田靖夫先生學習。'05年成立ONO DESIGN建築設計事務所。'07年開始在早稻田大學藝術學校擔任臨時講師。

柏木穗波〔Kashiwagi・Honami〕Kashiwagi Sui Associates
1967年出生於東京都。'90年畢業於武藏工業大學（現東京都市大學）。'90年早川邦彥建築研究室。'92年Ineter-design Associates。'96年成立穗（Sui）設計室。'99年與柏木學共同成立Kashiwagi Sui Associates。2005年轉為法人（有）Kashiwagi Sui Associates一級建築士事務所。目前於東京都市大學、東京家政學院大學、阿佐谷美術專門學校擔任臨時講師。

柏木學〔Kashiwagi・Manabu〕Kashiwagi Sui Associates
1967年出生於茨城縣。'90年畢業於近畿大學。'90年早川邦彥建築研究室、'94年塚田建築設計事務所。'99年與柏木穗波共同成立Kashiwagi Sui Associates。2005年轉為法人（有）Kashiwagi Sui Associates一級建築士事務所。

川村奈津子〔Karamura・Natsuko〕MDS
1994畢業於京都工藝纖維大學工藝學部造型工學科，'94年～2002年大成建設設計本部，'02年成立MDS一級建築士事務所，'10年改組為（股）MDS，目前擔任董事。

川村紀子〔Kawamura・Noriko〕CASE DESIGN STUDIO
1962年出生於東京都。'86年畢業於武藏野美術大學造型學部建築學科。'86年～'95年就職於槙總合計劃事務所。'98年成立CASE DESIGN STUDIO。2007年以「輕井澤離山之家」得到INAX設計比賽銀獎、中部建築賞最高獎項。'10年「富士櫻之家」INAX設計比賽入圍。

岸本和彥〔Kishimoto・Kazuhiko〕acaa
1968年出生於鳥取縣。'91年畢業於東海大學工學部建築學科（吉田研介研究所）後，參加A&A建築計劃研究所。取得一級建築士證照、設計主任。'98年成立（有）Atelier CINQ建築研究所，董事長。東京設計學院臨時講師。'07年改名為acaa建築研究所。

駒田剛司〔Komada・Takeshi〕駒田建築設計事務所
1965年出生於神奈川縣。'84年畢業於立教英國學院，'89年畢業於東京大學工學部建築學科。同一年進入香山壽建築研究所。'95年東京大學工學系研究科建築學專攻助手。2000年共同成立（有）駒田建築設計事務所。目前於東京電機大學、昭和女子大學擔任臨時講師。

駒田由香〔Komada・Yuka〕駒田建築設計事務所
1966年出生於福岡縣。'89年畢於九州大學工學部建築學科。'89年就職於東陶機器系統廚房開發課。'93年Satis Design。'96年成立駒田建築設計事務所，2000共同成立（有）駒田建築設計事務所。目前於中央工學校擔任講師。

鈴木謙介〔Suzuki・Kensuke〕鈴木謙介建築設計事務所
1973年出生於神奈川縣。'98年畢業於早稻田大學理工部建築學科。2000年修完早稻田大學理工學研究科研究所理工學研究科建築計劃。同一年進入椎名英三建築設計事務所，'04年設立（有）鈴木謙介建築設計事務所。

田也惠利〔Tano・Eri〕Ando Atelier
1963年出生於栃木縣。'85年畢業於武藏野美術大學建築學科。'86年Lemming House。'91年Architecture Factory。'98共同舉辦Ando Atelier。

新關謙一郎〔Niizeki・Kenichirou〕NIIZEKI STUDIO
1969年出生於東京都。'95年修完明治大學研究所碩士班。'96年成立設計事務所，一路走到現在。NIIZEKI STUDIO代表。

西大路亞司〔Nishiooji・Masaji〕西大路建築設計室
1950年出生於東京都。畢業於千葉大學工學部建築學科之後，就職於設計事務所，於京都工藝纖維大學中村昌生研究所進行數寄屋的研究。'84年成立西大路建築設計室。主要進行住宅、店鋪設計的監理作業。共同的著作有『〔和風住宅、茶室〕裝設詳細圖集』（X-Knowledge）。

根來宏典〔Negoro・Hironori〕根來宏典建築研究所
1972年出生於和歌山縣，畢業於日本大學。'95年～古市徹雄都市建築研究所（2002年～囑託）。'04年成立根來宏典建築研究所。'05年修完日本大學研究所博士後期課程（工學）。'08年～NPO法人造家之會理事（'10年～副代表理事、'12年～代表理事）。

本間至〔Honma・Itaru〕本間至／Bleistift一級建築士事務所
1956年出生於東京都。'79年畢業於日本大學理工學部建築學科。'79年～'86年林寬治設計事務所。'86年成立本間至建議設計室。'94年改名為本間至／Bleistift一級建築士事務所。2010年～於日本大學理工學部建築學科擔任臨時講師。主要的著作有『歡樂無比的〔格局〕圖鑑』（X-Kowledge）等等。

村田淳〔Murada・Jun〕村田淳建築研究室
1971年出生於東京都。'95年畢業於東京工業大學工學部建築科。'97年修完東京工業大學研究所建築學專攻碩士班。就職於建築研究所Arch Vision，之後於2006年轉到村田靖夫建築研究所。'07年擔任代表。'09年改名為村田淳建築研究室。'12年擔任NPO法人造家之會副代表。

森清敏〔Mori・Kiyotoshi〕MDS
1968年出生於靜岡縣。'92年畢業於東京理科大學理工學部建築學科。'94年修完該大學碩士班。'94年～2003年大成建設設計本部，'03年共同舉辦MDS一級建築士事務所。'06年開始於日本大學擔任臨時講師，'09年開始在東京理科大學擔任臨時講師。'10年改組為（股）MDS，目前擔任代表董事。

八島正年〔Yashima・Masatoshi〕八島建築設計事務所
1968年出生於福岡縣。'93年畢業於東京藝術大學美術學部建築科。'95年修完東京藝術大學研究所美術研究科碩士班。'98年共同成立八島正年＋高瀨夕子建築設計事務所。2002年改名為八島建築設計事務所。同年～'05年擔任東京藝術大學美術學部建築科助手，'08年改組為（股）八島建築設計事務所。目前於神奈川大學、東京電機大學擔任臨時講師。

八島夕子〔Yashima・Yuuko〕八島建築設計事務所
1971年出生於神奈川縣。'95年畢業於多摩美術大學美術學部建築科。'97年修完東京藝術大學研究所美術研究科碩士班。'98年共同成立八島正年＋高瀨夕子建築設計事務所。同年～2003年多摩美術大學環境設計科助手。'02年改名為八島建築設計事務所。'08年改組為（股）八島建築設計事務所。目前於多摩美術大學擔任臨時講師。

橫田典雄〔Yokota・Norio〕CASE DESIGN STUDIO
1967年出生於大阪府。'89年畢業於武藏野美術大學造型學部建築學科。'89年～'98年任職於槙總合計劃事務所。'98年成立CASE DESIGN STUDIO。2007年「輕井澤離山之間」得到INAX設計比賽銀獎、中部建築獎最高獎。'10年「富士櫻之家」INAX設計比賽入圍。

和田浩一〔Wada・Kouichi〕STUDIO KAZ
1965出生於福岡縣。'88年畢業於九州藝術工科大學藝術工學部工業設計學科。'94年成立STUDIO KAZ。目前擔任代表董事。主要的著作有『如何設計最好的家具』『全世界最為溫柔的家具設計』（X-Knowledge）、『創造廚房』（彰國出版社）。

赤松明〔Akamatsu・Akira〕Institute of Technologists
1950年出生於大阪府。'74年畢業於職業訓練大學校（現職業能力開發總合大學校）木材加工科。'74年職業訓練大學木材加工科助手、'99年職業能力開發總合大學校建設學科教授。農學博士。主要的著作、監修有『木工技術系列』（產調出板）、『木材加工系實踐技術教科書』（（社）顧用問題研究會）。

新井洋之〔Arai・Hiroyuki〕Cycle
1955年出生。畢業於日本工業大學機械工學科。在軌道公司任職之後，於'95年獨立創業至今。

上田知正〔Ueda・Tomomasa〕October
1962年出生於東京都。'86年畢業於京都工藝纖維大學主題造型工藝學科。'88年修完京都藝術大學美術研究科研究所碩士班。'90年修完倫敦AA School大學歷史、理論講座。'90年開始參與UPM八束等建築計劃室，'97成立上田知正建築設計事務所。'01年改名為October。'10年開始擔任東京造型大學次教授。

內山敬子〔Uchiyama・Keiko〕KEIKO+MANABU
出生於美國西雅圖。1998年畢業於Oregon大學藝術學部建築學科。'00～'04年妹島和世+西澤立衛／SAANA，'05年共同成立KEIKO+MANABU。

遠藤政樹〔Endou・Masaki〕EDH遠藤設計室
1963年出生於東京。'89年修完東京理科研究所碩士班。'89～'94年任職於難波和彥+界工作舍，'94年成立EDH遠藤設計室。'99年開始擔任東京理科大學臨時講師，'08年擔任千葉工業大學次教授。

大河內四郎〔Ookouchi・Shirou〕Ten董事
1969年出生於千葉縣。畢業於橫濱國立大學建設學科。於修復、修補家具的專門公司任職13年後，於2010年2月跟董事長・田沼一郎一起創立Ten至今。

小川晉一〔Ogawa・Shinichi〕小川晉一都市建築設計事務所
1955年出生於山口縣。'78年畢業於日本大學藝術學部。留學於華盛頓州立大學建築學科。擔任文化局派遣藝術家在外研修員／紐約。任職於Paul Rudolph事務所、Arquitectonica（紐約）。'86年成立小川晉一都市建築設計事務所。目前擔任近畿大學工學部建築學科教授、日本大學藝術學部臨時講師、英國愛丁堡藝術大學建築學科客座教授。

加藤武志〔Katou・Takeshi〕加藤武志建築設計室
1949年出生於東京都。'79年畢業於工學院大學工學部建築學科。'84年成立KATO建築設計室。'98年改名為加藤武志建築設計室。

黑崎敏〔Kurozaki・Satoshi〕APOLLO一級建築士事務所
1970年出生於石川縣。'94年畢業於明治大學理工學部建築學科。同年，於積水House東京設計部擔任新商品之企劃研發。'98年擔任FORME一級建築士事務所主任技師，2000年成立、舉辦APOLLO一級建築士事務所。

甲村建一〔Koumura・Kenichi〕KEN一級建築士事務所
1969年出生於愛知縣。'92年畢業於名古屋工業大學社會開發工學科（建築課程）之後，於清水建築任職，'99年成立、舉辦KEN一級建築士事務所。'05～'08年於名古屋工業大學擔任臨時講師。

澤瀨學〔Sawase・Manabu〕KEIKO+MANABU
出生於岩手縣盛岡市。1997年進入石田敏明建築設計事務所，'98年於橫濱國立大學中途退學，'02～'08年共同舉辦Loco Architects，'05年共同成立KEIKO+MANABU。

島田陽〔Shimada・You〕TAT Architects／島田陽建築設計事務所
1972年出生於兵庫縣。'95年畢業於京都市立藝術大學環境設計科。'97年修完該大學研究所。'99年成立TAT Architects／島田陽建築設計事務所。

庄司寬〔Syouji・Hiroshi〕庄司寬建築設計事務所
1961年出生於東京都。'84年畢業於早稻田大學理工學部建築學科。任職於Form設計、ESPAD環境建築研究所、同公司董事、Partner，'02年成立、舉辦庄司寬建築設計事務所。

高橋翔〔Takahashi・Syou〕EOS plus
1982年出生。畢業於青山製圖專門學校店舖設計造型科。2003就職於EOS設備工房（現：EOS plus）至今。

竹內巖〔Takeuchi・Iwao〕Hal Architects
1960年出生於東京。'83年畢業於法政大學工學部建築學科。'90年Richard Rogers Partnership Japan，'91年Architects Five，2000年城戶崎研究室。同年成立Hal Architects。

武富恭美〔Taketomi・Yasumi〕d／dt Arch
1968年出生於東京都。'91年畢業於東京大學工學部建築學科。'93年修完該大學研究所碩士班。'94年修完哥倫比亞大學碩士班。'95年於東京大學研究所博士班中途退學。'94～'03年任職於磯崎新Atelier，'01年設立d／dt Arch。

津野美惠子〔Tsuno・Emiko〕津野建築設計室
1973年出生於神奈川縣。'95年畢業於東京大學工學部建築學科。'97年畢業於該大學工學系研究科碩士班。'97年～'03年任職於STUDIO NASCA，'03年成立津野建築設計室。'06年於東洋大學擔任臨時講師。

戶恒浩人〔Totsune・Hirohito〕SIRIUS LIGHTING OFFICE
1975年出生於東京。'97～'04年任職於Lighting Planners Associates，'05年成立SIRIUS LIGHTING OFFICE。

中川陽子〔Nakagawa・Youko〕October
1959年出生於愛媛縣。'80年畢業於學習院女子短期大學。'83年開始擔任多摩美術大學藝術學科副手。'89年任職於小野建築設計室、'89年任職於臼江建築研究所、'91年任職於坂茂建築設計、'97年任職於現在的October。

夏目知道〔Natsume・Tomomichi〕NATSUME TOMOMICHI
1966年出生於愛知縣。'89年畢業於愛知縣立藝術大學美術學部美術科，專攻設計。同一年任職於近藤康夫設計事務所，'99年成立NATSUME TOMOMICHI。愛知縣立藝術大學臨時講師、多摩美術大學臨時講師。

新關謙一郎〔Nizeki・Kenichirou〕NIIZEKI STUDIO
1969年出生於東京都。'95年修完明治大學研究所碩士班。'96年成立KiKi一級建築士事務所，'04年改組為NIIZEKI STUDIO。

西崎克治〔Nishizaki・Katsuji〕Nishizaki工藝
1959年出生於東京。畢業於早稻田大學社會科學部。就職於家具金屬製造商之後，於'84年進入Nishizaki工藝。目前擔任董事長。東京都家具工業協會理事。於自家公司的工廠舉辦以實際操演、實習為中心的「設計者的家具講習」。

野崎義嗣〔Nozaki・Yoshitsugu〕macaroni design
1974年出生於神奈川縣。'96年畢業於ICS College of Arts。任職於秋山木工、匠工藝、Moebel Exquisit（德國）、PPMeoebler（丹麥），於'08年成立macaroni design。

服部信康〔Hattori・Nobuyasu〕服部信康建築設計事務所
1964年出生於愛知縣。'84年畢業於東海工業專門學校。'84年任職於名巧工藝、'87年Space、'89年總合Design、'92年R&S設計工房，'95年成立服部信康建築設計事務所。

原田真宏〔Harada・Masahiro〕MOUNT FUJI ARCHITECTS STUDIO
1973年出生於靜岡縣。'97年修完芝浦工業大學研究所建設工學專攻課程（三井所清典研究室）。'97～'00年隈研吾建築都市設計事務所，'01～'02年在文化局藝術家海外派遣研修員制度的推動之下，所屬於Jose. Antonio & Elias Torres Architects（巴塞隆納）。'03年磯崎新Atelier，'04年與原田麻魚一起成立「MOUNT FUJI ARCHITECTS STUDIO」。'08年擔任芝浦工業大學建築學科次教授。

原田麻魚〔Harada・Mao〕MOUNT FUJI ARCHITECTS STUDIO
1976年出生於神奈川縣。'99年畢業於芝浦工業大學建築學科。'00～'03年所屬於建築都室Work Shop。'04年與原田真宏一起成立「MOUNT FUJI ARCHITECTS STUDIO」。

深澤組個〔Fukasawa・Kumiko〕町田廣子Interior Coordinator Academy
任職於銀行、建商之後，1989年畢業於町田廣子Interior Coordinator Academy專科，擔任講師。'91年以Interior Coordinator的身份獨立，舉辦室內裝潢設計事務所「ic.press」。

增田憲一〔Masuda・Kenichi〕Blue Design
畢業於日本大學生產工學部。任職於最大規模的公寓承建商之後，2006年成立Blue Design。目前擔任該公司董事長。預定在2012年出展於Milano Salone。

松山將勝〔Matsuyama・Masakatsu〕松山建築設計室
1968年出生於鹿兒島縣。'91年畢業於東和大學。'97年成立松山將勝建築設計室。'00年改名為松山建築設計室。'06～'07年擔任東和大學臨時講師。'06年擔任西日本工業大學臨時講師，'10年擔任九州工業大學臨時講師。

間中治行〔Manaka・Haruyuki〕間中木工所
1968年出生。畢業於日本大學生產工學部建築工學科。任職於照明設計公司之後，'92年進入間中木工所，目前擔任董事。

宮原輝夫〔Miyahara・Teruo〕宮原建築設計室
1966年出生於東京都。於群馬大學研究所碩士班後期取得單位後退學。'90～'98年任職竹中工務店，'99年成立宮原建築設計室。群馬大學工學部臨時講師。

橫河建〔Yokogawa・Ken〕橫河設計工房
1972年畢業於日本大學藝術學部美術學科。'72～'76年任職於黑川雅之建築設計事務所，'76年成立設計事務所Crayon & Associates（共同舉辦）。'82年成立橫河設計工房。'99年得到日本建築學會獎（作品）。'03年開始擔任日本大學理工學部建築學科教授。

和田浩一〔Wada・Kouichi〕STUDIO KAZ
1965年出生。畢業於九州藝術工科大學藝術工學部工業設計學科。'94年成立STUDIO KAZ。目前擔任董事長。有『創造廚房』（彰國出版社）、『如何設計最好的家具』（X-Knowledge）等著作。

渡邊謙一郎〔Watanabe・Kenichirou〕Standard Trade
1972年出生於神奈川縣。畢業於神奈川大學工學部建築學科之後，畢業於品川職業技術訓練校木工科。'98年成立Standard Trade。有『Standard Trade的工作』（產業編輯中心）等著作。

TITLE

大師如何設計：高度比例　設計師的空間規畫魔法

STAFF

出版	瑞昇文化事業股份有限公司
編著	株式会社エクスナレッジ（X-Knowledge Co., Ltd.）
譯者	高詹燦 黃正由
總編輯	郭湘齡
責任編輯	王瓊苹　黃美玉
文字編輯	林修敏　黃雅琳
美術編輯	謝彥如
排版	二次方數位設計
製版	明宏彩色照相製版股份有限公司
印刷	桂林彩色印刷股份有限公司
法律顧問	經兆國際法律事務所　黃沛聲律師
戶名	瑞昇文化事業股份有限公司
劃撥帳號	19598343
地址	新北市中和區景平路464巷2弄1-4號
電話	(02)2945-3191
傳真	(02)2945-3190
網址	www.rising-books.com.tw
Mail	resing@ms34.hinet.net
本版日期	2015年10月
定價	380元

國家圖書館出版品預行編目資料

大師如何設計：高度比例設計師的空間規畫魔法 / 株式会社エクスナレッジ作；高詹燦, 黃正由譯. -- 初版. -- 新北市：瑞昇文化, 2014.07
208面；17.9*25.7　公分
ISBN 978-986-5749-57-6(平裝)

1.家庭佈置 2.室內設計 3.空間設計

422.5　　103012283